선형대수학

Introduction to Linear Algebra

강정흥 · 김재웅 · 문미남 · 정명인 지음

KYOWOO

머리말

4차 산업혁명 및 인공지능의 시대를 맞이하여 수학 특히 선형대수학은 기초과목으로 인문사회과학분야 및 이공학의 다양한 분야에서 필수적인 과목이 되었다. 이러한 추세에 따라 이 책은 학부생들에게 선형대수학의 기본개념을 알기 쉽게 소개하는 입문서로 저술하였다. 어느 분야를 전공하더라도 이 책에 소개된 기본적인 내용은 반드시 숙지하고 있어야 할 것이다.

이 책을 공부하기 위해서는 고등학교 수준의 수학적 내용과 미분적분학의 내용만을 숙지하고 있으면 충분하다. 추상적인 내용을 포함하여 다양한 선형대수학의 내용을 전달하기 위하여 현실 생활 속에서 찾을 수 있는 예를 토대로 개념을 설명하고 독자들의 이해를 돕기 위해 많은 예제와 그림들을 제시하였다. 각 절이 끝날 때마다 내용을 이해하고 응용력을 기르는데 도움이 되는 문제들을 쉬운 문제에서부터 다소 어려운 문제 순으로 제시하였다. 그리고 연습문제의 풀이를 제공하여 독자들이 활용할 수 있도록 하였다.

이 책은 한 학기용으로 집필된 것으로 행렬, 연립 1차 방정식, 행렬식, 벡터공간, 선형변환, 고유치와 고유벡터 등의 여섯 개의 장으로 구성되어 있다. 고등학교 수학 교과에서 제외된 행렬 부분을 보충하기 위하여 행렬과 행렬의 연산에 대한 내용은 일반적인 선형대수학 교재보다 더 자세히 다루었다.

끝으로 이 책을 출판할 수 있도록 도움을 준 동료 교수 및 출판을 담당하여 주신 교우사 사장님을 비롯한 편집부 모든 분들에게 진심으로 감사를 드린다.

저자일동

CONTENTS

제 1 장

Introduction to Linear Algebra

행렬

수학에서 가장 중요한 문제 중 하나는 연립 1차 방정식의 해를 구하는 것이라고 해도 과언이 아니다. 연립 방정식을 간단하게 나타내고 해를 구하는 데에는 행렬이 사용된다. 그뿐만 아니라, 경제학, 데이터 분석, 물리학과 대부분의 공학 과목에서 행령이 필수적으로 사용되기 때문에 반드시 알아야 할 수학의 기초라고 할 수 있다. 1장에서는 이러한 행렬에 대해서 알아보고자 한다. 1절에서는 행렬의 정의와 행렬의 기본성질을 알아보고, 2절과 3절에서는 가역행렬과 가역행렬임을 판정할 수 있는 도구인 행렬식에 대해서 알아보자.

1.1 행렬과 행렬의 연산

실수의 직사각형 배열(행렬)은 이·공학 분야뿐만 아니라 인문·사회과학 분야에도 많이 나타난다. 이 절에서는 행렬을 정의하고 이와 관련된 몇 가지 성질들을 알아본다.

행렬의 정의

정의 1.1 $m \times n$개의 숫자나 문자를 직사각형 모양 $\begin{bmatrix} a_{11} & a_{12} & \cdots & a_{1n} \\ a_{21} & a_{22} & \cdots & a_{2n} \\ \vdots & \vdots & \ddots & \vdots \\ a_{m1} & a_{m2} & \cdots & a_{mn} \end{bmatrix}$ 와 같이 나열한 것을 $m \times n$ **행렬**($m \times n$ matrix)이라 한다. 이때 $[a_{i1}\, a_{i2} \cdots a_{in}]$을 i번째 **행**(row), $\begin{bmatrix} a_{1j} \\ a_{2j} \\ \vdots \\ a_{mj} \end{bmatrix}$를 j번째 **열**(column), m을 행의 수, n을 열의 수라 부르고 i번째 행과 j번째 열에 있는 숫자나 문자 a_{ij}를 (i,j) **항**(entry) 또는 (i,j) **성분**(component), $m \times n$을 **행렬의 크기**라 한다.

참고 1) 일반적으로 행렬은 대문자(A, B, C, $\cdots$), 행렬의 성분은 소문자(a, b, c, $\cdots$)로 표기한다.

2) i번째 행을 i번째 **행벡터**(row vector), j번째 열을 j번째 **열벡터**(column vector)라고도 부른다.

행렬을 나타낼 때 간단히 (a_{ij})로 나타내거나 크기를 강조하고 싶을 때는 $(a_{ij})_{m \times n}$로 나타낸다.

예제 1.1 다음은 행렬의 예들이다.

$$\begin{bmatrix} 1 & 1 \\ 2 & 3 \end{bmatrix}, \ [1 \ -3 \ 0 \ 1], \ \begin{bmatrix} 1 \\ 2 \\ -1 \end{bmatrix}, \ \begin{bmatrix} \sqrt{2} & 0 & -\sqrt{2} \\ 1 & 0 & 2 \end{bmatrix}, \ \begin{bmatrix} -\sqrt{2} & \pi & e \\ 3 & 1/2 & 0 \\ 0 & 0 & 0 \end{bmatrix}$$

예제 1.2 다음 행렬의 행의 수, 열의 수, 크기, 1행, 2열을 각각 구하여라.

1) $A = \begin{bmatrix} \sqrt{2} & 0 & -\sqrt{2} \\ 1 & 0 & 2 \end{bmatrix}$ 2) $B = [1 \ -3 \ 0 \ 1]$ 3) $C = \begin{bmatrix} 1 \\ 2 \\ -1 \end{bmatrix}$

풀이 1) 행렬 A에 대하여 행의 수는 2, 열의 수는 3, 크기는 2×3, 1행은 $[\sqrt{2} \ 0 \ -\sqrt{2}]$, 2열은 $\begin{bmatrix} 0 \\ 0 \end{bmatrix}$이다.

2) 행렬 B에 대하여 행의 수는 1, 열의 수는 4, 크기는 1×4, 1행은 $[1 \ -3 \ 0 \ 1]$, 2열은 $[-3]$이다.

3) 행렬 C에 대하여 행의 수는 3, 열의 수는 1, 크기는 3×1, 1행은 $[1]$, 2열은 없다.

행렬 A에 대하여 행의 수와 열의 수가 같으면 A를 **정사각행렬**(square matrix) 또는 **정방행렬**이라고 부른다. 이때 행의 수가 n이면 n차 정사각행렬 또는 n차 정방행렬이라 한다. 대각선에 있는 항들 a_{11}, a_{22}, $\cdots$, a_{nn}를 **대각항**(diagonal entry)이라 하고 대각항 이외의 모든 항이 0인 행렬을 **대각행렬**(diagonal matrix)이라 한다. 대각항이 모두 1인 n차 대각행렬을 **단위행렬**(identity matrix) 또는 n차 단위행렬이라 하고 I_n으로 표시한다.

$$I_n = \begin{bmatrix} 1 & 0 & \cdots & 0 \\ 0 & 1 & \cdots & 0 \\ \vdots & \vdots & \ddots & \vdots \\ 0 & 0 & \cdots & 1 \end{bmatrix}$$

단위행렬의 i번 째 열벡터를 **기본단위벡터**라 부르고 e_i로 나타낸다.

$$I_n = [\mathrm{e}_1, \mathrm{e}_2, \cdots, \mathrm{e}_n], \ \mathrm{e}_i = \begin{bmatrix} 0 \\ \vdots \\ 1 \\ \vdots \\ 0 \end{bmatrix} \leftarrow i\text{번째 행}$$

예제 1.3 다음 행렬에 대하여 정사각행렬인지를 살펴보고 정사각행렬이면 차수, 대각항을 표시하고, 대각행렬인지를 판정하여라.

$$A = \begin{bmatrix} \sqrt{2} & 0 & -\sqrt{2} \\ 1 & 0 & 2 \end{bmatrix}, \ B = \begin{bmatrix} 1 & 2 \\ 4 & 6 \end{bmatrix}, \ C = \begin{bmatrix} 1 & 0 & 0 \\ 0 & 4 & 0 \\ 0 & 0 & 9 \end{bmatrix}, \ D = \begin{bmatrix} 0 & -4 & -1 \\ 4 & 0 & -2 \\ -1 & 2 & 1 \end{bmatrix},$$

$$E = \begin{bmatrix} 0 & 0 & 0 \\ 0 & 0 & 0 \\ 0 & 0 & 0 \end{bmatrix}, \ F = \begin{bmatrix} 1 & 0 \\ 0 & 1 \end{bmatrix}, \ G = \begin{bmatrix} 0 & 0 \\ 0 & 0 \\ 0 & 0 \end{bmatrix}$$

풀이 1) A와 G는 행의 수와 열의 수가 다르므로 정사각행렬이 아니고 나머지 행렬은 모두 정사각행렬이다.

2) B의 차수는 2이고, 대각항은 1, 6이다. 하지만 대각항 이외의 항 중에 0이 아닌 항이 있으므로 대각행렬이 아니다.

3) C의 차수는 3이고, 대각항은 1, 4, 9이다. 대각항 이외의 모든 항이 0이므로 대각행렬이다.

4) D의 차수는 3이고, 대각항은 0, 0, 1이다. 하지만 대각항 이외의 항 중에 0이 아닌 항이 있으므로 대각행렬이 아니다.

5) E의 차수는 3이고, 대각항은 모두 0이다. 대각항 이외의 모든 항이 0이므로 대각행렬이다.

6) F의 차수는 2이고, 대각항은 모두 1이다. 대각항 이외의 모든 항이 0이므로 대각행렬이다. 특히 2차 단위행렬이다.

참고 예제 1.3 행렬 E와 G와 같이 모든 항이 0인 행렬을 **영행렬**(zero matrix)이라 하고 O로 표시한다.

— 행렬의 연산(덧셈, 상수곱, 곱셈)

이제 행렬의 연산에 대하여 알아보자. 먼저 두 행렬이 언제 같은지에 대하여 살펴보자.

정의 1.2 행렬 A와 B의 크기가 같고, 대응되는 항이 같을 때 **행렬 A와 B는 서로 같다**고 하고 $A=B$로 표시한다. 즉, $A=(a_{ij})$, $B=(b_{ij})$일 때 모든 i와 j에 대하여 $a_{ij}=b_{ij}$이면 행렬 A와 B는 같다고 한다.

예제 1.4 다음과 같은 행렬에 대하여 $A\neq B$, $A\neq C$인 이유를 설명하여라.

$$A=\begin{bmatrix} 2 & 1 \\ 3 & 4 \end{bmatrix},\quad B=\begin{bmatrix} 2 & 1 \\ 4 & 5 \end{bmatrix},\quad C=\begin{bmatrix} 2 & 1 & 0 \\ 3 & 4 & 0 \end{bmatrix}$$

풀이 A와 C는 서로 크기가 다르므로 $A\neq C$이다. A와 B는 크기는 같으나 대응하는 항이 전부 같지 않으므로 $A\neq B$이다.

예제 1.5 행렬 $A=\begin{bmatrix} 1 & 2 & x \\ y^2 & 1 & 3 \end{bmatrix}$, $B=\begin{bmatrix} z & 2 & 2-x \\ 4 & 1 & y+1 \end{bmatrix}$에 대하여 $A=B$일 때, x, y, z를 구하여라.

풀이 행렬 A, B에 대하여 $A=B$이므로 대응되는 항들이 같다. 따라서 $1=z, x=2-x$, $3=y+1$을 얻는다. 이 방정식을 풀면 $z=1$, $x=1$, $y=2$을 얻는다.

크기가 같은 행렬 A와 B에 대하여 다음과 같이 행렬의 덧셈 $A+B$를 정의할 수 있다.

정의 1.3 크기가 같은 행렬 A와 B에 대하여 **행렬의 합(sum)** $A+B$은 두 행렬의 각 항을 더한 것을 항으로 갖는 행렬이다. 즉, $A=(a_{ij})_{m\times n}$, $B=(b_{ij})_{m\times n}$이면 $A+B=(a_{ij}+b_{ij})_{m\times n}$이다.

참고 크기가 다른 행렬은 더할 수 없다.

예제 1.6 행렬 A, B, C가 다음과 같을 때 $A+B$와 $B+C$를 구하여라.

$$A=\begin{bmatrix}2&1&0&3\\1&0&2&4\\4&2&7&0\end{bmatrix},\quad B=\begin{bmatrix}4&3&5&1\\2&2&0&1\\3&2&4&5\end{bmatrix},\quad C=\begin{bmatrix}1&5\\4&2\end{bmatrix}$$

풀이 행렬의 합의 정의에 의해서 $A+B=\begin{bmatrix}6&4&5&4\\3&2&2&5\\7&4&11&5\end{bmatrix}$이다. 하지만 행렬 B와 C는 크기가 다르므로 더할 수 없다.

행렬 A와 상수 c에 대하여 상수곱을 다음과 같이 정의한다.

정의 1.4 행렬 A와 상수 c에 대하여 **상수곱** cA는 A의 각 항에 상수 c를 곱한 것을 항으로 갖는 행렬이다. 즉, $A=(a_{ij})_{m\times n}$이면 $cA=(ca_{ij})_{m\times n}$이다.

예제 1.7 행렬 $A=\begin{bmatrix}4&2\\1&3\\1&0\end{bmatrix}$에 대하여 다음을 계산하여라.

1) $2A$ 2) $(-1)A$

풀이 상수곱의 정의에 의해서 $2A=\begin{bmatrix}8&4\\2&6\\2&0\end{bmatrix}$이고 $(-1)A=\begin{bmatrix}-4&-2\\-1&-3\\-1&0\end{bmatrix}$이다.

참고 행렬 A에 대하여 $-A$는 $(-1)A$를 의미한다. 따라서 크기가 같은 행렬 A와 B의 차는 $A-B=A+(-1)B$로 정의한다.

행렬의 덧셈과 상수곱에 대하여 다음 성질이 성립하는 것을 쉽게 확인할 수 있다.

정리 1.1 크기가 같은 행렬 A, B, C, O와 상수 a, b에 대하여 다음이 성립한다.

1) [덧셈의 결합법칙] $(A+B)+C=A+(B+C)$

2) [덧셈의 항등원] $A+O=O+A=A$

3) [덧셈의 역원] $A+(-A)=(-A)+A=O$

4) [덧셈의 교환법칙] $A+B=B+A$

5) $(ab)A=a(bA)$

6) $a(A+B)=aA+aB$

7) $(a+b)A=aA+bA$

8) $1A=A$

예제 1.8 행렬 $A=\begin{bmatrix}1 & 2 & 3\\0 & -1 & 2\end{bmatrix}$ $B=\begin{bmatrix}3 & -2 & 1\\2 & 3 & 0\end{bmatrix}$에 대하여 다음 행렬을 구하여라.

1) $A+B$ 2) $A-B$ 3) $2A+3B$ 4) $\dfrac{A+B}{2}$

풀이 1) $A+B=\begin{bmatrix}4 & 0 & 4\\2 & 2 & 2\end{bmatrix}$ 2) $A-B=\begin{bmatrix}-2 & 4 & 2\\-2 & -4 & 2\end{bmatrix}$

3) $2A+3B=\begin{bmatrix}11 & -2 & 9\\6 & 7 & 4\end{bmatrix}$ 4) $\dfrac{A+B}{2}=\begin{bmatrix}2 & 0 & 2\\1 & 1 & 1\end{bmatrix}$

예제 1.9 행렬 A와 B가 다음과 같을 때 $2(A-B+X)=3(X-A)$를 만족하는 행렬 X를 구하여라.

$$A=\begin{bmatrix}1 & 2\\3 & 4\end{bmatrix},\ B=\begin{bmatrix}-1 & 0\\1 & 1\end{bmatrix}$$

풀이 정리 1.1 6)에 의해서 주어진 식은 $2A-2B+2X=3X-3A$이고 정리 1.1 3)에 의해서 $X=5A-2B$을 얻는다. 따라서 $X=\begin{bmatrix}7 & 10\\13 & 18\end{bmatrix}$이다.

이제 행렬의 곱에 대하여 살펴보자.

정의 1.5 $m\times r$행렬 A와 $r\times n$행렬 B에 대하여 A와 B의 **곱**(product) AB는 $m\times n$행렬이고 (i,j)항은 A의 i행과 B의 j열을 서로 대응되는 항을 곱하여 더한 것으로 주어진다. 즉, $A=(a_{ij})_{m\times r}$, $B=(b_{ij})_{r\times n}$의 곱 AB를 $C=(c_{ij})_{m\times n}$로 두면

$$c_{ij}=\sum_{k=1}^{r} a_{ik}b_{kj},\ (i=1,2,\cdots,m,\ j=1,2,\cdots,n)$$

이다.

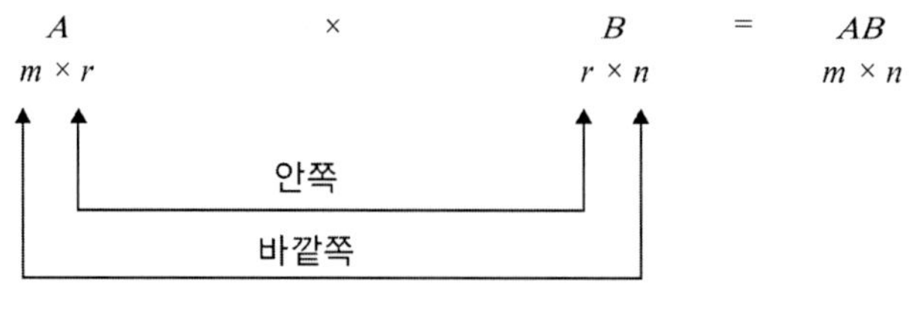

[그림 1.1]

예제 1.10 행렬 A와 B가 다음과 같을 때 AB와 BA를 구하여라.

$$A=\begin{bmatrix}1 & 3 & -1\\ -2 & -1 & 1\end{bmatrix},\quad B=\begin{bmatrix}-4 & 0\\ 5 & -2\\ -1 & 2\end{bmatrix}$$

풀이 행렬의 곱의 정의에 의해서

$$AB=\begin{bmatrix}1 & 3 & -1\\ -2 & -1 & 1\end{bmatrix}\begin{bmatrix}-4 & 0\\ 5 & -2\\ -1 & 2\end{bmatrix}=\begin{bmatrix}12 & -8\\ 2 & 4\end{bmatrix}$$

$$BA=\begin{bmatrix}-4 & 0\\ 5 & -2\\ -1 & 2\end{bmatrix}\begin{bmatrix}1 & 3 & -1\\ -2 & -1 & 1\end{bmatrix}=\begin{bmatrix}-4 & -12 & 4\\ 9 & 17 & -7\\ -5 & -5 & 3\end{bmatrix}$$

이다.

참고 예제 1.10에서 확인할 수 있는 것과 같이 행렬의 곱은 실수의 곱과 다르게 교환법칙이 성립하지 않는다. 즉, 일반적으로 행렬 A, B에 대하여 $AB \neq BA$이다.

예제 1.11 행렬 A, B, C, D가 다음과 같을 때 행렬곱이 정의되면 행렬곱을 하여라.

$$A=\begin{bmatrix}1 & -1\\ 0 & 2\end{bmatrix},\ B=\begin{bmatrix}1 & 2 & 0\\ 2 & 0 & -1\end{bmatrix},\ C=\begin{bmatrix}-2 & 1\\ 0 & 2\\ 1 & -1\end{bmatrix},\ D=\begin{bmatrix}1&0&0\\0&2&0\\0&0&3\end{bmatrix},\ E=\begin{bmatrix}1 & 2\end{bmatrix},\ F=\begin{bmatrix}3\\2\end{bmatrix}$$

1) AA 2) BB 3) CC 4) DD 5) AB 6) BA 7) AC 8) CA
9) AD 10) DA 11) BC 12) CB 13) BD 14) DB 15) CD 16) DC
17) EF 18) FE

풀이 2), 3), 6), 7), 9), 10), 14), 15)는 행렬곱이 정의되지 않는다.

1) $AA=\begin{bmatrix}1 & -3\\ 0 & 4\end{bmatrix}$ 4) $DD=\begin{bmatrix}1&0&0\\0&4&0\\0&0&9\end{bmatrix}$ 5) $AB=\begin{bmatrix}-1 & 2 & 1\\ 4 & 0 & -2\end{bmatrix}$

8) $CA=\begin{bmatrix}-2 & 4\\ 0 & 4\\ 1 & -3\end{bmatrix}$ 11) $BC=\begin{bmatrix}-2 & 5\\ -5 & 3\end{bmatrix}$ 12) $CB=\begin{bmatrix}0 & -4 & -1\\ 4 & 0 & -2\\ -1 & 2 & 1\end{bmatrix}$

13) $BD=\begin{bmatrix}1 & 4 & 0\\ 2 & 0 & -3\end{bmatrix}$ 16) $DC=\begin{bmatrix}-2 & 1\\ 0 & 4\\ 3 & -3\end{bmatrix}$ 17) $EF=\begin{bmatrix}7\end{bmatrix}$

18) $FE=\begin{bmatrix}3&6\\2&4\end{bmatrix}$

예제 1.12 어떤 회사에서 A, B, C 3가지 제품을 생산한다. 각 제품을 생산하는데 소요되는 비용은 원료비, 임금, 잡비로 나뉜다. 이 3가지 비용은 아래의 표와 같이 단위 품목별로 계절별 생산되는 양에 따라 결정된다고 하자. 이 때 계절별로 A, B, C 3가지 제품을 생산하는데 소요되는 3가지 비용을 행렬을 이용하여 구하여라.

품목별 생산비용

(단위: 천원)

	A제품	B제품	C제품
원료비	0.10	0.30	0.15
임 금	0.30	0.40	0.25
잡 비	0.10	0.20	0.15

계절별 생산되는 양

(단위: 개)

	봄	여름	가을	겨울
A제품	4,000	4,000	4,500	4,500
B제품	2,200	2,000	2,600	2,400
C제품	6,000	5,800	6,200	6,000

풀이 각 계절별로 소요되는 3가지 비용은 다음과 같다.

1) 봄에 소요되는 생산비용

원료비: $(0.10)(4,000)+(0.30)(2,200)+(0.15)(6,000)=1,960$

임 금: $(0.30)(4,000)+(0.40)(2,200)+(0.25)(6,000)=3,580$

잡 비: $(0.10)(4,000)+(0.20)(2,200)+(0.15)(6,000)=1,740$

2) 여름에 소요되는 생산비용

원료비: $(0.10)(4,000)+(0.30)(2,000)+(0.15)(5,800)=1,870$

임 금: $(0.30)(4,000)+(0.40)(2,000)+(0.25)(5,800)=3,450$

잡 비: $(0.10)(4,000)+(0.20)(2,000)+(0.15)(5,800)=1,670$

3) 가을에 소요되는 생산비용

원료비: $(0.10)(4,500)+(0.30)(2,600)+(0.15)(6,200)=2,160$

임 금: $(0.30)(4,500)+(0.40)(2,600)+(0.25)(6,200)=3,940$

잡 비: $(0.10)(4,500)+(0.20)(2,600)+(0.15)(6,200)=1,900$

4) 겨울에 소요되는 생산비용

원료비: $(0.10)(4,500)+(0.30)(2,400)+(0.15)(6,000)=2,070$

임 금: $(0.30)(4,500)+(0.40)(2,400)+(0.25)(6,000)=3,810$

잡 비: $(0.10)(4,500)+(0.20)(2,400)+(0.15)(6,000)=1,830$

이를 행렬을 이용해서 계산해보면 다음과 같다.

품목별 생산비용의 행렬 $M=\begin{bmatrix} 0.10 & 0.30 & 0.15 \\ 0.30 & 0.40 & 0.25 \\ 0.10 & 0.20 & 0.15 \end{bmatrix}$

계절별 생산되는 양의 행렬 $P = \begin{bmatrix} 4{,}000 & 4{,}000 & 4{,}500 & 4{,}500 \\ 2{,}200 & 2{,}000 & 2{,}600 & 2{,}400 \\ 6{,}000 & 5{,}800 & 6{,}200 & 6{,}000 \end{bmatrix}$

이다. 따라서

$$MP = \begin{bmatrix} 1{,}960 & 1{,}870 & 2{,}160 & 2{,}070 \\ 3{,}580 & 3{,}450 & 3{,}940 & 3{,}810 \\ 1{,}740 & 1{,}670 & 1{,}900 & 1{,}830 \end{bmatrix}$$

이고 봄에 3가지 품목을 생산하는데 소요되는 비용은

$$MP\text{의 제1열 } \begin{bmatrix} 1{,}960 \\ 3{,}580 \\ 1{,}740 \end{bmatrix} = \begin{bmatrix} \text{원료비} \\ \text{임금} \\ \text{잡비} \end{bmatrix},$$

여름에 3가지 품목을 생산하는데 소요되는 비용은

$$MP\text{의 제2열 } \begin{bmatrix} 1{,}870 \\ 3{,}450 \\ 1{,}670 \end{bmatrix} = \begin{bmatrix} \text{원료비} \\ \text{임금} \\ \text{잡비} \end{bmatrix},$$

가을에 3가지 품목을 생산하는데 소요되는 비용은

$$MP\text{의 제3열 } \begin{bmatrix} 2{,}160 \\ 3{,}940 \\ 1{,}900 \end{bmatrix} = \begin{bmatrix} \text{원료비} \\ \text{임금} \\ \text{잡비} \end{bmatrix},$$

겨울에 3가지 품목을 생산하는데 소요되는 비용은

$$MP\text{의 제4열 } \begin{bmatrix} 2{,}070 \\ 3{,}810 \\ 1{,}830 \end{bmatrix} = \begin{bmatrix} \text{원료비} \\ \text{임금} \\ \text{잡비} \end{bmatrix}$$

이다.

정리 1.2 행렬곱이 가능한 행렬 A, B, C와 상수 a에 대하여 다음이 성립한다.

1) [곱셈의 결합법칙] $(AB)C = A(BC)$
2) $a(AB) = A(aB) = (aA)B$
3) $A(B+C) = AB + AC$
4) $(A+B)C = AC + BC$
5) A가 $m \times n$행렬이면 $I_m A = A$, $AI_n = A$이다.

행렬A, B가 n차 정사각행렬이면 곱 AB도 n차 정사각행렬이다. 따라서 다음과

같이 n차 정사각행렬의 거듭제곱을 정의할 수 있다.

정의 1.6 행렬 A가 n차 정사각행렬이면 A^n을 다음과 같이 정의한다.

$$A^1 = A,\ A^n = A^{n-1} \cdot A$$

또한, $n = 0$이면 $A^0 = I$로 정의한다.

실제로 A가 정방행렬이고 r, s가 정수이면 다음의 지수법칙이 성립한다.

$$A^r A^s = A^{r+s},\ (A^r)^s = A^{rs}.$$

예제 1.13 행렬 $A = \begin{bmatrix} 1 & 1 \\ 1 & 0 \end{bmatrix}$, $B = \begin{bmatrix} 0 & 1 \\ 1 & -1 \end{bmatrix}$, $C = \begin{bmatrix} 1 & 2 & 3 \\ 3 & 2 & 1 \end{bmatrix}$일 때 다음을 구하여라.

1) A^2 2) A^4 3) $(AB)C$ 4) $A(BC)$ 5) $AC - BC$

풀이

1) $A^2 = \begin{bmatrix} 2 & 1 \\ 1 & 1 \end{bmatrix}$ 2) $A^4 = \begin{bmatrix} 5 & 3 \\ 3 & 2 \end{bmatrix}$ 3) $(AB)C = \begin{bmatrix} 1 & 2 & 3 \\ 3 & 2 & 1 \end{bmatrix}$

4) $A(BC) = (AB)C = \begin{bmatrix} 1 & 2 & 3 \\ 3 & 2 & 1 \end{bmatrix}$

5) $AC - BC = (A - B)C = I_2 C = C = \begin{bmatrix} 1 & 2 & 3 \\ 3 & 2 & 1 \end{bmatrix}$

— 행렬의 분할

행렬의 곱셈에 있어 한 행렬이 몇 개의 부분행렬로 구성되어 있다고 생각하는 것이 유용할 때가 있다. 행렬 A를 몇 개의 가로선과 세로선으로 구분하여 몇 개의 부분행렬로 나누는 행렬의 분할을 생각해보자. 예를 들어

$$A = \begin{bmatrix} a_{11} & a_{12} & a_{13} & a_{14} \\ a_{21} & a_{22} & a_{23} & a_{24} \\ a_{31} & a_{32} & a_{33} & a_{34} \\ a_{41} & a_{42} & a_{43} & a_{44} \end{bmatrix},\ B = \begin{bmatrix} b_{11} & b_{12} & b_{13} & b_{14} \\ b_{21} & b_{22} & b_{23} & b_{24} \\ b_{31} & b_{32} & b_{33} & b_{34} \\ b_{41} & b_{42} & b_{43} & b_{44} \end{bmatrix}$$

라 하고 행렬 A와 B의 제 3행과 4행 사이에 가로선을, 제 3열과 4열 사이에 세로선을 그으면 A는 4개의 부분행렬 $A_{11}, A_{12}, A_{21}, A_{22}$로, B는 4개의 부분행렬 $B_{11}, B_{12}, B_{21}, B_{22}$로 분할된다. 즉,

$$A = \left[\begin{array}{ccc|c} a_{11} & a_{12} & a_{13} & a_{14} \\ a_{21} & a_{22} & a_{23} & a_{24} \\ a_{31} & a_{32} & a_{33} & a_{34} \\ \hline a_{41} & a_{42} & a_{43} & a_{44} \end{array}\right] = \begin{bmatrix} A_{11} & A_{12} \\ A_{21} & A_{22} \end{bmatrix}, \quad B = \left[\begin{array}{ccc|c} b_{11} & b_{12} & b_{13} & b_{14} \\ b_{21} & b_{22} & b_{23} & b_{24} \\ b_{31} & b_{32} & b_{33} & b_{34} \\ \hline b_{41} & b_{42} & b_{43} & b_{44} \end{array}\right] = \begin{bmatrix} B_{11} & B_{12} \\ B_{21} & B_{22} \end{bmatrix}$$

이 때 행렬 A와 B의 곱은

$$AB = \begin{bmatrix} A_{11}B_{11} + A_{12}B_{21} & A_{11}B_{12} + A_{12}B_{22} \\ A_{21}B_{11} + A_{22}B_{21} & A_{21}B_{12} + A_{22}B_{22} \end{bmatrix}$$

와 같이 계산된다.

주의 행렬의 분할을 이용해서 행렬의 곱을 계산할 때에는 행렬의 곱이 정의될 수 있도록 행렬을 분할하여야 한다.

예제 1.14 $A = \begin{bmatrix} 1 & 1 & 1 & 1 \\ 2 & 2 & 1 & 1 \\ 3 & 3 & 2 & 2 \end{bmatrix}$, $B = \begin{bmatrix} B_{11} & B_{12} \\ B_{21} & B_{22} \end{bmatrix} = \left[\begin{array}{cc|cc} 1 & 1 & 1 & 1 \\ 1 & 2 & 1 & 1 \\ \hline 3 & 1 & 1 & 1 \\ 3 & 2 & 1 & 2 \end{array}\right]$ 일 때 A를 4개의 부분행렬로 분할하고, 분할을 이용하여 AB를 계산하여라.

풀이 모든 B_{kj}가 두 개의 행을 갖기 때문에 A의 부분행렬 A_{ik}들은 두 개의 열을 가져야 한다. 따라서 다음 두 가지 경우가 있다.

$$A = \begin{bmatrix} A_{11} & A_{12} \\ A_{21} & A_{22} \end{bmatrix} = \left[\begin{array}{cc|cc} 1 & 1 & 1 & 1 \\ \hline 2 & 2 & 1 & 1 \\ 3 & 3 & 2 & 2 \end{array}\right] \quad \text{또는} \quad A = \begin{bmatrix} A'_{11} & A'_{12} \\ A'_{21} & A'_{22} \end{bmatrix} = \left[\begin{array}{cc|cc} 1 & 1 & 1 & 1 \\ 2 & 2 & 1 & 1 \\ \hline 3 & 3 & 2 & 2 \end{array}\right]$$

이제 각 경우에 대하여 계산해 보면 다음과 같다.

$$AB = \begin{bmatrix} A_{11} & A_{12} \\ A_{21} & A_{22} \end{bmatrix} \begin{bmatrix} B_{11} & B_{12} \\ B_{21} & B_{22} \end{bmatrix} = \begin{bmatrix} A_{11}B_{11} + A_{12}B_{21} & A_{11}B_{12} + A_{12}B_{22} \\ A_{21}B_{11} + A_{22}B_{21} & A_{21}B_{12} + A_{22}B_{22} \end{bmatrix}$$

$$= \left[\begin{array}{cc|cc} 8 & 6 & 4 & 5 \\ \hline 10 & 9 & 6 & 7 \\ 18 & 15 & 10 & 12 \end{array}\right]$$

$$AB = \begin{bmatrix} A'_{11} & A'_{12} \\ A'_{21} & A'_{22} \end{bmatrix} \begin{bmatrix} B_{11} & B_{12} \\ B_{21} & B_{22} \end{bmatrix} = \begin{bmatrix} A_{11}'B_{11} + A_{12}'B_{21} & A_{11}'B_{12} + A_{12}'B_{22} \\ A_{21}'B_{11} + A_{22}'B_{21} & A_{21}'B_{12} + A_{22}'B_{22} \end{bmatrix}$$

$$= \left[\begin{array}{cc|cc} 8 & 6 & 4 & 5 \\ 10 & 9 & 6 & 7 \\ \hline 18 & 15 & 10 & 12 \end{array}\right]$$

$m \times n$ 행렬의 분할에 의한 곱을 계산하는 가장 유용한 방법 중의 하나는 n개의 $m \times 1$ 행렬로 분할하는 것이다. 즉,

$$A = \begin{bmatrix} a_{11} & a_{12} & \dots & a_{1n} \\ a_{21} & a_{22} & \cdots & a_{2n} \\ \vdots & \vdots & & \vdots \\ a_{m1} & a_{m2} & \cdots & a_{mn} \end{bmatrix}, \ B = \begin{bmatrix} b_{11} & b_{12} & \cdots & b_{1m} \\ b_{21} & b_{22} & \cdots & b_{2m} \\ \vdots & \vdots & & \vdots \\ b_{n1} & b_{n2} & \cdots & b_{nm} \end{bmatrix}$$

라 할 때

$$B = \begin{bmatrix} B_{11} \, B_{12} \cdots B_{1m} \end{bmatrix} = \left[\begin{array}{c|c|c|c} b_{11} & b_{12} & \cdots & b_{1m} \\ b_{21} & b_{22} & \cdots & b_{2m} \\ \vdots & \vdots & & \vdots \\ b_{n1} & b_{n2} & \cdots & b_{nm} \end{array}\right]$$

라 두면 $AB = \begin{bmatrix} AB_{11} & AB_{12} & \cdots & AB_{1m} \end{bmatrix}$가 된다. 이 결과는 나중에 유용하게 사용된다.

▬ 행렬과 연립 1차 방정식

n개의 변수를 갖는 연립 1차 방정식(system of linear equations)은 다음과 같이 쓸 수 있다.

$$\begin{cases} a_{11}x_1 + \cdots + a_{1n}x_n = b_1 \\ \quad \vdots \qquad\qquad\quad \vdots \\ a_{m1}x_1 + \cdots + a_{mn}x_n = b_m \end{cases}$$

여기서 계수로 이루어진 행렬 $A = \begin{bmatrix} a_{11} & \cdots & a_{1n} \\ \vdots & & \vdots \\ a_{m1} & \cdots & a_{mn} \end{bmatrix}$을 주어진 연립 1차 방정식의 계수 행렬(coefficient matrix)이라 한다. 이제 $X = \begin{bmatrix} x_1 \\ \vdots \\ x_n \end{bmatrix}$, $B = \begin{bmatrix} b_1 \\ \vdots \\ b_n \end{bmatrix}$로 두면 주어진 연립 1차 방정식은 행렬을 이용하여 다음과 같이 나타낼 수 있다.

$$AX = B$$

예제 1.15 다음 연립방정식을 행렬을 이용하여 나타내어라.

$$\begin{cases} 5x - 5y + 5z = 1 \\ \quad\quad 2y - 3z = -5 \\ -3x + 4y - 5z = 3 \end{cases}$$

풀이 $\begin{bmatrix} 5 & -5 & 5 \\ 0 & 2 & -3 \\ -3 & 4 & -5 \end{bmatrix} \begin{bmatrix} x \\ y \\ z \end{bmatrix} = \begin{bmatrix} 1 \\ -5 \\ 3 \end{bmatrix}$ 이다.

행렬에 대한 연구는 "연립 1차 방정식의 해를 보다 간편하고 쉽게 구할 수 없을까?" 하는 생각에서 시작되었다. 행렬을 이용한 연립 1차 방정식의 해법은 2장에서 다루기로 한다.

연습문제 1.1

1. $\begin{bmatrix} x-y & u+2v \\ 2x+y & u-v \end{bmatrix} = \begin{bmatrix} 1 & 2 \\ 2 & 5 \end{bmatrix}$ 일 때 x, y, u, v를 구하여라.

2. $A = \begin{bmatrix} 2 & -3 & 4 \\ 5 & 4 & 3 \\ -6 & 7 & 6 \end{bmatrix}$, $B = \begin{bmatrix} 2 & 5 & -6 \\ -3 & 4 & 7 \\ 4 & 3 & 6 \end{bmatrix}$ 일 때 다음을 계산하여라.

   1) $\frac{1}{2}(A+B)$ 2) $\frac{1}{2}(A-B)$

3. 다음에 주어진 행렬 A, B가 $AB = BA$를 만족할 때 B를 구하여라.

   1) $A = \begin{bmatrix} 1 & 3 \\ 2 & 4 \end{bmatrix}$, $B = \begin{bmatrix} a & b \\ c & d \end{bmatrix}$ 2) $A = \begin{bmatrix} 2 & 1 & 0 \\ 0 & 2 & 1 \\ 0 & 0 & 2 \end{bmatrix}$, $B = \begin{bmatrix} a & b & c \\ d & e & f \\ g & h & i \end{bmatrix}$

4. $A = \begin{bmatrix} 1 & 1 \\ 1 & 1 \end{bmatrix}$ 일 때 A^2, A^3, A^n을 구하여라.

5. 행렬 A가 다음과 같을 때 A^n을 계산하여라.(단, n은 자연수)

   1) $A = \begin{bmatrix} 2 & 1 \\ 0 & 2 \end{bmatrix}$ 2) $A = \begin{bmatrix} 1 & 1 & 0 \\ 0 & 1 & 1 \\ 0 & 0 & 1 \end{bmatrix}$ 3) $A = \begin{bmatrix} 0 & 2 & 0 & 0 \\ 0 & 0 & 2 & 0 \\ 0 & 0 & 0 & 2 \\ 0 & 0 & 0 & 0 \end{bmatrix}$

6. A, B가 n차 정사각행렬일 때, 다음 등식은 성립하는가?

1) $(A+B)^2 = A^2 + 2AB + B^2$

2) $A^3 - I_n = (A - I_n)(A^2 + A + I_n)$

3) $AO = OA$ (단, O는 영행렬이고, AO와 OA는 정의된다.)

7. 다음 물음에 답하여라.

1) $(A+B)^2 \neq A^2 + 2AB + B^2$인 2×2행렬 A, B를 구하여라.

2) $A^2 = I_3$를 만족하는 행렬 $A(\neq I_3)$를 구하여라.

8. $A = \begin{bmatrix} 0 & -1 \\ 1 & 0 \end{bmatrix}$ 일 때 다음 물음에 답하여라.

1) A^3 을 구하여라.

2) $A^3 + A = O$ 임을 보여라.

3) 2)를 이용하여 행렬 $B = \begin{bmatrix} 0 & -1 & 0 \\ 1 & 0 & 0 \\ 0 & 0 & 0 \end{bmatrix}$ 는 $B^3 + B = O$ 을 만족함을 보여라.

9. 행렬의 분할을 이용하여 다음을 계산하여라.

1) $\begin{bmatrix} 2 & 1 & 0 & 0 \\ 1 & -1 & 0 & 0 \\ 0 & 0 & 3 & -2 \\ 0 & 0 & 2 & 1 \end{bmatrix} \begin{bmatrix} -1 & 5 & 0 & 0 \\ 2 & 0 & 0 & 0 \\ 0 & 0 & 4 & 3 \\ 0 & 0 & -2 & 1 \end{bmatrix}$ 2) $\begin{bmatrix} 1 & 3 & 2 & 0 \\ -1 & 2 & 2 & 1 \\ 0 & 0 & 1 & 2 \\ 0 & 0 & -3 & 5 \end{bmatrix} \begin{bmatrix} 3 & 0 & 2 \\ -2 & 1 & 3 \\ 0 & 0 & 2 \\ 0 & 0 & 4 \end{bmatrix}$

10. 다음의 연립방정식을 행렬을 이용하여 나타내어라.

1) $\begin{cases} a_{11}x_1 + a_{12}x_2 = b_1 \\ a_{21}x_1 + a_{22}x_2 = b_2 \\ a_{31}x_1 + a_{32}x_2 = b_3 \end{cases}$ 2) $\begin{cases} x + y + z = 5 \\ x - 2y + z = 2 \\ 3x + 2y - z = 2 \end{cases}$

3) $\begin{cases} 2x + 3y + 2z + 5w = 12 \\ 3x + 6y + 2z + 4w = 15 \end{cases}$ 4) $\begin{cases} (\lambda - 1)x + y = 0 \\ 2x + (\lambda - 2)y = 0 \end{cases}$

11. 작년도 서울에는 햄버거 체인점 M이 38개 있었는데 5개가 햄버거 체인점 B로, 3개가 햄버거 체인점 H로 바뀌었다. 서울에 있는 체인점 B의 10%가 M, 20%는 H로 바뀌었고, 서울에 있는 체인점 H의 5%가 체인점 M으로, 8%가 체인점 B로 바뀌었다고 하자. 현재의 시장점유율은 M 50%, B 40%, H 10%이다. 1년 후의 체인점 M의 시장점유율을 계산하여라.

12. 어떤 마을에 기혼자의 3%가 매년 이혼했고, 독신자 중 2%가 매년 결혼을 했다. 이 마을에는 8,000명의 기혼자와 2,000명의 독신자가 있고 총 인구가 매년 변함이 없다고 가정을 할 때 1년 후, 2년 후의 기혼자의 수와 독신자의 수를 구하여라.

1.2 역행렬과 전치행렬

— 역행렬

정의 1.7 정사각행렬 A에 대하여 $AB = BA = I$인 행렬 B가 존재할 때, A를 **가역행렬**(invertible matrix) 또는 정칙행렬이라 하고, B를 A의 **역행렬**(inverse matrix)이라 한다. 이때 $B = A^{-1}$로 표기한다. 따라서 A가 가역행렬이면

$$AA^{-1} = A^{-1}A = I$$

이다.

역행렬을 구하는 것이 왜 중요한지 한 가지 보기를 통하여 알아보자. 연립 1차 방정식

$$\begin{cases} a_{11}x_1 + \cdots + a_{1n}x_n = b_1 \\ \quad\vdots \qquad\qquad\qquad \vdots \\ a_{m1}x_1 + \cdots + a_{mn}x_n = b_m \end{cases}$$

은 행렬을 이용하여 $AX = B$로 나타낼 수 있었다. 연립방정식의 개수와 미지수의 개수가 같으면 계수행렬 A는 정사각행렬이다. 이때 A가 역행렬을 가지면 주어진 연립방정식의 해는 다음과 같이 구할 수 있다.

$$\begin{aligned} AX = B \ &\Rightarrow\ A^{-1}(AX) = A^{-1}B \ \Rightarrow\ (A^{-1}A)X = A^{-1}B \\ &\Rightarrow\ IX = A^{-1}B \ \Rightarrow\ X = A^{-1}B \end{aligned}$$

이와 같이 역행렬은 연립방정식을 푸는데 중요하게 쓰인다.

예제 1.16 행렬 $A = \begin{bmatrix} 3 & 5 \\ 1 & 2 \end{bmatrix}$는 행렬 $B = \begin{bmatrix} 2 & -5 \\ -1 & 3 \end{bmatrix}$의 역행렬이다. 실제로

$$AB = \begin{bmatrix} 3 & 5 \\ 1 & 2 \end{bmatrix}\begin{bmatrix} 2 & -5 \\ -1 & 3 \end{bmatrix} = \begin{bmatrix} 1 & 0 \\ 0 & 1 \end{bmatrix}$$

$$BA = \begin{bmatrix} 2 & -5 \\ -1 & 3 \end{bmatrix} \begin{bmatrix} 3 & 5 \\ 1 & 2 \end{bmatrix} = \begin{bmatrix} 1 & 0 \\ 0 & 1 \end{bmatrix}$$

이다.

예제 1.17 행렬 $A = \begin{bmatrix} a & b \\ c & d \end{bmatrix}$에 대하여 다음에 답하여라.

1) A가 역행렬을 가질 필요충분조건은 $ad-bc \neq 0$이다.

2) 이때 $A^{-1} = \dfrac{1}{ad-bc}\begin{bmatrix} d & -b \\ -c & a \end{bmatrix}$이다.

풀이 A의 역행렬이 존재한다고 가정하고, 그것을 $X = \begin{bmatrix} x & u \\ y & v \end{bmatrix}$라 하면 $AX = I$로부터

$$\begin{bmatrix} a & b \\ c & d \end{bmatrix}\begin{bmatrix} x & u \\ y & v \end{bmatrix} = \begin{bmatrix} ax+by & au+bv \\ cx+dy & cu+dv \end{bmatrix} = \begin{bmatrix} 1 & 0 \\ 0 & 1 \end{bmatrix}$$

을 얻는다. 따라서 연립방정식

$$\begin{cases} ax+by=1 \\ cx+dy=0 \end{cases} \text{와} \begin{cases} au+bv=0 \\ cu+dv=1 \end{cases}$$

을 얻는다. 이제 가감법을 적용하면 다음을 얻는다.

$$\begin{matrix} (ad-bc)x = d & (ad-bc)u = -b \\ (ad-bc)y = -c & (ad-bc)v = a \end{matrix}$$

(i) $ad-bc \neq 0$이면 $X = \begin{bmatrix} x & u \\ y & v \end{bmatrix} = \dfrac{1}{ad-bc}\begin{bmatrix} d & -b \\ -c & a \end{bmatrix}$을 얻는다.

(ii) $ad-bc=0$이면 $a=b=c=d=0$을 얻어서 $AX=I$에 모순된다. 따라서 역행렬은 존재하지 않는다.

예제 1.18 연립방정식 $\begin{cases} 3x + y = 6 \\ 5x + 2y = 11 \end{cases}$을 역행렬을 이용하여 풀어라.

풀이 연립방정식을 행렬로 나타내면 $\begin{bmatrix} 3 & 1 \\ 5 & 2 \end{bmatrix}\begin{bmatrix} x \\ y \end{bmatrix} = \begin{bmatrix} 6 \\ 11 \end{bmatrix}$이다. 계수행렬에서 $3 \cdot 2 - 1 \cdot 5 = 1 \neq 0$이므로 역행렬이 존재하고, 역행렬

$$\begin{bmatrix} 3 & 1 \\ 5 & 2 \end{bmatrix}^{-1} = \frac{1}{1}\begin{bmatrix} 2 & -1 \\ -5 & 3 \end{bmatrix} = \begin{bmatrix} 2 & -1 \\ -5 & 3 \end{bmatrix}$$

을 양변에 곱하면 $\begin{bmatrix} x \\ y \end{bmatrix} = \begin{bmatrix} 2 & -1 \\ -5 & 3 \end{bmatrix} \begin{bmatrix} 6 \\ 11 \end{bmatrix} = \begin{bmatrix} 1 \\ 3 \end{bmatrix}$이다. 따라서 $x=1$, $y=3$이다.

위의 예제들을 살펴보면 "행렬 A가 가역행렬이라면 A는 하나 이상의 역행렬을 가질 수 있을까?, 어떤 행렬이 가역행렬이고 그 역행렬은 어떻게 구할까?"라는 의문을 당연히 가질 것이다. 첫 번째 의문에 대한 답은 정리 1.3에서 해결되고, 두 번째 의문에 대한 답은 2장에서 구할 수 있다.

정리 1.3 A의 역행렬이 존재한다면, A의 역행렬은 유일하다.

증명 B, C가 A의 역행렬이면, $B = BI = B(AC) = (BA)C = IC = C$가 된다.

참고 I가 실수의 곱셈에서 1과 같은 역할을 하므로 A가 가역행렬이라면 A의 역행렬 A^{-1}는 실수의 곱셈에서 역수와 같은 역할을 한다.

다음 두 정리는 가역행렬의 곱의 가역성과 역행렬의 형태를 보여주는 중요한 정리이다.

정리 1.4 A와 B가 같은 크기의 가역행렬이면 AB도 가역행렬이고,

$$(AB)^{-1} = B^{-1}A^{-1}$$

이다.

증명 $(AB)(B^{-1}A^{-1}) = A(BB^{-1})A^{-1} = AIA^{-1} = I$

$(B^{-1}A^{-1})(AB) = B^{-1}(A^{-1}A)B = B^{-1}IB = I$

이므로 AB도 가역행렬이고

$$(AB)^{-1} = B^{-1}A^{-1}$$

이다.

참고 $A_1, A_2, \cdots, A_n$이 같은 크기의 가역행렬들이면 $A_1A_2\cdots A_n$도 가역행렬이고 $(A_1A_2\cdots A_n)^{-1} = {A_n}^{-1}{A_{n-1}}^{-1}\cdots {A_1}^{-1}$이다.

정리 1.5 A가 가역행렬이면 다음이 성립한다.

1) A^{-1}도 가역행렬이고 $(A^{-1})^{-1} = A$이다.

2) A^n도 가역행렬이고 $(A^n)^{-1} = (A^{-1})^n$, $n = 0, 1, 2, \cdots$이다.

3) kA $(k \neq 0)$도 가역행렬이고 $(kA)^{-1} = \frac{1}{k} A^{-1}$이다.

증명 3)만 증명하고 나머지는 독자들에게 남긴다.

3) $(kA)(\frac{1}{k}A^{-1}) = (k\frac{1}{k})(AA^{-1}) = 1I_n = I_n$,

$(\frac{1}{k}A^{-1})(kA) = (\frac{1}{k}k)(A^{-1}A) = 1I_n = I_n$.

전치행렬

행렬 $A = (a_{ij})_{m \times n}$의 1행을 1열로, 2행을 2열로, …, m행을 m열로 고쳐 쓴 행렬을 A의 전치행렬(transposed matrix)이라 하고 A^T로 나타낸다. 즉, 행렬 $A = (a_{ij})_{m \times n}$의 전치행렬은 $A^T = (a_{ji})_{n \times m}$이다. 다음 전치행렬 연산의 기본성질들은 직관에 의하여 성립함을 쉽게 알 수 있다.

정리 1.6 A, B가 $m \times n$ 행렬이면 다음이 성립한다.

1) $(A^T)^T = A$

2) $(A+B)^T = A^T + B^T$

3) $(kA)^T = kA^T$, (k : 임의의 상수)

4) $(AB)^T = B^T A^T$

5) A이 가역행렬이면 A^T도 가역행렬이고 $(A^T)^{-1} = (A^{-1})^T$이다.

예제 1.19 다음 행렬에 대하여 주어진 행렬을 구하여라.

$$A = \begin{bmatrix} 1 & 2 & 3 \\ 1 & 0 & -1 \end{bmatrix},\ B = \begin{bmatrix} 1 & 1 \\ 0 & -1 \\ 2 & 0 \end{bmatrix},\ C = \begin{bmatrix} 2 & -1 & 1 \\ 0 & 1 & -1 \\ 1 & 2 & 0 \end{bmatrix}$$

1) A^T　　2) $(3B)^T$　　3) $(AA^T)^T$　　4) $C^T - C$

풀이 1) $A^T = \begin{bmatrix} 1 & 1 \\ 2 & 0 \\ 3 & -1 \end{bmatrix}$　　2) $(3B)^T = 3B^T = \begin{bmatrix} 3 & 0 & 6 \\ 3 & -3 & 0 \end{bmatrix}$

3) $(AA^T)^T = AA^T = \begin{bmatrix} 1 & 2 & 3 \\ 1 & 0 & -1 \end{bmatrix} \begin{bmatrix} 1 & 1 \\ 2 & 0 \\ 3 & -1 \end{bmatrix} = \begin{bmatrix} 14 & -2 \\ -2 & 2 \end{bmatrix}$

4) $C^T - C = \begin{bmatrix} 2 & 0 & 1 \\ -1 & 1 & 2 \\ 1 & -1 & 0 \end{bmatrix} - \begin{bmatrix} 2 & -1 & 1 \\ 0 & 1 & -1 \\ 1 & 2 & 0 \end{bmatrix} = \begin{bmatrix} 0 & 1 & 0 \\ -1 & 0 & 3 \\ 0 & -3 & 0 \end{bmatrix}$

연습문제 1.2

1. 다음 물음에 답하여라.

1) 행렬 $\begin{bmatrix} -40 & 16 & 9 \\ 13 & -5 & -3 \\ 5 & -2 & -1 \end{bmatrix}$이 행렬 $\begin{bmatrix} 1 & 2 & 3 \\ 2 & 5 & 3 \\ 1 & 0 & 8 \end{bmatrix}$의 역행렬임을 보여라.

2) 1)을 이용하여 연립방정식 $\begin{cases} x + 2y + 3z = 1 \\ 2x + 5y + 3z = 2 \\ x + \quad\quad 8z = 3 \end{cases}$을 풀어라.

2. 행렬 $A = \begin{bmatrix} 1 & 1 & 0 \\ 0 & 1 & 1 \\ 0 & 0 & 0 \end{bmatrix}$가 가역행렬인지 판별하여라.

3. A, P가 $n \times n$ 가역행렬들일 때, 임의의 자연수 r에 대하여 $(P^{-1}AP)^r = P^{-1}A^rP$ 임을 보여라.

4. $A = \begin{bmatrix} 1 & 2 \\ -1 & -1 \end{bmatrix}$, $P = \begin{bmatrix} 1 & 1 \\ 1 & 2 \end{bmatrix}$, $B = PAP^{-1}$라 하자.

1) A^2를 구하여라.

2) B^{50}을 구하여라.

3) B^{-30}을 구하여라.

5. n차 정방행렬 A가 $A^2 - 3A + I_n = O$을 만족하면 A는 가역행렬임을 보이고 A^{-1}를 A와 I_n 의 항으로 나타내어라.

6. 다음 물음에 답하여라.

1) 두 가역행렬의 합이 가역행렬이 아닌 예를 들어라.

2) A, B를 $AB = O$인 정방행렬이라 할 때, $B \neq O$이면 A는 가역행렬이 아님을 보여라.

7. $A=\begin{bmatrix} B & C \\ O & D \end{bmatrix}$에서 모든 부분행렬 B, C, O, D는 $r \times r$ 행렬들이고, O는 영행렬이라 하자. B와 D가 가역행렬이면 A도 가역행렬임을 보여라.

1.3 행렬식

연립방정식 $AX=O$에서 계수행렬이 $n \times n$행렬이고 가역행렬이라고 하자. 그러면 양변에 A의 역행렬을 곱하여 연립방정식의 해가 $X=O$임을 알 수 있다. 이와 같이 정사각행렬이 가역행렬인지를 판별하는 문제는 매우 중요하고 유용하다. 이 절에서는 정사각행렬의 가역성을 판별할 수 있는 도구인 행렬식에 대하여 공부한다.

— 2차 정사각행렬의 행렬식

예제 1.17에서 살펴본 바와 같이 2차 정사각행렬 $A=\begin{bmatrix} a & b \\ c & d \end{bmatrix}$에 대하여 $ad-bc \neq 0$이면 역행렬이 존재하고 $ad-bc=0$이면 역행렬이 존재하지 않는다. 이 값을 행렬 A의 행렬식이라 부른다.

정의 1.8 2차 정사각행렬 $A=\begin{bmatrix} a & b \\ c & d \end{bmatrix}$에 대하여 $ad-bc$를 A의 **행렬식**(determinant)이라 부르고 $\det(A)$ 또는 $|A|$로 나타낸다.

일반적으로 행렬에 대한 다음 세 가지 연산을 **기본행연산**(elementary row operation)이라 한다.

1) 한 행에 0이 아닌 상수를 곱한다.
2) 두 행의 순서를 바꾼다.
3) 한 행을 상수 배하여 다른 행에 더한다.

비슷하게 **기본열연산**(elemmentary column operation)도 생각할 수 있다.

1) 한 열에 0이 아닌 상수를 곱한다.
2) 두 열의 순서를 바꾼다.

3) 한 열을 상수 배하여 다른 열에 더한다.

기본행연산이 행렬식에 미치는 영향에 대한 다음 정리는 직접 계산에 의하여 보일 수 있다.

정리 1.7 2차 정사각행렬 A에 대하여 다음이 성립한다.

1) A의 한 행에 상수 c를 곱하여 얻은 행렬을 B라 하면 $\det(B) = c\det(A)$이다.
2) A의 두 행을 바꿔 얻은 행렬을 B라 하면 $\det(B) = -\det(A)$이다.
3) A의 한 행에 상수배한 것을 다른 행에 더하여 얻은 행렬을 B라 하면 $\det(B) = \det(A)$이다.

예제 1.20 행렬 $A = \begin{bmatrix} a & b \\ c & d \end{bmatrix}$의 행렬식이 $\det(A) = 6$일 때 다음 행렬의 행렬식의 값을 구하여라.

1) $\begin{bmatrix} a & b \\ 3c & 3d \end{bmatrix}$ 2) $\begin{bmatrix} c & d \\ a & b \end{bmatrix}$ 3) $\begin{bmatrix} a & b \\ 2a+c & 2b+d \end{bmatrix}$

풀이 행연산과 행렬식의 성질로부터 다음을 알 수 있다.

1) $\det\begin{bmatrix} a & b \\ 3c & 3d \end{bmatrix} = 3\det\begin{bmatrix} a & b \\ c & d \end{bmatrix} = 3\det(A) = 18$

2) $\det\begin{bmatrix} c & d \\ a & b \end{bmatrix} = -\det\begin{bmatrix} a & b \\ c & d \end{bmatrix} = -\det(A) = -6$

3) $\det\begin{bmatrix} a & b \\ 2a+c & 2b+d \end{bmatrix} = \det(A) = 6$

행렬식에 관한 다음 성질도 직접 계산에 의하여 보일 수 있다.

정리 1.8 2차 정사각행렬 A와 B에 대하여 다음이 성립한다.

1) $\det(AB) = \det(A)\det(B)$
2) A의 전치행렬 A^T에 대하여 $\det(A) = \det(A^T)$이다.

참고 1) 2차 정사각행렬 A이 가역이면 $AA^{-1} = I$이므로

$$1 = \det(I) = \det(AA^{-1}) = \det(A)\det(A^{-1})$$

이다. 따라서 $\det(A^{-1}) = \dfrac{1}{\det(A)}$이 된다.

2) 위의 성질을 반복하여 적용하면 자연수 n에 대하여 $\det(A^n) = [\det(A)]^n$임을 알 수 있다.

3) $A = \begin{bmatrix} 1 & 2 \\ 2 & 5 \end{bmatrix}$, $B = \begin{bmatrix} 3 & 1 \\ 1 & 3 \end{bmatrix}$이면

$$\det(A+B) = 23 \neq 9 = 1+8 = \det(A) + \det(B)$$

이다. 따라서 $\det(A+B) \neq \det(A) + \det(B)$임을 알 수 있다.

예제 1.21 2차 정사각행렬 A와 B에 대하여 $\det(A) = 2$, $\det(B) = -3$일 때 다음 행렬식을 구하여라.

1) $\det(AB)$ 2) $\det(2A)$ 3) $\det(A^{-1}B)$ 4) $\det(AA^T)$ 5) $\det(B^{-1}AB)$

풀이 행렬식의 성질에 의하여 다음을 알 수 있다.

1) $\det(AB) = \det(A)\det(B) = -6$ 2) $\det(2A) = 2^2\det(A) = 8$

3) $\det(A^{-1}B) = \det(A^{-1})\det(B) = \dfrac{1}{\det(A)} \times \det(B) = -\dfrac{3}{2}$

4) $\det(AA^t) = \det(A) \cdot \det(A^t) = \det^2(A) = 4$

5) $\det(B^{-1}AB) = \det(B^{-1})\det(A)\det(B)$

$$= \frac{1}{\det(B)} \cdot \det(A) \cdot \det(B) = \det(A) = 2$$

━ n차 정사각행렬의 행렬식

2차 정사각행렬의 가역성을 결정하는 행렬식을 n차 정사각행렬로 확장할 수 있다. n차 정사각행렬 $A = (a_{ij})$에서 i번째 행과 j번째 열을 제외한 $(n-1) \times (n-1)$ 행렬을 A_{ij}라 하자. 예를 들어

$$A = \begin{bmatrix} 1 & 4 & 3 \\ 9 & 5 & 2 \\ 7 & 1 & 9 \end{bmatrix} \text{이면 } A_{11} = \begin{bmatrix} 5 & 2 \\ 1 & 9 \end{bmatrix},\ A_{13} = \begin{bmatrix} 9 & 5 \\ 7 & 1 \end{bmatrix},\ A_{32} = \begin{bmatrix} 1 & 3 \\ 9 & 2 \end{bmatrix}$$

이다.

정의 1.9 A를 n차 정사각행렬이라 하자. $n=1$이면 $A=[a_{11}]$이므로 $\det(A)=a_{11}$이라 정의한다. $n \geq 2$이면 다음과 같이 귀납적으로 $\det(A)$를 정의한다.

$$\begin{aligned}\det(A) &= \sum_{j=1}^{n}(-1)^{1+j}a_{1j} \cdot \det(A_{1j}) \\ &= a_{11}\det(A_{11}) - a_{12}\det(A_{12}) + \cdots + (-1)^{1+n}a_{1n}\det(A_{1n})\end{aligned}$$

이때, $\det(A)$를 행렬 A의 **행렬식(determinant)**이라 하고 $|A|$로도 나타낸다.

참고 1) 2차 정사각행렬에 대하여 앞서 배운 행렬식의 정의와 위 행렬식의 정의는 일치한다.

2) 스칼라 $(-1)^{i+j}\det(A_{ij})$를 행렬 A의 (i,j) **여인수(cofactor)**라 하고 C_{ij}로 나타낸다. n차 정사각행렬의 행렬식은 여인수를 이용하여 나타내면

$$\det(A) = a_{11}C_{11} + a_{12}C_{12} + \cdots + a_{1n}C_{1n}$$

이 된다. 따라서 행렬 A의 행렬식은 A의 1행의 각 항과 그 항에 대응하는 여인수의 곱의 합과 같다. 이 식을 행렬 A의 1행에 대한 **여인수 전개**라 한다.

3) i행에 대한 여인수 전개는 다음과 같다.

$$\sum_{j=1}^{n} a_{ij}C_{ij} = a_{i1}C_{i1} + a_{i2}C_{i2} + \cdots + a_{in}C_{in}$$

마찬가지로 j번 째 열에 대한 여인수 전개는 다음과 같이 정의한다.

$$\sum_{i=1}^{n} a_{ij}C_{ij} = a_{1j}C_{1j} + a_{2j}C_{2j} + \cdots + a_{nj}C_{nj}$$

임의의 n 차 정사각행렬에 대하여 i 행의 여인수 전개는 행렬식이 된다. 뿐만 아니라 j 열에 대한 여인수 전개도 행렬식이 된다. 다음 정리는 이러한 내용을 요약한 것이다.

정리 1.9 n 차 정사각행렬 A 의 행렬식 $\det(A)$에 대하여 다음이 성립한다.

$$\begin{aligned}\det(A) &= a_{i1}C_{i1} + a_{i2}C_{i2} + \cdots + a_{in}C_{in} \quad (i \text{ 행에 관한 여인수전개}) \\ &= a_{1j}C_{1j} + a_{2j}C_{2j} + \cdots + a_{nj}C_{nj} \quad (j \text{ 열에 관한 여인수전개}) \\ &\qquad (1 \leq i, j \leq n)\end{aligned}$$

예제를 통하여 행렬식을 구하는 방법을 숙달해 보자.

예제 1.22 행렬 $A = \begin{bmatrix} 1 & 2 & 3 \\ 0 & 1 & 2 \\ 3 & 2 & 1 \end{bmatrix}$에 대하여 행렬식을 다음과 같이 구하여라.

1) 2행에 대하여 여인수 전개하여 구하여라.

2) 1열에 대하여 여인수 전개하여 구하여라.

풀이 1) 2행에 대하여 전개하면 다음과 같다.

$$\begin{aligned} \det(A) &= -0 \cdot \det\begin{bmatrix} 2 & 3 \\ 2 & 1 \end{bmatrix} + 1 \cdot \det\begin{bmatrix} 1 & 3 \\ 3 & 1 \end{bmatrix} - 2 \cdot \det\begin{bmatrix} 1 & 2 \\ 3 & 2 \end{bmatrix} \\ &= 0(2-6) + 1(1-9) - 2(2-6) \\ &= 0 \end{aligned}$$

2) 1열에 대하여 전개하면 다음과 같다.

$$\begin{aligned} \det(A) &= 1 \cdot \det\begin{bmatrix} 1 & 2 \\ 2 & 1 \end{bmatrix} - 0 \cdot \det\begin{bmatrix} 2 & 3 \\ 2 & 1 \end{bmatrix} + 3 \cdot \det\begin{bmatrix} 2 & 3 \\ 1 & 2 \end{bmatrix} \\ &= 1(1-4) - 0(2-6) + 3(4-3) \\ &= 0 \end{aligned}$$

행렬식을 구할 경우 되도록 0이 많이 포함된 행이나 열을 이용하는 것이 간편하다.

예제 1.23 다음 행렬의 행렬식을 구하여라.

1) $\begin{bmatrix} 5 & 6 & 7 \\ 8 & 0 & 9 \\ 10 & 0 & 11 \end{bmatrix}$

2) $\begin{bmatrix} 1 & 2 & 3 & 4 \\ 5 & 6 & 7 & 0 \\ 8 & 0 & 9 & 0 \\ 10 & 0 & 11 & 0 \end{bmatrix}$

풀이 1) 2열에 대하여 전개를 하면

$$\begin{aligned} \det\begin{bmatrix} 5 & 6 & 7 \\ 8 & 0 & 9 \\ 10 & 0 & 11 \end{bmatrix} &= -6 \cdot \det\begin{bmatrix} 8 & 9 \\ 10 & 11 \end{bmatrix} + 0 \cdot \det\begin{bmatrix} 5 & 7 \\ 10 & 11 \end{bmatrix} - 0 \cdot \det\begin{bmatrix} 5 & 7 \\ 8 & 9 \end{bmatrix} \\ &= -6(88-90) \\ &= 12 \end{aligned}$$

이다.

2) 4열에 대하여 전개하면

$$\det\begin{bmatrix} 1 & 2 & 3 & 4 \\ 5 & 6 & 7 & 0 \\ 8 & 0 & 9 & 0 \\ 10 & 0 & 11 & 0 \end{bmatrix} = -4 \cdot \det\begin{bmatrix} 5 & 6 & 7 \\ 8 & 0 & 9 \\ 10 & 0 & 11 \end{bmatrix} = -48$$

이다.

이제부터 n차 정사각행렬의 행렬식을 효율적으로 구하는 방법에 대하여 알아보자. n차 정사각행렬의 주대각선 아래의 항이 모두 0인 정사각행렬을 **상삼각행렬(upper triangular matrix)**이라 하고, 주대각선 위의 모든 항이 0인 정사각행렬을 **하삼각행렬(lower triangular matrix)**이라 한다. 상삼각행렬과 하삼각행렬을 통칭하여 **삼각행렬(triangular matrix)**이라 한다. 수학적 귀납법을 이용하면 삼각행렬의 행렬식은 주대각선의 원소들의 곱임을 확인할 수 있다.

정리 1.10 A가 $n \times n$ 삼각행렬일 때 $\det(A)$는 주대각선상의 항들의 곱이다. 즉, $\det(A) = a_{11} a_{22} \cdots a_{nn}$ 이다.

삼각행렬의 행렬식은 많은 계산을 하지 않아도 쉽게 구할 수 있다. 주어진 정사각행렬에 기본행연산을 시행하여 그 행렬을 삼각행렬로 만들 수 있다. 따라서 삼각행렬을 이용하여 행렬식을 계산하려면 기본행연산이 행렬식에 미치는 영향에 대한 연구가 필요하다. 2차 정사각행렬에서와 마찬가지로 n차 정사각행렬에 대해서도 다음 정리가 성립함이 알려져 있다.

정리 1.11 n차 정사각행렬 A에 대하여 다음이 성립한다.

1) A의 한 행에 상수 c를 곱하여 얻은 행렬을 B라 하면 $\det(B) = c\det(A)$이다.
2) A의 두 행을 바꿔 얻은 행렬을 B라 하면 $\det(B) = -\det(A)$이다.
3) A의 한 행에 상수배한 것을 다른 행에 더하여 얻은 행렬을 B라 하면 $\det(B) = \det(A)$이다.

주어진 행렬에 기본행연산을 적용하여 삼각행렬로 만들어 가는 과정에서 기본행연산은 행렬식에 영향을 미치므로 각 과정에서 이를 보정해주면 된다. 다음 예제들에

서 이러한 사실을 확인해 보자.

예제 1.24 $A = \begin{bmatrix} 0 & 1 & 5 \\ 3 & -6 & 9 \\ 2 & 6 & 1 \end{bmatrix}$ 일 때 $\det(A)$ 를 구하여라.

풀이 $\det(A) = \det\begin{bmatrix} 0 & 1 & 5 \\ 3 & -6 & 9 \\ 2 & 6 & 1 \end{bmatrix} = -\det\begin{bmatrix} 3 & -6 & 9 \\ 0 & 1 & 5 \\ 2 & 6 & 1 \end{bmatrix}$ (1행과 2행을 바꿈)

$= -3\det\begin{bmatrix} 1 & -2 & 3 \\ 0 & 1 & 5 \\ 2 & 6 & 1 \end{bmatrix}$ (1행에 $\frac{1}{3}$을 곱함)

$= -3\det\begin{bmatrix} 1 & -2 & 3 \\ 0 & 1 & 5 \\ 0 & 10 & -5 \end{bmatrix}$ (1행에 -2를 곱하고 3행에 더함)

$= -3\det\begin{bmatrix} 1 & -2 & 3 \\ 0 & 1 & 5 \\ 0 & 0 & -55 \end{bmatrix}$ (2행에 -10을 곱하고 3행에 더함)

$= (-3)(-55) = 165$. (정리 1.10)

예제 1.25 $A = \begin{bmatrix} 1 & 3 & -2 & 4 \\ 2 & 6 & -4 & 8 \\ 3 & 9 & 1 & 5 \\ 1 & 1 & 4 & 8 \end{bmatrix}$ 일 때 $\det(A)$를 구하여라.

풀이 $\det(A) = \det\begin{bmatrix} 1 & 3 & -2 & 4 \\ 2 & 6 & -4 & 8 \\ 3 & 9 & 1 & 5 \\ 1 & 1 & 4 & 8 \end{bmatrix} = \det\begin{bmatrix} 1 & 3 & -2 & 4 \\ 0 & 0 & 0 & 0 \\ 3 & 9 & 1 & 5 \\ 1 & 1 & 4 & 8 \end{bmatrix}$ (1행에 -2를 곱하고 2행에 더함)이고, 2행에 관하여 전개하면 행렬식은 $\det(A) = 0$이다.

행렬식을 계산하는데 있어 삼각행렬을 만드는 과정에서 우리는 행연산만을 해왔는데, 열연산에 대해서도 같은 결과를 얻을 수 있다는 것이 알려져 있다. 그러나 혼란을 방지하기 위하여 이 책에서는 특별한 경우를 제외하고는 열연산에 대한 논의는 하지 않겠다.

다음 두 예제들은 행렬의 열에 대한 성질을 이용하여 행렬식을 계산하면 쉽게 결과를 얻을 수 있는 것들이다.

예제 1.26 다음 행렬 A는 1열과 2열이 비례하기 때문에 행렬식이 0임을 알 수 있다.

$$A=\begin{bmatrix} 1 & -2 & 7 \\ -4 & 8 & 5 \\ 2 & -4 & 3 \end{bmatrix}$$

예제 1.27 다음 행렬 A의 행렬식을 계산하여라.

$$A=\begin{bmatrix} 1 & 0 & 0 & 3 \\ 2 & 7 & 0 & 6 \\ 0 & 6 & 3 & 0 \\ 7 & 3 & 1 & -5 \end{bmatrix}$$

풀이 행렬 A를 예전처럼 기본행연산을 이용하여 삼각행렬로 만든 후 행렬식을 계산할 수도 있다. 그러나 이 행렬의 경우에는 1열을 -3배하여 4열에 더하면 단 한 번의 연산으로 A를 하삼각행렬로 만들 수 있다. 따라서

$$\det(A)=\det\begin{bmatrix} 1 & 0 & 0 & 3 \\ 2 & 7 & 0 & 6 \\ 0 & 6 & 3 & 0 \\ 7 & 3 & 1 & -5 \end{bmatrix}=\det\begin{bmatrix} 1 & 0 & 0 & 0 \\ 2 & 7 & 0 & 0 \\ 0 & 6 & 3 & 0 \\ 7 & 3 & 1 & -26 \end{bmatrix}$$
$$=(1)(7)(3)(-26)=-546$$

이다.

행렬식을 구할 때 행렬식의 정의를 이용하여 구할 수도 있고 기본행연산을 시행하여 구할 수도 있다. 대부분의 경우에 이 두 가지 방법을 혼합하여 행렬식을 구하는 것이 효과적이다. 다음 예제를 살펴보자.

예제 1.28 행렬 $A=\begin{bmatrix} 3 & 5 & -2 & 6 \\ 1 & 2 & -1 & 1 \\ 2 & 4 & 1 & 5 \\ 3 & 7 & 5 & 3 \end{bmatrix}$의 행렬식을 구하여라.

풀이 $\det(A)=\det\begin{bmatrix} 3 & 5 & -2 & 6 \\ 1 & 2 & -1 & 1 \\ 2 & 4 & 1 & 5 \\ 3 & 7 & 5 & 3 \end{bmatrix}$

$$= \det \begin{bmatrix} 0 & -1 & 1 & 3 \\ 1 & 2 & -1 & 1 \\ 0 & 0 & 3 & 3 \\ 0 & 1 & 8 & 0 \end{bmatrix}$$ (2행에 -3, -2, -3을 곱하여 각각 1행, 3행, 4행에 더함)

$$= -\det \begin{bmatrix} -1 & 1 & 3 \\ 0 & 3 & 3 \\ 1 & 8 & 0 \end{bmatrix}$$ (1열에 대하여 전개)

$$= -\det \begin{bmatrix} -1 & 1 & 3 \\ 0 & 3 & 3 \\ 0 & 9 & 3 \end{bmatrix}$$ (1행에 1을 곱하여 3열에 더함)

$$= -(-1)\det \begin{bmatrix} 3 & 3 \\ 9 & 3 \end{bmatrix}$$ (1열에 대한 전개)

$$= -18.$$

2차 정사각행렬에서와 마찬가지로 다음 정리가 성립함이 알려져 있다.

정리 1.12 n차 정사각행렬 A와 B에 대하여 다음이 성립한다.

1) $\det(AB) = \det(A)\det(B)$
2) A의 전치행렬 A^T에 대하여 $\det(A) = \det(A^T)$이다.
3) n 차 정사각행렬 A가 가역행렬이기 위한 필요충분조건은 $\det(A) \neq 0$이다.
   또한 A가 가역행렬이면 다음이 성립한다.

$$\det(A^{-1}) = \frac{1}{\det(A)}$$

예제 1.29 $A = \begin{bmatrix} 1 & 2 & 3 \\ 1 & 0 & 1 \\ 2 & 4 & 6 \end{bmatrix}$는 $\det(A) = 0$이므로 가역행렬이 아니다.

3×3행렬 $A = \begin{bmatrix} a_{11} & a_{12} & a_{13} \\ a_{21} & a_{22} & a_{23} \\ a_{31} & a_{32} & a_{33} \end{bmatrix}$의 행렬식을 구해보면

$$\begin{aligned} \det A = & a_{11}a_{22}a_{33} + a_{12}a_{23}a_{31} + a_{13}a_{21}a_{32} \\ & - a_{11}a_{23}a_{32} - a_{12}a_{21}a_{33} - a_{13}a_{22}a_{31} \end{aligned}$$

이다. 이 결과를 공식으로 기억하는 것이 쉽지 않지만 [그림 1.2]에 도시한 Sarrus의 방법을 이용하면 쉽게 기억할 수 있다.

※ Sarrus의 방법

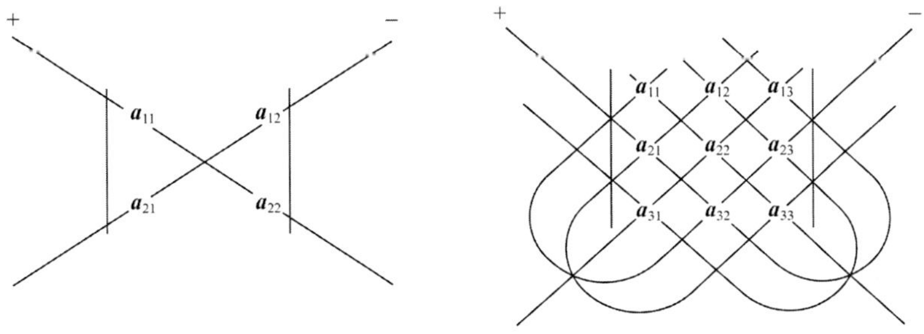

[그림 1.2]

주의 Sarrus의 빙법은 크기가 4×4 이상인 정사각행렬의 행렬식을 구하는 데는 쓸 수 없다.

예제 1.30 $A=\begin{bmatrix} 0 & 1 & 5 \\ 3 & -6 & 9 \\ 2 & 6 & 1 \end{bmatrix}$ 의 행렬식을 Sarrus의 방법을 이용하여 구하여라.

풀이
$$\begin{aligned} \det(A) &= +0\cdot(-6)\cdot 1+3\cdot 6\cdot 5+1\cdot 9\cdot 2 \\ &\quad -5\cdot(-6)\cdot 2-1\cdot 3\cdot 1-0\cdot 6\cdot 9 \\ &= 165 \end{aligned}$$

연습문제 1.3

1. 다음 행렬의 행렬식을 구하여라.

1) $A=\begin{bmatrix} 3 & -2 \\ 2 & 1 \end{bmatrix}$ 2) $B=\begin{bmatrix} 3 & 2 & -1 \\ 1 & 6 & 3 \\ 2 & -4 & 0 \end{bmatrix}$ 3) $C=\begin{bmatrix} 1 & 2 & 3 \\ -4 & 5 & 6 \\ 7 & -8 & 9 \end{bmatrix}$

4) $D=\begin{bmatrix} 0 & 0 & 2 & 2 \\ 3 & -3 & 3 & 3 \\ 4 & 4 & 4 & 4 \\ 4 & 3 & 1 & 9 \end{bmatrix}$ 5) $E=\begin{bmatrix} 1 & 0 & 0 & 3 \\ 2 & 7 & 0 & 6 \\ 0 & 6 & 3 & 0 \\ 7 & 3 & 1 & -5 \end{bmatrix}$ 6) $F=\begin{bmatrix} 0 & 0 & 2 & 2 & 2 \\ 3 & -3 & 3 & 3 & 3 \\ -4 & 4 & 4 & 4 & 4 \\ 4 & 3 & 1 & 9 & 2 \\ 1 & 2 & 1 & 3 & 1 \end{bmatrix}$

2. 다음 물음에 답하여라.

1) $\det\begin{bmatrix} 1 & 1 & 1 \\ a & b & c \\ a^2 & b^2 & c^2 \end{bmatrix}$ 을 구하여라.

2) $\det\begin{bmatrix} 1+x & 1+y & 1+z \\ 1+2x & 1+2y & 1+2z \\ 1+5x & 1+5y & 1+5z \end{bmatrix}$을 구하여라.

3. 행렬 $A=\begin{bmatrix} 1 & 2 & 3 \\ 0 & 1 & 4 \\ 1 & 2 & 1 \end{bmatrix}$에 대하여 다음을 구하여라.

1) $\det(3A)$　　2) $\det(2A^{-1})$　　3) $\det\begin{bmatrix} 3 & 2 & 1 \\ 4 & 1 & 0 \\ 1 & 2 & 1 \end{bmatrix}$

4. 두 행렬 $A=\begin{bmatrix} 4 & 1 & 1 & 1 \\ 3 & 1 & -1 & 1 \\ 1 & 3 & -5 & 2 \\ 4 & 1 & 1 & 1 \end{bmatrix}$, $B=\begin{bmatrix} -2 & 0 & 0 & 0 \\ -3 & 1 & 0 & 0 \\ -1 & -3 & 4 & 0 \\ -1 & -1 & -1 & -1 \end{bmatrix}$에 대하여 다음을 구하여라.

1) $\det(A)$　　2) $\det(A+B)$　　3) $\det(AB)$　　4) $\det\{(2B)^{-1}\}$

5. $\det\begin{bmatrix} x^2 & x & 2 \\ 2 & 1 & 1 \\ 0 & 0 & -5 \end{bmatrix}=0$을 만족하는 x를 구하여라.

6. $A=\begin{bmatrix} t+3 & -1 & 1 \\ 5 & t-3 & 1 \\ 6 & -6 & t+4 \end{bmatrix}$일 때 $\det(A)=0$가 되는 t를 구하여라.

7. $A\mathbf{x}=\mathbf{0}$는 n개의 미지수를 포함하는 n개의 1차방정식으로 구성된 연립방정식이다. 이 연립방정식이 $\mathbf{x}\neq\mathbf{0}$ 인를 가지면 $\det(A)=0$ 임을 보여라.
(2장 연립 1차방정식의 결과를 이용하면 역도 성립한다. 즉, $\det(A)=0$ 이면 연립방정식은 $\mathbf{x}\neq\mathbf{0}$ 인 해를 갖는다)

8. 연립방정식 $\begin{cases} \lambda x+y+z=0 \\ x+\lambda y+z=0 \\ x+y+\lambda z=0 \end{cases}$이 $\mathbf{x}\neq\mathbf{0}$ 인 해를 가질 λ의 값을 구하여라.

9. 연립방정식 $\begin{cases} x+2y+z=3 \\ \lambda x-y-3z=-1 \\ 2x+3y+z=4 \end{cases}$가 단 하나의 해를 가질 λ의 조건을 구하여라.

10. $A=\begin{bmatrix} 2 & 1 \\ 1 & 2 \end{bmatrix}$, $\mathbf{x}=\begin{bmatrix} x_1 \\ x_2 \end{bmatrix}$일 때 연립방정식 $(A-\lambda I_2)\mathbf{x}=\mathbf{0}$ 이 $\mathbf{x}\neq\mathbf{0}$인 해를 가질 λ의 값을 구하여라.

11. A 가 $A^2 = A,\ A \neq O$를 만족하는 행렬이면 $\det(A)$는 0 또는 1임을 보여라.

12. A 가 $A^TA = I$을 만족하면 $\det(A)$는 -1 또는 1임을 보여라.

13. $\det(A) = 0$ 이고 $A^2 = A,\ A \neq O$ 인 행렬 A의 예를 하나만 들어라.

14. 두 행렬 $A = \begin{bmatrix} 1 & 2 \\ 1 & 3 \\ 1 & 1 \end{bmatrix},\ B = \begin{bmatrix} 1 & 1 & 2 \\ 2 & 0 & 2 \end{bmatrix}$에 대하여 다음을 구하여라.

1) $\det(BA)$ 2) $\det(2(BA)^{-1})$

15. AB와 BA가 정의되는 두 행렬 $A,\ B$에 대하여 $\det(AB) \neq \det(BA)$인 예를 하나만 들어라.

제 2 장

연립 1차 방정식

우리 주변에서 찾아볼 수 있는 문제들은 사회과학 또는 자연과학 등 분야를 막론하고 연립 1차 방정식을 이용하여 나타낼 수 있다. 1장에서 공부한 행렬을 이용하면 연립 1차 방정식을 보다 다루기 쉽게 나타낼 수 있으며, 연립 1차 방정식의 해를 구하는 다양한 방법들을 이용하여 이러한 문제들을 해결할 수 있다. 그러나 미지수의 숫자가 많아지면 연립 1차 방정식의 해를 구하는 것은 쉬운 일이 아니다. 2장에서는 연립 1차 방정식의 해를 구하는 데에 사용할 수 있는 다양한 방법들에 대하여 알아보고자 한다. 이를 위해 1절에서는 행렬을 이용하여 연립 1차 방정식을 나타내는 방법에 대하여 알아보고, 2절과 3절, 4절에서는 이러한 연립 1차 방정식의 해를 비교적 손쉽게 구하는 방법들에 대하여 알아본다.

2.1 연립 1차 방정식

행렬에 대한 연구는 "연립 1차 방정식의 해를 보다 간편하고 쉽게 구할 수 없을까?" 하는 생각에서 시작되었다. 이 절에서는 연립 1차 방정식의 해를 쉽게 구하기 위해 먼저 행렬을 이용하여 연립 1차 방정식을 표현하는 방법에 대하여 알아보자.

$xy-$평면에서의 직선과 3차원 공간상의 평면은 일반적으로 다음과 같은 방정식으로 나타낼 수 있다.

$$ax+by=c \qquad \text{(직선의 방정식)}$$

$$ax+by+cz=d \qquad \text{(평면의 방정식)}$$

직선의 방정식을 x, y에 대한 1차 방정식, 평면의 방정식을 x, y, z에 대한 1차 방정식이라 한다. 일반적으로 n개의 변수 $x_1, x_2, \cdots, x_n$에 대한 1차 방정식은 다음과 같은 형태로 표현한다.

$$a_1x_1 + a_2x_2 + \cdots + a_nx_n = b \quad (a_1, a_2, \cdots, a_n, b \text{ 는 실수})$$

위의 1차 방정식에 $x_1 = s_1, x_2 = s_2, \cdots, x_n = s_n$을 대입하여 방정식이 성립하면 $s_1, s_2, \cdots, s_n$을 주어진 **1차 방정식의 해**라하고, 이러한 모든 해들의 집합을 **해집합**(solution set)이라 한다.

2개의 미지수 x, y에 대한 1차 방정식 2개로 구성된 **연립 1차 방정식**(system of linear equations, 이하 **연립방정식**이라고 표현)은 일반적으로 다음과 같이 쓸 수 있다.

$$\begin{cases} a_{11}x + a_{12}y = b_1 \\ a_{21}x + a_{22}y = b_2 \end{cases} \qquad a_{ij}, b_i \text{ 는 실수 } (i, j = 1, 2)$$

행렬연산의 정의를 이용하여 위의 연립방정식을 다음과 같은 행렬의 형태로 바꾸어 생각할 수 있다.

$$\begin{cases} a_{11}x + a_{12}y = b_1 \\ a_{21}x + a_{22}y = b_2 \end{cases} \Leftrightarrow \begin{bmatrix} a_{11}x + a_{12}y \\ a_{21}x + a_{22}y \end{bmatrix} = \begin{bmatrix} b_1 \\ b_2 \end{bmatrix}$$

$$\Leftrightarrow \begin{bmatrix} a_{11} & a_{12} \\ a_{21} & a_{22} \end{bmatrix} \begin{bmatrix} x \\ y \end{bmatrix} = \begin{bmatrix} b_1 \\ b_2 \end{bmatrix}$$

여기에서 $A = \begin{bmatrix} a_{11} & a_{12} \\ a_{21} & a_{22} \end{bmatrix}$, $X = \begin{bmatrix} x \\ y \end{bmatrix}$, $B = \begin{bmatrix} b_1 \\ b_2 \end{bmatrix}$라 하면 주어진 연립방정식은 행렬방정식 $AX = B$로 나타낼 수 있다. 이때, A를 주어진 연립방정식의 **계수행렬**(coefficient matrix)이라 한다. 연립방정식의 해를 구할 때 $[A \mid B] = \left[\begin{array}{cc|c} a_{11} & a_{12} & b_1 \\ a_{21} & a_{22} & b_2 \end{array}\right]$를 자주 사용하는데 이 행렬을 연립방정식의 **확대계수행렬**(augmented coefficient matrix)이라 한다. 일반적으로 n개의 미지수를 포함하는 m개의 방정식은 다음과 같은 형태로 나타낼 수 있다.

$$\begin{aligned} a_{11}x_1 + a_{12}x_2 + \cdots + a_{1n}x_n &= b_1 \\ a_{21}x_1 + a_{22}x_2 + \cdots + a_{2n}x_n &= b_2 \\ &\vdots \\ a_{m1}x_1 + a_{m2}x_2 + \cdots + a_{mn}x_n &= b_m \end{aligned}$$

위의 연립방정식을 행렬의 형태인 $AX=B$로 고쳐 쓰면 다음과 같다.

$$AX=\begin{bmatrix} a_{11} & a_{12} & \dots & a_{1n} \\ a_{21} & a_{22} & \cdots & a_{2n} \\ \vdots & \vdots & \vdots & \vdots \\ a_{m1} & a_{m2} & \cdots & a_{mn} \end{bmatrix}\begin{bmatrix} x_1 \\ x_2 \\ \vdots \\ x_n \end{bmatrix} = \begin{bmatrix} b_1 \\ b_2 \\ \vdots \\ b_m \end{bmatrix} = B$$

이 연립방정식의 확대계수행렬 $[A \mid B]$는 다음과 같다.

$$\begin{bmatrix} a_{11} & a_{12} & \dots & a_{1n} & b_1 \\ a_{21} & a_{22} & \cdots & a_{2n} & b_2 \\ \vdots & \vdots & \vdots & \vdots & \vdots \\ a_{m1} & a_{m2} & \cdots & a_{mn} & b_m \end{bmatrix}$$

$n\times 1$행렬 X와 $m\times 1$행렬 B는 편의를 위하여 $\mathbf{x}$와 $\mathbf{b}$로 표기하자. 즉, $AX=B$는 $A\mathbf{x}=\mathbf{b}$로, $[A \mid B]$는 $[A \mid \mathbf{b}]$로 표기하고, $n\times 1$ 영행렬은 $\mathbf{0}$으로 표기한다.

연립방정식을 행렬로 표현한 $A\mathbf{x}=\mathbf{b}$에서 $\mathbf{b}=\mathbf{0}$(모든 i에 대하여 $b_i=0$)이면 **동차(homogeneous) 연립방정식**이라 하고, $\mathbf{b}\neq\mathbf{0}$(적당한 i에 대하여 $b_i\neq 0$)이면 **비동차(nonhomogeneous) 연립방정식**이라 한다. 동차 연립방정식은 항상 $x_1=0$, $x_2=0$, $\cdots$, $x_n=0$를 해로 갖는데, 이 해를 **자명해(trivial solution)**라 한다.

다음 정리로부터 동차 연립방정식과 비동차 연립방정식의 해의 형태를 알 수 있다.

정리 2.1 1) $\mathbf{x}_1$, $\mathbf{x}_2$가 동차 연립방정식 $A\mathbf{x}=\mathbf{0}$의 해이면 임의의 상수 c_1, c_2에 대하여 $c_1\mathbf{x}_1+c_2\mathbf{x}_2$도 $A\mathbf{x}=\mathbf{0}$의 해가 된다.

2) $\mathbf{x}_0$가 비동차 연립방정식 $A\mathbf{x}=\mathbf{b}$의 해이고 $\mathbf{x}_h$가 동차 연립방정식 $A\mathbf{x}=\mathbf{0}$의 해이면, $A\mathbf{x}=\mathbf{b}$의 모든 해는 $\mathbf{x}_0+\mathbf{x}_h$ 형태이다.

증명 1) $\mathbf{x}_1$, $\mathbf{x}_2$가 $A\mathbf{x}=\mathbf{0}$의 해이면 $A\mathbf{x}_1=\mathbf{0}$, $A\mathbf{x}_2=\mathbf{0}$가 되어

$$\begin{aligned} A(c_1\mathbf{x}_1+c_2\mathbf{x}_2) &= A(c_1\mathbf{x}_1)+A(c_2\mathbf{x}_2) \\ &= c_1A\mathbf{x}_1+c_2A\mathbf{x}_2 \\ &= c_1\mathbf{0}+c_2\mathbf{0} \\ &= \mathbf{0}+\mathbf{0}=\mathbf{0} \end{aligned}$$

이다.

2) $\mathbf{x}_1, \mathbf{x}_0$을 비동차 연립방정식 $A\mathbf{x}=\mathbf{b}$의 임의의 해라고 하자. 그러면 $A\mathbf{x}_1=\mathbf{b}$이고 $A\mathbf{x}_0=\mathbf{b}$이기 때문에

$$A(\mathbf{x}_1-\mathbf{x}_0)=A\mathbf{x}_1-A\mathbf{x}_0=\mathbf{b}-\mathbf{b}=0$$

이다. 따라서 $\mathbf{x}_1-\mathbf{x}_0$는 $A\mathbf{x}=0$의 해가 된다. 이것을 $\mathbf{x}_h$라 하면 $\mathbf{x}_h=\mathbf{x}_1-\mathbf{x}_0$이고 따라서

$$\mathbf{x}_1=\mathbf{x}_0+\mathbf{x}_h$$

가 된다.

연립방정식의 경우 해가 존재하는 경우(consistent)와 해가 존재하지 않는 경우가 있다. 연립방정식이 해를 갖지 않으면 이 연립방정식은 **불능**(impossible)이라고 한다. 해가 존재하는 연립방정식의 경우 단 하나의 해(유일해)를 갖거나 무한히 많은 해를 갖는다. 해가 무한히 많은 연립방정식의 경우 **부정**(indeterminate)이라 하며, 일반적으로 방정식의 숫자가 구하고자 하는 미지수의 숫자보다 적은 경우에 연립방정식이 해를 가지면 이 연립방정식은 부정이다.

정리 2.2 연립 1차 방정식은 해를 갖지 않거나, 해를 갖는다면 단 하나의 해를 갖거나 무한히 많은 해를 갖는다.

증명 $A\mathbf{x}=\mathbf{b}$가 연립방정식이면 다음 중 하나가 성립함은 분명하다.

1) 방정식이 해를 갖지 않는다.
2) 방정식이 단 하나의 해를 갖는다.
3) 방정식이 두 개 이상의 해를 갖는다.

그러므로 방정식이 두 개 이상의 해를 갖는다면 무한히 많은 해를 갖는다는 것을 보이면 된다.

$\mathbf{x}_1, \mathbf{x}_2$가 $A\mathbf{x}=\mathbf{b}$의 서로 다른 해라고 가정하면

$$A\mathbf{x}_1=\mathbf{b},\ A\mathbf{x}_2=\mathbf{b}$$

이다. 따라서

$$A\mathbf{x}_1-A\mathbf{x}_2=A(\mathbf{x}_1-\mathbf{x}_2)=\mathbf{b}-\mathbf{b}=0$$

이 되어 $\mathbf{x}_1 - \mathbf{x}_2$는 동차연립방정식 $A\mathbf{x} = 0$의 해이다. $\mathbf{x}_0 = \mathbf{x}_1 - \mathbf{x}_2$라 하면 정리 2.1에 의해 임의의 실수 k에 대해

$$A(\mathbf{x}_1 + k\mathbf{x}_0) = A\mathbf{x}_1 + k(A\mathbf{x}_0) = \mathbf{b} + k0 = \mathbf{b}$$

가 되어 $\mathbf{x}_1 + k\mathbf{x}_0$가 $A\mathbf{x} = \mathbf{b}$의 해가 된다. k가 임의의 실수이므로 $A\mathbf{x} = \mathbf{b}$는 무한히 많은 해를 갖는다.

연습문제 2.1

1. 다음 연립 1차 방정식의 확대계수행렬을 구하여라.

1) $$\begin{aligned} x_1 - 2x_2 &= 0 \\ 3x_1 + 4x_2 &= -1 \\ 2x_1 - x_2 &= -1 \end{aligned}$$

2) $$\begin{aligned} x_1 + \qquad x_3 &= 1 \\ -x_1 + 2x_2 - x_3 &= 3 \end{aligned}$$

3) $$\begin{aligned} x_1 + 2x_2 - x_3 &= 1 \\ x_2 - x_3 + x_5 &= 2 \\ 2x_3 + x_4 &= 3 \end{aligned}$$

4) $$\begin{aligned} x_1 &= 1 \\ x_2 &= 2 \end{aligned}$$

2. 다음 확대계수행렬에 대응되는 연립 1차 방정식을 구하여라.

1) $\begin{bmatrix} 1 & 0 & -1 & 2 \\ 2 & 1 & 1 & 3 \\ 0 & -1 & 2 & 4 \end{bmatrix}$ 2) $\begin{bmatrix} 1 & 0 & 0 \\ 0 & 1 & 0 \\ 1 & -1 & 1 \end{bmatrix}$ 3) $\begin{bmatrix} 1 & 2 & 3 & 4 & 5 \\ 5 & 4 & 3 & 2 & 1 \end{bmatrix}$ 4) $\begin{bmatrix} 1 & 0 & 0 & 0 & 1 \\ 0 & 1 & 0 & 0 & 2 \\ 0 & 0 & 1 & 0 & 3 \\ 0 & 0 & 0 & 1 & 4 \end{bmatrix}$

3. 다음 연립방정식에 대해 물음에 답하여라.

$$\begin{aligned} x - \ y &= 3 \\ 2x - 2y &= k \end{aligned}$$

1) k가 어떤 값을 가질 때 위의 연립방정식에 해가 존재하지 않는지 구하여라.

2) 위의 연립방정식이 해를 가질 때 k의 값과 몇 개의 해를 갖는지 구하여라.

4. 세 직선의 방정식으로 이루어진 다음 연립방정식에 대하여 세 직선의 상대적인 위치를 다음 각 경우에 대하여 설명하여라.

$$\begin{aligned} ax + by &= k \\ cx + dy &= l \\ ex + fy &= m \end{aligned}$$

1) 해가 없는 경우
2) 단 하나의 해만 갖는 경우
3) 무한히 많은 해를 갖는 경우

5. 다음 연립방정식의 해가 존재하려면 $a+b=c$이 성립해야 한다는 사실을 보여라.

$$\begin{aligned} x+y+2z&=a \\ x\quad\;\; +z&=b \\ 2x+y+3z&=c \end{aligned}$$

2.2 Gauss 소거법과 Gauss–Jordan 소거법

연립방정식을 풀 때 두 방정식의 순서를 바꾸거나, 한 방정식의 양변에 0이 아닌 상수를 곱하거나, 한 방정식을 상수 배하여 다른 방정식에 더하는 과정을 거친다. 이것을 확대계수행렬에 적용하면 확대계수행렬의 두 행의 순서를 바꾸거나, 한 행에 0이 아닌 상수를 곱하거나, 한 행을 상수 배하여 다른 행에 더하는 연산이 된다. 결론적으로 연립방정식의 해는 확대계수행렬을 이용하여 구한 해와 같다. 이 절에서는 연립방정식을 푸는 과정을 확대계수행렬에 어떻게 적용하는지 알아보자.

정의 2.1 행렬에 대한 다음 세 가지 연산을 **기본행연산**(elementary row operation)이라 한다.

1) 한 행에 0이 아닌 상수를 곱한다.
2) 두 행의 순서를 바꾼다.
3) 한 행을 상수 배하여 다른 행에 더한다.

연립방정식의 해를 구하기 위해 사용하는 3가지 연산은 확대계수행렬의 3가지 기본행연산으로 바꾸어 생각할 수 있다.

연립방정식의 3가지 연산	확대계수행렬의 3가지 기본행연산
1) 한 방정식의 양변에 0아닌 상수를 곱한다.	1) 한 행에 0아닌 상수를 곱한다.
2) 두 방정식의 순서를 바꾼다.	2) 두 행의 순서를 바꾼다.
3) 한 방정식을 상수 배하여 다른 방정식에 더한다.	3) 한 행을 상수 배하여 다른 행에 더한다.

연립방정식의 해를 구하기 위해서 위의 3가지 연산을 이용하여 변수를 소거해 나가는데 이것을 확대계수행렬에 적용하면 확대계수행렬의 성분들을 0으로 만들어 가는 과정과 같다. 확대계수행렬을 기본행연산을 통해 다음 정의에서 소개하는 특별한 형태의 행렬로 고치면 연립방정식의 해를 쉽게 구할 수 있다.

정의 2.2 아래 세 조건 1), 2), 3)을 만족시키는 행렬을 **행사다리꼴**(row–echelon form) **행렬**이라 하고, 아래 네 조건을 모두 만족시키는 행렬을 **기약행사다리꼴**(reduced row–echelon form) **행렬**이라 한다.

1) 모든 원이 0이 아닌 행에서 0아닌 첫 번째 숫자는 1이고 이것을 선도 1이라 한다.
2) 모든 원이 0인 행들이 있다면 이러한 행들은 행렬의 맨 아래에 모여 있다.
3) 모든 원이 0이 아닌 연속되는 두 행에서, 아랫행의 선도 1은 윗행의 선도 1보다 오른쪽에 나타난다.
4) 선도 1을 포함하는 각 열에서 선도 1을 제외한 나머지 원은 모두 0이다.

주의 주어진 행렬의 행사다리꼴 행렬은 여러 가지 형태로 나타낼 수 있지만 기약행사다리꼴 행렬은 유일하다.(증명 생략)

예제 2.1 1) 기약행사다리꼴 행렬: I_n, $\begin{bmatrix} 1 & 0 & 0 & 1 \\ 0 & 1 & 0 & 2 \\ 0 & 0 & 0 & 0 \end{bmatrix}$, $\begin{bmatrix} 1 & 0 & 0 & 1 \\ 0 & 1 & 0 & 2 \\ 0 & 0 & 1 & 3 \end{bmatrix}$

2) 행사다리꼴 행렬: 모든 기약행사다리꼴 행렬, $\begin{bmatrix} 1 & 4 & 3 & 7 \\ 0 & 1 & 6 & 2 \\ 0 & 0 & 1 & 5 \end{bmatrix}$

— Gauss 소거법과 Gauss–Jordan 소거법

연립방정식을 풀 때 유한 번의 기본행연산을 이용하여 확대계수행렬을 행사다리꼴 행렬로 고친 후 이에 대응하는 연립방정식의 해를 구하는 방법을 Gauss **소거법**(Gaussian elimination)이라 하고, 확대계수행렬을 기약행사다리꼴 행렬로 고친 후 이에 대응하는 연립방정식의 해를 구하는 방법을 Gauss–Jordan **소거법**(Gauss–Jordan elimination)이라 한다. "Gauss–Jordan 소거법과 Gauss 소거법 중 어느 방법이 해를 쉽게 구할 수 있는가?"는 방정식에 따라 다르기 때문에 문제를 해결하는 과정에서

각자가 판단해야 할 문제이다. 연립방정식을 Gauss 소거법으로 구한 해와 Gauss-Jordan 소거법으로 구한 해는 원래의 방정식의 해와 같다.

앞으로 편의를 위하여 기본행연산을 다음과 같이 표기하기로 하자.

기 호	의 미
R_{ij}	i 행과 j 행을 교환한다.
cR_i	i 행을 c 배 한다.
cR_i+R_j	i 행을 c 배하여 j 행에 더한다.

다음 예제를 통해 Gauss 소거법과 Gauss-Jordan 소거법에 대해 자세히 알아보자.

예제 2.2 $\begin{aligned} x+\ y+2z&=9 \\ 2x+4y-3z&=1 \\ 3x+6y-5z&=0 \end{aligned}$ 을 Gauss 소거법과 Gauss-Jordan 소거법을 이용하여 풀어라.

풀이 먼저 Gauss-Jordan 소거법을 이용하여 문제를 해결해 보자. 기본행 연산을 통해 주어진 방정식의 확대계수행렬을 기약행사다리꼴행렬로 고치면 다음과 같다.

$$\begin{aligned} x+\ y+2z&=9 \\ 2x+4y-3z&=1 \\ 3x+6y-5z&=0 \end{aligned} \qquad \begin{bmatrix} 1 & 1 & 2 & 9 \\ 2 & 4 & -3 & 1 \\ 3 & 6 & -5 & 0 \end{bmatrix}$$

첫 번째 방정식을 -2배하여 두 번째 방정식에 더한다. $\qquad \downarrow -2R_1+R_2$

$$\begin{aligned} x+\ y+2z&=9 \\ 2y-7z&=-17 \\ 3x+6y-5z&=0 \end{aligned} \qquad \begin{bmatrix} 1 & 1 & 2 & 9 \\ 0 & 2 & -7 & -17 \\ 3 & 6 & -5 & 0 \end{bmatrix}$$

첫 번째 방정식을 -3배하여 세 번째 방정식에 더한다. $\qquad \downarrow -3R_1+R_3$

$$\begin{aligned} x+\ y+\ 2z&=9 \\ 2y-\ 7z&=-17 \\ 3y-11z&=-27 \end{aligned} \qquad \begin{bmatrix} 1 & 1 & 2 & 9 \\ 0 & 2 & -7 & -17 \\ 0 & 3 & -11 & -27 \end{bmatrix}$$

두 번째 방정식에 $\frac{1}{2}$ 를 곱한다. $\qquad \downarrow \frac{1}{2}R_2$

$$\begin{aligned} x+\ y+\ 2z&=9 \\ y-\frac{7}{2}z&=-\frac{17}{2} \\ 3y-11z&=-27 \end{aligned} \qquad \begin{bmatrix} 1 & 1 & 2 & 9 \\ 0 & 1 & -\frac{7}{2} & -\frac{17}{2} \\ 0 & 3 & -11 & -27 \end{bmatrix}$$

두 번째 방정식을 -3배하여 세 번째 방정식에 더한다. $\downarrow -3R_2+R_3$

$$\begin{aligned} x+y+\ \ 2z &= \ \ 9 \\ y-\frac{7}{2}z &= -\frac{17}{2} \\ -\frac{1}{2}z &= -\frac{3}{2} \end{aligned} \qquad \begin{bmatrix} 1 & 1 & 2 & 9 \\ 0 & 1 & -\frac{7}{2} & -\frac{17}{2} \\ 0 & 0 & -\frac{1}{2} & -\frac{3}{2} \end{bmatrix}$$

세 번째 방정식에 -2를 곱한다. $\downarrow -2R_3$

$$\begin{aligned} x+y+\ \ 2z &= \ \ 9 \\ y-\frac{7}{2}z &= -\frac{17}{2} \\ z &= \ \ 3 \end{aligned} \qquad \begin{bmatrix} 1 & 1 & 2 & 9 \\ 0 & 1 & -\frac{7}{2} & -\frac{17}{2} \\ 0 & 0 & 1 & 3 \end{bmatrix}$$

두 번째 방정식을 -1배하여 첫 번째 방정식에 더한다. $\downarrow -R_2+R_1$

$$\begin{aligned} x\ \ +\frac{11}{2}z &= \frac{35}{2} \\ y-\frac{7}{2}z &= -\frac{17}{2} \\ z &= \ \ 3 \end{aligned} \qquad \begin{bmatrix} 1 & 0 & \frac{11}{2} & \frac{35}{2} \\ 0 & 1 & -\frac{7}{2} & -\frac{17}{2} \\ 0 & 0 & 1 & 3 \end{bmatrix}$$

세 번째 방정식을 $-\frac{11}{2}$배하여

첫 번째 방정식에 더하고, $\downarrow -\frac{11}{2}R_3+R_1,$

세 번째 방정식을 $\frac{7}{2}$배하여 $\frac{7}{2}R_3+R_2$

두 번째 방정식에 더한다.

$$\begin{aligned} x\ \ \ \ \ \ &= 1 \\ y\ \ \ &= 2 \\ z &= 3 \end{aligned} \qquad \begin{bmatrix} 1 & 0 & 0 & 1 \\ 0 & 1 & 0 & 2 \\ 0 & 0 & 1 & 3 \end{bmatrix}$$

따라서 해는 $x=1,\ y=2,\ z=3$이다.

위의 예제를 Gauss 소거법을 이용하여 풀려면, 주어진 연립방정식의 확대 계수행렬을 행사다리꼴 행렬로 고친 후 그에 대응되는 연립방정식을 다음과 같이 풀면 된다.

$$\begin{bmatrix} 1 & 1 & 2 & 9 \\ 0 & 1 & -\frac{7}{2} & -\frac{17}{2} \\ 0 & 0 & 1 & 3 \end{bmatrix} \qquad \begin{aligned} x+y+\ \ 2z &= \ \ 9 \\ y-\frac{7}{2}z &= -\frac{17}{2} \\ z &= \ \ 3 \end{aligned}$$

위에서 구한 $z=3$을 두 번째 방정식에 대입하면 $y=2$를 얻을 수 있고, $y=2$, $z=3$을 첫 번째 방정식에 대입하면 $x=1$을 얻는다. 따라서 해는 $x=1$, $y=2$, $z=3$이다.

위의 예제에서 Gauss 소거법을 이용할 때 마지막 변수 z의 값부터 구하고 차례로 y, x의 값을 구하였다. 이러한 방법을 **후방대입법**(back-substitution)이라고 하는데 행렬을 이용하여 연립방정식을 풀 때에는 후방대입법이 유용하다. 특히 해가 무한히 많은 연립방정식을 풀 때 후방대입법 사용을 권장한다.

다음 예제를 통해 해가 무한히 많은 경우의 연립방정식의 해를 구해보자.

예제 2.3 연립방정식 $\begin{cases} 3x-7y+2z=4 \\ 2x-4y+z=1 \end{cases}$ 을 Gauss 소거법으로 풀어라.

풀이 $\begin{cases} 3x-7y+2z=4 \\ 2x-4y+z=1 \end{cases}$ 에 대응되는 확대계수행렬은 $\begin{bmatrix} 3 & -7 & 2 & 4 \\ 2 & -4 & 1 & 1 \end{bmatrix}$ 이다. 확대계수행렬을 기본행연산을 통해 행사다리꼴행렬로 바꾸면 다음과 같다.

$$\begin{bmatrix} 3 & -7 & 2 & 4 \\ 2 & -4 & 1 & 1 \end{bmatrix} \xrightarrow{-R_2+R_1} \begin{bmatrix} 1 & -3 & 1 & 3 \\ 2 & -4 & 1 & 1 \end{bmatrix} \xrightarrow{-2R_1+R_2} \begin{bmatrix} 1 & -3 & 1 & 3 \\ 0 & 2 & -1 & -5 \end{bmatrix}$$

$$\xrightarrow{\frac{1}{2}R_2} \begin{bmatrix} 1 & -3 & 1 & 3 \\ 0 & 1 & -\frac{1}{2} & -\frac{5}{2} \end{bmatrix}$$

위의 연립방정식에서 z의 값으로 어떠한 실수 값을 택하더라도 이에 따라 결정되는 x, y, z의 값은 주어진 연립방정식의 해이다. 따라서 매개변수 t를 이용하여 $z=t\,(t\in\mathbb{R})$라고 두고 후방대입법을 사용하면 연립방정식의 해는 다음과 같이 나타낼 수 있다.

$$\begin{cases} x = \frac{1}{2}t - \frac{9}{2} \\ y = \frac{1}{2}t - \frac{5}{2} \\ z = t \end{cases} \quad (t\in\mathbb{R})$$

참고 예제 2.2의 기하학적 의미는 세 평면 $x+y+2z=9$, $2x+4y-3z=1$, $3x+6y-5z=0$의 교점을 구하는 것이고, 예제 2.3의 기하학적 의미는 두 평면

$3x-7y+2z=4$, $2x-4y+z=1$의 교선을 구하는 것이다. 이때 교선의 방정식은 연립방정식 $\begin{cases}3x-7y+2z=4\\2x-4y+z=1\end{cases}$ 의 해이다.

연습문제 2.2

1. $\begin{bmatrix}0&0&-2&0&7&12\\2&4&-10&6&12&28\\2&4&-5&6&-5&1\end{bmatrix}$ 을 기약행사다리꼴 행렬로 고쳐라.

2. $ad-bc\neq 0$이면 $\begin{bmatrix}a&b\\c&d\end{bmatrix}$의 기약행사다리꼴 행렬은 $\begin{bmatrix}1&0\\0&1\end{bmatrix}$이 됨을 보여라.

3. $ad-bc\neq 0$이면, 다음 연립방정식은 단 하나의 해를 가짐을 보여라.

$$\begin{aligned}ax+by&=k\\cx+dy&=l\end{aligned}$$

4. 다음 동차 연립방정식이 비자명해를 갖도록 λ의 값을 결정하여라.

$$\begin{aligned}(\lambda-3)x+y&=0\\x+(\lambda-3)y&=0\end{aligned}$$

5. 동차 연립방정식 $\begin{cases}x+6y-2z=0\\2x-4y+z=0\end{cases}$의 해를 구하여라.

6. 다음 연립방정식을 행렬방정식으로 고치고 각 행렬방정식의 확대계수행렬을 구하여라.

1) $\begin{cases}a_{11}x_1+a_{12}x_2=b_1\\a_{21}x_1+a_{22}x_2=b_2\\a_{31}x_1+a_{32}x_2=b_3\end{cases}$ 2) $\begin{cases}x+y+z=5\\x-2y+z=2\\3x+2y-z=2\end{cases}$

3) $\begin{cases}2x+3y+2z+5w=12\\3x+6y+2z+4w=15\end{cases}$ 4) $\begin{cases}(\lambda-1)x+y=0\\2x+(\lambda-2)y=0\end{cases}$

7. 다음 연립방정식을 Gauss–Jordan 소거법으로 풀어라.

1) $\begin{cases}2x-y=-2\\2x+y=1\\3x+2y=1\end{cases}$ 2) $\begin{cases}x+2y+3z=1\\2x+5y+3z=2\\x+8z=3\end{cases}$

8. 문제 7을 Gauss소거법으로 풀어라.

9. 다음 연립방정식의 해를 구하여라.

1) $x+y+z=0$　　2) $\begin{cases} x+2y+z=0 \\ 2y+z=1 \end{cases}$　　3) $\begin{cases} x+2y-z=0 \\ 3x+5y-2z=1 \end{cases}$

10. 연립방정식 $\begin{cases} x+2y-3z=4 \\ 3x-y+5z=2 \\ 4x+y+(a^2-14)z=a+2 \end{cases}$ 의 해는 a의 값에 따라 다르다.

1) a가 어떤 값을 가질 때 해가 존재하지 않는가?

2) a가 어떤 값을 가질 때 무한히 많은 해가 존재하는가?

3) a가 어떤 값을 가질 때 유일한 해가 존재하는가?

11. 분수를 유발시키지 말고 $\begin{bmatrix} 2 & 1 & 3 \\ 0 & -2 & 7 \\ 3 & 4 & 5 \end{bmatrix}$을 기약행사다리꼴 행렬로 고쳐라.

12. 행렬 $\begin{bmatrix} 1 & 3 \\ 2 & 7 \end{bmatrix}$의 서로 다른 두 개의 행사다리꼴 행렬을 찾아라.

13. 연립방정식 $\begin{cases} 2\sin\alpha-\cos\beta+3\tan\gamma=3 \\ 4\sin\alpha+2\cos\beta-2\tan\gamma=2 \\ 6\sin\alpha-3\cos\beta+\tan\gamma=9 \end{cases}$을 풀어라.

단, α, β, γ는 $0 \le \alpha, \beta \le 2\pi$, $0 \le \gamma < \dfrac{\pi}{2}$을 만족하는 미지수이다.

14. 연립방정식 $\begin{cases} x_1+6x_2+2x_3-5x_4-2x_5=-4 \\ 2x_3-8x_4-x_5=3 \\ x_5=7 \end{cases}$ 에 대하여 다음 물음에 답하여라.

1) 계수행렬을 A라 할 때 A의 기약행사리꼴 행렬을 구하여라.

2) $\mathbf{x}=\begin{bmatrix} x_1 \\ x_2 \\ x_3 \\ x_4 \\ x_5 \end{bmatrix}$라 할 때 $A\mathbf{x}=\mathbf{0}$의 해를 구하여라.

3) $\mathbf{b}=\begin{bmatrix} -4 \\ 3 \\ 7 \end{bmatrix}$이라 할 때 $\mathbf{x}_1=\begin{bmatrix} 0 \\ 0 \\ 5 \\ 0 \\ 7 \end{bmatrix}$은 $A\mathbf{x}=\mathbf{b}$의 해가 된다. $\mathbf{x}_1$을 이용하여 $A\mathbf{x}=\mathbf{b}$의 모든 해를 구하여라.

15. A 연대에서 이달에 각 대대에 공급할 소모품을 다음과 같이 구입하였다.

	구입총액	A4 용지	청소용 세제	토너	지우개
1대대	96,000원	1권	1통	6개	6개
2대대	80,000원	1권	1통	5개	4개
3대대	82,000원	1권	2통	5개	6개
연대본부	71,000원	2권	3통	4개	8개

1) A4 용지의 단가를 x_1, 청소용 세제의 단가를 x_2, 토너의 단가를 x_3, 지우개의 단가를 x_4 라 할 때, x_1, x_2, x_3, x_4 를 구하기 위한 연립방정식을 세워라.
2) 1)의 확대계수행렬의 기약행사리꼴 행렬을 구하여라.
3) 토너의 단가를 구하여라.

2.3 역행렬과 연립 1차 방정식

이 절에서는 1.2절에서 정의한 가역행렬의 역행렬을 구하는 방법과 이를 응용하여 연립방정식의 해를 구하는 방법에 대해 알아보자.

정의 2.3 단위행렬 I에 단 한 번 기본행연산을 적용하여 얻은 행렬 E를 **기본행렬** (elementary matrix)이라 한다.

예제 2.4 다음 행렬들은 모두 기본행렬들이다.

1) I_2의 2행을 -3배한 행렬 $\begin{bmatrix} 1 & 0 \\ 0 & -3 \end{bmatrix}$

2) I_4의 2행과 4행을 교환한 행렬 $\begin{bmatrix} 1 & 0 & 0 & 0 \\ 0 & 0 & 0 & 1 \\ 0 & 0 & 1 & 0 \\ 0 & 1 & 0 & 0 \end{bmatrix}$

3) I_3의 1행을 1배한 행렬 $\begin{bmatrix} 1 & 0 & 0 \\ 0 & 1 & 0 \\ 0 & 0 & 1 \end{bmatrix}$

4) I_3의 3행을 3배하여 1행에 더한 행렬 $\begin{bmatrix} 1 & 0 & 3 \\ 0 & 1 & 0 \\ 0 & 0 & 1 \end{bmatrix}$

기본행렬 E를 행렬 A의 좌측에 곱하는 것은 E를 얻기 위해 단위행렬 I에 적용한 기본행연산을 행렬 A에 적용하는 것과 같은 결과를 얻는다. 이러한 사실을 다음 예제를 통해 확인해 보자.

예제 2.5 행렬 $A = \begin{bmatrix} 1 & 0 & 2 & 3 \\ 2 & -1 & 3 & 6 \\ 1 & 4 & 4 & 0 \end{bmatrix}$에 1행을 3배하여 3행에 더하는 기본행연산을 적용하면

$$\begin{bmatrix} 1 & 0 & 2 & 3 \\ 2 & -1 & 3 & 6 \\ 1 & 4 & 4 & 0 \end{bmatrix} \xrightarrow{3R_1 + R_3} \begin{bmatrix} 1 & 0 & 2 & 3 \\ 2 & -1 & 3 & 6 \\ 4 & 4 & 10 & 9 \end{bmatrix}$$

이다.

단위행렬 I_3의 1행을 3배하여 3행에 더한 기본행렬 E는

$$E = \begin{bmatrix} 1 & 0 & 0 \\ 0 & 1 & 0 \\ 3 & 0 & 1 \end{bmatrix}$$

이다. 따라서 곱 EA는

$$EA = \begin{bmatrix} 1 & 0 & 2 & 3 \\ 2 & -1 & 3 & 6 \\ 4 & 4 & 10 & 9 \end{bmatrix}$$

가 된다. 이것은 위에서 구한 행렬 A의 1행을 3배하여 3행에 더한 것과 같다.

예제 2.5에서 알아본 성질은 임의의 행렬 A에 대해서도 성립하는데, 이것은 다음과 같이 정리할 수 있다.

정리 2.3 E를 I에 어떤 기본행연산을 해서 얻은 행렬이라 하면, EA는 A에 E를 얻을 때 적용한 기본행연산을 똑같이 적용하여 얻은 행렬이다.

주의 정리 2.3은 이론적으로 중요한 성질을 내포하고 있으며 행렬연산이나 연립방정식을 계산할 때 이 정리를 이용할 수 있다. 그러나 실제 계산을 할 때에는 기본행렬을 주어진 행렬의 좌측에 곱하는 것 보다 직접 주어진 행렬에 기본행연산을 적용하는 것이 더 바람직하다.

만일 단위행렬 I에 기본행연산을 적용하여 기본행렬 E를 구했다면, E에 기본행연산을 적용하여 단위행렬 I를 다시 구할 수 있다. 예를 들면, E는 단위행렬 I의 i행에 영이 아닌 상수 c를 곱하여 얻어진 행렬이라면, E의 i행에 상수 $1/c$를 곱하여 다시 I를 구할 수 있다. 이러한 연산을 주어진 기본행연산에 대한 **기본행역연산**이라 한다.

$$I \xrightarrow{\text{기본행연산}} E \quad \Leftrightarrow \quad E \xrightarrow{\text{기본행역연산}} I$$

따라서 기본행연산은 그에 대응되는 기본행역연산을 찾을 수 있으며 둘 사이의 관계는 다음과 같다.

기본행연산	기본행역연산
cR_i	$\frac{1}{c}R_i$
R_{ij}	R_{ji}
$cR_i + R_j$	$-cR_i + R_j$

이제 기본행렬의 성질에 대하여 자세히 알아보자. 다음 정리는 기본행렬의 중요한 성질중의 하나이다.

정리 2.4 기본행렬 E는 가역행렬이고, 역행렬 E^{-1}도 기본행렬이다.

증명 E를 I에 기본행연산을 적용하여 구한 기본행렬이라고 하자. 이때 적용한 기본행연산의 역연산을 I에 적용하여 구한 행렬을 E_0라 하면, E_0도 기본행렬이다. 또한

$$E_0E = I,\ EE_0 = I$$

이므로 E는 가역행렬이고, $E^{-1} = E_0$이다. E_0가 기본행렬이므로 E^{-1}도 기본행렬이다.

행렬 A에 유한 번의 기본행연산을 적용하여 행렬 B를 구할 수 있으면 행렬 B에 유한 번의 기본행역연산을 적용하여 다시 행렬 A를 구할 수 있다. 이 경우 A

와 B는 **행동치**(row equivalence)라고 한다. 즉, 유한 번의 기본행연산을 적용하여 서로 구할 수 있는 행렬들은 행동치이다. A와 B가 행동치 관계일 때 이것을 $A \sim B$로 표기한다.

다음 정리는 행렬과 연립방정식의 관계를 나타내는 것으로, 앞으로 여러 차례 반복되어 언급될 중요한 정리이다.

정리 2.5 A가 n차 정방행렬일 때, 다음 명제들은 서로 동치이다.

1) A는 가역행렬이다.
2) $A\mathbf{x} = \mathbf{0}$는 자명해만 갖는다.
3) $A \sim I_n$

증명 위의 명제가 동치임을 1) ⇒ 2) ⇒ 3) ⇒ 1)의 순서로 증명하자.

1) ⇒ 2) A를 가역행렬, $\mathbf{x}_0$를 $A\mathbf{x} = \mathbf{0}$의 해라고 하면, $A\mathbf{x}_0 = \mathbf{0}$이다. A가 가역행렬이므로 A^{-1}가 존재한다. A^{-1}를 식 $A\mathbf{x}_0 = \mathbf{0}$의 양변에 곱하면

$$A^{-1}(A\mathbf{x}_0) = A^{-1}\mathbf{0}$$

이고, 좌변은

$$A^{-1}(A\mathbf{x}_0) = (A^{-1}A)\mathbf{x}_0 = I\mathbf{x}_0 = \mathbf{x}_0$$

우변은

$$A^{-1}\mathbf{0} = \mathbf{0}$$

이다. 따라서 $\mathbf{x}_0 = \mathbf{0}$이다. 이것은 결국 $A\mathbf{x} = \mathbf{0}$가 자명해만 갖는다는 것을 의미한다.

2) ⇒ 3) $A\mathbf{x} = \mathbf{0}$가 자명해만을 갖는다고 가정하자. 이 식을 연립방정식으로 나타내고 그에 대응하는 확대계수행렬을 찾으면 다음과 같다.

$$\begin{array}{c} a_{11}x_1 + a_{12}x_2 + \cdots + a_{1n}x_n = 0 \\ a_{21}x_1 + a_{22}x_2 + \cdots + a_{2n}x_n = 0 \\ \vdots \\ a_{n1}x_1 + a_{n2}x_2 + \cdots + a_{nn}x_n = 0 \end{array} \quad \Rightarrow \quad \begin{bmatrix} a_{11} & a_{12} & \ldots & a_{1n} & 0 \\ a_{21} & a_{22} & \cdots & a_{2n} & 0 \\ \vdots & \vdots & \vdots & \vdots & \vdots \\ a_{n1} & a_{n2} & \cdots & a_{nn} & 0 \end{bmatrix}$$

이 연립방정식이 자명해만 갖는다고 가정했기 때문에 연립방정식의 해는 다음과 같은 확대계수행렬로 나타낼 수 있다.

$$\begin{matrix} x_1 & & & = 0 \\ & x_2 & & = 0 \\ & & \ddots & \vdots \\ & & & x_n = 0 \end{matrix} \Rightarrow \begin{bmatrix} 1 & 0 & \cdots & 0 & 0 \\ 0 & 1 & \cdots & 0 & 0 \\ \vdots & \vdots & \ddots & \vdots & \vdots \\ 0 & 0 & \cdots & 1 & 0 \end{bmatrix}$$

위의 확대계수행렬은 기약행사다리꼴행렬로 위의 연립방정식을 Gauss–Jordan 소거법으로 풀었을 때 얻을 수 있는 행렬이다. 즉, 행렬 A 에 유한번의 기본행 연산을 적용하여 기약행사다리꼴행렬 I_n 을 얻었으므로 A 와 I_n 은 행동치이다.

3) $\Rightarrow$ 1) A 가 I_n 과 행동치이면, $E_k \cdots E_2 E_1 A = I_n$ 이므로

$$A = E_1^{-1} E_2^{-1} \cdots E_k^{-1} I_n = E_1^{-1} E_2^{-1} \cdots E_k^{-1} \tag{2.1}$$

이다. 즉, A 는 가역행렬들의 곱이므로 A 도 가역행렬이다.

주의 I_n 은 기약행사다리꼴 행렬이고, 행렬 A 의 기약행사다리꼴 행렬은 유일하므로 정리 2.5의 3)은 A 의 기약행사다리꼴 행렬이 I_n 이라는 것을 의미한다.

▬ 가역행렬의 역행렬 구하기

정리 2.5의 증명에서 식 (2.1)의 양변을 변형시키면 $A^{-1} = E_k \cdots E_2 E_1 I_n$ 이다. 즉, 기본행렬 $E_1, E_2, \cdots, E_k$ 를 I_n 의 왼쪽에 순서대로 곱하면 A^{-1}를 구할 수 있다. 따라서 A 에서 I_n 을 얻기 위한 적용한 유한 번의 기본행연산을 동일하게 I_n 에 적용하면 A^{-1}를 얻을 수 있다. 예제 2.6과 예제 2.7을 통해 이러한 사실을 확인해 보사.

예제 2.6 $A = \begin{bmatrix} 1 & 4 \\ 3 & -2 \end{bmatrix}$ 의 역행렬을 구하여라.

풀이 $[A \mid I_2] = \left[\begin{array}{cc:cc} 1 & 4 & 1 & 0 \\ 3 & -2 & 0 & 1 \end{array}\right] \xrightarrow{-3R_1 + R_2} \left[\begin{array}{cc:cc} 1 & 4 & 1 & 0 \\ 0 & -14 & -3 & 1 \end{array}\right]$

$$\xrightarrow{-\frac{1}{14}R_2} \left[\begin{array}{cc:cc} 1 & 4 & 1 & 0 \\ 0 & 1 & \frac{3}{14} & -\frac{1}{14} \end{array}\right] \xrightarrow{-4R_2 + R_1} \left[\begin{array}{cc:cc} 1 & 0 & \frac{1}{7} & \frac{2}{7} \\ 0 & 1 & \frac{3}{14} & -\frac{1}{14} \end{array}\right]$$

$$= [I_2 \mid A^{-1}]$$

이다. 따라서

$$A^{-1} = \begin{bmatrix} \frac{1}{7} & \frac{2}{7} \\ \frac{3}{14} & -\frac{1}{14} \end{bmatrix}$$

이다.

예제 2.7 $A = \begin{bmatrix} 1 & 2 & 3 \\ 2 & 5 & 3 \\ 1 & 0 & 8 \end{bmatrix}$의 역행렬을 구하여라.

풀이 $$[A \mid I_3] = \left[\begin{array}{ccc:ccc} 1 & 2 & 3 & 1 & 0 & 0 \\ 2 & 5 & 3 & 0 & 1 & 0 \\ 1 & 0 & 8 & 0 & 0 & 1 \end{array}\right] \xrightarrow[-R_1 + R_3]{-2R_1 + R_2} \left[\begin{array}{ccc:ccc} 1 & 2 & 3 & 1 & 0 & 0 \\ 0 & 1 & -3 & -2 & 1 & 0 \\ 0 & -2 & 5 & -1 & 0 & 1 \end{array}\right]$$

$$\xrightarrow{2R_2 + R_3} \left[\begin{array}{ccc:ccc} 1 & 2 & 3 & 1 & 0 & 0 \\ 0 & 1 & -3 & -2 & 1 & 0 \\ 0 & 0 & -1 & -5 & 2 & 1 \end{array}\right] \xrightarrow{-R_3} \left[\begin{array}{ccc:ccc} 1 & 2 & 3 & 1 & 0 & 0 \\ 0 & 1 & -3 & -2 & 1 & 0 \\ 0 & 0 & 1 & 5 & -2 & -1 \end{array}\right]$$

$$\xrightarrow[3R_3 + R_2]{-3R_3 + R_1} \left[\begin{array}{ccc:ccc} 1 & 2 & 0 & -14 & 6 & 3 \\ 0 & 1 & 0 & 13 & -5 & -3 \\ 0 & 0 & 1 & 5 & -2 & -1 \end{array}\right] \xrightarrow{-2R_2 + R_1} \left[\begin{array}{ccc:ccc} 1 & 0 & 0 & -40 & 16 & 9 \\ 0 & 1 & 0 & 13 & -5 & -3 \\ 0 & 0 & 1 & 5 & -2 & -1 \end{array}\right]$$

이다. 따라서

$$A^{-1} = \begin{bmatrix} -40 & 16 & 9 \\ 13 & -5 & -3 \\ 5 & -2 & -1 \end{bmatrix}$$

이다.

가역행렬의 역행렬은 위의 예제와 같은 방법으로 구할 수 있다. 그러나 위와 같은 방법으로 역행렬을 구하려면 주어진 행렬은 반드시 가역행렬이어야만 한다. 가역행렬이 아닌 행렬에 위의 방법을 사용하면 어떻게 되는지 다음 예제를 통해 알아보자.

예제 2.8 행렬 $A = \begin{bmatrix} 1 & 6 & 4 \\ 2 & 4 & -1 \\ -1 & 2 & 5 \end{bmatrix}$가 가역행렬인지 아닌지 판단하여라.

풀이 행렬 A가 가역행렬이라고 가정하고 예제 2.7의 방법을 이 행렬에 적용하면

$$[A \mid I_3] = \left[\begin{array}{ccc:ccc} 1 & 6 & 4 & 1 & 0 & 0 \\ 2 & 4 & -1 & 0 & 1 & 0 \\ -1 & 2 & 5 & 0 & 0 & 1 \end{array}\right] \xrightarrow[R_1 + R_3]{-2R_1 + R_2} \left[\begin{array}{ccc:ccc} 1 & 6 & 4 & 1 & 0 & 0 \\ 0 & -8 & -9 & -2 & 1 & 0 \\ 0 & 8 & 9 & 1 & 0 & 1 \end{array}\right]$$

$$\xrightarrow{R_2+R_3}\left[\begin{array}{ccc:ccc} 1 & 6 & 4 & 1 & 0 & 0 \\ 0 & -8 & -9 & -2 & 1 & 0 \\ 0 & 0 & 0 & -1 & 1 & 1 \end{array}\right]$$

이다. 행렬 A가 위치했던 왼쪽 행렬에 전부 0인 행이 나타났기 때문에 행렬 A는 I_n로 변형할 수 없다. 따라서 A는 가역행렬이 아니다.

역행렬을 이용한 연립 1차 방정식 풀이

연립방정식을 행렬방정식으로 고쳤을 때 계수행렬이 가역행렬이면 Gauss-Jordan 소거법이나 Gauss 소거법보다 더 효과적으로 연립방정식의 해를 구할 수 있는 방법이 있다. 다음 정리를 통해 계수행렬이 가역행렬일 경우 연립방정식의 해법에 대해 알아보자.

정리 2.6 A가 $n\times n$ 가역행렬이면, 임의의 $n\times 1$ 행렬 b에 대하여 연립방정식 $A\mathrm{x}=\mathrm{b}$는 단 하나의 해 $\mathrm{x}=A^{-1}\mathrm{b}$를 갖는다.

증명 먼저 $\mathrm{x}=A^{-1}\mathrm{b}$이 주어진 연립방정식의 해인지 살펴보자.

$$A\mathrm{x}=A(A^{-1}\mathrm{b})=\mathrm{b}$$

이므로 $\mathrm{x}=A^{-1}\mathrm{b}$는 $A\mathrm{x}=\mathrm{b}$의 해가 된다.

다음으로 주어진 연립방정식의 해가 유일한지 살펴보자. 연립방정식 $A\mathrm{x}=\mathrm{b}$가 두 개 이상의 해를 갖는다고 가정하고 x_0와 x_1을 $A\mathrm{x}=\mathrm{b}$의 서로 다른 두 해라 하면 $A\mathrm{x}_0=\mathrm{b}$와 $A\mathrm{x}_1=\mathrm{b}$가 성립한다. 두 식을 빼면

$$A\mathrm{x}_0-A\mathrm{x}_1=A(\mathrm{x}_0-\mathrm{x}_1)=\mathrm{b}-\mathrm{b}=0$$

이고, $\mathrm{x}_0-\mathrm{x}_1=0$이어야 하므로 $\mathrm{x}_0=\mathrm{x}_1$이다. 이것은 x_0와 x_1가 서로 다른 두 해라는 가정에 모순되므로 $A\mathrm{x}=\mathrm{b}$는 단 하나의 해를 가지며, 그것은 $\mathrm{x}=A^{-1}\mathrm{b}$이다.

정리 2.6은 계수행렬 A가 가역행렬일 때 연립방정식을 푸는데 아주 유용하게 쓰인다. 정리 2.6을 이용하여 연립방정식의 해를 구하는 방법을 예제를 통해 살펴보자.

예제 2.9 연립방정식 $\begin{aligned} x_1 + 2x_2 + 3x_3 &= 5 \\ 2x_1 + 5x_2 + 3x_3 &= 3 \\ x_1 \qquad + 8x_3 &= 17 \end{aligned}$ 의 해를 구하여라.

풀이 주어진 연립방정식을 $A\mathrm{x} = \mathrm{b}$의 꼴로 쓰면 다음과 같다.

$$\begin{bmatrix} 1 & 2 & 3 \\ 2 & 5 & 3 \\ 1 & 0 & 8 \end{bmatrix} \begin{bmatrix} x_1 \\ x_2 \\ x_3 \end{bmatrix} = \begin{bmatrix} 5 \\ 3 \\ 17 \end{bmatrix}$$

예제 2.7에서 A는 가역행렬이고

$$A^{-1} = \begin{bmatrix} -40 & 16 & 9 \\ 13 & -5 & -3 \\ 5 & -2 & -1 \end{bmatrix}$$

이 됨을 알아보았다. 정리 2.6을 이용하여 이 방정식의 해를 구하면,

$$\mathrm{x} = A^{-1}\mathrm{b} = \begin{bmatrix} -40 & 16 & 9 \\ 13 & -5 & -3 \\ 5 & -2 & -1 \end{bmatrix} \begin{bmatrix} 5 \\ 3 \\ 17 \end{bmatrix} = \begin{bmatrix} 1 \\ -1 \\ 2 \end{bmatrix}$$

이다.

따라서 주어진 연립방정식의 해는 $\begin{bmatrix} x_1 \\ x_2 \\ x_3 \end{bmatrix} = \begin{bmatrix} 1 \\ -1 \\ 2 \end{bmatrix}$(또는 $x_1 = 1, x_2 = -1, x_3 = 2$)

이다.

지금까지 1.2절에서 정의한 가역행렬의 정의에 의해 $n \times n$ 행렬 A가 가역행렬임을 보이기 위해서는 $AB = BA = I$가 되는 $n \times n$ 행렬 B를 구하여야 했다. 그러나 다음 정리를 통해 보다 간단하게 주어진 행렬이 가역행렬임을 보일 수 있다.

정리 2.7 A가 정방행렬이면 다음이 성립한다.

1) 정방행렬 B가 $BA = I$를 만족하면, $B = A^{-1}$이다.
2) 정방행렬 B가 $AB = I$를 만족하면, $B = A^{-1}$이다.

증명 1) A가 가역행렬임을 보이는 것은 $A\mathrm{x} = 0$가 자명해만을 갖는다는 것을 보이는 것으로 충분하다.(정리 2.5)

$A\mathrm{x} = 0$의 양변에 B를 곱하면,

$$B(A\mathbf{x}) = 0$$

이다. $BA = I$이므로 $\mathbf{x} = \mathbf{0}$이 된다. 따라서 $A\mathbf{x} = \mathbf{0}$는 자명해만을 갖는다.
2)는 위와 유사한 방법으로 보일 수 있다.

정리 2.7을 이용하면 정리 2.5에 명제 1), 2), 3)과 동치인 명제 하나를 더하여 다음과 같은 정리를 얻을 수 있다.

정리 2.8 A가 $n \times n$ 행렬일 때, 다음은 서로 동치이다.

1) A는 가역행렬이다.
2) $A\mathbf{x} = \mathbf{0}$는 오직 자명해만을 갖는다.
3) $A \sim I_n$.
4) $A\mathbf{x} = \mathbf{b}$는 모든 $n \times 1$ 행렬 $\mathbf{b}$에 대하여 단 하나의 해를 갖는다.

증명 1), 2), 3)이 서로 동치임은 정리 2.5에서 보였다. 1) ⇔ 4)을 보이자.

1) ⇒ 4) A가 가역행렬이고, $\mathbf{b}$가 임의의 $n \times 1$ 행렬이라면 $\mathbf{x} = A^{-1}\mathbf{b}$는 $A\mathbf{x} = \mathbf{b}$의 해이고 이 해가 유일함은 자명하다.

4) ⇒ 1) $A\mathbf{x} = \mathbf{b}$가 모든 $n \times 1$ 행렬 $\mathbf{b}$에 대하여 단 하나의 해를 가지면 다음 연립방정식들도 단 하나의 해를 가진다.

$$A\mathbf{x} = \begin{bmatrix} 1 \\ 0 \\ 0 \\ \vdots \\ 0 \end{bmatrix}, \quad A\mathbf{x} = \begin{bmatrix} 0 \\ 1 \\ 0 \\ \vdots \\ 0 \end{bmatrix}, \quad \cdots, \quad A\mathbf{x} = \begin{bmatrix} 0 \\ 0 \\ 0 \\ \vdots \\ 1 \end{bmatrix}$$

이제 $\mathbf{x}_i$를 i 번째 연립방정식의 해라 하면

$$C = [\mathbf{x}_1 \vdots \mathbf{x}_2 \vdots \cdots \vdots \mathbf{x}_n] \ (n \times n \text{ 행렬})$$

에 대하여

$$AC = [A\mathbf{x}_1 : A\mathbf{x}_2 : \cdots : A\mathbf{x}_n] = \begin{bmatrix} 1 & 0 & 0 & \cdots & 0 \\ 0 & 1 & 0 & \cdots & 0 \\ \vdots & \vdots & \vdots & & \vdots \\ 0 & 0 & 0 & \cdots & 1 \end{bmatrix}$$

이다. 정리 2.7에 의해 $A^{-1} = C$가 되므로 행렬 A는 가역행렬이다.

만약 A가 정방행렬이 아니거나, 정방행렬일지라도 가역행렬이 아니면 정리 2.6을 적용할 수 없다. 후자의 경우 $A\mathbf{x}=\mathbf{b}$가 해를 갖도록 하기 위해서는 행렬 $\mathbf{b}$가 어떠한 조건을 만족해야 한다. 다음 예제에서 Gauss 소거법을 이용하여 행렬 $\mathbf{b}$가 어떤 조건을 만족해야 하는지 알아보자.

예제 2.10 다음 연립방정식이 해를 갖기 위한 b_1, b_2, b_3의 조건을 구하여라.

$$\begin{aligned} x_1 + x_2 + 2x_3 &= b_1 \\ x_1 \qquad + x_3 &= b_2 \\ 2x_1 + x_2 + 3x_3 &= b_3 \end{aligned}$$

풀이 연립방정식의 확대계수행렬을 행사다리꼴 행렬로 만들면 다음과 같다.

$$\begin{bmatrix} 1 & 1 & 2 & b_1 \\ 1 & 0 & 1 & b_2 \\ 2 & 1 & 3 & b_3 \end{bmatrix} \to \begin{bmatrix} 1 & 1 & 1 & b_1 \\ 0 & 1 & 1 & b_1 - b_2 \\ 0 & 0 & 0 & b_3 - b_2 - b_1 \end{bmatrix}$$

따라서 $b_3 - b_2 - b_1 = 0$ 즉, $b_3 = b_1 + b_2$ 일 때 위의 연립방정식은 해를 갖는다.

연습문제 2.3

1. $A = \begin{bmatrix} 2 & 1 & 2 \\ 3 & 2 & 2 \\ 1 & 2 & 3 \end{bmatrix}$의 역행렬을 구하여라.

2. $A = \begin{bmatrix} 1 & 2 & -3 \\ 1 & -2 & 1 \\ 5 & -2 & -3 \end{bmatrix}$는 가역행렬이 아님을 보여라.

3. 다음 연립방정식의 해를 구하여라.

$$\begin{aligned} 2x_1 + x_2 + x_3 &= 7 \\ 3x_1 + 2x_2 + x_3 &= -3 \\ x_2 + x_3 &= 5 \end{aligned}$$

4. $C^T C = I$을 만족하는 정방행렬 C를 **직교행렬**(orthogonal matrix)이라 한다. A가 직교행렬일 때, 양의 정수 k에 대하여 $A^k\mathbf{x} = \mathbf{0}$는 자명해만 가짐을 보여라.

5. $A^{-1}=\begin{bmatrix} 0 & 1 & -1 \\ 2 & -2 & -1 \\ -1 & 1 & 1 \end{bmatrix}$ 일 때, $AB=2B+A$ 를 만족하는 행렬 B 를 구하여라.

6. 행렬 $A=\begin{bmatrix} \cos\theta & \sin\theta & 0 \\ -\sin\theta & \cos\theta & 0 \\ 0 & 0 & 1 \end{bmatrix}$ 는 가역행렬임을 보이고, A^{-1}를 구하여라.

7. 행렬 $A=\begin{bmatrix} 1 & 0 \\ 3 & 4 \end{bmatrix}$ 에 대하여 다음 물음에 답하여라.

1) $E_2E_1A=I$ 가 되는 기본행렬 E_1, E_2 를 구하여라.

2) A^{-1} 를 두 기본행렬의 곱으로 표시하여라.

3) A 를 두 기본행렬의 곱으로 표시하여라.

8. 다음 행렬 A 를 $A=EFR$의 꼴로 표시하여라. 여기서 E, F는 기본행렬들이고, R은 행사다리꼴 행렬이다.

$$A=\begin{bmatrix} 1 & 3 & 3 & 8 \\ -2 & -5 & 1 & -8 \\ 0 & 1 & 7 & 8 \end{bmatrix}$$

9. 1) 한 행이 전부 0인 행렬은 역행렬을 갖지 않음을 보여라.

2) 한 열이 전부 0인 행렬은 역행렬을 갖지 않음을 보여라.

10. 1) A 가 정방행렬일 때 음이 아닌 모든 정수 r, s 에 대하여

$A^rA^s=A^{r+s}$, $(A^r)^s=A^{rs}$ 이 성립함을 보여라.

2) A 가 가역행렬일 때 모든 정수 r, s 에 대하여

$A^rA^s=A^{r+s}$, $(A^r)^s=A^{rs}$ 이 성립함을 보여라.

3) A 가 가역행렬이고 k 가 0이 아닌 스칼라이면 모든 정수 r 에 대하여

$(kA)^r=k^rA^r$ 이 성립함을 보여라.

11. 행렬 $A=\begin{bmatrix} 1 & 2 & 3 \\ 4 & 5 & 6 \\ 7 & 8 & 9 \end{bmatrix}$, $B=\begin{bmatrix} 7 & 8 & 9 \\ 4 & 5 & 6 \\ 1 & 2 & 3 \end{bmatrix}$, $C=\begin{bmatrix} 1 & 2 & 3 \\ 4 & 5 & 6 \\ 9 & 12 & 15 \end{bmatrix}$ 에 대하여 다음 식을 만족하는 기본행렬 E_1, E_2, E_3, E_4 를 구하여라.

1) $E_1A=B$ 2) $E_2B=A$ 3) $E_3A=C$ 4) $E_4C=A$

12. 1) A가 가역행렬이고 B가 A와 행동치이면 B도 가역행렬임을 보여라.

2) 정방행렬 A가 기본행렬들의 곱이면 A는 가역행렬임을 보여라.

13. Q와 A는 n차 정방행렬이고 Q는 가역행렬이면 $A\mathbf{x}=0$이 자명해를 갖기 위한 필요충분조건은 $(QA)\mathbf{x}=0$이 자명해를 갖는 것임을 보여라.

14. $A^{-1}=\begin{bmatrix} 0 & -1 & -\frac{3}{2} \\ -1 & -2 & -\frac{3}{2} \\ -\frac{1}{2} & 0 & -\frac{7}{2} \end{bmatrix}$ 일 때, $AB=2B+A$를 만족하는 행렬 B를 구하여라.

15. $A=\begin{bmatrix} 1 & 2 \\ -1 & -1 \end{bmatrix}$, $P=\begin{bmatrix} 1 & 1 \\ 1 & 2 \end{bmatrix}$, $B=PAP^{-1}$라 할 때, 다음 물음에 답하여라.

1) A^{51}을 구하여라.

2) B^{51}을 구하여라.

2.4 역행렬 공식과 Cramer의 공식

이제까지 기본행연산을 이용하는 Gauss 소거법과 Gauss–Jordan 소거법을 이용하여 연립방정식의 해를 구하는 방법에 대해 알아보았다. 이 절에서는 연립방정식의 해를 좀 더 간단하게 구할 수 있는 역행렬 공식을 이용하는 방법과 Cramer의 공식에 대해 알아보자.

— 여인수 행렬과 수반행렬

앞서 1.3절에서 여인수 전개를 이용하여 행렬식을 계산하는 방법에 대해서 알아보았다. 여인수를 이용하여 여인수 행렬과 수반행렬을 정의하고 이를 이용하여 역행렬을 구할 수 있다.

정의 2.4 A를 n차 정방행렬, C_{ij}를 행렬 A의 원 a_{ij}의 여인수라 하자. 이때 행렬

$$(C_{ij})_{n\times n}=\begin{bmatrix} C_{11} & C_{12} & \cdots & C_{1n} \\ C_{21} & C_{22} & \cdots & C_{2n} \\ \vdots & \vdots & & \vdots \\ C_{n1} & C_{n2} & \cdots & C_{nn} \end{bmatrix}$$

을 A의 여인수행렬(cofactor matrix)이라 하고, 여인수행렬의 전치행렬을 A의 수반행렬(adjoint matrix)이라 하며 $adj(A)$로 표기한다. 즉,

$$adj(A) = \begin{bmatrix} C_{11} & C_{21} & \cdots & C_{n1} \\ C_{12} & C_{22} & \cdots & C_{n2} \\ \vdots & \vdots & \ddots & \vdots \\ C_{1n} & C_{2n} & \cdots & C_{nn} \end{bmatrix}.$$

예제 2.11 다음 행렬 A의 여인수행렬과 수반행렬을 구하여라.

$$A = \begin{bmatrix} 3 & 2 & -1 \\ 1 & 6 & 3 \\ 2 & -4 & 0 \end{bmatrix}$$

풀이 행렬 A의 여인수를 구해보면 다음과 같다.

$$C_{11} = 12,\ C_{12} = 6,\ C_{13} = -16,$$
$$C_{21} = 4,\ C_{22} = 2,\ C_{23} = 16,$$
$$C_{31} = 12,\ C_{32} = -10,\ C_{33} = 16$$

따라서 A의 여인수행렬은

$$\begin{bmatrix} 12 & 6 & -16 \\ 4 & 2 & 16 \\ 12 & -10 & 16 \end{bmatrix}$$

이며 A의 수반행렬은 여인수행렬의 전치행렬이므로

$$adj(A) = \begin{bmatrix} 12 & 4 & 12 \\ 6 & 2 & -10 \\ -16 & 16 & 16 \end{bmatrix}$$

이다.

이제 수반행렬을 이용하여 가역행렬의 역행렬을 구하는 공식을 유도할 준비가 되었다. 다음은 가역행렬의 역행렬이 어떠한 형태로 나타나게 되는지 알 수 있는 정리이다.

— 역행렬 공식

정리 2.9 $A=(a_{ij})_{n\times n}$가 가역행렬이면 $A^{-1}=\dfrac{1}{|A|}adj(A)$이다.

증명 $A^{-1}=\dfrac{1}{|A|}adj(A)$의 양변에 $\det(A)A$를 곱하면

$$\det(A)I=A\,adj(A)$$

이다. 위의 식이 성립함을 보이자.

$$A\,adj(A)=\begin{bmatrix} a_{11} & a_{12} & \cdots & a_{1n} \\ a_{21} & a_{22} & \cdots & a_{2n} \\ \vdots & \vdots & & \vdots \\ a_{i1} & a_{i2} & \cdots & a_{in} \\ \vdots & \vdots & & \vdots \\ a_{n1} & a_{n2} & \cdots & a_{nn} \end{bmatrix}\begin{bmatrix} C_{11} & C_{21} & \cdots & C_{j1} & \cdots & C_{n1} \\ C_{12} & C_{22} & \cdots & C_{j2} & \cdots & C_{n2} \\ \vdots & \vdots & & \vdots & & \vdots \\ C_{1n} & C_{2n} & \cdots & C_{jn} & \cdots & C_{nn} \end{bmatrix}$$

이므로 $A\,adj(A)$의 i 행 j 열의 원은 좌측행렬의 i 행과 우측 행렬의 j 열을 곱해서 얻을 수 있다.

$$a_{i1}C_{j1}+a_{i2}C_{j2}+\cdots+a_{in}C_{jn} \qquad (2.2)$$

여기서 $i=j$이면 식 (2.2)은 A의 i 행에 대한 여인수전개로 얻은 A의 행렬식 (즉, $\det(A)$)이고, $i\neq j$이면 A의 i 행의 원들과 A의 j 행에 대한 여인수들의 곱이므로 식 (2.2)의 값은 모두 0이다. 따라서

$$A\,adj(A)=\begin{bmatrix} \det(A) & 0 & \cdots & 0 \\ 0 & \det(A) & \cdots & 0 \\ \vdots & \vdots & & \vdots \\ 0 & 0 & \cdots & \det(A) \end{bmatrix}=\det(A)I \qquad (2.3)$$

이다.

A가 가역행렬이므로 $\det(A)\neq 0$이기 때문에 식 (2.3)은 다음과 같이 다시 쓸 수 있다.

$$\frac{1}{\det(A)}[A\,adj(A)]=A\left[\frac{1}{\det(A)}adj(A)\right]=I \qquad (2.4)$$

식 (2.4)의 마지막 등식의 양변에 A^{-1}를 곱해주면

$$A^{-1}=\frac{1}{|A|}adj(A) \qquad (2.5)$$

이다.

예제 2.12 식 (2.5)를 이용하여 행렬 $A = \begin{bmatrix} 1 & 0 & 2 \\ 2 & -1 & 3 \\ 4 & 1 & 8 \end{bmatrix}$의 역행렬을 구하여라.

풀이 주어진 행렬 A의 행렬식이 $|A| = 1$이므로 역행렬이 존재한다. 각 원들의 여인수를 구하면

$$C_{11} = (-1)^{1+1}M_{11} = -11,\ C_{12} = (-1)^{1+2}M_{12} = -4,\ C_{13} = (-1)^{1+3}M_{13} = 6,$$
$$C_{21} = (-1)^{2+1}M_{21} = 6,\ C_{22} = (-1)^{2+2}M_{22} = 0,\ C_{23} = (-1)^{2+3}M_{23} = -1,$$
$$C_{31} = (-1)^{3+1}M_{31} = 2,\ C_{32} = (-1)^{3+2}M_{32} = 1,\ C_{33} = (-1)^{3+3}M_{33} = -1$$

이다. 따라서

$$A^{-1} - \begin{bmatrix} -11 & 2 & 2 \\ -4 & 0 & 1 \\ 6 & -1 & -1 \end{bmatrix}$$

이다.

3×3보다 크기가 큰 행렬에 대해서 정리 2.9의 방법으로 역행렬을 구하는 것은 기본행연산을 이용하는 방법보다 복잡하다. 그러나 일반적으로 기본행연산을 이용하는 역행렬 계산법은 순수하게 역행렬만을 구하거나 또는 컴퓨터를 이용하여 역행렬을 구하는 알고리즘을 구성하는 데에 사용되지만, 이 방법을 통해 역행렬의 성질을 연구하기에는 제한된다. 반면에 정리 2.9는 역행렬의 성질을 연구하는데 매우 유용하게 사용된다.

— Cramer의 공식

다음으로 n개의 미지수를 갖는 n개의 방정식으로 구성된 연립방정식의 해 중에서 관심 있는 일부 해를 구하는데 유용하게 사용할 수 있는 Cramer의 공식에 대하여 알아보자.

정리 2.10 (Cramer의 공식) A는 $\det(A) \neq 0$인 n차 정방행렬, b는 임의의 $n \times 1$ 행렬이면 연립방정식 $A\mathbf{x} = \mathrm{b}$는 단 하나의 해를 갖고 그 해는 다음과 같다.

$$x_i = \frac{|A_i|}{|A|},\ i = 1, 2, \cdots, n$$

여기서 $|A_i|$는 A의 i열을 b로 대치한 행렬의 행렬식이다.

증명 $\det(A) \neq 0$이므로 A는 가역행렬이고 정리 2.6에 의하여 $\mathbf{x} = A^{-1}\mathbf{b}$는 $A\mathbf{x} = \mathbf{b}$의 유일한 해이다. 따라서 정리 2.9에 의하여 해 $\mathbf{x}$는 다음과 같다.

$$\mathbf{x} = A^{-1}\mathbf{b} = \frac{1}{\det(A)} adj(A)\mathbf{b}$$

$$= \frac{1}{\det(A)} \begin{bmatrix} C_{11} & C_{21} & \cdots & C_{n1} \\ C_{12} & C_{22} & \cdots & C_{n2} \\ \vdots & \vdots & & \vdots \\ C_{1n} & C_{2n} & \cdots & C_{nn} \end{bmatrix} \begin{bmatrix} b_1 \\ b_2 \\ \vdots \\ b_n \end{bmatrix}$$

$$= \frac{1}{\det(A)} \begin{bmatrix} b_1 C_{11} + b_2 C_{21} + \cdots + b_n C_{n1} \\ b_1 C_{12} + b_2 C_{22} + \cdots + b_n C_{n2} \\ \vdots \\ b_1 C_{1n} + b_2 C_{2n} + \cdots + b_n C_{nn} \end{bmatrix}$$

따라서 $\mathbf{x}$의 i 행의 원은

$$x_i = \frac{b_1 C_{1i} + b_2 C_{2i} + \cdots + b_n C_{ni}}{\det(A)} \tag{2.6}$$

이다.

이제 행렬 A_i를 살펴보자.

$$A_i = \begin{bmatrix} a_{11} & a_{12} & \cdots & a_{1i-1} & b_1 & a_{1i+1} & \cdots & a_{1n} \\ a_{21} & a_{22} & \cdots & a_{2i-1} & b_2 & a_{2i+1} & \cdots & a_{2n} \\ \vdots & \vdots & & \vdots & \vdots & \vdots & & \vdots \\ a_{n1} & a_{n2} & \cdots & a_{ni-1} & b_n & a_{ni+1} & \cdots & a_{nn} \end{bmatrix}$$

여기서 A_i는 A와 i 열만 다르므로 A_i의 원 $b_1, b_2, \cdots, b_n$의 여인수는 A의 i 열의 각 원에 대한 여인수와 같다. 따라서 $\det(A_i)$를 구하기 위해 i 열에 관해 여인수전개를 하면 다음과 같다.

$$\det(A_i) = b_1 C_{1i} + b_2 C_{2i} + \cdots + b_n C_{ni}$$

이 결과를 식 (2.6)에 대입하면

$$x_i = \frac{|A_i|}{|A|}, \; i = 1, 2, \cdots, n$$

이다.

다음 예제를 통해 Cramer의 공식을 이용하여 연립방정식의 해를 구하는 방법을 알아보자.

예제 2.13 다음 연립방정식을 만족하는 x_1 을 구하여라.

$$\begin{aligned} x_1 - 3x_2 + x_3 &= 4 \\ 2x_1 - x_2 &= -2 \\ 4x_1 - 3x_3 &= 0 \end{aligned}$$

풀이 $A = \begin{bmatrix} 1 & -3 & 1 \\ 2 & -1 & 0 \\ 4 & 0 & -3 \end{bmatrix}$ 이고 $\det(A) = 3 + 4 - 18 = -11 \neq 0$ 이므로 Cramer의 공식을 이용할 수 있다. x_1 을 구하기 위하여 $A_1 = \begin{bmatrix} 4 & -3 & 1 \\ -2 & -1 & 0 \\ 0 & 0 & -3 \end{bmatrix}$ 의 행렬식을 계산하면 $\det(A_1) = 30$ 이다. 따라서 해는 다음과 같다.

$$x_1 = \frac{\det(A_1)}{\det(A)} = -\frac{30}{11}$$

실제로 4개 이상의 방정식으로 이루어진 연립방정식의 해를 구하는데 있어 Cramer의 공식보다는 Gauss 소거법이나 Gauss–Jordan 소거법이 효과적이다. 왜냐하면, Cramer의 공식을 이용하여 n 개의 미지수를 갖는 n 개의 1차 방정식으로 이루어진 연립방정식의 해를 모두 구하려면 n 차 정방행렬의 행렬식을 $n+1$ 번 계산해야 하는 반면에 Gauss 소거법이나 Gauss–Jordan 소거법에서는 주어진 연립방정식에 대응하는 $n \times (n+1)$ 확대계수행렬을 찾아서 기본행연산만 적용하면 되기 때문이다. 이러한 이유로 연립방정식의 모든 해를 구해야 할 경우에는 Cramer의 공식을 사용하는 것이 비효율적이지만 특정한 해를 구해야 하는 경우에는 Cramer의 공식이 효과적이다.

Cramer의 공식을 이용하여 역행렬 구하기

위에서 알아본 Cramer의 공식을 이용하여 연립방정식의 해를 구할 수 있을 뿐만 아니라 가역행렬의 역행렬을 구할 수도 있다. 가역행렬 $A = (a_{ij})_{3\times 3}$ 이면 연립방정식 $A\mathbf{x} = \begin{bmatrix} 1 \\ 0 \\ 0 \end{bmatrix}$ 의 해는 $\mathbf{x} = A^{-1}\begin{bmatrix} 1 \\ 0 \\ 0 \end{bmatrix}$ 이고 이것은 역행렬 A^{-1} 의 제 1열이다. 따라

서 위의 연립방정식의 해 $\mathbf{x} = \begin{bmatrix} x_1 \\ x_2 \\ x_3 \end{bmatrix}$는 A^{-1}의 제 1열이다. 같은 방법으로 연립방정식 $A\mathbf{x} = \begin{bmatrix} 0 \\ 1 \\ 0 \end{bmatrix}$, $A\mathbf{x} = \begin{bmatrix} 0 \\ 0 \\ 1 \end{bmatrix}$의 해를 구하면 A^{-1}의 제 2열, A^{-1}의 제 3열을 구할 수 있고, 이를 이용하면 역행렬 A^{-1}를 구할 수 있다.

다음 예제를 통해 Cramer의 공식을 이용하여 역행렬을 구해보자.

예제 2.14 행렬 $A = \begin{bmatrix} 1 & -3 & 1 \\ 2 & -1 & 0 \\ 4 & 0 & -3 \end{bmatrix}$의 역행렬을 구하여라.

풀이 예제 2.12에서 A^{-1}가 존재함을 알 수 있었다. A^{-1}를 구하기 위하여 $A\mathbf{x} = \begin{bmatrix} 1 \\ 0 \\ 0 \end{bmatrix}$의 해를 구하면 이것이 A^{-1}의 제 1열이다. Cramer의 공식을 이용하여 $A\mathbf{x} = \begin{bmatrix} 1 \\ 0 \\ 0 \end{bmatrix}$의 해를 구하면,

$$x_1 = \frac{\det(A_1)}{\det(A)} = -\frac{3}{11},\ x_2 = \frac{\det(A_2)}{\det(A)} = -\frac{6}{11},\ x_3 = \frac{\det(A_3)}{\det(A)} = -\frac{4}{11}$$

이다.

따라서 A^{-1}의 제 1열은 $\begin{bmatrix} -\frac{3}{11} \\ -\frac{6}{11} \\ -\frac{4}{11} \end{bmatrix}$이다.

같은 방법으로 $A\mathbf{x} = \begin{bmatrix} 0 \\ 1 \\ 0 \end{bmatrix}$와 $A\mathbf{x} = \begin{bmatrix} 0 \\ 0 \\ 1 \end{bmatrix}$의 해를 구하면, A^{-1}의 제 2열, A^{-1}의 제 3열을 구할 수 있다. 두 연립방정식의 해를 Cramer의 공식을 이용하여 구하면 각각 $\begin{bmatrix} \frac{9}{11} \\ \frac{7}{11} \\ \frac{12}{11} \end{bmatrix}$, $\begin{bmatrix} -\frac{1}{11} \\ -\frac{2}{11} \\ -\frac{5}{11} \end{bmatrix}$이기 때문에

$$A^{-1} = \begin{bmatrix} -\frac{3}{11} & \frac{9}{11} & -\frac{1}{11} \\ -\frac{6}{11} & \frac{7}{11} & -\frac{2}{11} \\ -\frac{4}{11} & \frac{12}{11} & -\frac{5}{11} \end{bmatrix}$$

이다.

연습문제 2.4

1. Cramer의 공식을 이용하여 다음 연립방정식을 풀어라.

$$\begin{cases} x_1 + x_2 = 0 \\ x_1 + x_3 - 2x_4 = 1 \\ x_1 + 2x_3 + x_4 = 0 \\ x_1 + x_2 + x_4 = 0 \end{cases}, \text{ 여기서 } \begin{vmatrix} 1 & 1 & 0 & 0 \\ 1 & 0 & 1 & -2 \\ 1 & 0 & 2 & 1 \\ 1 & 1 & 0 & 1 \end{vmatrix} = -1 \text{이다.}$$

2. $\begin{vmatrix} a & b \\ c & d \end{vmatrix} \neq 0$일 때 Cramer의 공식을 이용하여 $\begin{cases} ax + by + z = 0 \\ cx + dy + 2z = 0 \end{cases}$의 해를 a, b, c, d로 표현하여라.

3. 주어진 연립방정식과 계수행렬 A에 대하여 다음 물음에 답하여라.

$$\begin{matrix} x_1 + ax_2 + bx_3 = 2 \\ cx_1 + x_2 + 2x_3 = 2c \\ dx_1 + 2x_2 + x_3 = 2d \end{matrix}, \quad \begin{vmatrix} 1 & a & b \\ c & 1 & 2 \\ d & 2 & 1 \end{vmatrix} = 5$$

1) $A\mathbf{x} = \mathbf{b}$의 꼴로 표시하여라.

2) A는 I_3와 행동치이다. 그 이유를 설명하여라.

3) $\det((2A)^{-1})$를 구하여라.

4) $\det(adj(A))$를 구하여라.

5) Cramer의 공식을 이용하여 x_1을 구하여라.

4. Cramer의 공식을 이용하여 다음을 만족하는 x, y를 구하여라.

$$\begin{aligned} 4x + y + z + w &= 6 \\ 3x + 7y - z + w &= 1 \\ 7x + 3y - 5z + 8w &= -3 \\ x + y + z + 2w &= 3 \end{aligned}$$

5. A 가 n 차 정방행렬일 때 다음 물음에 답하여라.

1) $|A| = 0$이면 $|adj(A)| = 0$임을 보여라.

2) $|A| \neq 0$이면 $|adj(A)| = |A|^{n-1}$임을 보여라.

3) A가 가역행렬이면 $adj(A)$도 가역행렬이고 다음이 성립함을 보여라.

$$(adj(A))^{-1} = |A^{-1}|A = \frac{1}{|A|}A = adj(A^{-1})$$

6. A 가 직교행렬이면 $\det(A)$는 -1 또는 1임을 보여라.

7. $\det(A)=1$이고 A의 모든 원이 정수이면, A^{-1}의 모든 원은 정수임을 보여라.

8. 연립방정식 $\begin{cases} a_1x+b_1y+c_1=0 \\ a_2x+b_2y+c_2=0 \\ a_3x+b_3y+c_3=0 \end{cases}$ 이 자명해만을 갖기 위한 조건은 $\begin{vmatrix} a_1 & b_1 & c_1 \\ a_2 & b_2 & c_2 \\ a_3 & b_3 & c_3 \end{vmatrix} = 0$

임을 보여라. 단, $\begin{vmatrix} a_1 & b_1 \\ a_2 & b_2 \end{vmatrix} \neq 0$, $\begin{vmatrix} a_1 & b_1 \\ a_3 & b_3 \end{vmatrix} \neq 0$, $\begin{vmatrix} a_2 & b_2 \\ a_3 & b_3 \end{vmatrix} \neq 0$이다.

(hint: Cramer의 공식을 이용하여라)

9. $A = \begin{bmatrix} 1 & 0 & 1 \\ 1 & 1 & 0 \\ 1 & 1 & 1 \end{bmatrix}$의 역행렬을 Cramer의 공식을 이용하여 구하여라.

10. 행렬 $A = \begin{bmatrix} 1 & 0 & 0 \\ 2 & 1 & 0 \\ 0 & 0 & 2 \end{bmatrix}$에 대하여 다음 물음에 답하여라.

1) A의 여인수행렬을 구하여라.

2) $E_2E_1A = I_3$가 되는 두 기본행렬 E_1, E_2를 구하여라.

3) A를 두 기본행렬의 곱으로 표현하여라.

4) $|E_1{}^5A^5E_2{}^{-5}|$을 계산하여라.

5) $|2\,adj(A^{-2})|$을 계산하여라.

11. n차 정방행렬 A, B가 가역행렬이면, $|adj(A)adj(B)| = |A|^{n-1}|B|^{n-1}$ 임을 보여라.

제 3 장

Introduction to Linear Algebra

$\mathbb{R}^n$ 에서의 벡터

이 장은 일반적인 벡터에 대한 개념을 이해하기 위해 2차 및 3차 공간에서 벡터를 소개하고 n차 공간까지 확장하여 그 응용을 살펴보고자 한다.

일상에서 우리는 넓이, 길이, 질량과 같은 물리적인 양은 그 크기만 주어지면 완전히 해석된다. 이와 같은 양을 **스칼라**(scalar)라 한다. 그러나 바람의 이동이나 어떤 물체에 가해지는 힘과 같은 물리적인 양은 크기와 방향까지 지정되어야 완전히 해석되는데, 이렇게 크기와 방향을 갖는 물리적인 양을 **벡터**(vector)라 한다. 1절에서는 2차 및 3차 공간에서 벡터의 기하학적인 의미와 벡터들의 연산에 대한 성질을 규명하여 n차 공간에서 벡터들의 연산으로 확장한다. 2절과 3절에서는 벡터들을 곱하는 두 가지 방법(내적, 외적)에 대하여 알아보고, 4절에서는 내적과 외적을 이용하여 3차 공간의 평면과 직선의 방정식을 구하는 방법에 대하여 알아본다.

3.1 벡터의 기하학적 의미

2차 및 3차 공간에서 벡터는 유향선분 또는 화살표로 표시한다. 벡터의 방향은 화살표의 시점과 종점으로 나타내고 크기는 시점과 종점을 잇는 유향선분의 길이로 나타낸다. 이 책에서 스칼라는 필기체 소문사 $a, b, k, l, \cdots$ 를 사용하고, 벡터는 스칼라와 구별하기 위하여 인쇄체 소문자의 굵은 글씨 $\mathbf{a}, \mathbf{b}, \mathbf{u}, \mathbf{v}, \cdots$ 로 표현한다. [그림 3.1] (a)의 경우, 즉, 벡터 $\mathbf{v}$의 시점이 A이고 종점이 B인 경우에 $\mathbf{v}$는 $\mathbf{v} = \overrightarrow{AB}$로 표기한다. 벡터는 단지 크기와 방향을 갖는 물리적인 양이므로 벡터의 시점이 어디인가는 문제가 되지 않는다. [그림 3.1] (b)와 같이 두 벡터의 크기와 방향이 같을 때 두 벡터는 **동치**(equivalent)라고 한다. 즉, 동치인 벡터들은 모두 동일한 것으로 간주한다. 두 벡터 $\mathbf{v}, \mathbf{w}$가 동치일 때 $\mathbf{v} = \mathbf{w}$로 표기한다.

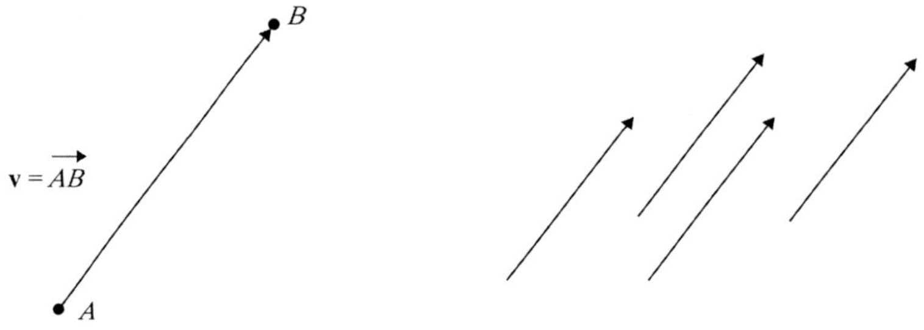

(a) 벡터　　　　(b) 동치벡터들

[그림 3.1]

앞으로 1차 공간(직선)을 $\mathbb{R}$, 2차 공간(평면)을 $\mathbb{R}^2$(= $\mathbb{R} \times \mathbb{R}$의 곱집합으로 생각), 3차 공간을 $\mathbb{R}^3$, n차 공간은 $\mathbb{R}^n$으로 표기한다.

벡터에 대한 여러 가지 문제들은 직교좌표계를 도입함으로써 간단하게 설명되는 경우가 많다. $\mathbf{v}$를 $\mathbb{R}^2$의 임의의 벡터라 하고, $\mathbf{v}$의 시점을 좌표계의 원점으로 옮겼을 때 종점의 좌표 (v_1, v_2)를 $\mathbf{v}$의 **성분**(component)이라 부르고 $\mathbf{v} = (v_1, v_2)$로 표기한다(그림 3.2). 성분을 이용한 두 벡터의 동치 조건은 다음과 같이 요약된다.

$$\mathbf{v} = (v_1, v_2),\ \mathbf{w} = (w_1, w_2) \text{ 일 때, } \mathbf{v} = \mathbf{w} \iff v_1 = w_1,\ v_2 = w_2$$

정의 3.1 $\mathbf{v} = (v_1, v_2)$, $\mathbf{w} = (w_1, w_2)$ 일 때(그림 3.3), 두 벡터 $\mathbf{v}$와 $\mathbf{w}$의 **합**(sum)은 $\mathbf{v} + \mathbf{w} = (v_1 + w_1, v_2 + w_2)$로 정의하고 기하학적으로는 $\mathbf{v}$의 종점에 $\mathbf{w}$의 시점을 일치시켰을 때, $\mathbf{v}$의 시점에서 $\mathbf{w}$의 종점을 잇는 벡터를 의미한다. 즉, $\mathbf{v}$와 $\mathbf{w}$의 시점을 일치시켰을 때 만들어지는 평행사변형의 대각선이 된다. 또한 $\mathbf{v} + \mathbf{w} = \mathbf{w} + \mathbf{v}$ 임은 자명하다.

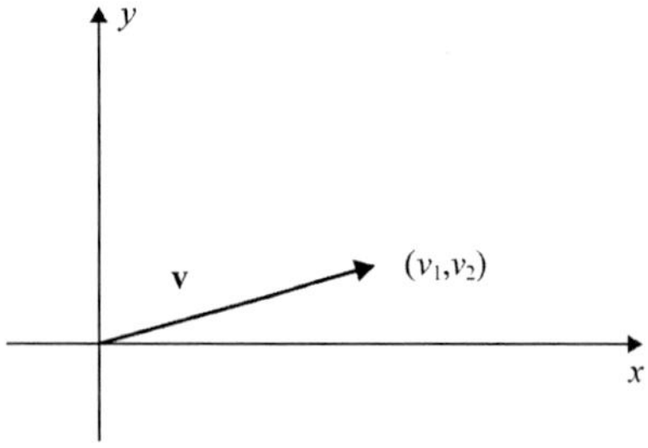

[그림 3.2]

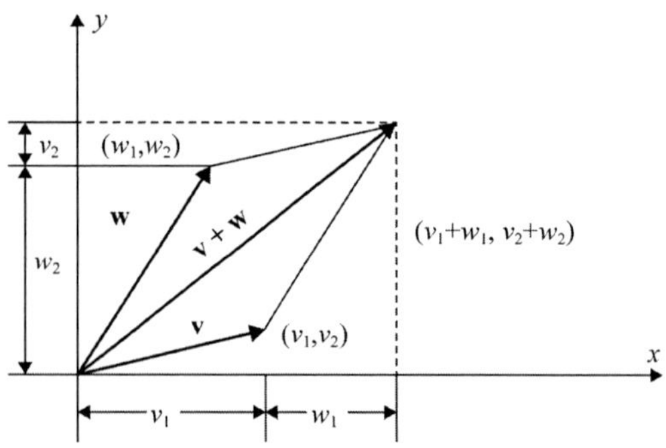

[그림 3.3]

크기가 0인 벡터를 **영벡터(zero vector)**라 하고 **0**으로 표기한다. **v**와 크기는 같고 방향이 반대인 벡터를 **v**의 **음벡터(negative vector)**라 하고 $-\mathbf{v}$로 표기한다.

정의 3.2 $\mathbf{v} = (v_1, v_2)$, $\mathbf{w} = (w_1, w_2)$ 일 때, 두 벡터 **v** 와 **w** 의 **차(difference)** $\mathbf{v} - \mathbf{w} = (v_1 - w_1, v_2 - w_2)$ 로 정의하고, 기하학적으로는 **v** 와 **w** 의 시점을 일치시켰을 때 **w** 의 종점에서 **v** 의 종점을 잇는 벡터가 된다(그림 3.4).

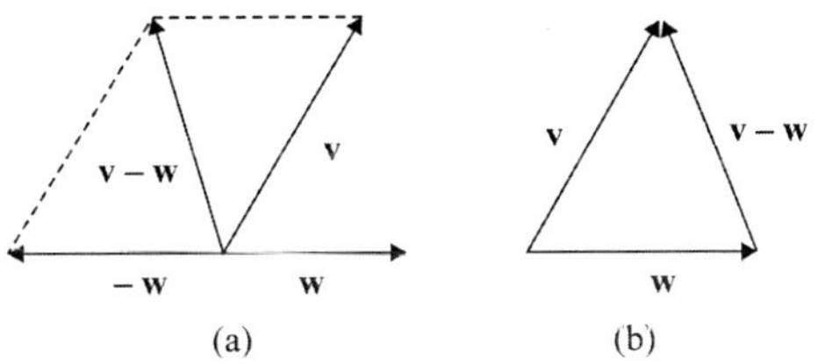

[그림 3.4]

예제 3.1 $\mathbb{R}^3$의 세 점 $O = (0, 0, 0)$, $P_1 = (2, -1, 4)$, $P_2 = (7, 5, -8)$에 대하여 $\mathbf{v} = \overrightarrow{P_1P_2}$ 의 성분은 $\mathbf{v} = \overrightarrow{OP_2} - \overrightarrow{OP_1} = (5, 6, -12)$ 이다. 같은 방법으로 2차 공간에서 시점 $P_1 = (x_1, y_1)$, 종점 $P_2 = (x_2, y_2)$ 인 벡터는 $\overrightarrow{P_1P_2} = (x_2 - x_1, y_2 - y_1)$ 이다.

정의 3.3 $\mathbb{R}^2$ 의 임의의 벡터 $\mathbf{v} = (v_1, v_2)$의 **스칼라 배**는 $k\mathbf{v} = (kv_1, kv_2)$로 정의한다 이때, $k > 0$이면 **v**와 같은 방향으로 k배의 크기를 갖는 벡터, $k < 0$이면 **v**와 반대 방향으로 $|k|$ 배의 크기를 갖는 벡터이다(그림 3.5). 만약 $k = 0$이거나 $\mathbf{v} = \mathbf{0}$ 이면 $k\mathbf{v} = \mathbf{0}$으로 정의한다.

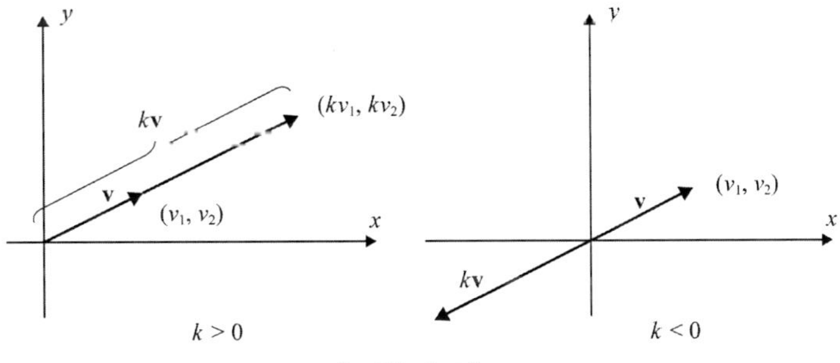

[그림 3.5]

$\mathbb{R}^n$에서 벡터의 성분, 합, 차, 스칼라 곱도 $\mathbb{R}^2$ 또는 $\mathbb{R}^3$와 같은 방법으로 정의한다. 다음 정리는 n차원 공간의 벡터들에 대한 연산법칙을 요약해 놓은 것이다.

정리 3.1 $\mathbb{R}^n$의 세 벡터 $\mathrm{u}, \mathrm{v}, \mathrm{w}$와 임의의 스칼라 k, l에 대하여 다음이 성립한다.

1) $\mathrm{u}+\mathrm{v}=\mathrm{v}+\mathrm{u}$ 2) $(\mathrm{u}+\mathrm{v})+\mathrm{w}=\mathrm{u}+(\mathrm{v}+\mathrm{w})$ 3) $\mathrm{u}+0=0+\mathrm{u}$

4) $\mathrm{u}+(-\mathrm{u})=0$ 5) $k(l\mathrm{u})=(kl)\mathrm{u}$ 6) $k(\mathrm{u}+\mathrm{v})=k\mathrm{u}+k\mathrm{v}$

7) $(k+l)\mathrm{u}=k\mathrm{u}+l\mathrm{u}$ 8) $1\mathrm{u}=\mathrm{u}$

증명 2)만 증명하고 나머지는 연습문제로 남긴다.

$\mathrm{u}=(u_1, u_2, \cdots, u_n)$, $\mathrm{v}=(v_1, v_2, \cdots, v_n)$, $\mathrm{w}=(w_1, w_2, \cdots, w_n)$라 두면

$$\begin{aligned}(\mathrm{u}+\mathrm{v})+\mathrm{w} &= [(u_1, u_2, \cdots, u_n)+(v_1, v_2, \cdots, v_n)]+(w_1, w_2, \cdots, w_n) \\ &= (u_1+v_1, u_2+v_2, \cdots, u_n+v_n)+(w_1, w_2, \cdots, w_n) \\ &= [(u_1+v_1)+w_1, (u_2+v_2)+w_2, \cdots, (u_n+v_n)+w_n] \\ &= [u_1+(v_1+w_1), u_2+(v_2+w_2), \cdots, u_n+(v_n+w_n)] \\ &= (u_1, u_2, \cdots, u_n)+(v_1+w_1, v_2+w_2, \cdots, v_n+w_n) \\ &= \mathrm{u}+(\mathrm{v}+\mathrm{w}).\end{aligned}$$

$\mathrm{v}=\overrightarrow{AB}$이면, 선분 AB의 길이를 v의 **노름(norm)**이라 부른다. v의 노름은 $\|\mathrm{v}\|$로 표기하며 노름이 1인 벡터를 **단위벡터(unit vector)**라 한다. 평면 위의 벡터 $\mathrm{u}=(u_1, u_2)$와 3차 공간의 벡터 $\mathrm{v}=(v_1, v_2, v_3)$의 노름은 피타고라스 정리로 부터 다음과 같이 구할 수 있다(그림 3.6 (a), (b)).

$$\|\mathrm{u}\| = \sqrt{u_1^2+u_2^2}, \quad \|\mathrm{v}\| = \sqrt{v_1^2+v_2^2+v_3^2}$$

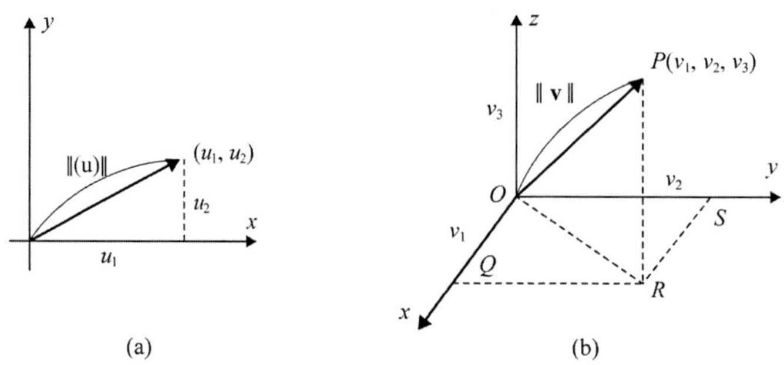

[그림 3.6]

같은 방법으로 n차원 공간의 벡터 $\mathbf{v}=(v_1, v_2, \cdots, v_n)$의 노름은 다음과 같다.

$$\|\mathbf{v}\| = \sqrt{v_1^2+v_2^2+\cdots+v_n^2}\,.$$

3차 공간의 두 점 $P_1=(x_1, y_1, z_1), P_2=(x_2, y_2, z_2)$ 사이의 거리(distance) d는 벡터 $\overrightarrow{P_1P_2}$의 노름이다(그림 3.7). 즉, $\|\overrightarrow{P_1P_2}\| = \|\overrightarrow{OP_2}-\overrightarrow{OP_1}\|$ 이다. 따라서

$$\begin{aligned} d(\overrightarrow{OP_1}, \overrightarrow{OP_2}) &= \|\overrightarrow{OP_2}-\overrightarrow{OP_1}\| \\ &= \sqrt{(x_2-x_1)^2+(y_2-y_1)^2+(z_2-z_1)^2} \end{aligned}$$

이 되고, $\mathbb{R}^n$에서도 동일한 방법으로 정의할 수 있다.

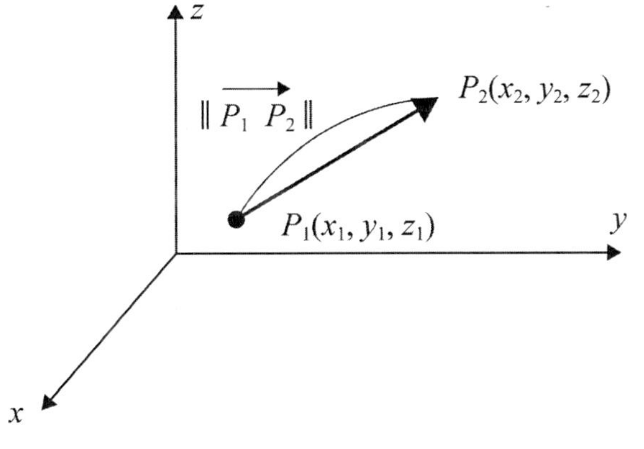

[그림 3.7]

위에서 언급된 개념들을 다음 예제로 확인해 보자.

예제 3.2 $\mathbb{R}^3$의 두 벡터 $\mathbf{u}=(1, 2, 3)$, $\mathbf{v}=(-1, 2, 1)$에 대하여 $\|\mathbf{u}\|$, $\|\mathbf{v}\|$, $\|\mathbf{u}+\mathbf{v}\|$, $d(\mathbf{u}, \mathbf{v})$를 구하여라.

풀이

$\|\mathbf{u}\| = \sqrt{1+4+9} = \sqrt{14}$, $\|\mathbf{v}\| = \sqrt{1+4+1} = \sqrt{6}$.

$\mathbf{u}+\mathbf{v} = (0, 4, 4)$이므로 $\|\mathbf{u}+\mathbf{v}\| = \sqrt{16+16} = 4\sqrt{2}$.

$\mathbf{v}-\mathbf{u} = (-2, 0, -2)$이므로 $d(\mathbf{u}, \mathbf{v}) = \|\mathbf{v}-\mathbf{u}\| = \sqrt{4+4} = 2\sqrt{2}$.

연습문제 3.1

1. 벡터 $\mathrm{v}=(7,6,-3)$과 같은 방향을 가지고 시점이 $P(2,-1,4)$인 벡터들의 종점의 좌표를 매개변수를 이용하여 구하여라.

2. 다음 식을 만족하는 스칼라 c_1, c_2, c_3를 구하여라.

$$c_1(2,7,8)+c_2(1,-1,3)+c_3(3,6,11)=(0,0,0)$$

3. $\mathrm{v}=(1,2,4)$ 일 때, $\| k\mathrm{v} \| = 3$이 되는 스칼라 k를 모두 구하여라.

4. $\mathrm{v} \neq 0$일 때, $\dfrac{\mathrm{v}}{\| \mathrm{v} \|}$의 노름이 1임을 보여라.

5. $\mathbb{R}^3$의 두 벡터 $\mathrm{u}=(1,2,3)$, $\mathrm{v}=(-1,2,1)$ 사이의 거리를 구하여라.

6. $\mathrm{u}=(2,1,-5)$, $\mathrm{v}=(4,3,1)$, $\mathrm{w}=(-6,2,0)$에 대하여 다음을 계산하여라.
1) $2\mathrm{u}-(\mathrm{v}+3\mathrm{w})$ 2) $3(\mathrm{x}+\mathrm{w})=2\mathrm{u}-\mathrm{v}+\mathrm{x}$ 일 때 $\| \mathrm{x} \|$의 값은?

7. $k_1(2,3,5)+k_2(1,2,4)+k_3(-2,2,3)=(10,1,-4)$을 만족하는 k_1, k_2, k_3를 구하여라.

8. 벡터 $\mathrm{v}=(-2,6,-1)$과 크기는 같고, 방향이 반대이며 종점이 $Q(2,0,-7)$인 벡터의 시점을 구하여라.

9. 벡터 $\mathrm{v}=(1,3,-1)$과 방향은 반대이고 종점이 $Q(2,1,-7)$인 벡터들의 시점을 매개변수를 이용하여 구하여라.

10. $\mathrm{p}_0=(x_0, y_0, z_0)$, $\mathrm{p}=(x, y, z)$일 때, $\| \mathrm{p}-\mathrm{p}_0 \| = 1$이 되는 모든 점들의 집합을 기하학적으로 설명하여라.

11. $\mathrm{u}=(3,0,1,2)$, $\mathrm{v}=(-1,2,7,-3)$, $\mathrm{w}=(2,0,1,1)$ 일 때 $\| 3\mathrm{u}-5\mathrm{v}+\mathrm{w} \|$를 구하여라.

12. $\mathrm{u}=(1,2,3)$, $\mathrm{v}=(2,-3,1)$, $\mathrm{w}=(3,2,-1)$일 때 다음 벡터들의 성분을 구하여라.

1) $\mathbf{v}-\mathbf{w}$　　　　2) $7\mathbf{w}-3\mathbf{u}$　　　　3) $3(\mathbf{u}-7\mathbf{v})$

13. 문제 12의 $\mathbf{u}$, $\mathbf{v}$, $\mathbf{w}$ 에 대하여 $2\mathbf{u}-\mathbf{v}+\mathbf{w}=7\mathbf{x}+2\mathbf{w}$ 를 만족하는 벡터 $\mathbf{x}$ 를 구하여라.

14. 두 점 $P(1,3,1)$, $Q(3,4,2)$ 에 대하여 다음 물음에 답하여라.

1) PQ 를 연결하는 선분의 $\frac{3}{4}$ 에 해당하는 점을 구하여라.

2) PQ 를 연결하는 선분의 $\frac{1}{4}$ 에 해당하는 점을 구하여라.

15. 두 점 $P(2,3,-2)$, $Q(7,-4,1)$ 에 대하여 다음 물음에 답하여라.

1) $\|\overrightarrow{PQ}\|$ 을 구하여라.

2) P와 Q를 연결하는 선분의 중점을 구하여라.

3) P와 Q를 연결하는 선분을 1 : 3으로 내분하는 점을 구하여라.

4) P와 Q를 연결하는 선분을 1 : 3으로 외분하는 점을 구하여라.

5) $\overrightarrow{PQ}$ 방향으로 길이가 1인 벡터의 성분을 구하여라.

16. $\mathbf{u}=(3,4)$, $\mathbf{v}=(1,1,1)$, $\mathbf{w}=(-8,7,4)$ 에 대하여 다음을 구하여라.

1) $\|\mathbf{u}\|$　　　　2) $\|\mathbf{v}+\mathbf{w}\|$

3) $\|\mathbf{v}\|+\|\mathbf{w}\|$　　　　4) $\|-2\mathbf{u}\|+\|2\mathbf{u}\|$

17. 벡터 $\mathbf{v}=(-2,4,-1)$과 방향은 반대이고 종점이 $Q(2,0,-7)$인 벡터들의 시점을 매개변수를 이용하여 구하여라.

18. 정리 3.1의 나머지 부분을 증명하여 증명을 완성하여라.

3.2 유클리드 내적

이 절에서는 벡터들의 연산 방법인 내적을 정의하고, 내적의 성질과 그 응용에 대하여 알아보자.

먼저 $\mathbb{R}^2$의 두 벡터에 대한 내적을 정의하고 그 의미를 알아보자. $\mathbb{R}^2$의 영벡터가 아닌 두 벡터 $\mathbf{u}$와 $\mathbf{v}$의 시점을 일치시키면, $\mathbf{u}$와 $\mathbf{v}$ 사이의 각 θ는 $0° \le \theta \le 180°$을 만족한다(그림 3.8).

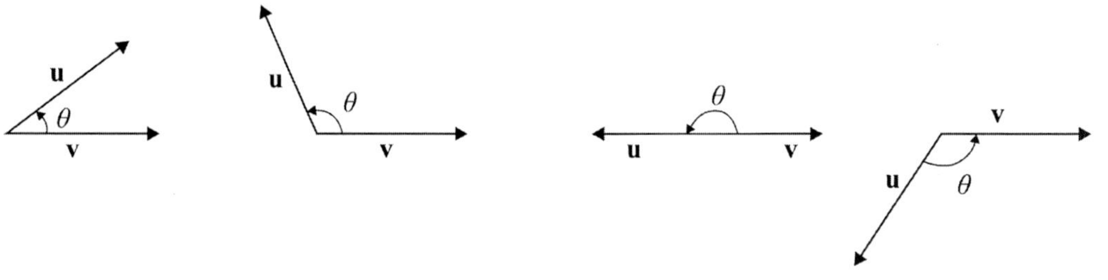

[그림 3.8]

정의 3.4 $\mathbb{R}^2$ 또는 $\mathbb{R}^3$ 공간의 두 벡터 $\mathbf{u}, \mathbf{v}$에 대하여 $\theta\,(0° \le \theta \le 180°)$가 $\mathbf{u}$와 $\mathbf{v}$ 사이의 각일 때

$$\mathbf{u} \cdot \mathbf{v} = \begin{cases} \|\mathbf{u}\|\,\|\mathbf{v}\|\cos\theta, & \mathbf{u} \ne \mathbf{0},\ \mathbf{v} \ne \mathbf{0} \\ 0 & , \mathbf{u} = \mathbf{0} \text{ 또는 } \mathbf{v} = \mathbf{0} \end{cases}$$

를 $\mathbf{u}$와 $\mathbf{v}$의 유클리드 내적(Euclidean inner product 또는 Euclidean dot product)이라 한다.

다음 예제에서 정의 3.4의 의미를 알아보자.

예제 3.3 [그림 3.9]에서 벡터 $\mathbf{u} = (0, 0, 1)$, $\mathbf{v} = (0, 2, 2)$ 사이의 각은 $45°$이다. 따라서 $\mathbf{u}$와 $\mathbf{v}$의 내적은 다음과 같다.

$$\begin{aligned} \mathbf{u} \cdot \mathbf{v} &= \|\mathbf{u}\|\,\|\mathbf{v}\|\cos\theta \\ &= \sqrt{0^2 + 0^2 + 1^2}\,\sqrt{0^2 + 2^2 + 2^2}\left(\frac{1}{\sqrt{2}}\right) \\ &= 2 \end{aligned}$$

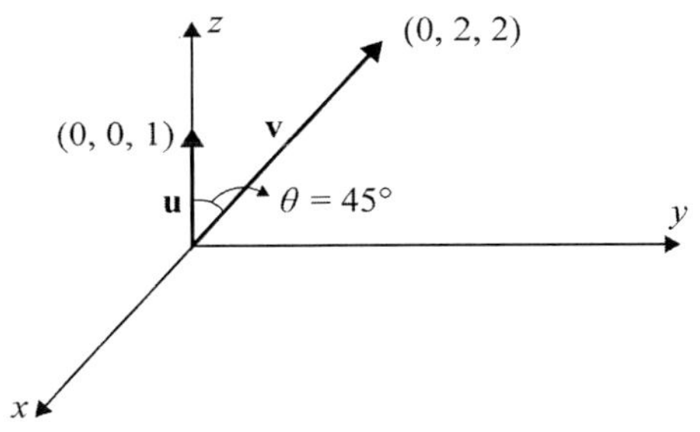

[그림 3.9]

정의 3.4에 의하여 두 벡터 u, v (u $\neq$ 0, v $\neq$ 0)와 그 사이의 각 θ에 대하여 다음 성리가 성립함을 쉽게 알 수 있다.

정리 3.2 $\mathbb{R}^2$ 또는 $\mathbb{R}^3$ 공간의 두 벡터 u, v(u $\neq$ 0, v $\neq$ 0)와 그 사이의 각 θ에 대하여 다음이 성립한다.

$$\theta: \text{예각} \iff \mathbf{u} \cdot \mathbf{v} > 0$$
$$\theta: \text{둔각} \iff \mathbf{u} \cdot \mathbf{v} < 0$$
$$\theta: \text{직각} \iff \mathbf{u} \cdot \mathbf{v} = 0$$

정리 3.2에서 "영벡터가 아닌 두 벡터가 수직이기 위한 필요충분조건은 이들의 유클리드 내적이 영이다."라는 사실을 알았다. 즉, 두 벡터 u, v가 직교하기 위한 필요충분조건은 $\mathbf{u} \cdot \mathbf{v} = 0$ 이다. 이 때 u 와 v 는 직교한다(orthogonal)고 말하고 $\mathbf{u} \perp \mathbf{v}$ 로 표기한다.

영벡터가 아닌 두 벡터 $\mathbf{u} = \overrightarrow{OP} = (u_1, u_2, u_3)$, $\mathbf{v} = \overrightarrow{OQ} = (v_1, v_2, v_3)$와 그 사이의 각 θ에 대하여 cosine 제2법칙을 쓰면(그림 3.10)

$$\| \overrightarrow{PQ} \|^2 = \| \mathbf{u} \|^2 + \| \mathbf{v} \|^2 - 2 \| \mathbf{u} \| \, \| \mathbf{v} \| \cos\theta$$

이고, $\overrightarrow{PQ} = \mathbf{v} - \mathbf{u}$ 이므로 다음이 성립한다.

$$\| \mathbf{u} \| \, \| \mathbf{v} \| \cos\theta = \frac{1}{2}(\| \mathbf{u} \|^2 + \| \mathbf{v} \|^2 - \| \mathbf{v} - \mathbf{u} \|^2)$$

이다. 따라서

$$\mathbf{u}\cdot\mathbf{v} = \|\mathbf{u}\|\,\|\mathbf{v}\|\cos\theta = \frac{1}{2}(\|\mathbf{u}\|^2 + \|\mathbf{v}\|^2 - \|\mathbf{v}-\mathbf{u}\|^2)$$

이다. 이 식에

$$\|\mathbf{u}\|^2 = u_1^2 + u_2^2 + u_3^2,\ \|\mathbf{v}\|^2 = v_1^2 + v_2^2 + v_3^2,$$

$$\|\mathbf{v}-\mathbf{u}\|^2 = (v_1 - u_1)^2 + (v_2 - u_2)^2 + (v_3 - u_3)^2$$

을 대입하여 정리하면 다음과 같은 간단한 식을 얻는다.

$$\mathbf{u}\cdot\mathbf{v} = u_1v_1 + u_2v_2 + u_3v_3$$

같은 방법으로 2차 공간(평면)의 두 벡터 $\mathbf{u} = (u_1, u_2)$, $\mathbf{v} = (v_1, v_2)$ 의 유클리드 내적은

$$\mathbf{u}\cdot\mathbf{v} = u_1v_1 + u_2v_2$$

이다.

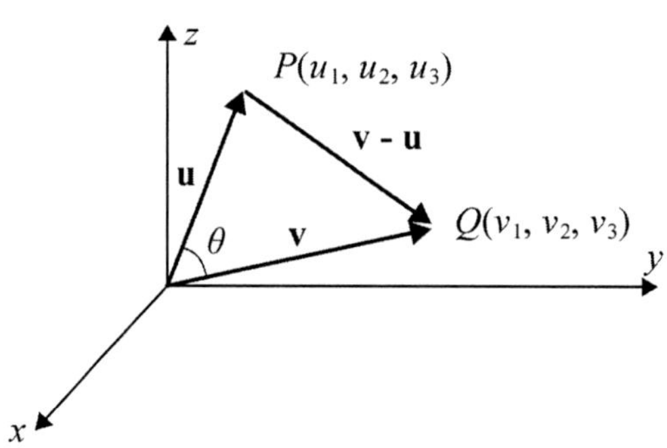

[그림 3.10]

예제 3.4 $\mathbb{R}^3$ 공간의 두 벡터 $\mathbf{u} = (0, 0, 1)$와 $\mathbf{v} = (0, 2, 2)$사이의 각을 구하여라.

풀이 $\mathbf{u}\cdot\mathbf{v} = \|\mathbf{u}\|\,\|\mathbf{v}\|\cos\theta$ 이므로 $\cos\theta = \dfrac{\mathbf{u}\cdot\mathbf{v}}{\|\mathbf{u}\|\,\|\mathbf{v}\|} = \dfrac{1}{\sqrt{2}}$이다. 따라서 사이의 각은 $45°$ 가 된다.

정의 3.5 $\mathbb{R}^n$ 의 두 벡터 $\mathrm{u} = (u_1, u_2, \cdots, u_n)$, $\mathrm{v} = (v_1, v_2, \cdots, v_n)$ 에 대하여 u 와 v 의 유클리드 내적은 다음과 같이 정의된다.

$$\mathrm{u} \cdot \mathrm{v} = u_1 v_1 + u_2 v_2 + \cdots + u_n v_n$$

정리 3.3 $\mathbb{R}^n$ 의 세 벡터 u, v, w 와 스칼라 k에 대하여 다음이 성립한다.

1) $\mathrm{v} \cdot \mathrm{v} = \| \mathrm{v} \|^2$

2) $\mathrm{u} \cdot \mathrm{v} = \mathrm{v} \cdot \mathrm{u}$

3) $\mathrm{u} \cdot (\mathrm{v} + \mathrm{w}) = \mathrm{u} \cdot \mathrm{v} + \mathrm{u} \cdot \mathrm{w}$

4) $k(\mathrm{u} \cdot \mathrm{v}) = (k\mathrm{u}) \cdot \mathrm{v} = \mathrm{u} \cdot (k\mathrm{v})$

5) $\mathrm{v} \neq 0$ 이면 $\mathrm{v} \cdot \mathrm{v} > 0$ 이고, $\mathrm{v} = 0 \Leftrightarrow \mathrm{v} \cdot \mathrm{v} = 0$ 이다.

증명 4)만 증명하고 나머지는 연습문제로 남기겠다.

$\mathrm{u} = (u_1, u_2, \cdots, u_n)$, $\mathrm{v} = (v_1, v_2, \cdots, v_n)$ 을 $\mathbb{R}^n$ 의 두 벡터라 하면

$$\begin{aligned} k(\mathrm{u} \cdot \mathrm{v}) &= k(u_1 v_1 + u_2 v_2 + \cdots + u_n v_n) \\ &= (k u_1) v_1 + (k u_2) v_2 + \cdots + (k u_n) v_n \\ &= (k\mathrm{u}) \cdot \mathrm{v} \end{aligned}$$

이다. 마찬가지로

$$k(\mathrm{u} \cdot \mathrm{v}) = \mathrm{u} \cdot (k\mathrm{v})$$

이다.

유클리드 내적은 한 벡터를 서로 수직인 두 벡터의 합으로 분해하는 문제에 유용하게 사용된다. [그림 3.11]에서와 같이 두 벡터 u, v 에 대하여 u 를 v 와 같은 방향의 벡터 w_1 과 v 에 수직인 벡터 w_2 의 합으로 유일하게 나타낼 수 있다. 이 때 w_1 을 v 상의 u 의 직교사영(orthogonal projection), w_2 를 v 에 대한 u 의 직교성분(orthogonal component)이라고 한다.

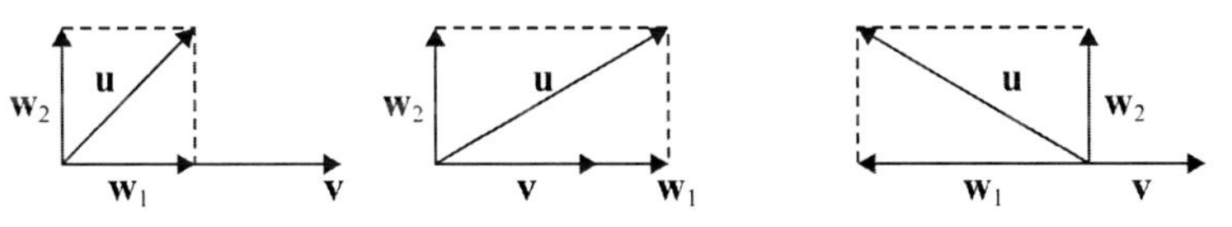

[그림 3.11]

다음 정리는 한 벡터를 서로 수직인 두 벡터의 합으로 분해하는 방법을 제시해 준다.

정리 3.4 $\mathbb{R}^n$ 공간의 두 벡터 u, v에 대하여 $u = w_1 + w_2$의 꼴로 유일하게 나타낼 수 있다. 여기서,

$$w_1 = \frac{u \cdot v}{\| v \|^2} v \qquad \text{(v상의 u의 직교사영)}$$

$$w_2 = u - \frac{u \cdot v}{\| v \|^2} v \qquad \text{(v에 대한 u의 직교성분)}$$

이다.

증명 w_1은 v상의 u의 직교사영이므로 $w_1 = kv$이다. 따라서

$$u = w_1 + w_2 = kv + w_2 \tag{3.1}$$

식 (3.1)의 양변을 v와 내적을 취한 후, w_2는 v에 수직이라는 사실을 이용하여 계산하면

$$\begin{aligned} u \cdot v &= (kv + w_2) \cdot v \\ &= k \| v \|^2 + w_2 \cdot v \\ &= k \| v \|^2 \end{aligned}$$

이다 따라서 $k = \frac{u \cdot v}{\| v \|^2}$ 가 된다. 이 k의 값을 $w_1 = kv$ 와 w_2 에 대입하면 다음과 같다.

$$w_1 = kv = \frac{u \cdot v}{\| v \|^2} v,$$

$$w_2 = u - w_1 = u - \frac{u \cdot v}{\| v \|^2} v$$

예제 3.5 $\mathbb{R}^3$ 공간의 두 벡터가 $u = (2, -1, 3)$, $v = (4, -1, 2)$ 일 때 v 상의 u 의 직교사영과 v 에 대한 u 의 직교성분을 구하여라.

풀이 v 상의 u의 직교사영은

$$\mathrm{w}_1 = \frac{\mathrm{u} \cdot \mathrm{v}}{\| \mathrm{v} \|^2} \mathrm{v} = \frac{15}{21}(4, -1, 2) = \left(\frac{20}{7}, -\frac{5}{7}, \frac{10}{7}\right)$$

이고, v 에 대한 u 의 직교성분은

$$\begin{aligned} \mathrm{w}_2 = \mathrm{u} - \mathrm{w}_1 &= (2, -1, 3) - \left(\frac{20}{7}, -\frac{5}{7}, \frac{10}{7}\right) \\ &= \left(-\frac{6}{7}, -\frac{2}{7}, \frac{11}{7}\right) \end{aligned}$$

이다.

다음 정리는 유클리드 내적과 노름과의 관계를 설명해준다.

정리 3.5 $\mathrm{u}, \mathrm{v} \in \mathbb{R}^n$ 이면

1) $|\mathrm{u} \cdot \mathrm{v}| \le \|\mathrm{u}\| \|\mathrm{v}\|$ 이고, 특히
   $|\mathrm{u} \cdot \mathrm{v}| = \|\mathrm{u}\| \|\mathrm{v}\| \Leftrightarrow$ u와 v는 동일한 직선상에 존재한다.
2) $\|\mathrm{u} + \mathrm{v}\| \le \|\mathrm{u}\| + \|\mathrm{v}\|$ 이다.(삼각 부등식)

예제 3.6 임의의 실수 $v_1, v_2, \cdots, v_n, w_1, w_2, \cdots, w_n$ 에 대하여 다음이 성립한다.

1) $\left| \sum_{i=1}^{n} v_i w_i \right| \le \left(\sum_{i=1}^{n} v_i^2 \right)^{\frac{1}{2}} \left(\sum_{i=1}^{n} w_i^2 \right)^{\frac{1}{2}}$

2) $\left(\sum_{i=1}^{n} (v_i + w_i)^2 \right)^{\frac{1}{2}} \le \left(\sum_{i=1}^{n} v_i^2 \right)^{\frac{1}{2}} + \left(\sum_{i=1}^{n} w_i^2 \right)^{\frac{1}{2}}$

풀이 $\mathrm{v} = (v_1, v_2, \cdots, v_n)$, $\mathrm{w} = (w_1, w_2, \cdots, w_n)$를 $\mathbb{R}^n$의 두 벡터로 보고 정리 3.5를 적용하면 된다.

연습문제 3.2

1. 다음에 주어진 벡터 u, v 에 대하여, u 를 v 상의 u 의 직교사영과 v 에 대한 u 의 직교성분의 합으로 표시하여라.

1) $\mathrm{u} = (1, 2)$, $\mathrm{v} = (-3, 2)$ 2) $\mathrm{u} = (0, 0, 1)$, $\mathrm{v} = (1, 1, 1)$

2. $\| \mathrm{u}+\mathrm{v} \|^2 + \| \mathrm{u}-\mathrm{v} \|^2 = 2\| \mathrm{u} \|^2 + 2\| \mathrm{v} \|^2$임을 보여라.

3. 벡터공간 $\mathbb{R}^n$의 한 벡터 v가 $\mathbb{R}^n$의 벡터들 $\mathrm{u}_1, \mathrm{u}_2, \cdots, \mathrm{u}_r$과 직교하면 v는 $k_1\mathrm{u}_1 + k_2\mathrm{u}_2 + \cdots + k_r\mathrm{u}_r$와 직교함을 보여라.(단, $k_1, \cdots, k_r$은 임의의 실수)

4. 유클리드 노름이 1이고 $(-2, 4)$와 수직인 $\mathbb{R}^2$의 두 벡터를 구하여라.

5. 두 벡터 $\mathrm{u} = (4, -2, 2)$, $\mathrm{v} = (1, 1, 2)$에 대하여 다음을 구하여라.

1) 두 벡터 u, v 사이의 각 θ
2) v에 대한 u의 직교성분

6. $\mathrm{u} = (1, 2)$, $\mathrm{v} = (4, -2)$, $\mathrm{w} = (6, 0)$일 때 다음을 구하여라.

1) $\mathrm{u} \cdot (7\mathrm{v}+\mathrm{w})$ 2) $\| (\mathrm{u} \cdot \mathrm{w})\mathrm{w} \|$ 3) $\| \mathrm{u} \| (\mathrm{v} \cdot \mathrm{w})$ 4) $(\| \mathrm{u} \| \mathrm{v}) \cdot \mathrm{w}$

7. 다음과 같은 표현은 의미가 없음을 설명하여라.

1) $\mathrm{u} \cdot (\mathrm{v} \cdot \mathrm{w})$ 2) $(\mathrm{u} \cdot \mathrm{v}) + \mathrm{w}$ 3) $\| \mathrm{u} \cdot \mathrm{v} \|$ 4) $k \cdot (\mathrm{u}+\mathrm{v})$

8. 정육면체의 한 대각선과 한 모서리의 사이의 각을 구하여라.

9. 꼭짓점이 $(1, -1)$, $(-2, 0)$, $(2, 4)$인 삼각형의 내각 중 가장 큰 각을 θ라고 할 때 $\cos\theta$값을 유클리드 내적을 이용하여 구하여라.

10. $\mathbb{R}^n$의 두 벡터 u, v에 대하여 다음 항등식을 증명하여라.

$$\mathrm{u} \cdot \mathrm{v} = \frac{1}{4}\| \mathrm{u}+\mathrm{v} \|^2 - \frac{1}{4}\| \mathrm{u}-\mathrm{v} \|^2$$

11. 벡터 $(-3, 4)$와 직교하고, 노름이 1인 두 벡터를 구하여라.

12. $\mathbb{R}^3$의 두 벡터 $(2, 1, k)$, $(3, k, 2)$가 직교하기 위한 k의 값을 구하여라.

13. $\mathbb{R}^3$의 두 벡터 $\mathrm{u} = (2, -1, 1)$, $\mathrm{v} = (1, 1, 2)$에 대하여 다음 물음에 답하여라.

1) u와 v 사이의 각 θ를 구하여라.
2) v 상의 u의 직교사영 w_1과 v에 대한 u의 직교성분 w_2를 구하여라.

14. 네 점 $O(0, 0, 0)$, $A = (1, 5, -2)$, $B = (1, 2, 3)$, $C = (3, 5, 1)$에 대하여 다음 물음에 답하여라.

1) $\overrightarrow{OA}$ 와 $\overrightarrow{OB}$ 사이의 각 θ의 $\cos\theta$ 값을 구하여라.
2) $\overrightarrow{OA}$ 상의 $\overrightarrow{OB}$ 의 직교사영을 구하여라.
3) $\triangle ABC$ 의 세 변의 길이의 합을 구하여라.

15. 정육면체의 한 대각선과 한 변이 이루는 각 θ 의 $\cos\theta$ 값을 구하여라.

16. 서로 직교하고 노름이 1 인 $\mathbb{R}^n$ 의 두 벡터 $\mathbf{u}, \mathbf{v}$ 에 대하여 $\|\mathbf{u}-\mathbf{v}\|$ 를 구하여라.

17. $\mathbb{R}^n$ 의 두 벡터 $\mathbf{u}, \mathbf{v}$ 가 노름이 같으면 $\mathbf{u}+\mathbf{v}$ 와 $\mathbf{u}-\mathbf{v}$ 는 직교함을 보여라.

18. $\mathbb{R}^n$ 의 한 벡터 $\mathbf{u}$ 가 $\mathbb{R}^n$ 의 두 벡터 $\mathbf{v}, \mathbf{w}$ 에 동시에 직교하면 임의의 실수 a, b 에 대하여 $\mathbf{u}$ 는 $a\mathbf{v}+b\mathbf{w}$ 와 직교함을 보여라.

19. 어느 외환 환전소에서 하루에 \$100을 100장, \$10을 1550장, \$1을 1000장 환전해 주었다. 이 때 달러당 25원의 환전 수수료를 받는다고 하자.
벡터 $\mathbf{u}=(100, 1550, 1000)$, $v=(2500, 250, 25)$라 둘 때, $\mathbf{u}\cdot\mathbf{v}$ 는 무엇을 의미하는가?

3.3 외적

기하학, 물리학, 공학에서 제기되는 많은 응용문제를 다룰 때 3차 공간에서 주어진 두 벡터에 수직하는 한 벡터를 만들어야 하는 경우가 있다. 이 절에서는 이러한 벡터를 만드는 방법에 대하여 알아보자.

$\mathbb{R}^3$의 세 벡터 $\mathbf{i}=(1,0,0), \mathbf{j}=(0,1,0), \mathbf{k}=(0,0,1)$는 모두 노름이 1이고 각각 좌표축을 따라 놓여진다(그림 3.12). 이 벡터들을 $\mathbb{R}^3$의 **정규단위벡터(standard unit vector)**라 한다. $\mathbb{R}^3$의 모든 벡터들은 $\mathbf{i}, \mathbf{j}, \mathbf{k}$를 이용하여 표시할 수 있다. 실제로 $\mathbf{u}=(u_1, u_2, u_3)$를 $\mathbb{R}^3$의 임의의 벡터라고 하면 다음과 같이 쓸 수 있다.

$$\begin{aligned}\mathbf{u}=(u_1, u_2, u_3) &= u_1(1,0,0)+u_2(0,1,0)+u_3(0,0,1)\\ &= u_1\mathbf{i}+u_2\mathbf{j}+u_3\mathbf{k}\end{aligned}$$

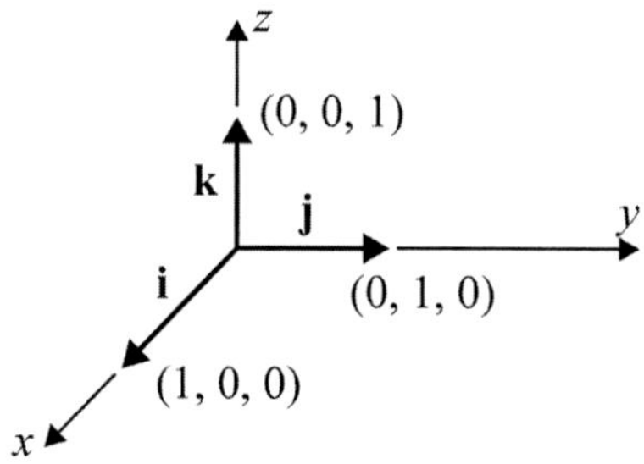

[그림 3.12]

정의 3.6 3차 공간의 두 벡터 $\mathrm{u} = (u_1, u_2, u_3)$, $\mathrm{v} = (v_1, v_2, v_3)$가 주어졌을 때, 외적(outer product 또는 cross product) $\mathrm{u} \times \mathrm{v}$은 다음과 같이 정의된다.

$$\begin{aligned}\mathrm{u} \times \mathrm{v} &= \left(\begin{vmatrix} u_2 & u_3 \\ v_2 & v_3 \end{vmatrix}, - \begin{vmatrix} u_1 & u_3 \\ v_1 & v_3 \end{vmatrix}, \begin{vmatrix} u_1 & u_2 \\ v_1 & v_2 \end{vmatrix} \right) \\ &= (u_2v_3 - u_3v_2, u_3v_1 - u_1v_3, u_1v_2 - u_2v_1) \\ &= \begin{vmatrix} u_2 & u_3 \\ v_2 & v_3 \end{vmatrix} \mathrm{i} - \begin{vmatrix} u_1 & u_3 \\ v_1 & v_3 \end{vmatrix} \mathrm{j} + \begin{vmatrix} u_1 & u_2 \\ v_1 & v_2 \end{vmatrix} \mathrm{k} \\ &= \begin{vmatrix} \mathrm{i} & \mathrm{j} & \mathrm{k} \\ u_1 & u_2 & u_3 \\ v_1 & v_2 & v_3 \end{vmatrix}\end{aligned}$$

예제 3.7 $\mathrm{i} \times \mathrm{j}$, $\mathrm{j} \times \mathrm{i}$, $\mathrm{j} \times \mathrm{k}$, $\mathrm{k} \times \mathrm{j}$, $\mathrm{k} \times \mathrm{i}$, $\mathrm{i} \times \mathrm{k}$, $\mathrm{i} \times \mathrm{i}$, $\mathrm{j} \times \mathrm{j}$, $\mathrm{k} \times \mathrm{k}$를 구하여라.

풀이

$$\mathrm{i} \times \mathrm{j} = \begin{vmatrix} \mathrm{i} & \mathrm{j} & \mathrm{k} \\ 1 & 0 & 0 \\ 0 & 1 & 0 \end{vmatrix} = \mathrm{k} = (0, 0, 1),$$

$$\mathrm{j} \times \mathrm{i} = \begin{vmatrix} \mathrm{i} & \mathrm{j} & \mathrm{k} \\ 0 & 1 & 0 \\ 1 & 0 & 0 \end{vmatrix} = -\mathrm{k} = (0, 0, -1).$$

같은 방법으로 나머지 벡터들의 외적을 구하면 다음과 같다.

$$\begin{aligned}&\mathrm{j} \times \mathrm{k} = \mathrm{i} = -\mathrm{k} \times \mathrm{j}, \\ &\mathrm{k} \times \mathrm{i} = \mathrm{j} = -\mathrm{i} \times \mathrm{k}, \\ &\mathrm{i} \times \mathrm{i} = \mathrm{j} \times \mathrm{j} = \mathrm{k} \times \mathrm{k} = 0\end{aligned}$$

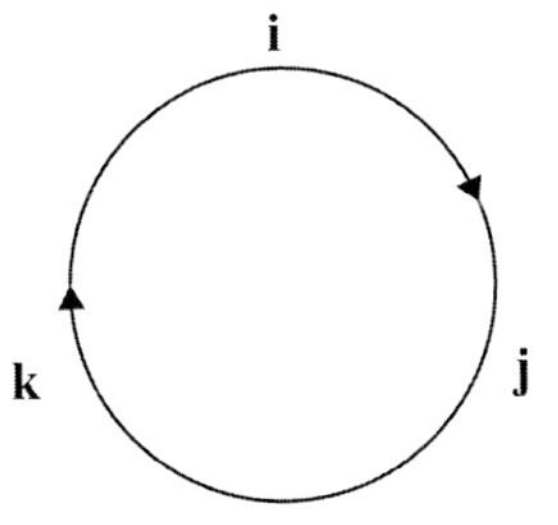

[그림 3.13]

[그림 3.13]에 따르면, 시계방향으로 연속되는 두 벡터의 외적은 그 다음 벡터이고, 시계 반대방향으로 연속되는 두 벡터의 외적은 그 다음 벡터에 '−'부호를 붙인 벡터이다.

예제 3.8 두 벡터 $\mathbf{u} = (1, 2, -2)$, $\mathbf{v} = (3, 0, 1)$ 에 대하여 $\mathbf{u} \times \mathbf{v}$ 를 구하여라.

풀이 $\mathbf{u} \times \mathbf{v} = \begin{vmatrix} \mathbf{i} & \mathbf{j} & \mathbf{k} \\ 1 & 2 & -2 \\ 3 & 0 & 1 \end{vmatrix} = 2\mathbf{i} - 7\mathbf{j} - 6\mathbf{k} = (2, -7, -6)$.

주의 3차 공간의 세 벡터 $\mathbf{u}, \mathbf{v}, \mathbf{w}$ 에 대하여 $(\mathbf{u} \times \mathbf{v}) \times \mathbf{w} \neq \mathbf{u} \times (\mathbf{v} \times \mathbf{w})$이다. 예를 들면,

$$(\mathbf{i} \times \mathbf{j}) \times \mathbf{j} = \mathbf{k} \times \mathbf{j} = -\mathbf{i}$$

이고

$$\mathbf{i} \times (\mathbf{j} \times \mathbf{j}) = \mathbf{i} \times \mathbf{0} = \mathbf{0}$$

이다. 따라서

$$(\mathbf{i} \times \mathbf{j}) \times \mathbf{j} \neq \mathbf{i} \times (\mathbf{j} \times \mathbf{j})$$

이다.

주의 두 벡터의 내적을 취한 결과는 스칼라이지만 외적을 취한 결과는 또 다른 하나의 벡터이다. 또한, 벡터의 외적은 3차 공간에서만 정의된다.

다음 정리는 외적의 계산 법칙 및 내적과 외적의 관계를 규명해 주는 중요한 정리이다.

정리 3.6 3차 공간의 영벡터가 아닌 세 벡터 u, v, w 와 스칼라 k에 대하여 다음이 성립한다.

1) $\mathbf{u} \cdot (\mathbf{u} \times \mathbf{v}) = 0$ 즉, $\mathbf{u} \times \mathbf{v} \perp \mathbf{u}$ 2) $\mathbf{v} \cdot (\mathbf{u} \times \mathbf{v}) = 0$ 즉, $\mathbf{u} \times \mathbf{v} \perp \mathbf{v}$

3) $\| \mathbf{u} \times \mathbf{v} \|^2 = \| \mathbf{u} \|^2 \| \mathbf{v} \|^2 - (\mathbf{u} \cdot \mathbf{v})^2$ (Lagrange 공식)

4) $\mathbf{u} \times \mathbf{v} = -(\mathbf{v} \times \mathbf{u})$ 5) $\mathbf{u} \times (\mathbf{v} + \mathbf{w}) = (\mathbf{u} \times \mathbf{v}) + (\mathbf{u} \times \mathbf{w})$

6) $(\mathbf{u} + \mathbf{v}) \times \mathbf{w} = (\mathbf{u} \times \mathbf{w}) + (\mathbf{v} \times \mathbf{w})$ 7) $k(\mathbf{u} \times \mathbf{v}) = (k\mathbf{u}) \times \mathbf{v} = \mathbf{u} \times (k\mathbf{v})$

8) $\mathbf{u} \times \mathbf{0} = \mathbf{0} \times \mathbf{u} = \mathbf{0}$ 9) $\mathbf{u} \times \mathbf{u} = \mathbf{0}$

증명 1), 3)만 증명하고 나머지는 독자에게 맡긴다.

$\mathbf{u} = (u_1, u_2, u_3)$, $\mathbf{v} = (v_1, v_2, v_3)$라고 하자.

$$1)\ \mathbf{u} \cdot (\mathbf{u} \times \mathbf{v}) = (u_1, u_2, u_3) \cdot \begin{vmatrix} \mathbf{i} & \mathbf{j} & \mathbf{k} \\ u_1 & u_2 & u_3 \\ v_1 & v_2 & v_3 \end{vmatrix}$$
$$= (u_1, u_2, u_3) \cdot (u_2 v_3 - u_3 v_2, u_3 v_1 - u_1 v_3, u_1 v_2 - u_2 v_1)$$
$$= u_1(u_2 v_3 - u_3 v_2) + u_2(u_3 v_1 - u_1 v_3) + u_3(u_1 v_2 - u_2 v_1)$$
$$= 0.$$

$$3)\ \| \mathbf{u} \times \mathbf{v} \|^2 = (u_2 v_3 - u_3 v_2)^2 + (u_3 v_1 - u_1 v_3)^2 + (u_1 v_2 - u_2 v_1)^2 \tag{3.2}$$

이고,

$$\| \mathbf{u} \|^2 \| \mathbf{v} \|^2 - (\mathbf{u} \cdot \mathbf{v})^2$$
$$= (u_1^2 + u_2^2 + u_3^2)(v_1^2 + v_2^2 + v_3^2) - (u_1 v_1 + u_2 v_2 + u_3 v_3)^2 \tag{3.3}$$

이므로 식 (3.2)와 식 (3.3)의 우변을 계산한 후 비교함으로써 증명된다.

예제 3.9 $\mathbf{u} = (1, 2, -2)$, $\mathbf{v} = (3, 0, 1)$일 때 예제 3.8에서 $\mathbf{u} \times \mathbf{v} = (2, -7, -6)$임을 보였다. 이제 $\mathbf{u} \times \mathbf{v}$는 u 와 v 에 동시에 수직임을 알아보자.

$$\mathbf{u} \cdot (\mathbf{u} \times \mathbf{v}) = (1)(2) + (2)(-7) + (-2)(-6) = 0$$
$$\mathbf{v} \cdot (\mathbf{u} \times \mathbf{v}) = (3)(2) + (0)(-7) + (1)(-6) = 0$$

따라서 $\mathbf{u} \times \mathbf{v}$ 는 u 와 v 에 동시에 수직이다.

외적을 취한 결과는 벡터이므로 크기와 방향을 갖는다. 지금부터 이 벡터의 방향을 결정하는 방법과 크기에 대한 기하학적 의미를 살펴보자.

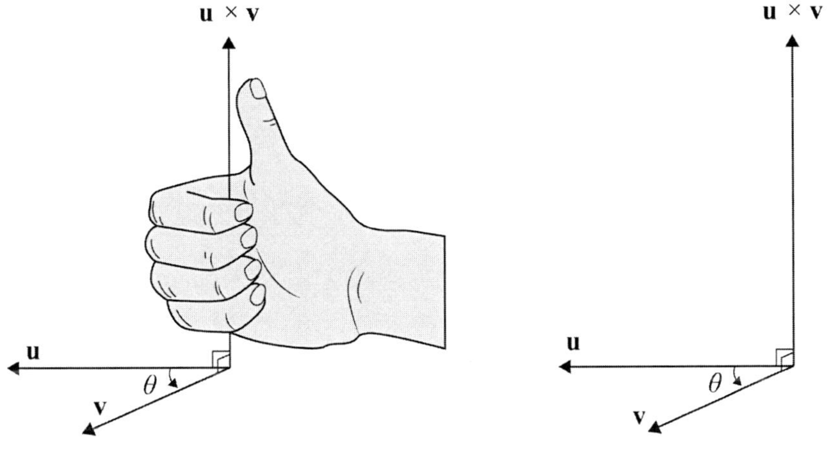

[그림 3.14]

정리 3.6으로부터 $\mathbf{u} \neq 0, \mathbf{v} \neq 0$ 이면 $\mathbf{u} \times \mathbf{v}$ 는 u 와 v 에 동시에 수직임을 알았다. 그리고 $\mathbf{u} \times \mathbf{v}$의 방향은 [그림 3.14]와 같이 '오른손 법칙'을 이용해서 정할 수 있다. 즉, u와 v를 포함하는 평면 위에서 오른손의 손가락들이 u에서 v로 향하도록 오른손으로 감싸 쥘 때 오른손의 엄지손가락 방향이 $\mathbf{u} \times \mathbf{v}$ 의 방향이다. 이제 $\| \mathbf{u} \times \mathbf{v} \|$ 의 의미를 알아보자.

u와 v가 영벡터가 아닌 벡터이면 Lagrange 공식에 의하여

$$\| \mathbf{u} \times \mathbf{v} \|^2 = \| \mathbf{u} \|^2 \| \mathbf{v} \|^2 - (\mathbf{u} \cdot \mathbf{v})^2 \tag{3.4}$$

이다. 이때 θ가 u 와 v 사이의 각이면 $\mathbf{u} \cdot \mathbf{v} = \| \mathbf{u} \| \| \mathbf{v} \| \cos\theta$ 이므로 식 (3.4)는 다음과 같이 쓸 수 있다.

$$\begin{aligned} \| \mathbf{u} \times \mathbf{v} \|^2 &= \| \mathbf{u} \|^2 \| \mathbf{v} \|^2 - \| \mathbf{u} \|^2 \| \mathbf{v} \|^2 \cos^2\theta \\ &= \| \mathbf{u} \|^2 \| \mathbf{v} \|^2 (1 - \cos^2\theta) \\ &= \| \mathbf{u} \|^2 \| \mathbf{v} \|^2 \sin^2\theta \end{aligned}$$

따라서

$$\| \mathbf{u} \times \mathbf{v} \| = \| \mathbf{u} \| \| \mathbf{v} \| \sin\theta \tag{3.5}$$

이다. 식 (3.5)의 $\| \mathbf{v} \| \sin\theta$ 는 u 와 v 에 의하여 결정되는 평행사변형의 높이와 같

다.(그림 3.15). 그러므로 식 (3.5)로부터 이 평행사변형의 넓이 S 는 다음과 같이 주어진다.

$$S = (\text{밑변})(\text{높이}) = \| \mathbf{u} \| \ \| \mathbf{v} \| \sin\theta = \| \mathbf{u} \times \mathbf{v} \|$$

다시 말해서, $\| \mathbf{u} \times \mathbf{v} \|$ 는 'u 와 v 에 의하여 결정되는 평행사변형의 넓이와 같다'는 기하학적인 의미를 갖는다.

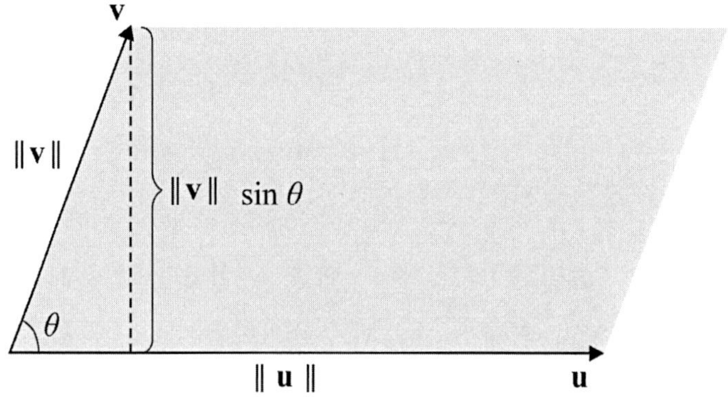

[그림 3.15]

예제 3.10 3차 공간상의 세 점 $P_1(2, 2, 0)$, $P_2(-1, 0, 2)$, $P_3(0, 4, 3)$로 이루어지는 삼각형의 넓이 S를 구하여라.

풀이 삼각형의 넓이 S는 벡터 $\overrightarrow{P_1P_2}$와 $\overrightarrow{P_1P_3}$에 의하여 만들어지는 평행사변형의 넓이의 1/2이다(그림 3.16). 그리고

$$\overrightarrow{P_1P_2} = (-3, -2, 2), \ \overrightarrow{P_1P_3} = (-2, 2, 3)$$

이므로 이들의 외적은 다음과 같다.

$$\overrightarrow{P_1P_2} \times \overrightarrow{P_1P_3} = (-10, 5, -10)$$

따라서 삼각형의 넓이 S는 다음과 같다.

$$S = \frac{1}{2} \| \overrightarrow{P_1P_2} \times \overrightarrow{P_1P_3} \| = \frac{15}{2}$$

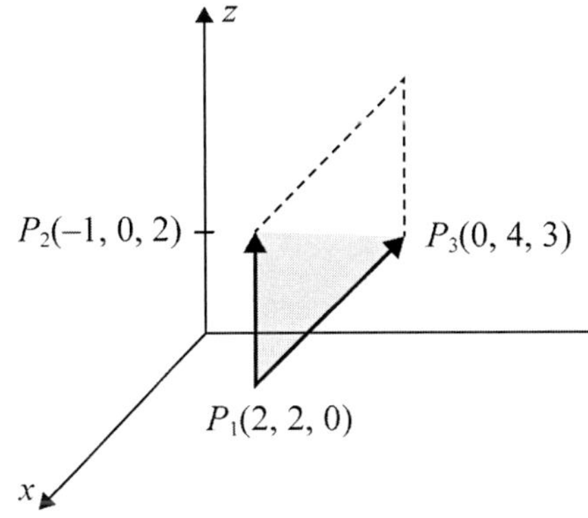

[그림 3.16]

3차 공간에서 동일한 평면 위에 있지 않은 영벡터가 아닌 세 벡터 $\mathbf{u}$, $\mathbf{v}$, $\mathbf{w}$를 세 변으로 하는 평행육면체의 부피 V를 구하는 문제를 생각해 보자.

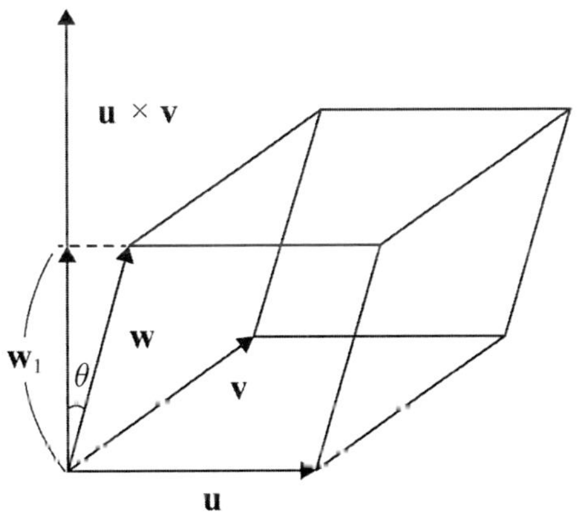

[그림 3.17]

[그림 3.17]에서 $\mathbf{u}$와 $\mathbf{v}$로 이루어지는 평행사변형의 넓이를 S, $\mathbf{u}\times\mathbf{v}$와 $\mathbf{w}$가 이루는 각을 θ, $\mathbf{u}\times\mathbf{v}$ 상의 $\mathbf{w}$의 직교사영을 $\mathbf{w}_1$이라 하면, 부피 V는 다음과 같이 계산할 수 있다.

1) θ가 예각이면 $\cos\theta > 0$이고, $\|\mathbf{w}_1\| = \|\mathbf{w}\|\cos\theta$이므로

$$V = S\|\mathbf{w}_1\| = S\|\mathbf{w}\|\cos\theta$$

$$= \| u \times v \| \, \| w \| \cos\theta$$
$$= (u \times v) \cdot w.$$

2) θ가 둔각이면 $\cos\theta < 0$이고, $\| w_1 \| = \| w \| \cos\theta$이므로

$$V = S \| w_1 \| = -S \| w \| \cos\theta$$
$$= -\| u \times v \| \, \| w \| \cos\theta$$
$$= -(u \times v) \cdot w.$$

1), 2)를 종합하면 부피는 다음과 같다.

$$V = |(u \times v) \cdot w|$$

예제 3.11 3차 공간에서 다음 세 벡터 u, v, w로 이루어지는 평행육면체의 부피 V를 구하여라. 단, $u = (0, 2, -1)$, $v = (3, 2, -1)$, $w = (4, -3, 2)$.

풀이 $u \times v = \begin{vmatrix} i & j & k \\ 0 & 2 & -1 \\ 3 & 2 & -1 \end{vmatrix} = (0, -3, -6)$ 이므로 $V = |(u \times v) \cdot w| = 3$ 이다.

연습문제 3.3

1. 벡터 $u = (-7, 3, 1)$ 와 $v = (2, 0, 4)$ 에 동시에 수직인 벡터를 모두 구하여라.

2. $u = (-1, 3, 2)$, $v = (1, 1, -1)$ 일 때, $u \times x = v$가 되는 벡터 x를 구하여라.

3. 다음 물음에 답하여라.

1) $v = (-1, 2)$와 방향이 같고 크기가 10인 벡터를 구하여라.

2) u, v 가 3차 공간의 벡터일 때, $(u + 3v) \times v + (-2u + v) \times u$ 를 간단히 하여라.

3) $u = (-1, 2, 1)$, $v = (2, 1, 2)$에 동시에 직교하는 벡터를 모두 구하여라.

4. 네 점 $O(0, 0, 0)$, $P(1, 5, -2)$, $Q(1, 2, 3)$, $R(3, 5, 1)$에 대하여 다음 물음에 답하여라.

1) $\triangle PQR$의 넓이를 구하여라.

2) 세 점 P, Q, R을 포함하는 평행사변형의 넓이를 구하여라.

3) $\overrightarrow{OP}$, $\overrightarrow{OQ}$, $\overrightarrow{OR}$로 이루어지는 평행육면체의 부피를 구하여라.

5. $\mathrm{u}=(u_1, u_2, u_3)$, $\mathrm{v}=(v_1, v_2, v_3)$, $\mathrm{w}=(w_1, w_2, w_3)$에 대하여 다음 물음에 답하여라.

1) $\mathrm{u}\cdot(\mathrm{v}\times\mathrm{w})=\begin{vmatrix} u_1 & u_2 & u_3 \\ v_1 & v_2 & v_3 \\ w_1 & w_2 & w_3 \end{vmatrix}$임을 보여라.

2) $\mathrm{u}=(-1, 4, 7)$, $\mathrm{v}=(6, -7, 3)$, $\mathrm{w}=(4, 0, 1)$일 때 $\mathrm{u}\cdot(\mathrm{v}\times\mathrm{w})$을 구하여라.

6. $\mathrm{u}\times\mathrm{v}\times\mathrm{w}$의 표현은 의미가 없음을 설명하여라.

7. $\mathrm{u}, \mathrm{v}, \mathrm{w}$가 3차 공간에서 영벡터가 아닌 벡터들이고, 그 중 어느 2개도 동일한 직선상에 있지 않을 때, 다음을 보여라.

1) $\mathrm{u}\times(\mathrm{v}\times\mathrm{w})$는 v와 w에 의하여 결정되는 평면에 존재한다.

2) $(\mathrm{u}\times\mathrm{v})\times\mathrm{w}$는 u와 v에 의하여 결정되는 평면에 존재한다.

8. $\mathrm{u}, \mathrm{v}, \mathrm{w}$가 3차 공간에서 영벡터가 아닌 벡터들이고, k가 임의의 스칼라일 때, 다음을 증명하여라.

1) $(\mathrm{u}+k\mathrm{v})\times\mathrm{v}=\mathrm{u}\times\mathrm{v}$

2) $(\mathrm{u}\times\mathrm{v})\cdot\mathrm{w}=\mathrm{u}\cdot(\mathrm{v}\times\mathrm{w})$

3) $(\mathrm{u}\times\mathrm{v})\times\mathrm{w}=(\mathrm{u}\cdot\mathrm{w})\mathrm{v}-(\mathrm{v}\cdot\mathrm{w})\mathrm{u}$ (hint: 먼저 $\mathrm{w}=\mathrm{i}, \mathrm{j}, \mathrm{k}$인 경우를 각각 보이고 $\mathrm{w}=(w_1, w_2, w_3)=w_1\mathrm{i}+w_2\mathrm{j}+w_3\mathrm{k}$를 이용하여라.)

9. 3차 공간의 두 벡터 u, v에 대하여 $\|\mathrm{u}\|=2$, $\|\mathrm{v}\|=\sqrt{3}$, $\|\mathrm{u}\times\mathrm{v}\|=3$일 때, 다음을 구하여라.

1) u와 v 사이의 각 θ를 구하여라.

2) $\mathrm{u}\cdot\mathrm{v}$를 구하여라.

10. $\mathbb{R}^3$의 두 벡터 $\mathrm{u}=(1, 1, 1)$, $\mathrm{v}=(-1, 3, 1)$에 대하여 다음 물음에 답하여라.

1) u와 v 사이의 각 θ에 대한 $\cos\theta$를 구하여라.

2) u와 v에 동시에 수직인 벡터들을 모두 구하여라.

11. 벡터 $\mathrm{v} = (7, 6, -3)$과 크기 및 방향이 같은 벡터 $\overrightarrow{PQ}$에 대하여 다음 물음에 답하여라. 단, $O(0, 0, 0)$, $P(2, -1, -2)$이다.

1) 점 Q의 좌표를 구하여라.
2) $\overrightarrow{OP}$ 상의 $\overrightarrow{OQ}$의 직교사영 w_1을 구하여라.
3) $\overrightarrow{OP}$와 $\overrightarrow{OQ}$에 동시에 수직인 두 벡터를 구하여라.
4) $\overrightarrow{OP}$와 $\overrightarrow{OQ}$로 이루어지는 삼각형의 넓이를 구하여라.

12. 네 점 $O(0, 0, 0)$, $P(3, 2, -1)$, $Q(1, 0, -1)$, $R(2, 1, 3)$에 대하여 다음 물음에 답하여라.

1) $\triangle PQR$의 넓이를 구하여라.
2) 세 점 P, Q, R을 포함하는 평행사변형의 넓이를 구하여라.
3) $\overrightarrow{OP}$, $\overrightarrow{OQ}$, $\overrightarrow{OR}$로 이루어지는 평행육면체의 부피를 구하여라.
4) 점 $S(3, 3, 0)$에 대하여 $\overrightarrow{PS}$와 $\triangle PQR$ 사이의 각 θ를 구하여라.

13. $\mathbb{R}^3$의 세 벡터 $\mathrm{u}, \mathrm{v}, \mathrm{w}$에 대하여 다음 물음에 답하여라.

1) $\mathrm{u} \times (\mathrm{v} + \mathrm{w}) = (\mathrm{u} \times \mathrm{v}) + (\mathrm{u} \times \mathrm{w})$임을 보여라.
2) $\mathrm{u} \times \mathrm{v} = 0$일 필요충분조건은 u와 v가 평행임을 보여라.
3) $\| \mathrm{u} \times \mathrm{v} \| = \| \mathrm{u} \| \| \mathrm{v} \|$일 필요충분조건은 u와 v가 서로 수직임을 보여라.
4) $\| \mathrm{u} + \mathrm{v} \| = \| \mathrm{u} - \mathrm{v} \|$일 필요충분조건은 u와 v가 서로 수직임을 보여라.
5) $\mathrm{u} \times (\mathrm{v} \times \mathrm{w}) \neq (\mathrm{u} \times \mathrm{v}) \times \mathrm{w}$인 예를 하나만 들어라.

14. 내적과 외적의 차이점과 응용의 예를 들어라.

3.4 3차 공간에서의 직선과 평면

이 절에서는 벡터를 이용하여 3차 공간에서의 직선과 평면의 방정식을 유도해 보자. 평면해석기하에서 한 직선은 그 직선의 기울기와 직선상의 한 점에 의하여 결정된다. 마찬가지로 3차 공간에서 한 평면은 그 평면의 경사와 평면 위의 한 점에 의하여 결정된다고 할 수 있다. 평면의 경사는 그 평년에 수직인 벡터를 사용하여 표현할 수 있다. 평면에 수직인 벡터를 그 평면에 대한 **법선벡터**(normal vector)라 한다.

점 $P_0(x_0, y_0, z_0)$를 지나고, 영벡터가 아닌 벡터 $\mathrm{n} = (a, b, c)$를 법선벡터로 갖는 평면의 방정식을 구해보자.

[그림 3.18]로부터 구하고자 하는 평면은 $\overrightarrow{P_0 P}$가 n에 수직인 점 $P(x, y, z)$들로 이루어진다. 즉,

$$\mathrm{n} \cdot \overrightarrow{P_0 P} = 0$$

을 만족하는 점 P들의 집합이 구하고자 하는 평면이다. 그런데

$$\overrightarrow{P_0 P} = (x - x_0, y - y_0, z - z_0)$$

이므로 구하고자 하는 평면의 방정식은 다음과 같이 쓸 수 있다.

$$a(x - x_0) + b(y - y_0) + c(z - z_0) = 0 \tag{3.6}$$

이 식을 평면방정식의 **점수선(point-normal)형식**이라 부른다.

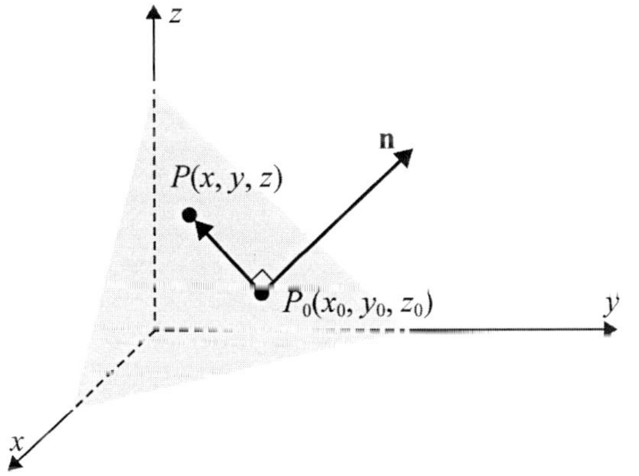

[그림 3.18]

예제 3.12 3차 공간의 한 점 $(3, -1, 7)$을 지나고 벡터 $\mathrm{n} = (4, 2, -5)$에 수직인 평면의 방정식을 구하여라.

풀이 식 (3.6)을 이용하면 점수선 형식은 다음과 같다.

$$4(x - 3) + 2(y + 1) - 5(z - 7) = 0$$

이 식을 간단하게 하면 평면의 방정식은

$$4x + 2y - 5z + 25 = 0$$

이 된다.

일반적으로 방정식 $ax + by + cz + d = 0$을 만족하는 점들의 집합은 법선벡터가 $\mathrm{n} = (a, b, c)$인 평면이다. 단, a, b, c, d는 상수이고, a, b, c 중 적어도 하나는 0이 아니다.

다음 예제들로 평면의 방정식을 구하는 방법을 자세히 알아보자.

예제 3.13 3차 공간의 세 점 $P(1, 2, -1)$, $Q(2, 3, 1)$, $R(3, -1, 2)$를 지나는 평면의 방정식을 구하여라.

풀이 세 점 P, Q, R은 동일한 평면 위의 점이므로 벡터 $\overrightarrow{PQ} = (1, 1, 2)$와 $\overrightarrow{PR} = (2, -3, 3)$은 평면에 평행하다. 따라서 $\overrightarrow{PQ}$와 $\overrightarrow{PR}$에 동시에 수직인 벡터 $\overrightarrow{PQ} \times \overrightarrow{PR} = (9, 1, -5)$는 평면에 수직이다. 그리고 P가 평면 위의 점이기 때문에 평면의 점수선형식은

$$9(x-1) + (y-2) - 5(z+1) = 0$$

이다. 따라서 구하고자하는 평면의 방정식은 다음과 같다.

$$9x + y - 5z - 16 = 0$$

예제 3.14 점 $P = (1, 2, 3)$을 지나고 평면 $9x + y - 5z - 16 = 0$에 평행한 평면의 방정식을 구하여라.

풀이 구하고자 하는 평면의 법선벡터는 $\mathrm{n} = (9, 1, -5)$이다. 그러므로 평면의 점수선형식은

$$9(x-1) + (y-2) - 5(z-3) = 0$$

이다. 따라서 평면의 방정식은 다음과 같다.

$$9x + y - 5z + 4 = 0$$

예제 3.15 3차 공간의 두 점 $P(1, 2, -1)$, $Q(2, 3, 1)$ 를 포함하고 평면 $9x + y - 5z = 0$에 수직인 평면의 방정식을 구하여라.

풀이 주어진 평면을 π_1, 구하고자 하는 평면을 π_0 라 두자. 평면 π_0 는 두 점 P, Q를 포함하므로 벡터 $\overrightarrow{PQ} = (1, 1, 2)$에 평행이다. 또 평면 π_0 는 평면 π_1 에 수직이므로 평면 π_0 는 평면 π_1 의 법선벡터 $\mathbf{n} = (9, 1, -5)$과 평행이다. 따라서 평면 π_0 의 법선벡터는

$$\overrightarrow{PQ} \times \mathbf{n} = \begin{vmatrix} \mathbf{i} & \mathbf{j} & \mathbf{k} \\ 1 & 1 & 2 \\ 9 & 1 & -5 \end{vmatrix} = (-7, 23, -8)$$

이다. 또 평면 π_0 는 점 P를 지나므로 평면 π_0 의 점수선형식은

$$-7(x-1) + 23(y-2) - 8(z+1) = 0$$

이다. 따라서 평면의 방정식은 다음과 같다.

$$-7x + 23y - 8z - 47 = 0$$

지금부터는 3차 공간의 한 점 $P_0(x_0, y_0, z_0)$를 지나고, 영벡터가 아닌 벡터 $\mathbf{v} = (a, b, c)$ 에 평행한 직선 l 의 방정식을 구해보자.

직선 l 은 $\mathbf{v}$ 와 평행하고 점 $P_0(x_0, y_0, z_0)$를 지나므로 직선 l 은 다음 식을 만족하는 점 $P(x, y, z)$ 들로 이루어진다는 것은 [그림 3.19]로부터 명백하다.

$$\overrightarrow{P_0P} = t\mathbf{v}, \quad -\infty < t < \infty \tag{3.7}$$

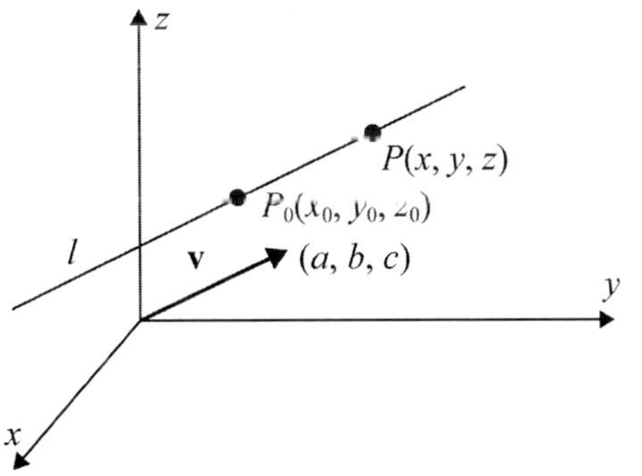

[그림 3.19]

따라서 식 (3.7)을 다시 쓰면

$$(x-x_0,\ y-y_0,\ z-z_0)=(ta,\ tb,\ tc),\ -\infty<t<\infty$$

가 되어 직선 l은 다음과 같은 **매개방정식**(parametric equation)으로 주어진다.

$$\begin{cases} x=x_0+ta \\ y=y_0+tb \\ z=z_0+tc \end{cases},\ -\infty<t<\infty \tag{3.8}$$

예제 3.16 벡터 $\mathbf{v}=(4,\ 5,\ -7)$에 평행하고 점 $(1,\ 2,\ -3)$을 지나는 직선의 방정식은 식 (3.8)에 의하여 다음과 같은 매개방정식으로 주어진다.

$$\begin{cases} x=\ \ 1+4t \\ y=\ \ 2+5t \\ z=-3-7t \end{cases},\ -\infty<t<\infty$$

예제 3.17 두 점 $P(2,4,-1)$, $Q(5,0,7)$를 지나는 직선의 방정식을 구하여라.

풀이 벡터 $\overrightarrow{PQ}=(3,\ -4,\ 8)$은 직선에 평행하고 점 $P(2,4,-1)$는 직선상의 점이므로 직선의 방정식은 식 (3.8)에 의하여 다음과 같이 주어진다.

$$\begin{cases} x=\ \ 2+3t \\ y=\ \ 4-4t \\ z=-1+8t \end{cases},\ -\infty<t<\infty$$

예제 3.18 다음과 같은 두 평면에 대한 교선의 방정식을 구하여라.

$$3x+2y-4z-6=0,\ x-3y-2z-4=0$$

풀이 $z=t\,(-\infty<t<\infty)$라 두고 위의 방정식을 풀면

$$x=\frac{26}{11}+\frac{16}{11}t,\ y=-\frac{6}{11}-\frac{2}{11}t,\ z=t$$

를 얻는다. 따라시 교신의 매개빙징식은 다음과 같다.

$$\begin{cases} x = \frac{26}{11} + \frac{16}{11}t \\ y = -\frac{6}{11} - \frac{2}{11}t \\ z = t \end{cases}, \quad -\infty < t < \infty$$

한편 $abc \neq 0$일 때, 식 (3.8)은 다음과 같이 쓸 수 있다.

$$\frac{x-x_0}{a} = t, \ \frac{y-y_0}{b} = t, \ \frac{z-z_0}{c} = t$$

이제 매개변수 t를 소거하면 다음과 같은 방정식을 얻는다. 이 방정식을 직선의 대칭방정식(symmetric equation)이라 한다.

$$\frac{x-x_0}{a} = \frac{y-y_0}{b} = \frac{z-z_0}{c}$$

이 방정식에서 직선 l을 교선으로 갖는 두 평면을 다음과 같이 구할 수 있다.

$$\begin{cases} \frac{x-x_0}{a} = \frac{y-y_0}{b} \\ \frac{x-x_0}{a} = \frac{z-z_0}{c} \end{cases} \quad \text{또는} \quad \begin{cases} \frac{x-x_0}{a} = \frac{y-y_0}{b} \\ \frac{y-y_0}{b} = \frac{z-z_0}{c} \end{cases}$$

주의 직선의 대칭방정식은 직선을 표현하는 방법 중 하나이다.

예제 3.10 다음과 같은 직선을 교선으로 갖는 한 쌍의 평면을 구하여라.

$$\begin{cases} x = 3 + 2t \\ y = -4 + 7t \\ z = 1 + 3t \end{cases}, \quad -\infty < t < \infty$$

풀이 이 직선의 대칭방정식은

$$\frac{x-3}{2} = \frac{y+4}{7} = \frac{z-1}{3}$$

이므로 이 직선은 다음과 같은 두 평면의 교선이다.

$$\frac{x-3}{2} = \frac{y+4}{7}, \ \frac{y+4}{7} = \frac{z-1}{3}$$

또는

$$7x - 2y - 29 = 0,\ 3y - 7z + 19 = 0$$

이다.

연습문제 3.4

1. 점 $P_0(2, 6, 1)$을 지나고 법선벡터가 $\mathrm{n} = (1, 4, 2)$인 평면방정식의 점수선형식을 구하여라.

2. 점 $P_0(2, 4, 6)$을 지나고 벡터 $\mathrm{n} = (1, 2, 5)$에 평행한 직선의 매개방정식을 구하여라.

3. $xy-$평면, $xz-$평면, $yz-$평면의 방정식을 구하여라.

4. 세 점 $P(2, 1, 2)$, $Q(3, 7, 1)$, $R(5, 7, 4)$에 의해 결정되는 삼각형의 넓이 S와 세 변의 길이의 합 T를 구하여라.

5. 한 점 $P(x_1, y_1, z_1)$와 평면 $ax + by + cz + d = 0$ 사이의 거리는

$$D = \frac{|\ ax_1 + by_1 + cz_1 + d\ |}{\sqrt{a^2 + b^2 + c^2}}$$

이다. 평행한 두 평면, $x + 2y - 3z = 4$와 $3x + 6y - 9z = 7$ 사이의 거리 D를 구하여라.

6. 두 점 $P(-1, 2, -4)$, $Q(0, -2, 2)$로부터 같은 거리에 있는 점들로 이루어진 평면의 방정식을 구하여라.

7. 직선 $\begin{cases} x - 3 = 4t \\ y + 7 = 2t \\ z - 6 = -t \end{cases}$, $-\infty < t < \infty$ 와 평면 $5x - 3y + 3z = 1$의 교점을 구하여라.

8. 점 $P(1, 0, -2)$를 지나고 직선 $\begin{cases} x + 1 = t \\ y = t \\ z + 2 = 4t \end{cases}$, $-\infty < t < \infty$ 를 포함하는 평면의 방정식을 구하여라.

9. 세 점 $P(2, 1, 2)$, $Q(3, 7, 1)$, $R(5, 7, 4)$에 대하여 다음 물음에 답하여라.

1) 세 점 P, Q, R에 의해 결정되는 평행사변형의 넓이를 구하여라.

2) $\triangle PQR$에 수직인 단위벡터들을 구하여라.

3) 세 점 P, Q, R에 의해 결정되는 평면과 yz-평면과의 사이의 각 θ의 $\cos\theta$값을 구하여라.

4) $\triangle PQR$을 포함하는 평면과 xz-평면과의 교선의 매개방정식을 구하여라.

5) $\overrightarrow{PQ}$에 평행하고 점 $S(1, 2, -3)$을 지나는 직선을 교선으로 갖는 한 쌍의 평면을 구하여라.

10. 세 점 $P_1(1, 2, -1)$, $P_2(3, 1, 0)$, $P_3(2, -2, 1)$에 대하여 다음 물음에 답하여라.

1) $\triangle P_1P_2P_3$의 넓이를 계산하여라.

2) 세 점 P_1, P_2, P_3를 포함하는 평면에 수직인 단위벡터를 구하여라.

3) $\overrightarrow{OP_1}$, $\overrightarrow{OP_2}$, $\overrightarrow{OP_3}$로 이루어지는 평행육면체의 부피를 구하여라.

11. 외적을 이용하여 세 점 $P(1, 3, 0)$, $Q(-1, 2, -1)$, $R(0, -3, 2)$를 포함하는 평면의 방정식과 그 평면의 법선벡터를 구하여라.

12. 원점을 지나고 $3x+4y-z+7=0$에 평행한 평면의 방정식을 구하여라.

13. 원점을 지나고 두 평면 $x+y+z=1$, $2x+y-z=-2$에 동시에 수직인 평면의 방정식을 구하여라.

14. 네 점 $O(0, 0, 0)$, $A(2, 1, 2)$, $B(3, 7, 1)$, $C(5, 7, 4)$에 대하여 다음 물음에 답하여라.

1) $\overrightarrow{OA}$에 평행하고 점 $P(1, 1, 1)$을 지나는 직선 l의 매개방정식을 구하여라.

2) 점 $(2, a, b)$가 1)의 직선 l 위에 놓이기 위한 a, b의 값을 구하여라.

3) OA', OB', OC'로 만들어지는 평행육면체의 부피를 구하여라.

4) $\triangle ABC$를 포함하는 평면의 방정식을 구하여라.

5) $\triangle ABC$를 포함하는 평면과 xz-평면과의 교선의 매개방정식을 구하여라.

15. $\mathbb{R}^3$의 두 점 $P(1, 2, -1)$, $Q(1, 3, 1)$에 대하여 다음 물음에 답하여라.

1) 두 점 P, Q를 지나는 직선의 매개방정식을 구하여라.

2) 두 점 P, Q를 포함하고 평면 $4x+y-2z=0$에 수직인 평면의 방정식을 구하여라.

16. $\mathbb{R}^2$의 영벡터가 아닌 벡터 $\mathrm{n}=(a, b)$에 대하여 다음 물음에 답하여라.

1) 벡터 n은 직선 $ax+by+c=0$과 수직임을 보여라.

2) 1)을 이용하여 점 $P_0(x_0, y_0)$에서 직선 $ax+by+c=0$까지 거리를 구하여라.

17. 두 평면 $4x+2y-7z=11$, $2x-4y+z=1$에 동시에 수직이고 $(1,2,3)$을 지나는 평면의 방정식을 구하여라.

18. 점 $(2, 4, -1)$을 지나고 두 평면 $x-y-4z=2$, $-2x+y+2z=3$의 교선을 포함하는 평면의 방정식을 구하여라.

19. 원점 $O(0, 0, 0)$와 직선 $\dfrac{x+3}{2}=\dfrac{y-2}{1}=\dfrac{z+1}{3}$ 위의 점 P에 대하여 다음 물음에 답하여라.

1) $\|\overrightarrow{OP}\|$의 최솟값을 구하여라.

2) $\|\overrightarrow{OP}\|$이 최솟값을 가질 때 $\overrightarrow{OP}$를 구하여라.

3) 점 $(1, 1, -2)$에서 직선까지의 거리를 구하여라.

제 4 장

Introduction to Linear Algebra

벡터공간

한 집합에서 집합의 원소들 사이에 덧셈과 스칼라 배 연산을 잘 정의하면 벡터공간이라는 새로운 수학적 대상을 만들 수 있다. 벡터공간은 수학 뿐 아니라 이·공학의 여러 분야에서 널리 응용되고 있다. 먼저 1절에서는 벡터공간과 부분공간을 정의하고, 2절과 3절에서는 벡터공간의 구조를 알아보고, 4절에서는 행렬과 관련된 벡터공간의 특성과 구조를 심층 분석한다.

4.1 벡터공간과 부분공간

지금까지 우리는 $\mathbb{R}^n$에서의 벡터의 성질에 대하여 살펴보았다. 이 절에서는 집합의 원소들 사이에 덧셈과 스칼라 배 연산을 정의하고 벡터공간이라는 새로운 수학적 이론을 알아보자. 스칼라 배 연산에 사용되는 스칼라의 대표적인 예는 실수 $\mathbb{R}$과 복소수 $\mathbb{C}$이다.

정의 4.1 (벡터공간의 공리) 덧셈과 스칼라 배 연산이 정의된 집합 V가 다음의 공리를 만족할 때, 집합 V를 **벡터공간(vector space)**이라 하고, 그 집합의 원소를 **벡터(vector)**라 한다.

(1) V의 임의의 두 원소 u, v에 대하여 $\mathrm{u}+\mathrm{v} \in V$이다(덧셈에 대해 닫혀 있다). 또한, 임의의 $\mathrm{u}, \mathrm{v}, \mathrm{w} \in V$에 대하여 다음을 만족한다.

A1) $\mathrm{u}+\mathrm{v}=\mathrm{v}+\mathrm{u}$

A2) $(\mathrm{u}+\mathrm{v})+\mathrm{w}=\mathrm{u}+(\mathrm{v}+\mathrm{w})$

A3) 임의의 $\mathrm{v} \in V$에 대하여 $\mathrm{v}+0=\mathrm{v}=0+\mathrm{v}$가 되는 원소 0이 V에 존재한다. 여기서, 벡터 0을 V의 **영벡터(zero vector)**라 한다.

A4) 임의의 $\mathrm{v} \in V$에 대하여 $\mathrm{v}+(-\mathrm{v})=0=(-\mathrm{v})+\mathrm{v}$가 되는 $-\mathrm{v}$가 V에 존재한다. 여기서, 벡터 $-\mathrm{v}$를 v의 **음벡터(negative vector)**라 한다.

(2) 임의의 스칼라 k와 V의 임의의 원소 v에 대하여 $k\mathrm{v} \in V$이다(스칼라 배에 대해 닫혀 있다).

또한, 임의의 스칼라 k, l과 임의의 $\mathrm{u}, \mathrm{v} \in V$에 대하여 다음을 만족한다.

S1) $k(l\mathrm{u}) = (kl)\mathrm{u}$

S2) $(k+l)\mathrm{u} = k\mathrm{u} + l\mathrm{u}$

S3) $k(\mathrm{u}+\mathrm{v}) = k\mathrm{u} + k\mathrm{v}$

S4) $1\mathrm{v} = \mathrm{v}$

주의 벡터들의 합 $\mathrm{u}+\mathrm{v}$의 '+' 기호는 실수의 덧셈 기호가 아니다. 따라서 다른 기호(예를 들면, $\mathrm{u} \oplus \mathrm{v}$)를 이용하여 벡터들의 덧셈을 정의해야 하나 여러 종류의 기호를 사용하면 복잡하여 오히려 혼란을 초래할 수 있고, 문맥상 벡터들의 합을 의미하는 기호가 분명하므로 실수의 덧셈 기호를 그대로 사용한다. 같은 이유로 스칼라 배 $k\mathrm{u}$도 $k * \mathrm{u}$ 등과 같이 다른 기호를 사용하지 않고 $k\mathrm{u}$를 그대로 사용한다.

주의 "덧셈에 대해 닫혀 있다"는 V의 임의의 두 벡터의 덧셈 연산의 결과가 다시 V의 원소(벡터)임을 의미하고 "스칼라 배에 대해 닫혀 있다"는 임의의 스칼라와 V의 임의의 벡터와의 스칼라 배 연산의 결과가 다시 V의 원소(벡터)임을 의미한다.

한 집합이 벡터공간이 되기 위해서는 연산(덧셈과 스칼라 배)가 잘 정의되야 한다. 우리는 1장에서 정의한 $m \times n$ 행렬의 덧셈과 스칼라 배 연산, 3장에서 정의한 $\mathbb{R}^n$의 벡터들의 덧셈과 스칼라 배 연산을 각각 M_{mn}과 $\mathbb{R}^n$의 **표준연산**(standard operation)이라 한다. 벡터공간을 논함에 있어 연산에 대한 특별한 언급이 없는 경우에는 표준연산이 정의된 것으로 간주한다.

다음 예제는 벡터공간에서 연산이 얼마나 중요한지를 이해하는 도움을 줄 것이다.

예제 4.1 1) $V = \{x \in \mathbb{R} \mid x > 0\}$에서 덧셈과 스칼라 배 연산이 표준연산으로 정의될 때, V는 벡터공간이 아니다.

2) $V = \{x \in \mathbb{R} \mid x > 0\}$에서 덧셈과 스칼라 배 연산이 다음과 같이 정의될 때, V는 벡터공간이다.

$$x+y=xy, \quad kx=x^k$$

풀이 1) V의 원소 중 1을 선택하고, 스칼라 -2를 선택한 후 스칼라 배를 하면 -2가 되어 V의 원소가 아니다. 즉, V는 스칼라 배에 대해 닫혀있지 않으므로 벡터공간이 아니다.

2) (1) 임의의 $x, y \in V$라 하면, $x>0$이고 $y>0$이다.
$x+y=xy$이므로 $x+y>0$이다. 따라서 덧셈에 대해 닫혀있다.
임의의 $x, y, z \in V$에 대하여

A1) $x+y=xy=yx=y+x \to x+y=y+x$

A2) $(x+y)+z=(xy)z=x(yz)=x+(y+z)$
$\to (x+y)+z=x+(y+z)$

A3) $x+1=x1=x=1x=1+x \to x+1=x=1$ | x이고 $1 \in V$이다.

A4) $x+\dfrac{1}{x}=x\dfrac{1}{x}=1=\dfrac{1}{x}x=\dfrac{1}{x}+1$이고, $x>0$이므로 $\dfrac{1}{x}>0$이다.

즉, $\dfrac{1}{x} \in V$이다.

(2) 임의의 스칼라 k와 임의의 $x \in V$라 하면
$kx=x^k>0$이므로 $kx \in V$이다. 즉, 스칼라 배에 대해 닫혀있다.
임의의 스칼라 k, l과 임의의 $x, y \in V$에 대하여

S1) $k(lx)=k(x^l)=(x^l)^k=x^{lk}=x^{kl}=(kl)x$

S2) $(k+l)x=x^{k+l}=x^kx^l=x^k+x^l=kx+lx$

S3) $k(x+y)=(xy)^k=x^ky^k=x^k+y^k=kx+ky$

S4) $1x=x^1=x$

따라서 벡터공간의 10가지 공리를 모두 만족하므로 V는 벡터공간이다.

다음은 가장 대표적인 벡터공간의 예들이다.

예제 4.2 1) $V=\{0\}$에 $0+0=0$, $k0=0$으로 연산을 정의하면 V가 벡터공간이 됨은 자명하다. 이 벡터공간을 **영벡터공간**(zero vector space)이라고 부른다.

2) 표준연산이 정의된 $m \times n$ 행렬 전체의 집합 M_{mn}은 벡터공간이다.

3) 표준연산이 정의된 $\mathbb{R}^n=\{(x_1, x_2, \cdots, x_n) \mid x_i \in \mathbb{R}, 1 \le i \le n\}$은 벡터공간이다.

4) 표준연산으로 정의된 $\mathbb{C}^n=\{(x_1, x_2, \cdots, x_n) \mid x_i \in \mathbb{C}, 1 \le i \le n\}$은 벡터

공간이다.

5) P_n을 다음과 같이 최고차항의 차수가 n 이하인 실수 계수 다항식 전체의 집합이라 하자.

$$P_n = \left\{ \sum_{i=0}^{n} a_i x^i \mid a_i \in \mathbb{R}, 1 \le i \le n \right\}$$

다항식에서의 덧셈과 스칼라 배 연산을 P_n의 연산(표준연산)으로 정의하면 P_n은 벡터공간이다.

다음은 벡터공간의 성질을 알아보는데 유용한 정리이다.

정리 4.1 V가 벡터공간이면 임의의 스칼라 k와 임의의 $\mathbf{v} \in V$에 대하여 다음이 성립한다.

1) $0\mathbf{v} = \mathbf{0}$ 2) $(-1)\mathbf{v} = -\mathbf{v}$ 3) $k\mathbf{0} = \mathbf{0}$ 4) $k\mathbf{v} = \mathbf{0} \Leftrightarrow k = 0$ 또는 $\mathbf{v} = \mathbf{0}$

증명 1) $0\mathbf{v} + 0\mathbf{v} = (0+0)\mathbf{v}$ (공리 S2)

$= 0\mathbf{v}$ (공리 A3)

공리 A4)에 따르면 벡터 $0\mathbf{v}$는 음벡터 $-0\mathbf{v}$를 가지므로 음벡터를 양변에 더하면

$[0\mathbf{v} + 0\mathbf{v}] + (-0\mathbf{v}) = 0\mathbf{v} + (-0\mathbf{v})$

$0\mathbf{v} + [0\mathbf{v} + (-0\mathbf{v})] = 0\mathbf{v} + (-0\mathbf{v})$ (공리 A2)

$0\mathbf{v} + \mathbf{0} = \mathbf{0}$ (공리 A4)

$0\mathbf{v} = \mathbf{0}$ (공리 A3)

2) $(-1)\mathbf{v} = -\mathbf{v}$를 증명하기 위하여 $\mathbf{v} + (-1)\mathbf{v} = \mathbf{0}$임을 보이자.

$\mathbf{v} + (-1)\mathbf{v} = 1\mathbf{v} + (-1)\mathbf{v}$ (공리 S4)

$= (1 + (-1))\mathbf{v}$ (공리 S2)

$= 0\mathbf{v}$ (정수의 성질)

$= \mathbf{0}$ (1) 이용)

3) $k\mathbf{0} + k\mathbf{0} = k(\mathbf{0} + \mathbf{0})$ (공리 S2)

$= k\mathbf{0}$ (공리 A3)

공리 A4)에 따르면 벡터 $k\mathbf{0}$는 음벡터 $-k\mathbf{0}$를 가지므로 음벡터를 양변에 더하면

$$
\begin{aligned}
&[k0+k0]+(-k0)=k0+(-k0) && \\
&k0+[k0+(-k0)]=k0+(-k0) && \text{(공리 A2)} \\
&k0=0 && \text{(공리 A4)}
\end{aligned}
$$

4) ($\Leftarrow$) 1)과 3)에 의해 자명하다.

($\Rightarrow$) $k\mathrm{v}=0$이라 가정하자. 따라서

$$
\begin{aligned}
-k\mathrm{v} &= -k\mathrm{v}+0 && \text{(공리 A3)} \\
&= -k\mathrm{v}+k\mathrm{v} && \text{(가정)} \\
&= 0\mathrm{v} && \text{(공리 S3)}
\end{aligned}
$$

따라서 $\mathrm{v}\neq 0$이면 $k=0$이다. $k\neq 0$이면 $-k\mathrm{v}=0=k\mathrm{v}$이므로 3)에 의해 $\mathrm{v}=0$이다.

정의 4.2 W가 벡터공간 V의 공집합이 아닌 부분집합일 때, 다음 두 조건을 만족하는 W를 V의 부분공간(subspace)이라 한다.

1) 임의의 $\mathrm{u}, \mathrm{v}\in W$에 대하여 $\mathrm{u}+\mathrm{v}\in W$이다.

2) 임의의 스칼라 k와 임의의 $\mathrm{v}\in W$에 대하여 $k\mathrm{v}\in W$이다.

주의 W에 정의된 연산은 V의 연산과 동일한 연산이어야 한다.

정리 4.2 W가 벡터공간 V의 부분공간이면 W는 벡터공간이다.

증명 W는 부분공간의 정의에 의해 덧셈과 스칼라 배에 대해 닫혀있다. 나머지 공리들을 만족함을 보이면 벡터공간이 된다. 공리 A1), A2), S1), S2), S3), S4)는 V의 모든 벡터들이 만족하므로 W의 벡터들도 자동적으로 만족한다. 이제 W가 공리 A3), A4)를 만족함을 보이자.

u를 W의 임의의 벡터라 하면, W는 스칼라 배에 대해 닫혀 있으므로 임의의 스칼라 k에 대하여 $k\mathrm{u}\in W$이다. $k=0$으로 두면 $0\mathrm{u}=0\in W$이다. 즉, 영벡터도 W의 원소이다. 또한 $k=-1$로 두면 $(-1)\mathrm{u}=-\mathrm{u}\in W$이다. 즉, u의 음벡터도 W의 원소이다. 따라서 W는 벡터공간이다.

영벡터공간이 아닌 모든 벡터공간은 최소한 두 개의 자명한 부분공간(자기 자신과 영벡터공간)을 갖는다. 이제 자명한 부분공간이 아닌 부분공간의 예를 살펴보자.

예제 4.3 $W = \{(x_1, x_2, x_3) \in \mathbb{R}^3 \mid ax_1 + bx_2 + cx_3 = 0, a, b, c \in \mathbb{R}\}$은 $\mathbb{R}^3$의 부분공간임을 보여라.

풀이 $(0, 0, 0) \in W$이므로 W는 공집합이 아니다. 또한 분명히 $W \subseteq \mathbb{R}^3$이다.

1) 임의의 원소 $\mathrm{u} = (x_1, x_2, x_3)$, $\mathrm{v} = (y_1, y_2, y_3)$는 W의 원소이므로
$ax_1 + bx_2 + cx_3 = 0$, $ay_1 + by_2 + cy_3 = 0$을 만족한다.
$\mathrm{u} + \mathrm{v} = (x_1 + y_1, x_2 + y_2, x_3 + y_3) \in W$임으로 보이기 위해서는
$a(x_1 + y_1) + b(x_2 + y_2) + c(x_3 + y_3) = 0$을 보이면 충분하다.

$$a(x_1 + y_1) + b(x_2 + y_2) + c(x_3 + y_3) = (ax_1 + bx_2 + cx_3) + (ay_1 + by_2 + cy_3) = 0 + 0 = 0$$

이므로 $\mathrm{u} + \mathrm{v} \in W$이다.

2) 임의의 스칼라 k와 임의의 원소 $\mathrm{u} = (x_1, x_2, x_3)$에 대하여
$akx_1 + bkx_2 + ckx_3 = k(ax_1 + bx_2 + cx_3) = 0$이므로
$k\mathrm{u} = (kx_1, kx_2, kx_3) \in W$이다.
따라서 W는 $\mathbb{R}^3$의 부분공간이다.

예제 4.4 $W = \{k(1, 1, 1) \in \mathbb{R}^3 \mid k$ 는 실수$\}$는 $\mathbb{R}^3$의 부분공간임을 보여라.

풀이 $(0, 0, 0) \in W$이므로 W는 공집합이 아니다. 또한 분명히 $W \subseteq \mathbb{R}^3$이다.
W의 임의의 원소 $\mathrm{u} = (a, a, a)$, $\mathrm{v} = (c, c, c)$와 임의의 스칼라 k에 대하여

1) $\mathrm{u} + \mathrm{v} = (a, a, a) + (c, c, c) = (a + c, a + c, a + c) \in W$이다.
2) $k\mathrm{u} = (ka, ka, ka)$ 이므로 $k\mathrm{u} \in W$이다.

따라서 W는 $\mathbb{R}^3$의 부분공간이다.

참고 예제 4.3의 W는 원점을 포함하는 평면 위의 점들의 집합이고, 예제 4.4의 W는 원점을 지나는 직선 위의 점들의 집합이다. 그리고 이 두 집합은 $\mathbb{R}^3$의 부분공간이다. 즉, 원점을 포함하는 평면 위의 점들의 집합과 원점을 지나는 직선 위의 점들의 집합은 벡터공간이다.

예제 4.5 주대각선의 원들이 0인 모든 2×2 행렬들의 집합 W는 M_{22}의 부분공간이다.

풀이 $\begin{bmatrix} 0 & 0 \\ 0 & 0 \end{bmatrix} \in W$이므로 W는 공집합이 아니다. 또한 분명히 $W \subseteq M_{22}$이다. W의 임의의 두 행렬 $A=\begin{bmatrix} 0 & a_{12} \\ a_{21} & 0 \end{bmatrix}, B=\begin{bmatrix} 0 & b_{12} \\ b_{21} & 0 \end{bmatrix}$와 임의의 스칼라 k에 대하여

$$A+B=\begin{bmatrix} 0 & a_{12}+b_{12} \\ a_{21}+b_{21} & 0 \end{bmatrix}, kA=\begin{bmatrix} 0 & ka_{12} \\ ka_{21} & 0 \end{bmatrix}$$

이므로 주대각선의 원들은 모두 0이다. 따라서 W는 M_{22}의 부분공간이다.

예제 4.6 $m\times n$ 행렬 A, $n\times 1$ 행렬 $\mathbf{x}$, $m\times 1$ 행렬 $\mathbf{0}$에 대하여 행렬방정식 $A\mathbf{x}=\mathbf{0}$의 해들의 집합은 벡터공간이다. 이 벡터공간을 해공간(solution space)이라 한다.

풀이 $W=\{\mathbf{x}\in M_{n1} \mid A\mathbf{x}=\mathbf{0}\}$라 두면 $n\times 1$인 영행렬은 W의 원소이므로 W는 공집합이 아니다. 또한 분명히 $W\subseteq M_{n1}$이다.
$A\mathbf{x}=\mathbf{0}$의 임의의 두 해 $\mathbf{x}_1, \mathbf{x}_2$와 스칼라 k에 대하여
1) $A(\mathbf{x}_1+\mathbf{x}_2)=A\mathbf{x}_1+A\mathbf{x}_2=\mathbf{0}$이므로 $\mathbf{x}_1+\mathbf{x}_2\in W$이다.
2) $A(k\mathbf{x}_1)=kA\mathbf{x}_1=k\mathbf{0}=\mathbf{0}$이므로 $k\mathbf{x}_1\in W$이다.
따라서 W는 M_{n1}의 부분공간이므로 벡터공간이다.

지금까지 벡터공간의 부분집합이 부분공간이 되는 예를 살펴보았다. 이제는 벡터공간의 부분집합이지만 부분공간이 아닌 예를 살펴보자.

예제 4.7 $W=\{(x,1)\in\mathbb{R}^2 \mid x$는 실수$\}$는 $\mathbb{R}^2$의 부분공간이 아니다.

풀이 $k\neq 1$이면 $k(x,1)\notin W$가 되어 W는 $\mathbb{R}^2$의 부분공간이 아니다.

예제 4.8 $W=\{A\in M_{nn} \mid A$는 n차 가역행렬$\}$는 M_{nn}의 부분공간이 아니다.

풀이 W가 M_{nn}의 부분공간이라고 가정하자. $A\in W$이면 $A+(-A)=\mathbf{0}$이다. 그러나 $\mathbf{0}\notin W$이다. 따라서 W는 M_{nn}의 부분공간이 아니다.

예제 4.9 $m \times n$ 행렬 A와 $m \times 1$ 행렬 $\mathrm{b}(\neq 0)$에 대하여 행렬방정식 $A\mathrm{x} = \mathrm{b}$의 해들의 집합은 M_{n1}의 부분공간이 아니다.

풀이 $\mathrm{x}_1, \mathrm{x}_2$를 $A\mathrm{x} = \mathrm{b}(\neq 0)$의 해라고 하면

$$A(\mathrm{x}_1 + \mathrm{x}_2) = A\mathrm{x}_1 + A\mathrm{x}_2 = 2\mathrm{b} \neq \mathrm{b}$$

가 되어 $\mathrm{x}_1 + \mathrm{x}_2$는 $A\mathrm{x} = \mathrm{b}$의 해가 아니다.

정리 4.3 W_1, W_2가 벡터공간 V의 부분공간이면 $W_1 \cap W_2$도 V의 부분공간이다.

증명 $0 \in W_1$, $0 \in W_2$이므로 $0 \in W_1 \cap W_2$이다. 그러므로 $W_1 \cap W_2$는 공집합이 아니다. 또한 분명히 $W_1 \cap W_2 \subseteq V$이다. 이제 $W_1 \cap W_2$가 부분공간의 두 조건을 만족함을 보이자.

1) w, w'가 $W_1 \cap W_2$의 원소이면, $\mathrm{w}, \mathrm{w}' \in W_1$이고 $\mathrm{w}, \mathrm{w}' \in W_2$이다. 그런데 W_1, W_2는 벡터공간이므로 $\mathrm{w} + \mathrm{w}' \in W_1$이고 $\mathrm{w} + \mathrm{w}' \in W_2$이다. 따라서 $\mathrm{w} + \mathrm{w}' \in W_1 \cap W_2$이다.

2) 임의의 스칼라 k와 $W_1 \cap W_2$의 임의의 원소 w에 대하여 W_1, W_2가 벡터공간이므로 $k\mathrm{w} \in W_1$, $k\mathrm{w} \in W_2$이다. 따라서 $k\mathrm{w} \in W_1 \cap W_2$이다.

그러므로 $W_1 \cap W_2$는 V의 부분공간이다.

주의 벡터공간 V의 두 부분공간 W_1, W_2에 대하여 일반적으로 $W_1 \cup W_2$는 V의 부분공간이 아니다.

반례 $W_1 = \{(x, 0) \in \mathbb{R}^2 \mid x \in \mathbb{R}\}$, $W_2 = \{(0, y) \in \mathbb{R}^2 \mid y \in \mathbb{R}\}$는 $\mathbb{R}^2$의 부분공간이다. 하지만 $W_1 \cup W_2$는 $\mathbb{R}^2$의 부분공간이 아니다. 왜냐하면 $x \neq 0$이거나 $y \neq 0$일 때, $(x, 0), (0, y) \in W_1 \cup W_2$이지만 $(x, 0) + (0, y) = (x, y) \notin W_1 \cup W_2$이기 때문이다.

연습문제 4.1

1. 정의 4.1의 공리 S2) $(k + l)\mathrm{v} = k\mathrm{v} + l\mathrm{v}$의 두 덧셈기호 '+'는 서로 다른 연산이다. 이를 설명하여라.

2. $\mathbb{R}^3$ 에서 덧셈과 스칼라 배 연산이 다음과 같이 정의될 때 $\mathbb{R}^3$ 는 벡터공간이 아님을 보여라.

$$(x, y, z) + (x', y', z') = (x + x', y + y', z + z')$$
$$k(x, y, z) = (kx, y, z)$$

3. $V = \left\{ \begin{bmatrix} x_1 \\ x_2 \end{bmatrix} \in M_{21} \;\middle|\; \begin{bmatrix} x_1 \\ x_2 \end{bmatrix} + \begin{bmatrix} y_1 \\ y_2 \end{bmatrix} = \begin{bmatrix} x_1 + y_2 \\ x_2 + y_1 \end{bmatrix}, k \begin{bmatrix} x_1 \\ x_2 \end{bmatrix} = \begin{bmatrix} kx_1 \\ kx_2 \end{bmatrix} \right\}$ 는 벡터공간이 아님을 보여라.

4. V가 벡터공간이고 $\mathbf{u}, \mathbf{v}, \mathbf{w} \in V$이면 $\mathbf{u} + \mathbf{v} = \mathbf{u} + \mathbf{w}$ 일 필요충분조건은 $\mathbf{v} = \mathbf{w}$ 임을 보여라.

5. 집합 $\{(x, x, \cdots, x) \in \mathbb{R}^n \mid x \in \mathbb{R}\}$은 벡터공간임을 보여라.

6. $\mathbb{R}^n$의 벡터 $\mathbf{x}$에 대하여 집합 $\{\mathbf{y} \in \mathbb{R}^n \mid \mathbf{x} \cdot \mathbf{y} = 0\}$은 벡터공간임을 보여라.

7. $\mathbb{R}^3$ 의 두 벡터 $\mathbf{u}, \mathbf{v}$ 에 대하여 집합 $\{\mathbf{x} \in \mathbb{R}^3 \mid \mathbf{x} \cdot \mathbf{u} = 0, \mathbf{x} \cdot \mathbf{v} = 0\}$은 벡터공간임을 보여라.

8. n 차 정방행렬 T 에 대하여 집합 $\{A \in M_{nn} \mid AT = TA\}$는 벡터공간임을 보여라.

9. 표준연산이 정의된 벡터공간 M_{22} 에 대하여 다음 물음에 답하여라.
   1) $W_1 = \left\{ \begin{bmatrix} a & b \\ c & d \end{bmatrix} \in M_{22} \mid a + b = 0 \right\}$ 는 부분공간임을 보여라.
   2) $W_2 = \{A \in M_{22} \mid \det(A) = 0\}$는 부분공간이 아님을 보여라.

10. P 를 실수 계수 다항식 전체의 집합이라 할 때 P_n 이 P 의 부분공간임을 이용하여 P_n 이 벡터공간임을 보여라.

11. 실수 전체에서 연속인 함수들의 집합 $C(\mathbb{R})$에 통상적인 함수의 덧셈과 스칼라 배 연산을 정의하면 $C(\mathbb{R})$은 벡터공간이 됨을 보여라.

12. 다음 집합들은 벡터공간이 됨을 보여라.
    1) $W_1 = \{f(x) \in C(\mathbb{R}) \mid f(3) = 0\}$
    2) $W_2 = \{f(x) \in C(\mathbb{R}) \mid f(7) = f(1)\}$

13. 다음 집합들은 $\mathbb{R}^3$의 부분공간이 아님을 보여라.

1) $\{(x, y, z) \in \mathbb{R}^3 \mid x \geq 0, y \geq 0, z \geq 0\}$
2) $\{(a, a, 1) \in \mathbb{R}^3 \mid a \in \mathbb{R}\}$
3) $\{\mathbf{v} \in \mathbb{R}^3 \mid \|\mathbf{v}\| \leq 1\}$,
4) $\{(a, b, c) \in \mathbb{R}^3 \mid a, b, c \in \mathbb{Q}\}$ 단, $\mathbb{Q}$는 유리수 전체의 집합을 의미한다.

14. $W = \{A \in M_{22} \mid A^2 = A\}$는 벡터공간이 아님을 보여라.

15. $W = \{a_0 + a_1 x + a_2 x^2 \mid a_0, a_1, a_2 \in \mathbb{Q}\}$는 벡터공간 P_2의 부분공간이 아님을 보여라.

16. $W_1 = \{(a, b, 0) \mid a, b \in \mathbb{R}\}$, $W_2 = \{(0, 0, c) \mid c \in \mathbb{R}\}$에 대하여 다음 물음에 답하여라.

1) W_1, W_2는 $\mathbb{R}^3$의 부분공간임을 보여라.
2) $W_1 \cup W_2$는 $\mathbb{R}^3$의 부분공간이 아님을 보여라.

17. $\mathbb{R}^3$의 두 부분집합 $W_1 = \{(x_1, x_2, x_3) \mid x_1 + 2x_2 - 3x_3 = 0\}$, $W_2 = \{(x_1, x_2, x_3) \mid 3x_1 - 2x_2 + 5x_3 = 0\}$에 대하여 다음 물음에 답하여라.

1) W_1, W_2는 $\mathbb{R}^3$의 부분공간임을 보여라.
2) $W_1 \cap W_2$의 기하학적 의미를 설명하여라.

18. 실수의 수열들의 집합 S에서 덧셈과 스칼라 배 연산이 다음과 같이 정의되었다고 할 때 다음 물음에 답하여라.

$$\{a_n\} + \{b_n\} = \{a_n + b_n\},\ c\{a_n\} = \{ca_n\}\ (c \in \mathbb{R})$$

1) S는 벡터공간임을 보여라.
2) $T = \{\{a_n\} \in S \mid a_{n+1} - a_n = 1\}$은 S의 부분공간이 아님을 보여라.
3) $U = \{\{a_n\} \in S \mid a_{n+k} + p_{k-1} a_{n+k-1} + \cdots + p_1 a_{n+1} + p_0 a_n = 0\}$는 S의 부분공간임을 보여라. 단, $p_0, p_1, \cdots, p_{k-1}$은 실수이다.

4.2 생성과 1차 독립

벡터공간의 특성을 알아보기 위해서는 벡터공간의 모든 벡터들을 살펴볼 수 없으므로 벡터공간을 생성하는 특정 벡터들을 찾는 것이 중요하다. 이 절에서는 벡터공간의 생성하는 벡터들의 집합에 대해 알아보고, 그 집합들 중 가장 적은 수의 원소를 갖는 집합을 찾는 방법인 1차 독립의 개념에 대하여 살펴보자.

정의 4.3 n 개의 벡터 $\mathrm{v}_1, \mathrm{v}_2, \cdots, \mathrm{v}_n$ 에 대하여 벡터 w가 다음의 식

$$\mathrm{w} = k_1\mathrm{v}_1 + k_2\mathrm{v}_2 + \cdots + k_n\mathrm{v}_n$$

을 만족하는 적당한 스칼라 $k_1, k_2, \cdots, k_n$ 이 존재할 때 벡터 w는 벡터 $\mathrm{v}_1, \mathrm{v}_2, \cdots, \mathrm{v}_n$ 의 1차 결합(linear combination)이라고 한다.

예제 4.10 $\mathbb{R}^3$의 벡터 $\mathrm{w} = (9, 2, 7)$은 $\mathrm{u} = (1, 2, -1)$, $\mathrm{v} = (6, 4, 2)$의 1차 결합이고, $\mathrm{x} = (4, -1, 8)$는 u, v 의 1차 결합이 아님을 보여라.

풀이 w가 u, v 의 1차 결합이기 위해서는 $\mathrm{w} = k_1\mathrm{u} + k_2\mathrm{v}$를 만족하는 스칼라 k_1, k_2가 존재해야 한다. 즉,

$$\begin{aligned}(9, 2, 7) &= k_1(1, 2, -1) + k_2(6, 4, 2) \\ &= (k_1 + 6k_2, 2k_1 + 4k_2, -k_1 + 2k_2)\end{aligned}$$

이고, 대응되는 성분이 같아야 하므로 다음 연립방정식을 만족해야 한다.

$$\begin{aligned}k_1 + 6k_2 &= 9 \\ 2k_1 + 4k_2 &= 2 \\ -k_1 + 2k_2 &= 7\end{aligned}$$

이 식을 풀면 $k_1 = -3, k_2 = 2$가 되므로 $\mathrm{w} = -3\mathrm{u} + 2\mathrm{v}$이다.

같은 방법으로 x가 u, v 의 1차 결합이기 위해서는 $\mathrm{x} = k_1\mathrm{u} + k_2\mathrm{v}$를 만족하는 스칼라 k_1, k_2 가 존재해야 한다. 즉,

$$\begin{aligned}(4, -1, 8) &= k_1(1, 2, -1) + k_2(6, 4, 2) \\ &= (k_1 + 6k_2, 2k_1 + 4k_2, -k_1 + 2k_2)\end{aligned}$$

이고, 대응되는 성분이 같아야 하므로 다음 연립방정식을 만족해야 한다.

$$\begin{aligned} k_1 + 6k_2 &= 4 \\ 2k_1 + 4k_2 &= -1 \\ -k_1 + 2k_2 &= 8 \end{aligned}$$

그러나 이 연립방정식을 만족하는 스칼라 k_1, k_2는 존재하지 않는다. 따라서 $\mathbf{x}$는 $\mathbf{u}, \mathbf{v}$의 1차 결합이 아니다.

정의 4.4 V의 모든 벡터들이 $\mathbf{v}_1, \mathbf{v}_2, \cdots, \mathbf{v}_n$의 1차 결합으로 표시될 때 집합 $\{\mathbf{v}_1, \mathbf{v}_2, \cdots, \mathbf{v}_n\}$은 벡터공간 V를 **생성(span)**한다고 말한다. 이 때, $\{\mathbf{v}_1, \mathbf{v}_2, \cdots, \mathbf{v}_n\}$을 **생성집합**이라 한다.

참고 $\mathbf{v}_1, \mathbf{v}_2, \cdots, \mathbf{v}_n$이 벡터공간 V의 벡터일 때, $\mathbf{v}_1, \mathbf{v}_2, \cdots, \mathbf{v}_n$의 1차 결합으로 표현되는 V의 모든 벡터들의 집합을 $< \mathbf{v}_1, \mathbf{v}_2, \cdots, \mathbf{v}_n >$ 으로 표기한다.

예제 4.11 다음 집합들이 $\mathbb{R}^2$를 생성함을 보여라.

(1) $\{(1, 0), (0, 1)\}$ (2) $\{(1, 0), (0, 1), (2, 3)\}$ (3) $\{(1, 0), (1, 1)\}$

풀이 (1) $\mathbb{R}^2$의 임의의 벡터 (x, y)에 대하여 $(x, y) = x(1, 0) + y(0, 1)$이므로 집합$\{(1, 0), (0, 1)\}$은 $\mathbb{R}^2$를 생성한다.

(2) $\mathbb{R}^2$의 임의의 벡터 (x, y)에 대하여 $(x, y) = x(1, 0) + y(0, 1) + 0(2,3)$ 또는 $(x, y) = 0(1, 0) + \left(y - \frac{3x}{2}\right)(0, 1) + \frac{x}{2}(2,3)$또는 $(x, y) = \left(x - \frac{2y}{3}\right)(1, 0) + 0(0, 1) + \frac{y}{3}(2,3)$이므로

집합 $\{(1, 0), (0, 1), (2, 3)\}$은 $\mathbb{R}^2$를 생성한다.

(3) $\mathbb{R}^2$의 임의의 벡터 (x, y)에 대하여 $(x, y) = (x - y)(1, 0) + y(1, 1)$이므로 집합 $\{(1, 0), (1, 1)\}$은 $\mathbb{R}^2$를 생성한다.

예제 4.12 집합 $\{\mathbf{i} = (1, 0, 0), \mathbf{j} = (0, 1, 0), \mathbf{k} = (0, 0, 1)\}$는 $\mathbb{R}^3$를 생성함을 보여라.

풀이 $\mathbb{R}^3$의 임의의 벡터 $\mathbf{v} = (x, y, z)$는 $\mathbf{v} = x\mathbf{i} + y\mathbf{j} + z\mathbf{k}$의 꼴로 표현되므로 집합 $\{\mathbf{i} = (1, 0, 0), \boldsymbol{j} = (0, 1, 0), \boldsymbol{k} = (0, 0, 1)\}$는 $\mathbb{R}^3$를 생성한다.

예제 4.13 집합 $\{1, x, x^2, \cdots, x^n\}$은 P_n을 생성함을 보여라.

풀이 P_n의 임의의 다항식 $\mathbf{p} = a_0 + a_1 x + a_2 x^2 + \cdots + a_n x^n$은 $1, x, x^2, \cdots, x^n$의 1차 결합이므로 집합 $\{1, x, x^2, \cdots, x^n\}$은 P_n을 생성한다.

예제 4.14 $\{\mathbf{v}_1 = (1, 1, 2), \mathbf{v}_2 = (1, 0, 1), \mathbf{v}_3 = (2, 1, 3)\}$은 $\mathbb{R}^3$를 생성하지 못함을 보여라.

풀이 $\mathbb{R}^3$의 임의의 벡터 $\mathbf{u} = (u_1, u_2, u_3)$가 $\mathbf{v}_1, \mathbf{v}_2, \mathbf{v}_3$의 1차 결합

$$\mathbf{u} = k_1\mathbf{v}_1 + k_2\mathbf{v}_2 + k_3\mathbf{v}_3$$

가 되는 스칼라 k_1, k_2, k_3가 존재하는지를 알아보자. 위의 식은 다음과 같이 바꾸어 쓸 수 있다.

$$\begin{aligned}(u_1, u_2, u_3) &= k_1(1, 1, 2) + k_2(1, 0, 1) + k_3(2, 1, 3)\\ &= (k_1 + k_2 + 2k_3, k_1 + k_3, 2k_1 + k_2 + 3k_3)\end{aligned}$$

이 식을 연립방정식의 형태로 고치면 다음과 같다.

$$\begin{aligned} k_1 + k_2 + 2k_3 &= u_1 \\ k_1 + k_3 &- u_2 \\ 2k_1 + k_2 + 3k_3 &= u_3 \end{aligned} \tag{4.1}$$

결국 $\mathbf{u}$가 $\mathbf{v}_1, \mathbf{v}_2, \mathbf{v}_3$의 1차 결합인지에 대한 문제는 식 (4.1)에서 u_1, u_2, u_3가 어떤 값을 가져도 식 (4.1)이 해를 갖느냐는 문제로 귀결된다. 이 연립방정식은 계수행렬

$$A = \begin{bmatrix} 1 & 1 & 2 \\ 1 & 0 & 1 \\ 2 & 1 & 3 \end{bmatrix}$$

의 행렬식이 영이 아닐 때 모든 u_1, u_2, u_3에 대하여 해를 갖게 된다. 그러나

$\det(A) = 0$이므로 A는 가역행렬이 아니다. 따라서 $\{\mathbf{v}_1, \mathbf{v}_2, \mathbf{v}_3\}$는 $\mathbb{R}^3$를 생성하지 못한다.

앞의 예제에서 살펴봤듯이 벡터공간 V의 부분집합 $\{\mathbf{v}_1, \mathbf{v}_2, \cdots, \mathbf{v}_n\}$은 V를 생성할 수도 있고, 생성하지 못할 수도 있다. 만일 V의 부분집합 $\{\mathbf{v}_1, \mathbf{v}_2, \cdots, \mathbf{v}_n\}$이 V를 생성한다면, $V = <\mathbf{v}_1, \mathbf{v}_2, \cdots, \mathbf{v}_n>$이다. 반면에 $\{\mathbf{v}_1, \mathbf{v}_2, \cdots, \mathbf{v}_n\}$이 V를 생성하지 못할 경우에는 V에는 $\mathbf{v}_1, \mathbf{v}_2, \cdots, \mathbf{v}_n$의 1차 결합으로 표현할 수 없는 벡터가 존재한다. 하지만 다음 정리는 벡터공간 V의 한 부분집합 $\{\mathbf{v}_1, \mathbf{v}_2, \cdots, \mathbf{v}_n\}$에서 $\mathbf{v}_1, \mathbf{v}_2, \cdots, \mathbf{v}_n$의 1차 결합으로 표현되는 모든 벡터들의 집합인 $<\mathbf{v}_1, \mathbf{v}_2, \cdots, \mathbf{v}_n>$은 벡터공간 V의 부분공간임을 보여준다.

정리 4.4 $\mathbf{v}_1, \mathbf{v}_2, \cdots, \mathbf{v}_n$이 벡터공간 V의 벡터이면 $<\mathbf{v}_1, \mathbf{v}_2, \cdots, \mathbf{v}_n>$은 V의 부분공간이다.

증명 $<\mathbf{v}_1, \mathbf{v}_2, \cdots, \mathbf{v}_n>$은 V의 공집합이 아닌 부분집합임은 자명하다.
이제 $<\mathbf{v}_1, \mathbf{v}_2, \cdots, \mathbf{v}_n>$이 부분공간의 두 조건을 만족함을 보이자.

1) $\mathbf{v}, \mathbf{w} \in <\mathbf{v}_1, \mathbf{v}_2, \cdots, \mathbf{v}_n>$이면 적당한 스칼라 $a_1, a_2, \cdots, a_n, b_1, b_2, \cdots, b_n$이 존재하여 다음과 같이 표현할 수 있다.

$$\mathbf{v} = a_1\mathbf{v}_1 + a_2\mathbf{v}_2 + \cdots + a_n\mathbf{v}_n$$
$$\mathbf{w} = b_1\mathbf{v}_1 + b_2\mathbf{v}_2 + \cdots + b_n\mathbf{v}_n$$

따라서,

$$\mathbf{v} + \mathbf{w} = (a_1 + b_1)\mathbf{v}_1 + (a_2 + b_2)\mathbf{v}_2 + \cdots + (a_n + b_n)\mathbf{v}_n$$

이다. 그러므로 $\mathbf{v} + \mathbf{w} \in <\mathbf{v}_1, \mathbf{v}_2, \cdots, \mathbf{v}_n>$이다.

2) $<\mathbf{v}_1, \mathbf{v}_2, \cdots, \mathbf{v}_n>$의 임의의 벡터 $\mathbf{v}$는 적당한 스칼라 $a_1, a_2, \cdots, a_n$이 존재하여 $\mathbf{v} = a_1\mathbf{v}_1 + a_2\mathbf{v}_2 + \cdots + a_n\mathbf{v}_n$으로 표현된다. 따라서 임의의 스칼라 k와의 스칼라 배는

$$k\mathbf{v} = (ka_1)\mathbf{v}_1 + (ka_2)\mathbf{v}_2 + \cdots + (ka_n)\mathbf{v}_n \in <\mathbf{v}_1, \mathbf{v}_2, \cdots, \mathbf{v}_n>$$

이다.

그러므로 1), 2)에 의하여 $<\mathrm{v}_1, \mathrm{v}_2, \cdots, \mathrm{v}_n>$은 V의 부분공간이다.

참고 $<\mathrm{v}_1, \mathrm{v}_2, \cdots, \mathrm{v}_n>$을 생성집합 $\{\mathrm{v}_1, \mathrm{v}_2, \cdots, \mathrm{v}_n\}$에 의해 생성된 **생성공간**이라 한다.

정의 4.5 $S=\{\mathrm{v}_1, \mathrm{v}_2, \cdots, \mathrm{v}_n\}$이 벡터들의 집합이면 방정식

$$k_1\mathrm{v}_1 + k_2\mathrm{v}_2 + \cdots + k_n\mathrm{v}_n = 0 \tag{4.2}$$

은 자명해 $k_1 = k_2 = \cdots = k_n = 0$을 갖는다. 만약, 해가 자명해 밖에 없을 때 집합 S는 1차 독립(linear independence)이라 하고, 비자명해가 존재할 때, 즉, 식 (4.2)의 계수 $k_1, k_2, \cdots, k_n$중 0이 아닌 것이 존재하여 식 (4.2)를 만족할 때, 집합 S는 1차 종속(linear dependence)이라 한다.

참고 집합 $S=\{\mathrm{v}_1, \mathrm{v}_2, \cdots, \mathrm{v}_n\}$이 1차 종속이라는 말은 집합 S의 벡터들이 서로 의존 관계가 있다는 것을 의미한다. 집합 S가 1차 종속이라면

$$k_1\mathrm{v}_1 + k_2\mathrm{v}_2 + \cdots + k_n\mathrm{v}_n = 0$$

은 $k_1 = k_2 = \cdots = k_n = 0$ 이외의 또 다른 해를 가진다. 따라서 적당한 $k_i \neq 0$이 존재하여 v_i는 나머지 벡터들의 1차 결합으로 표시된다. 즉,

$$\mathrm{v}_i = -\frac{k_1}{k_i}\mathrm{v}_1 - \frac{k_2}{k_i}\mathrm{v}_2 - \cdots - \frac{k_{i-1}}{k_i}\mathrm{v}_{i-1} - \frac{k_{i+1}}{k_i}\mathrm{v}_{i+1} - \cdots - \frac{k_n}{k_i}\mathrm{v}_n$$

이다.

예제 4.15 $\mathrm{v}_1 = (2, 3)$, $\mathrm{v}_2 = (0, 4)$일 때, $S = \{\mathrm{v}_1, \mathrm{v}_2\}$는 1차 독립이다.

풀이 방정식 $k_1\mathrm{v}_1 + k_2\mathrm{v}_2 = 0$은 $k_1(2, 3) + k_2(0, 4) = (0, 0)$이다.

따라서 $(2k_1, 3k_1 + 4k_2) = (0, 0)$이고, 이를 풀면 해는 $k_1 = 0$, $k_2 = 0$뿐이다.

그러므로 집합 S는 1차 독립이다.

예제 4.16 $S=\{\mathbf{v}_1=(2,-1,0), \mathbf{v}_2=(1,2,5), \mathbf{v}_3=(7,-1,5)\}$ 일 때, 집합 S는 1차 종속이다.

풀이 $k_1\mathbf{v}_1+k_2\mathbf{v}_2+k_3\mathbf{v}_3=\mathbf{0}$는 해 $k_1=k_2=k_3=0$ 이외에 $k_1=3$, $k_2=1$, $k_3=-1$인 해도 있으므로 $\mathbf{v}_3=3\mathbf{v}_1+\mathbf{v}_2$이다. 즉, 집합 S는 1차 종속이다.

정리 4.5 $n\geq 2$일 때 $\mathbb{R}^n$의 n개의 벡터 $\mathbf{v}_1=(a_{11}, a_{12}, \cdots, a_{1n})$, $\mathbf{v}_2=(a_{21}, a_{22}, \cdots, a_{2n}), \cdots, \mathbf{v}_n=(a_{n1}, a_{n2}, \cdots, a_{nn})$에 대하여 A를 $\mathbf{v}_1, \mathbf{v}_2, \cdots, \mathbf{v}_n$을 행벡터로 하는 n차 정방행렬이라 하면 다음은 서로 동치이다.

1) $\{\mathbf{v}_1, \mathbf{v}_2, \cdots, \mathbf{v}_n\}$이 1차 독립이다.
2) $\det(A)\neq 0$.
3) $\{\mathbf{v}_1, \mathbf{v}_2, \cdots, \mathbf{v}_n\}$은 $\mathbb{R}^n$을 생성한다.

증명 1) $\Leftrightarrow$ 2) $k_1\mathbf{v}_1+k_2\mathbf{v}_2+\cdots+k_n\mathbf{v}_n=\mathbf{0}$는 다음과 같이 쓸 수 있다.

$$\begin{aligned}k_1a_{11}+k_2a_{21}+\cdots+k_na_{n1}&=0\\k_1a_{12}+k_2a_{22}+\cdots+k_na_{n2}&=0\\&\vdots\\k_1a_{1n}+k_2a_{2n}+\cdots+k_na_{nn}&=0\end{aligned}$$

이 동차연립방정식을 $k_1, k_2, \cdots, k_n$에 대한 연립방정식으로 보고 다음과 같이 정리하자.

$$\begin{aligned}a_{11}k_1+a_{21}k_2+\cdots+a_{n1}k_n&=0\\a_{12}k_1+a_{22}k_2+\cdots+a_{n2}k_n&=0\\&\vdots\\a_{1n}k_1+a_{2n}k_2+\cdots+a_{nn}k_n&=0\end{aligned}$$

이 방정식의 계수행렬을 A^T라 두면, $k_1=k_2=\cdots=k_n=0$이 되기 위한 필요충분조건은 $\det(A^T)=\det(A)$이다.

2) $\Leftrightarrow$ 3) 임의의 $\mathbf{b}=(b_1, b_2, \cdots, b_n)\in\mathbb{R}^n$에 대하여 적당한 스칼라 k_1, k_2, $\cdots$, k_n가 존재하여 $k_1\mathbf{v}_1+k_2\mathbf{v}_2+\cdots+k_n\mathbf{v}_n=\mathbf{b}$이면 이 식은 다음과 같이 쓸 수 있다.

$$\begin{aligned} k_1 a_{11} + k_2 a_{21} + \cdots + k_n a_{n1} &= b_1 \\ k_1 a_{12} + k_2 a_{22} + \cdots + k_n a_{n2} &= b_2 \\ &\vdots \\ k_1 a_{1n} + k_2 a_{2n} + \cdots + k_n a_{nn} &= b_n \end{aligned}$$

이 비동차연립방정식을 $k_1, k_2, \cdots, k_n$에 대한 연립방정식으로 보고 다음과 같이 정리하자.

$$\begin{aligned} a_{11} k_1 + a_{21} k_2 + \cdots + a_{n1} k_n &= b_1 \\ a_{12} k_1 + a_{22} k_2 + \cdots + a_{n2} k_n &= b_2 \\ &\vdots \\ a_{1n} k_1 + a_{2n} k_2 + \cdots + a_{nn} k_n &= b_n \end{aligned}$$

이 방정식의 계수행렬을 A^T라 두면, $k_1, k_2, \cdots, k_n$이 유일한 해를 갖기 위한 필요충분조건은 $\det(A^T) = \det(A)$이다.

예제 4.17 $\mathbb{R}^3$의 세 벡터로 구성된 집합 $\{(1, -2, 3), (5, 6, -1), (3, 2, 1)\}$은 1차 종속이고, 집합 $\{(1, 2, 4), (2, 3, 1), (4, -1, 1)\}$은 1차 독립이다.

풀이 $\begin{vmatrix} 1 & -2 & 3 \\ 5 & 6 & -1 \\ 3 & 2 & 1 \end{vmatrix} = 0$ 이므로 집합 $\{(1, -2, 3), (5, 6, -1), (3, 2, 1)\}$은 1차 종속이고, $\begin{vmatrix} 1 & 2 & 4 \\ 2 & 3 & 1 \\ 4 & -1 & 1 \end{vmatrix} = -48 \neq 0$ 이므로 $\{(1, 2, 4), (2, 3, 1), (4, -1, 1)\}$은 1차 독립이다.

정리 4.6 $\mathbb{R}^n$에서 $r\,(r > n)$개의 벡터들의 집합 $S = \{\mathbf{v}_1, \mathbf{v}_2, \cdots, \mathbf{v}_r\}$는 1차 종속이다.

증명 $\mathbf{v}_1 = (a_{11}, a_{12}, \cdots, a_{1n}),\ \mathbf{v}_2 = (a_{21}, a_{22}, \cdots, a_{2n}),\ \cdots,$

$$\mathbf{v}_r = (a_{r1}, a_{r2}, \cdots, a_{rn})$$

이라 두면 $k_1\mathbf{v}_1 + k_2\mathbf{v}_2 + \cdots + k_r\mathbf{v}_r = \mathbf{0}$는 다음과 같이 쓸 수 있다.

$$\begin{aligned} a_{11}k_1 + a_{21}k_2 + \cdots + a_{r1}k_r &= 0 \\ a_{12}k_1 + a_{22}k_2 + \cdots + a_{r2}k_r &= 0 \\ &\vdots \\ a_{1n}k_1 + a_{2n}k_2 + \cdots + a_{rn}k_r &= 0 \end{aligned}$$

이 연립방정식은 r개의 미지수를 포함하는 n개의 방정식으로 구성되어 있다. 가정에서 $r > n$이므로 방정식의 수보다 미지수의 수가 많다. 그러므로 이 연립방정식은 무한개의 해를 갖는다. 즉, 비자명해를 갖는다. 따라서 집합 S는 1차 종속이다.

주의 정리 4.6에서 $r \le n$일 때는 S가 1차 독립일 수도, 1차 종속일 수도 있다.

연습문제 4.2

1. 다음의 벡터가 생성공간 $\langle(1, -1, 3), (2, 4, 0)\rangle$의 원소인지 아닌지 판정하여라.

1) $(1, 5, 6)$

2) $(5, 1, 9)$

2. 다음의 $\mathbb{R}^3$의 부분집합들이 $\mathbb{R}^3$를 생성하는지 판정하여라.

1) $\{(1, 1, 1), (1, 1, 0), (1, 0, 0)\}$

2) $\{(1, 0, 0), (1, 1, 1), (1, 0, 2)\}$

3) $\{(1, 1, 0), (1, 0, 1), (0, 1, 1)\}$

4) $\{(2, -1, 0), (1, 2, 5), (7, -1, 5)\}$

3. 다음의 $\mathbb{R}^3$의 부분집합들이 1차 독립인지 1차 종속인지 판정하여라.

1) $\{(2, 3, -2), (6, 9, -6)\}$

2) $\{(2, -1, 4), (3, 6, 1), (2, 5, -4)\}$

3) $\{(6, -3, 0), (1, 2, 4), (2, 0, 0)\}$

4. 벡터공간 V의 영벡터가 아닌 서로 다른 두 벡터의 집합 $\{\mathbf{u}, \mathbf{v}\}$가 1차 종속이면 벡터 $\mathbf{u}$와 $\mathbf{v}$는 스칼라 배임을 보여라.

5. 벡터공간 V의 서로 다른 벡터들의 집합 $\{\mathbf{u}, \mathbf{v}, \mathbf{w}\}$가 1차 독립이면 다음의 집합들도 1차 독립임을 보여라.

1) $\{\mathbf{u}, \mathbf{v}\}$

2) $\{\mathbf{u}+\mathbf{v}, \mathbf{v}+\mathbf{w}, \mathbf{w}+\mathbf{u}\}$

3) $\{2\mathbf{v}+\mathbf{w}, 2\mathbf{u}-\mathbf{v}, 3\mathbf{u}+\mathbf{w}\}$

6. 벡터공간 V의 서로 다른 벡터들의 집합 $\{\mathbf{v}_1, \mathbf{v}_2, \mathbf{v}_3\}$가 1차 종속이면 V의 임의의 벡터 $\mathbf{v}_4$에 대하여 집합 $\{\mathbf{v}_1, \mathbf{v}_2, \mathbf{v}_3, \mathbf{v}_4\}$도 1차 종속임을 보여라.

7. 벡터공간 V의 서로 다른 벡터들의 집합 $S=\{\mathbf{v}_1, \mathbf{v}_2, \cdots, \mathbf{v}_n\}$에 영벡터가 포함되면 S는 1차 종속임을 보여라.

4.3 기저와 차원

우리는 앞에서 벡터공간을 생성하는 집합에 대해 살펴보았다. 일반적으로 벡터공간의 임의의 벡터는 생성집합의 벡터들의 일차결합으로 표현할 수 있지만 항상 유일하게 표현할 수 있는 것은 아니다. 따라서 이 절에서는 벡터공간의 임의의 벡터를 일차결합으로 유일하게 표현할 수 있는 기저의 개념을 알아보고, 우리가 자주 사용하는 용어 중 하나인 차원에 대해 알아보자.

정의 4.6 벡터공간 V에서 서로 다른 벡터들의 집합 $S=\{\mathbf{v}_1, \mathbf{v}_2, \cdots, \mathbf{v}_n\}$가 1차 독립이고 벡터공간 V를 생성하면 집합 S를 벡터공간 V의 기저(basis)라 한다.

예제 4.18 $\mathbb{R}^n$의 벡터 $\mathbf{e}_1=(1, 0, 0, \cdots, 0)$, $\mathbf{e}_2=(0, 1, 0, \cdots, 0)$, $\cdots$, $\mathbf{e}_n=(0, 0, \cdots, 0, 1)$에 대하여 집합 $S=\{\mathbf{e}_1, \mathbf{e}_2, \cdots, \mathbf{e}_n\}$은 $\mathbb{R}^n$의 기저임을 보여라.

풀이 $k_1\mathbf{e}_1+k_2\mathbf{e}_2+\cdots+k_n\mathbf{e}_n=\mathbf{0}$이라 두면 $(k_1, k_2, \cdots, k_n)=(0, 0, \cdots, 0)$이 되어 $k_1=k_2=\cdots=k_n=0$만 존재한다. 즉, 집합 S는 1차 독립이다.

또한, 임의의 $(x_1, x_2, \cdots, x_n)\in\mathbb{R}^n$에 대하여

$$(x_1, x_2, \cdots, x_n)=x_1\mathbf{e}_1+x_2\mathbf{e}_2+\cdots+x_n\mathbf{e}_n$$

이므로 집합 S는 $\mathbb{R}^n$을 생성한다. 따라서 집합 S는 $\mathbb{R}^n$의 기저이다.

별해 위의 $\mathbb{R}^n$의 n개의 벡터를 행벡터로 행렬을 구하면 단위행렬이 되므로 행렬식은 0이 아니다. 따라서 정리 4.5에 의해 집합 S는 1차 독립이고 $\mathbb{R}^n$을 생성한다. 즉, 집합 S는 $\mathbb{R}^n$의 기저이다.

예제 4.18의 $S=\{\mathbf{e}_1, \mathbf{e}_2, \cdots, \mathbf{e}_n\}$을 $\mathbb{R}^n$의 **표준기저**(standard basis)라 한다.

정리 4.7. 벡터공간 V에서 서로 다른 벡터들의 집합 $S=\{\mathbf{v}_1, \mathbf{v}_2, \cdots, \mathbf{v}_n\}$가 V의 기저이면 벡터공간의 임의의 벡터는 집합 S의 벡터들의 일차결합으로 유일하게 표현된다.

증명 $S=\{\mathbf{v}_1, \mathbf{v}_2, \cdots, \mathbf{v}_n\}$가 V의 기저이면 $V=<\mathbf{v}_1, \mathbf{v}_2, \cdots, \mathbf{v}_n>$이다. 또한, $V=<\mathbf{v}_1, \mathbf{v}_2, \cdots, \mathbf{v}_n>$의 원소 $\mathbf{v}$가 다음과 같이 두 가지 방법

$$\mathbf{v} = x_1\mathbf{v}_1 + x_2\mathbf{v}_2 + \cdots + x_n\mathbf{v}_n = y_1\mathbf{v}_1 + y_2\mathbf{v}_2 + \cdots + y_n\mathbf{v}_n$$

으로 표현되었다고 할 때, 등식에서

$$\mathbf{0} = (x_1 - y_1)\mathbf{v}_1 + (x_2 - y_2)\mathbf{v}_2 + \cdots + (x_n - y_n)\mathbf{v}_n$$

가 되고, $\{\mathbf{v}_1, \mathbf{v}_2, \cdots, \mathbf{v}_n\}$은 1차 독립이므로

$$x_1 - y_1 = 0,\ x_2 - y_2 = 0,\ \cdots,\ x_n - y_n = 0$$

가 된다. 즉,

$$x_1 = y_1,\ x_2 = y_2,\ \cdots,\ x_n = y_n$$

이다. 따라서 $\mathbf{v} \in V$는

$$\mathbf{v} = x_1\mathbf{v}_1 + x_2\mathbf{v}_2 + \cdots + x_n\mathbf{v}_n$$

으로 유일하게 표현된다.

정리 4.7에서 살펴본 것과 같이 벡터공간의 벡터 $\mathbf{v}$가 기저 S의 벡터들의 1차 결합으로 유일하게 결정된 상수들로 만들어진 벡터 $(x_1, x_2, \cdots, x_n)$을 기저 S에 대한 $\mathbf{v}$의 **좌표벡터**(coordinate vector)라 하고 $(\mathbf{v})_S = (x_1, x_2, \cdots, x_n)$로 표기한다.

예제 4.19 집합 $S=\{(1,1),(2,1)\}$가 $\mathbb{R}^2$의 기저임을 보이고, 기저 S에 대한 $\mathrm{v}=(0,1)$의 좌표벡터 $(\mathrm{v})_S$를 구하여라.

풀이 $\det\begin{vmatrix} 1 & 1 \\ 2 & 1 \end{vmatrix}=-1\neq 0$이므로 정리 4.5에 의해 집합 S는 $\mathbb{R}^2$의 기저이다.

또한, $(0,1)=2(1,1)-(2,1)$이므로 $(\mathrm{v})_S=(2,-1)$이다.

정리 4.8 V가 n개의 벡터로 구성된 기저를 갖는 벡터공간일 때, V의 부분집합 $T=\{\mathrm{w}_1,\mathrm{w}_2,\cdots,\mathrm{w}_m\}$에 대하여 $m>n$이면, 집합 T는 1차 종속이다.

증명 집합 $S=\{\mathrm{v}_1,\mathrm{v}_2,\cdots,\mathrm{v}_n\}$가 V의 기저라고 가정하면 각 w_i는 집합 S에 있는 벡터들의 1차 결합으로 표현된다. 즉,

$$\begin{aligned} \mathrm{w}_1 &= a_{11}\mathrm{v}_1+a_{12}\mathrm{v}_2+\cdots+a_{1n}\mathrm{v}_n \\ \mathrm{w}_2 &= a_{21}\mathrm{v}_1+a_{22}\mathrm{v}_2+\cdots+a_{2n}\mathrm{v}_n \\ &\vdots \\ \mathrm{w}_m &= a_{m1}\mathrm{v}_1+a_{m2}\mathrm{v}_2+\cdots+a_{mn}\mathrm{v}_n \end{aligned} \tag{4.3}$$

이다. 집합 T가 1차 종속임을 보이기 위해서는

$$k_1\mathrm{w}_1+k_2\mathrm{w}_2+\cdots+k_m\mathrm{w}_m=0 \tag{4.4}$$

을 만족하는 모두는 0이 아닌 스칼라 $k_1,k_2,\cdots,k_m$을 찾으면 된다.

식 (4.4)에 식 (4.3)을 대입하면 다음과 같은 결과를 얻는다.

$$\begin{aligned} &(k_1a_{11}+k_2a_{21}+\cdots+k_ma_{m1})\mathrm{v}_1+(k_1a_{12}+k_2a_{22}+\cdots+k_ma_{m2})\mathrm{v}_2+\cdots \\ &\quad+(k_1a_{1n}+k_2a_{2n}+\cdots+k_ma_{mn})\mathrm{v}_n=0 \end{aligned}$$

따라서 집합 T가 1차 종속임을 보이는 문제는

$$\begin{aligned} k_1a_{11}+k_2a_{21}+\cdots+k_ma_{m1}&=0 \\ k_1a_{12}+k_2a_{22}+\cdots+k_ma_{m2}&=0 \\ &\vdots \\ k_1a_{1n}+k_2a_{2n}+\cdots+k_ma_{mn}&=0 \end{aligned} \tag{4.5}$$

을 만족하는 모두는 0이 아닌 스칼라 $k_1,k_2,\cdots,k_m$이 존재함을 보이는 문제가 된다. 식 (4.5)는 방정식의 수보다 미지수의 수가 많으므로 비자명해가 존재한다.

따라서 집합 T는 1차 종속이다.

예제 4.20 $\mathbb{R}^3$에 4개 이상의 벡터로 이루어진 집합은 1차 종속이다.

풀이 $\mathbb{R}^3$의 표준기저 $\{(1,0,0), (0,1,0), (0,0,1)\}$는 3개의 벡터로 구성되어 있으므로 4개 이상의 벡터의 집합은 1차 종속이다.

정리 4.9 벡터공간 V가 유한개의 벡터로 구성된 기저를 가질 때, 각각의 기저들을 구성하는 벡터의 수는 같다.

증명 $\{\mathbf{v}_1, \mathbf{v}_2, \cdots, \mathbf{v}_n\}$과 $\{\mathbf{u}_1, \mathbf{u}_2, \cdots, \mathbf{u}_m\}$을 각각 V의 기저라고 하면 $\{\mathbf{v}_1, \mathbf{v}_2, \cdots, \mathbf{v}_n\}$이 V의 기저이고, $\{\mathbf{u}_1, \mathbf{u}_2, \cdots, \mathbf{u}_m\}$이 1차 독립이므로 $m \leq n$이다. 또한, $\{\mathbf{u}_1, \mathbf{u}_2, \cdots, \mathbf{u}_m\}$이 V의 기저이고, $\{\mathbf{v}_1, \mathbf{v}_2, \cdots, \mathbf{v}_n\}$이 1차 독립이므로 $n \leq m$이다. 따라서 $n = m$이다.

정의 4.7 벡터공간 V가 기저를 구성하는 벡터의 수가 유한개이면 **유한차원 벡터공간**(finite dimensional vector space)이라 하고, 유한개가 아니면 **무한차원 벡터공간**(infinite dimensional vector space)라 한다. 특히, 기저를 구성하는 벡터의 수가 n개일 때 V를 n**차원**(n-dimensional) 벡터공간이라 하고 $\dim(V) = n$으로 표기한다. 또한, $\dim(\{\mathbf{0}\}) = 0$으로 정의한다.

예제 4.21 $\mathbb{R}^n$의 표준기저는 n개의 벡터들로 구성되어 있으므로 $\dim(\mathbb{R}^n) = n$이다.

정리 4.10 V가 $n(n > 0)$차원 벡터공간일 때, 다음이 성립한다.

1) n개의 벡터들로 구성된 집합이 1차 독립이면 그 집합은 V의 기저이다.
2) n개의 벡터들로 구성된 집합이 V를 생성하면 그 집합은 V의 기저이다.

증명 1) $\dim(V) = n$이므로 V의 부분집합 $\{\mathbf{v}_1, \mathbf{v}_2, \cdots, \mathbf{v}_n\}$이 1차 독립이면 $\mathbf{v} \neq \mathbf{v}_i$,

$i=1,2,\cdots,n$인 임의의 $\mathrm{v} \in V$에 대해 $\{\mathrm{v}_1, \mathrm{v}_2, \cdots, \mathrm{v}_n, \mathrm{v}\}$는 1차 종속이다. 따라서 모두는 0이 아닌 스칼라 $c_1, c_2, \cdots, c_n, c_{n+1}$가 존재하여

$$c_1\mathrm{v}_1 + c_2\mathrm{v}_2 + \cdots + c_n\mathrm{v}_n + c_{n+1}\mathrm{v} = 0$$

이다. 이 때 $c_{n+1} \neq 0$이므로(만약 $c_{n+1} = 0$이면 $\{\mathrm{v}_1, \mathrm{v}_2, \cdots, \mathrm{v}_n, \mathrm{v}\}$는 1차 독립이 된다. 그런데 V의 차원이 n이므로, 정리 4.8에 의하여 $\{\mathrm{v}_1, \mathrm{v}_2, \cdots, \mathrm{v}_n, \mathrm{v}\}$는 1차 종속이 되어 모순)

$$\mathrm{v} = -\frac{c_1}{c_{n+1}}\mathrm{v}_1 - \frac{c_2}{c_{n+1}}\mathrm{v}_2 - \cdots - \frac{c_n}{c_{n+1}}\mathrm{v}_n$$

이다. 따라서 $\{\mathrm{v}_1, \mathrm{v}_2, \cdots, \mathrm{v}_n\}$은 V를 생성한다. 즉, $\{\mathrm{v}_1, \mathrm{v}_2, \cdots, \mathrm{v}_n\}$는 V의 기저이다.

2) $\{\mathrm{v}_1, \mathrm{v}_2, \cdots, \mathrm{v}_n\}$이 V를 생성하지만 $\{\mathrm{v}_1, \mathrm{v}_2, \cdots, \mathrm{v}_n\}$이 1차 종속이라 가정하면, 이들 중 한 개는 나머지 $n-1$개 원소들의 1차 결합으로 표현할 수 있다. 이를 v_n이라 하면 $\{\mathrm{v}_1, \mathrm{v}_2, \cdots, \mathrm{v}_{n-1}\}$은 V를 생성한다. 이는 $\dim(V)=n$에 모순이 되므로 V를 생성하는 임의의 n개의 벡터들은 1차 독립이다. 즉, $\{\mathrm{v}_1, \mathrm{v}_2, \cdots, \mathrm{v}_n\}$는 V의 기저이다.

정의 4.8 벡터공간 $\mathbb{R}^n (n \geq 2)$의 기저 $S = \{\mathrm{u}_1, \mathrm{u}_2, \cdots, \mathrm{u}_n\}$에 대하여, 기저 S의 모든 벡터들이 서로 직교하고(즉, 임의의 두 벡터 $\mathrm{u}_i, \mathrm{u}_j (1 < i \neq j < n)$가 서로 지교), 기저 S의 모든 벡터들이 단위벡터일 때 S를 **정규직교기저(orthonormal basis)**라 한다.

참고 벡터공간 $\mathbb{R}^n$의 두 벡터 $\mathrm{u} = (u_1, u_2, \cdots, u_n), \mathrm{v} = (v_1, v_2, \cdots, v_n)$에 대하여 두 벡터의 내적은 다음과 같이 유클리드 내적으로 정의한다.

$$\mathrm{u} \cdot \mathrm{v} = u_1v_1 + u_2v_2 + \cdots + u_nv_n$$

벡터의 크기 $\|\mathrm{u}\|$는 유클리드 내적 또는 벡터의 기하학적 의미를 이용하여 다음과 같이 정의한다.

$$\|\mathbf{u}\| = (\mathbf{u} \cdot \mathbf{u})^{1/2} = \sqrt{u_1^2 + u_2^2 + \cdots + u_n^2}$$

두 벡터 u와 v가 이루는 각은 내적의 정의를 이용하여 다음과 같이 구할 수 있다.

$$\cos\theta = \frac{\mathbf{u} \cdot \mathbf{v}}{\|\mathbf{u}\|\|\mathbf{v}\|}$$

예제 4.22 $\mathbb{R}^n$의 표준기저 $\{\mathbf{e}_1, \mathbf{e}_2, \cdots, \mathbf{e}_n\}$는 정규직교기저이다.

정리 4.11 $S = \{\mathbf{v}_1, \mathbf{v}_2, \cdots, \mathbf{v}_n\}$가 벡터공간 $\mathbb{R}^n$의 한 정규직교기저이면 $\mathbb{R}^n$의 임의의 벡터 u에 대하여 다음이 성립한다.

$$\mathbf{u} = (\mathbf{u} \cdot \mathbf{v}_1)\mathbf{v}_1 + (\mathbf{u} \cdot \mathbf{v}_2)\mathbf{v}_2 + \cdots + (\mathbf{u} \cdot \mathbf{v}_n)\mathbf{v}_n$$

증명 $S = \{\mathbf{v}_1, \mathbf{v}_2, \cdots, \mathbf{v}_n\}$은 $\mathbb{R}^n$의 기저이므로 적당한 스칼라 $k_1, k_2, \cdots, k_n$이 존재하여 $\mathbf{u} = k_1\mathbf{v}_1 + k_2\mathbf{v}_2 + \cdots + k_n\mathbf{v}_n$이고, 각 $i\,(1 \le i \le n)$에 대하여

$$\begin{aligned}\mathbf{u} \cdot \mathbf{v}_i &= (k_1\mathbf{v}_1 + k_2\mathbf{v}_2 + \cdots + k_n\mathbf{v}_n) \cdot \mathbf{v}_i \\ &= k_1(\mathbf{v}_1 \cdot \mathbf{v}_i) + k_2(\mathbf{v}_2 \cdot \mathbf{v}_i) + \cdots + k_n(\mathbf{v}_n \cdot \mathbf{v}_i) \\ &= k_i\end{aligned}$$

이다. 따라서 다음이 성립한다.

$$\mathbf{u} = (\mathbf{u} \cdot \mathbf{v}_1)\mathbf{v}_1 + (\mathbf{u} \cdot \mathbf{v}_2)\mathbf{v}_2 + \cdots + (\mathbf{u} \cdot \mathbf{v}_n)\mathbf{v}_n$$

예제 4.23 $S = \left\{\mathbf{v}_1 = (0, 1, 0), \mathbf{v}_2 = \left(-\frac{4}{5}, 0, \frac{3}{5}\right), \mathbf{v}_3 = \left(\frac{3}{5}, 0, \frac{4}{5}\right)\right\}$가 $\mathbb{R}^3$의 정규직교기저임을 보이고, 정규직교기저 S에 대한 $\mathbf{u} = (1, 1, 1)$의 좌표벡터 $(\mathbf{u})_S$를 구하여라.

풀이 $\begin{vmatrix} 0 & 1 & 0 \\ -4/5 & 0 & 3/5 \\ 3/5 & 0 & 4/5 \end{vmatrix} \neq 0$이므로 S는 $\mathbb{R}^3$의 기저이다.

또한, $\mathbf{v}_1 \cdot \mathbf{v}_2 = \mathbf{v}_1 \cdot \mathbf{v}_3 = \mathbf{v}_2 \cdot \mathbf{v}_3 = 0$이고, $\|\mathbf{v}_1\| = \|\mathbf{v}_2\| = \|\mathbf{v}_3\| = 1$이다.

따라서 S는 $\mathbb{R}^3$의 정규직교기저이다.

$\mathrm{u} = (\mathrm{u} \cdot \mathrm{v}_1)\mathrm{v}_1 + (\mathrm{u} \cdot \mathrm{v}_2)\mathrm{v}_2 + (\mathrm{u} \cdot \mathrm{v}_3)\mathrm{v}_3 = \mathrm{v}_1 - \frac{1}{5}\mathrm{v}_2 + \frac{7}{5}\mathrm{v}_3$이므로

$(\mathrm{u})_S = \left(1, -\frac{1}{5}, \frac{7}{5}\right)$이다.

정리 4.12 W를 벡터공간 $\mathbb{R}^n$의 부분공간이라 하자. W의 정규직교기저가 $\{\mathrm{v}_1, \mathrm{v}_2, \cdots, \mathrm{v}_r\}$이면 $\mathbb{R}^n$의 모든 벡터 u는 $\mathrm{u} = \mathrm{w}_1 + \mathrm{w}_2$로 유일하게 표시된다. 여기서 w_1은 W의 벡터이고 w_2는 W에 직교하는 벡터이며

$$\mathrm{w}_1 = (\mathrm{u} \cdot \mathrm{v}_1)\mathrm{v}_1 + (\mathrm{u} \cdot \mathrm{v}_2)\mathrm{v}_2 + \cdots + (\mathrm{u} \cdot \mathrm{v}_r)\mathrm{v}_r$$

이고

$$\mathrm{w}_2 = \mathrm{u} - \mathrm{w}_1 = \mathrm{u} - (\mathrm{u} \cdot \mathrm{v}_1)\mathrm{v}_1 - (\mathrm{u} \cdot \mathrm{v}_2)\mathrm{v}_2 - \cdots - (\mathrm{u}, \cdot \mathrm{v}_r)\mathrm{v}_r$$

이다.

참고

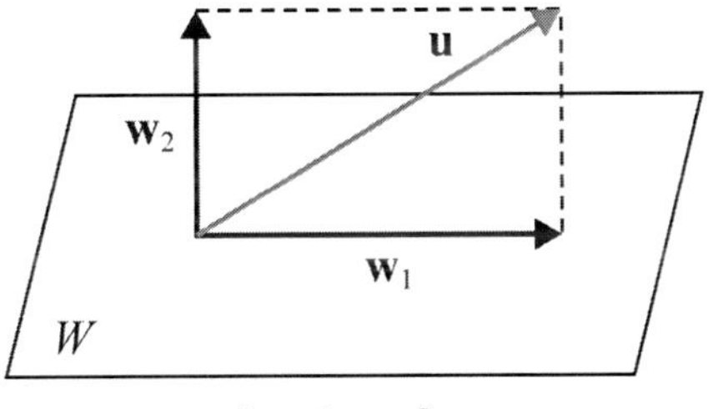

[그림 4.1]

[그림 4.1]은 $\mathbb{R}^3$에서 정리 4.12를 설명하고 있다. w_1은 W 상의 u의 **직교사영**(orthogonal projection)이라 하고, $\mathrm{proj}_W\mathrm{u}$로 표기한다. 또한, w_2는 W에 대한 u의 **직교성분**(orthogonal component)이라 한다.

예제 4.24 유클리드 내적공간 $\mathbb{R}^3$의 부분공간 W의 정규직교기저가 $\{\mathrm{v}_1, \mathrm{v}_2\}$일 때, W상의 $\mathrm{u} = (1, 1, 1)$의 직교사영 w_1과 W에 대한 u의 직교성분 w_2을 구하여라. 단, $\mathrm{v}_1 = (0, 1, 0)$, $\mathrm{v}_2 = \left(-\frac{4}{5}, 0, \frac{3}{5}\right)$

풀이 $\mathrm{w}_1 = \mathrm{proj}_W\mathrm{u} = (\mathrm{u} \cdot \mathrm{v}_1)\mathrm{v}_1 + (\mathrm{u} \cdot \mathrm{v}_2)\mathrm{v}_2$

$$= (1)(0, 1, 0) + \left(-\frac{1}{5}\right)\left(-\frac{4}{5}, 0, \frac{3}{5}\right)$$

$$= \left(\frac{4}{25}, 1, -\frac{3}{25}\right).$$

$$\mathbf{w}_2 = \mathbf{u} - \text{proj}_W \mathbf{u} = (1, 1, 1) - \left(\frac{4}{25}, 1, -\frac{3}{25}\right)$$

$$= \left(\frac{21}{25}, 0, \frac{28}{25}\right).$$

벡터공간 $\mathbb{R}^n$의 한 기저 $S = \{\mathbf{u}_1, \mathbf{u}_2, \cdots, \mathbf{u}_n\}$가 주어졌을 때, 기저 S를 정규직교기저 $\{\mathbf{v}_1, \mathbf{v}_2, \cdots, \mathbf{v}_n\}$로 바꾸는 과정을 Gram–Schmidt의 **직교화 과정**이라 한다. 다음 정리는 Gram–Schmidt의 직교화 과정을 설명하는 중요한 정리이다.

정리 4.13 유클리드 내적이 정의된 벡터공간 $\mathbb{R}^n$은 정규직교기저를 갖는다.

증명 $S = \{\mathbf{u}_1, \mathbf{u}_2, \cdots, \mathbf{u}_n\}$을 $\mathbb{R}^n$의 한 기저라고 하면 다음과 같은 단계를 따라서 정규직교기저 $\{\mathbf{v}_1, \mathbf{v}_2, \cdots, \mathbf{v}_n\}$을 구할 수 있다.

단계 1. $\mathbf{v}_1 = \dfrac{\mathbf{u}_1}{\|\mathbf{u}_1\|}$이라 두면 $\|\mathbf{v}_1\| = 1$이다.

단계 2. $\mathbf{v}_1$에 직교하는 노름이 1인 벡터 $\mathbf{v}_2$를 구하기 위하여 $\{\mathbf{v}_1\}$에 의해 생성되는 벡터공간 W_1에 대한 $\mathbf{u}_2$의 직교성분을 구하고 그것을 정규화한다. 즉,

$$\mathbf{v}_2 = \frac{\mathbf{u}_2 - (\mathbf{u}_2 \cdot \mathbf{v}_1)\mathbf{v}_1}{\|\mathbf{u}_2 - (\mathbf{u}_2 \cdot \mathbf{v}_1)\mathbf{v}_1\|}.$$

여기서 $\mathbf{u}_2 - (\mathbf{u}_2 \cdot \mathbf{v}_1)\mathbf{v}_1 \neq 0$이다 (만일 $\mathbf{u}_2 - (\mathbf{u}_2 \cdot \mathbf{v}_1)\mathbf{v}_1 = 0$이라면

$$\mathbf{u}_2 = (\mathbf{u}_2 \cdot \mathbf{v}_1)\mathbf{v}_1 = \frac{(\mathbf{u}_2 \cdot \mathbf{v}_1)}{\|\mathbf{u}_1\|}\mathbf{u}_1$$

이 되어 1차 독립성에 모순이 된다).

단계 3. $\mathbf{v}_1, \mathbf{v}_2$에 직교하는 노름이 1인 벡터 $\mathbf{v}_3$를 구하기 위하여 $\mathbf{v}_1, \mathbf{v}_2$ 의해 생성되는 벡터공간 W_2에 대한 $\mathbf{u}_3$의 직교성분을 구하고 그것을 정규

화 한다. 즉,

$$\mathrm{v}_3 = \frac{\mathrm{u}_3 - (\mathrm{u}_3 \cdot \mathrm{v}_1)\mathrm{v}_1 - (\mathrm{u}_3 \cdot \mathrm{v}_2)\mathrm{v}_2}{\| \mathrm{u}_3 - (\mathrm{u}_3 \cdot \mathrm{v}_1)\mathrm{v}_1 - (\mathrm{u}_3 \cdot \mathrm{v}_2)\mathrm{v}_2 \|}.$$

단계 2에서와 같이 $S = \{\mathrm{u}_1, \mathrm{u}_2, \cdots, \mathrm{u}_n\}$은 1차 독립인 벡터들의 집합이므로 $\mathrm{u}_3 - (\mathrm{u}_3 \cdot \mathrm{v}_1)\mathrm{v}_1 - (\mathrm{u}_3 \cdot \mathrm{v}_2)\mathrm{v}_2 \neq 0$이며 정규화는 항상 가능하다.

단계 4. 이러한 방법을 계속한다.

참고 정리 4.13에서 정규직교화하는 과정에서 단계 1의 벡터를 비꾸면 또 다른 정규직교기저를 구할 수 있다. 즉, $\mathbb{R}^n$의 정규직교기저는 유일하지 않다.

예제 4.25 $\mathbb{R}^3$의 기저 $S = \{(1,-1,0), (2,0,-2), (3,3,-3)\}$을 정규직교기저로 바꾸어라.

풀이 $\mathrm{u}_1 = (1,-1,0)$, $\mathrm{u}_2 = (2,0,-2)$, $\mathrm{u}_3 = (3,-3,3)$이라 하자.

$\begin{vmatrix} 1 & -1 & 0 \\ 2 & 0 & -2 \\ 3 & 3 & -3 \end{vmatrix} \neq 0$이므로 $\mathbb{R}^3$의 기저임은 분명하다.

이제 Gram-Schmidt의 직교화 과정을 적용하면 다음과 같다.

$$\mathrm{v}_1 = \frac{\mathrm{u}_1}{\| \mathrm{u}_1 \|} = \left(\frac{1}{\sqrt{2}}, -\frac{1}{\sqrt{2}}, 0\right)$$

$$\mathrm{v}_2 = \frac{\mathrm{u}_2 - (\mathrm{u}_2 \cdot \mathrm{v}_1)\mathrm{v}_1}{\| \mathrm{u}_2 - (\mathrm{u}_2 \cdot \mathrm{v}_1)\mathrm{v}_1 \|} = \frac{(2,0,-2) - \sqrt{2}\left(\frac{1}{\sqrt{2},} - \frac{1}{\sqrt{2}}, 0\right)}{\left\| (2,0,-2) - \sqrt{2}\left(\frac{1}{\sqrt{2},} - \frac{1}{\sqrt{2}}, 0\right) \right\|}$$

$$= \left(\frac{1}{\sqrt{6}}, \frac{1}{\sqrt{6}}, -\frac{2}{\sqrt{6}}\right).$$

$$\mathrm{v}_3 = \frac{\mathrm{u}_3 - (\mathrm{u}_3 \cdot \mathrm{v}_1)\mathrm{v}_1 - (\mathrm{u}_3 \cdot \mathrm{v}_2)\mathrm{v}_2}{\| \mathrm{u}_3 - (\mathrm{u}_3 \cdot \mathrm{v}_1)\mathrm{v}_1 - (\mathrm{u}_3 \cdot \mathrm{v}_2)\mathrm{v}_2 \|}$$

$$= \frac{(3, 3, -3) - 0\left(\frac{1}{\sqrt{2}}, -\frac{1}{\sqrt{2},} 0\right) - 2\sqrt{6}\left(\frac{1}{\sqrt{6}}, \frac{1}{\sqrt{6}}, -\frac{2}{\sqrt{6}}\right)}{\left\| (3, 3, -3) - 0\left(\frac{1}{\sqrt{2}}, -\frac{1}{\sqrt{2},} 0\right) - 2\sqrt{6}\left(\frac{1}{\sqrt{6}}, \frac{1}{\sqrt{6}}, -\frac{2}{\sqrt{6}}\right) \right\|}$$

$$= \left(\frac{1}{\sqrt{3}}, \frac{1}{\sqrt{3}}, \frac{1}{\sqrt{3}}\right).$$

연습문제 4.3

1. 다음의 집합이 $\mathbb{R}^2$의 기저인지 아닌지를 판정하여라.

1) $\{(3, 9), (-4, -12)\}$ 2) $\{(1, 3), (-2, 4)\}$

2. 다음의 집합이 $\mathbb{R}^3$의 기저인지 아닌지를 판정하여라.

1) $\{(1, 2, 3), (-2, 1, 0), (1, 0, 1)\}$

2) $\{(1, -1, 3), (2, 1, -4), (6, -4, 3)\}$

3. 집합 $\{1, x, \cdots, x^n\}$은 벡터공간 P_n의 기저가 됨을 보여라. 이 기저를 P_n의 표준기저라 한다.

4. 집합 $\left\{\begin{bmatrix} 1 & 0 \\ 0 & 0 \end{bmatrix}, \begin{bmatrix} 0 & 1 \\ 0 & 0 \end{bmatrix}, \begin{bmatrix} 0 & 0 \\ 1 & 0 \end{bmatrix}, \begin{bmatrix} 0 & 0 \\ 0 & 1 \end{bmatrix}\right\}$은 벡터공간 M_{22}의 기저가 됨을 보여라. 이러한 기저를 M_{22}의 표준기저라 한다.

5. $\mathbb{R}^n$의 부분집합 $S = \{\mathrm{u}_1, \mathrm{u}_2, \cdots, \mathrm{u}_n\}$에 대하여 집합 S의 모든 벡터들이 서로 직교하면 집합 S는 1차 독립임을 보여라.

6. $\mathbb{R}^2$의 부분집합 $S = \{\mathrm{u}_1, \mathrm{u}_2\}$에 대하여 집합 S가 1차 독립이지만 S의 벡터들이 서로 직교하지 않는 예를 들어라.

7. $S = \left\{(0,0,1), \left(\frac{3}{5}, \frac{4}{5}, 0\right), \left(-\frac{4}{5}, \frac{3}{5}, 0\right)\right\}$은 $\mathbb{R}^3$의 정규직교기저임을 보이고, 기저 S에 대한 $\mathrm{u} = (5, -5, 2)$의 좌표벡터 $(\mathrm{u})_S$를 구하여라.

8. 다음의 $\mathbb{R}^3$의 기저를 Gram–Schmidt 직교화 과정에 따라 정규직교기저로 바꾸어라.

1) $\{(1,0,1), (0,1,0), (0,0,1)\}$

2) $\{(1,1,1), (1,0,1), (0,1,1)\}$

3) $\{(1,0,0), (1,1,1), (1,0,2)\}$

9. 유클리드 내적공간 $\mathbb{R}^3$에서 $\mathbf{u} = \left(\frac{1}{\sqrt{2}}, -\frac{1}{\sqrt{2}}, 0\right)$, $\mathbf{v} = (0, 0, 1)$을 포함하는 정규직교기저를 구성하여라.

10. $\mathbb{R}^3$의 세 점 $O(0,0,0)$, $A(1,-1,0)$, $B(1,0,-1)$을 지나는 평면 W는 $\mathbb{R}^3$의 부분공간이다. 다음 물음에 답하여라.
    1) 평면 W의 방정식을 구하여라.
    2) W의 기저를 구하여라.
    3) 2)에서 구한 기저를 정규직교기저로 바꾸어라.
    4) W상의 $\mathbf{u} = (1, 2, 3)$의 직교사영 $\text{proj}_W \mathbf{u}$를 구하여라.

4.4 해공간과 행렬의 계수

4.1절에서 동차 연립방정식 $A\mathbf{x} = \mathbf{0}$의 해들의 집합은 벡터공간이 됨을 알았다. 이 절에서는 이러한 동차 연립방정식의 해공간의 기저를 구하는 방법에 대해 알아보고, 행렬과 관련된 벡터공간인 행공간과 열공간의 개념과 그 차원인 행렬의 계수에 대해 알아보자.

정의 4.9. $m \times n$ 행렬 A, $n \times 1$ 행렬 $\mathbf{x}$, $m \times 1$ 행렬 $\mathbf{0}$에 대하여 행렬방정식 $A\mathbf{x} = \mathbf{0}$의 해들의 집합인 벡터공간을 **해공간**(solution space)이라 한다.

참고 벡터공간 M_{n1}과 $\mathbb{R}^n$은 동일한 구조를 갖는 벡터공간이기 때문에 일반적으로 해공간을 $\mathbb{R}^n$의 부분공간으로 간주한다.

예제 4.26 다음 동차 연립방정식의 해공간의 기저와 차원을 구하여라.

$$\begin{aligned} x_1 - 3x_2 - x_3 &= 0 \\ 2x_1 - 6x_2 - 2x_3 &= 0 \\ 3x_1 - 9x_2 - 3x_3 &= 0 \end{aligned}$$

풀이 주어진 동차연립방정식은 방정식 $x_1 - 3x_2 - x_3 = 0$과 같은 해를 가지므로 해공간은

$$\begin{aligned}\{(x_1, x_2, x_3) \mid x_1 - 3x_2 - x_3 = 0\} \\ &= \{(x_1, x_2, x_3) \mid x_1 = 3t + s,\ x_2 = t,\ x_3 = s,\ \ t, s \text{ 는 실수}\} \\ &= \{(3t + s, t, s) \mid t, s \text{ 는 실수}\} \\ &= \{t(3, 1, 0) + s(1, 0, 1) \mid t, s \text{ 는 실수}\}\end{aligned}$$

이다. 여기서, 집합 $\{(3, 1, 0), (1, 0, 1)\}$은 1차 독립이므로 해공간의 기저는 $\{(3, 1, 0),\ (1, 0, 1)\}$이고, 차원은 2이다.

참고 예제 4.26의 방정식 $x_1 - 3x_2 - x_3 = 0$은 $\mathbb{R}^3$에서 원점을 지나는 평면의 방정식이다. 즉, 예제 4.26의 해공간은 $\mathbb{R}^3$의 부분공간 중 하나인 원점을 지나는 평면 위의 점들의 집합의 기저와 차원을 구하는 문제로 볼 수 있다.

정의 4.10 $m \times n$ 행렬 $A = \begin{bmatrix} a_{11} & a_{12} & \cdots & a_{1n} \\ a_{21} & a_{22} & \cdots & a_{2n} \\ \vdots & \vdots & \ddots & \vdots \\ a_{m1} & a_{m2} & \cdots & a_{mn} \end{bmatrix}$에 대하여 A의 각 행으로 이루어진 m개의 벡터

$$\begin{aligned}\mathbf{r}_1 &= (a_{11}, a_{12}, \cdots, a_{1n}) \\ \mathbf{r}_2 &= (a_{21}, a_{22}, \cdots, a_{2n}) \\ &\vdots \\ \mathbf{r}_m &= (a_{m1}, a_{m2}, \cdots, a_{mn})\end{aligned}$$

을 A의 **행벡터**(row vector)라 하고, 벡터공간 $\mathbb{R}^n$에서 m개의 행벡터에 의하여 생성된 부분공간 $<\mathbf{r}_1, \mathbf{r}_2, \cdots, \mathbf{r}_m>$을 A의 **행공간**(row space)이라 한다. 즉,

$$\begin{aligned}A \text{의 행공간} &= <\mathbf{r}_1, \mathbf{r}_2, \cdots, \mathbf{r}_m> \\ &= \{x_1\mathbf{r}_1 + x_2\mathbf{r}_2 + \cdots + x_m\mathbf{r}_m \mid x_1, x_2, \cdots, x_m \in \mathbb{R}\}\end{aligned}$$

그리고 행렬 A의 행공간의 차원을 A의 **행계수**(row rank)라 하고 $r(A)$로 표기한다. 같은 방법으로, 행렬 A의 각 열로 이루어진 n개의 벡터

$$\mathbf{c}_1 = \begin{bmatrix} a_{11} \\ a_{21} \\ \vdots \\ a_{m1} \end{bmatrix},\ \mathbf{c}_2 = \begin{bmatrix} a_{12} \\ a_{22} \\ \vdots \\ a_{m2} \end{bmatrix},\ \cdots,\ \mathbf{c}_n = \begin{bmatrix} a_{1n} \\ a_{2n} \\ \vdots \\ a_{mn} \end{bmatrix}$$

을 A 의 **열벡터**(column vector)라 하고 벡터공간 $(\mathbb{R}^m)^T$ 에서 n 개의 열벡터에 의하여 생성되는 부분공간 $< \mathrm{c}_1, \mathrm{c}_2, \cdots, \mathrm{c}_n >$ 을 A 의 **열공간**(column space)이라 한다. 즉,

$$A\text{ 의 열공간} = < \mathrm{c}_1, \mathrm{c}_2, \cdots, \mathrm{c}_n >$$
$$= \{x_1 \mathrm{c}_1 + x_2 \mathrm{c}_2 + \cdots + x_n \mathrm{c}_n \mid x_1, x_2, \cdots, x_n \in \mathbb{R}\}$$

이때 행렬 A 의 열공간의 차원을 A 의 **열계수**(column rank)라 하고 $c(A)$로 표기한다.

다음 정리는 행렬 A 의 행공간의 기저를 구하는데 도움이 된다.

정리 4.14 임의의 행렬 A 에 대하여 다음이 성립한다.

1) 기본행연산은 행렬의 행공간을 변화시키지 않는다.
2) 행렬 A 의 행사다리꼴 행렬에서 영벡터가 아닌 행벡터들은 A 의 행공간의 기저를 형성한다.

정리 4.14는 임의의 행렬 A 를 행사다리꼴 행렬로 변형시키더라도 행렬 A 의 행공간은 변화되지 않는다는 것을 알 수 있으며, 행사다리꼴 행렬의 영이 아닌 행벡터들은 1차 독립임을 의미한다. 다음 예제로 정리 4.14의 의미를 살펴보자.

예제 4.27 행렬 $A = \begin{bmatrix} 1 & -2 & 0 & 0 & 3 \\ 2 & -5 & -3 & -2 & 6 \\ 0 & 5 & 15 & 10 & 0 \\ 2 & 6 & 18 & 8 & 6 \end{bmatrix}$ 의 행공간의 기저와 차원을 구하여라.

풀이 A 에 기본행연산을 실시하여 A 를 행사다리꼴 행렬로 고치면

$$\begin{bmatrix} 1 & 2 & 0 & 0 & 3 \\ 2 & -5 & -3 & -2 & 6 \\ 0 & 5 & 15 & 10 & 0 \\ 2 & 6 & 18 & 8 & 6 \end{bmatrix} \rightarrow \begin{bmatrix} 1 & -2 & 0 & 0 & 3 \\ 0 & 1 & 3 & 2 & 0 \\ 0 & 0 & 1 & 1 & 0 \\ 0 & 0 & 0 & 0 & 0 \end{bmatrix}$$

이 된다. 따라서 $\{(1, -2, 0, 0, 3), (0, 1, 3, 2, 0), (0, 0, 1, 1, 0)\}$은 A 의 행공간의 기저가 되고 행공간의 차원은 3이다.

예제 4.27는 다음과 같은 생성공간 $\langle (1, -2, 0, 0, 3), (2, -5, -3, -2, 6), (0, 5, 15, 10, 0), (2, 6, 18, 8, 6) >$ 의 기저와 차원을 구하는 문제와 같다.

이 문제의 풀이는 주어진 벡터들을의 집합으로 생성되는 벡터공간은 행렬

$$\begin{bmatrix} 1 & -2 & 0 & 0 & 3 \\ 2 & -5 & -3 & -2 & 6 \\ 0 & 5 & 15 & 10 & 0 \\ 2 & 6 & 18 & 8 & 6 \end{bmatrix}$$

의 행공간과 같다. 이 행렬을 행사다리꼴 행렬로 고치면, 영벡터가 아닌 행벡터들은 행공간의 기저가 된다. 따라서 $\{(1,-2,0,0,3),(0,1,3,2,0),(0,0,1,1,0)\}$는 생성공간 $\langle (1,-2,0,0,3),(2,-5,-3,-2,6),(0,5,15,10,0),(2,6,18,8,6) \rangle$의 기저이고 이 생성공간의 차원은 3이다.

행렬 A의 열공간의 기저를 구하기 위해서는 A^T의 행공간의 기저를 구하여 A^T의 행공간의 기저들을 열벡터로 고쳐 쓰면 된다. 예제 4.27의 행렬 A의 열공간의 차원은 A^T의 행공간의 차원과 같으므로 A^T를 행사다리꼴 행렬로 만들었을 때 모두는 0이 아닌 행들의 수와 같다. 실제로

$$A^T = \begin{bmatrix} 1 & 2 & 0 & 2 \\ -2 & -5 & 5 & 6 \\ 0 & -3 & 15 & 18 \\ 0 & -2 & 10 & 8 \\ 3 & 6 & 0 & 6 \end{bmatrix} \rightarrow \begin{bmatrix} 1 & 2 & 0 & 2 \\ 0 & 1 & -5 & -10 \\ 0 & 0 & 0 & 1 \\ 0 & 0 & 0 & 0 \\ 0 & 0 & 0 & 0 \end{bmatrix}$$

이다. 따라서 A의 열공간의 기저는 $\left\{ \begin{bmatrix} 1 \\ 2 \\ 0 \\ 2 \end{bmatrix}, \begin{bmatrix} 0 \\ 1 \\ -5 \\ -10 \end{bmatrix}, \begin{bmatrix} 0 \\ 0 \\ 0 \\ 1 \end{bmatrix} \right\}$이고 A의 열공간의 차원은 3이다.

위의 예에서 행렬 A의 행공간의 차원과 열공간의 차원은 모두 3으로 같았다. 일반적으로 모든 행렬의 행공간의 차원과 열공간의 차원은 같다. 이러한 내용은 다음의 정리에 요약되어 있다.

정리 4.15 임의의 행렬 A의 행공간의 차원과 열공간의 차원은 같다. 즉,

$$\dim(A \text{ 의 행공간}) = \dim(A \text{ 의 열공간})$$

이다.

예제 4.28 $V= <(1,2,3),(4,5,6)>$, $W= <(1,4),(2,5),(3,6)>$이면 $\dim(V) = \dim(W)$이다.

풀이 행렬 $A = \begin{bmatrix} 1 & 2 & 3 \\ 4 & 5 & 6 \end{bmatrix}$라 두면 V는 A의 행공간이고, W는 A의 열공간이다. 따라서 정리 4.15에 의하여 $\dim(V) = \dim(W)$이다.

정의 4.11 행렬 A의 행공간의 차원 또는 열공간의 차원을 행렬 A의 **계수**(rank)라고 하고 $rank(A)$로 표기한다.

다음 정리는 가역행렬의 동치조건 중 행렬의 계수와 관련된 내용들을 추가한 것이다.

정리 4.16 A가 n차 정사각행렬일 때, 다음 명제들은 서로 동치이다.

1) A는 가역행렬이다. 2) $A\mathbf{x} = \mathbf{0}$는 자명해만 갖는다. 3) $A \sim I_n$.
4) $A\mathbf{x} = \mathbf{b}$는 모든 $n\times 1$ 행렬 $\mathbf{b}$에 대하여 단 하나의 해를 갖는다.
5) $\det(A) \neq 0$. 6) $rank(A) = n$.

다음 정리는 비동차 연립방정식이 적어도 하나의 해를 갖기 위한 필요충분조건을 행렬의 계수를 이용하여 정리한 것이다.

정리 4.17 연립방정식 $A\mathbf{x} = \mathbf{b}$가 해를 가질 필요충분조건은 $rank(A) = rank([A \mid \mathbf{b}])$이다. 여기서 $[A \mid \mathbf{b}]$는 A의 확대계수 행렬이다.

증명 ($\Rightarrow$) n개의 미지수를 갖는 m개의 방정식으로 구성된 연립방정식 $rank([A \mid \mathbf{b}])$를 풀어쓰면 다음과 같다.

$$x_1 \begin{bmatrix} a_{11} \\ a_{21} \\ \vdots \\ a_{m1} \end{bmatrix} + x_2 \begin{bmatrix} a_{12} \\ a_{22} \\ \vdots \\ a_{m2} \end{bmatrix} + \cdots + x_n \begin{bmatrix} a_{1n} \\ a_{2n} \\ \vdots \\ a_{mn} \end{bmatrix} = \begin{bmatrix} b_1 \\ b_2 \\ \vdots \\ b_m \end{bmatrix}$$

이 식을 만족하는 $x_1, x_2, \cdots, x_n$이 존재한다. 즉, $rank([A \mid \mathbf{b}])$가 해를 가진다. 따라서 $\mathbf{b}$가 A의 열벡터들의 1차 결합으로 표현되는 것을 의미한다. 즉, $\mathbf{b}$는 A의 열공간의 벡터이다. 따라서 $rank([A \mid \mathbf{b}])$가 해를 갖는다면 $rank(A) =$

$rank(A \mid \mathrm{b})$이다.

$(\Leftarrow)$ $rank(A) = rank(A \mid \mathrm{b})$ 이지만 $rank([A \mid \mathrm{b}])$의 해가 존재하지 않는다고 가정하여 모순을 유도하자.

행렬 A의 열벡터들을 $\mathrm{c}_1, \mathrm{c}_2, \cdots, \mathrm{c}_n$라 두면, 가정에 의하여

$$x_1\mathrm{c}_1 + x_2\mathrm{c}_2 + \cdots + x_n\mathrm{c}_n = \mathrm{b}$$

를 만족하는 $x_1, x_2, \cdots, x_n$이 존재하지 않는다. 이는 b가 $\mathrm{c}_1, \mathrm{c}_2, \cdots, \mathrm{c}_n$의 1차 결합으로 표현되지 않는다는 것을 의미한다. 즉, b는 A의 열공간의 벡터가 아니다. 따라서

$$rank(A \mid \mathrm{b}) = rank(A) + 1$$

이다. 이는 가정에 모순이다. 따라서 $rank(A) = rank(A \mid \mathrm{b})$이면 연립방정식 $rank([A \mid \mathrm{b}])$는 해를 갖는다.

참고 A가 정방행렬일 때, $\det(A) \neq 0$이면 비동차 연립방정식 $A\mathrm{x} = \mathrm{b}$은 유일한 해가 존재한다. 하지만 $\det(A) = 0$이라 할지라도 비동차 연립방정식이 해(무수히 많은 해)가 존재할 수 있고, A가 정방행렬이 아닌 경우에는 행렬식을 이용하여 해의 존재성을 확인할 수 없다. 따라서 정리 4.17을 이용하면 비동차 연립방정식 $A\mathrm{x} = \mathrm{b}$의 해의 존재성을 보다 일반적으로 확인할 수 있다.

예제 4.29 정리 4.17을 이용하여 연립방정식 $\begin{bmatrix} 3 & 1 & 2 \\ 1 & 2 & -1 \\ 4 & 3 & 1 \end{bmatrix} \begin{bmatrix} x_1 \\ x_2 \\ x_3 \end{bmatrix} = \begin{bmatrix} 1 \\ 2 \\ 3 \end{bmatrix}$가 해를 갖가짐을 보여라.

풀이 $A = \begin{bmatrix} 3 & 1 & 2 \\ 1 & 2 & -1 \\ 4 & 3 & 1 \end{bmatrix}$, $b = \begin{bmatrix} 1 \\ 2 \\ 3 \end{bmatrix}$라 하자.

A에 기본행연산을 실시하여 A를 기약행사다리꼴 행렬로 바꾸면

$$\begin{bmatrix} 3 & 1 & 2 \\ 1 & 2 & -1 \\ 4 & 3 & 1 \end{bmatrix} \rightarrow \begin{bmatrix} 1 & 0 & 1 \\ 0 & 1 & -1 \\ 0 & 0 & 0 \end{bmatrix}$$

이므로 $rank(A) = 2$이다.

마찬가지로 확대계수행렬 $[A|\mathrm{b}]$을 기약행사다리꼴 행렬로 바꾸면

$$\begin{bmatrix} 3 & 1 & 2 & 1 \\ 1 & 2 & -1 & 2 \\ 4 & 3 & 1 & 3 \end{bmatrix} \rightarrow \begin{bmatrix} 1 & 0 & 1 & 0 \\ 0 & 1 & -1 & 1 \\ 0 & 0 & 0 & 0 \end{bmatrix}$$

이 $rank(A|\mathrm{b})=2$이다.

따라서 정리 4.17에 의해 $rank(A)= rank(A\mid \mathrm{b})$이므로 주어진 연립방정식은 해가 존재한다.

연습문제 4.4

1. 다음 동차 연립방정식의 해공간의 기저와 차원을 구하여라.

1) $\begin{cases} x_1 + x_3 + x_4 = 0 \\ x_2 + x_3 - x_4 = 0 \end{cases}$

2) $\begin{cases} 2x_1 + x_2 - x_3 + x_4 = 0 \\ 3x_1 - x_2 + x_3 + x_4 = 0 \end{cases}$

3) $\begin{cases} x_1 - 3x_2 + 2x_3 = 0 \\ 2x_1 - 6x_2 + 5x_3 - 2x_4 = 0 \\ x_1 - 3x_2 + 4x_4 = 0 \end{cases}$

4) $\begin{cases} x_1 - 2x_2 + 3x_3 + 2x_4 = 0 \\ x_1 - 3x_2 + 2x_3 - x_4 = 0 \\ -x_1 + x_2 - 4x_4 - 5x_4 = 0 \end{cases}$

2. $\mathbb{R}^3$의 부분공간 $W_1 = \{(x, y, z)|x + 2y - 3z = 0\}$, $W_2 = \{(x, y, z) \mid 3x - 2y + 5z = 0\}$에 대하여 $W_1 \cap W_2$ 의 기저와 차원을 구하여라.

3. n차 가역행렬의 행벡터들의 집합은 $\mathbb{R}^n$의 기저가 됨을 보여라.

4. 다음 생성공간의 기저를 구하여라.

1) $W_1 = \langle (1,0,1), (0,1,0), (1,1,1) \rangle$

2) $W_2 = \langle (1,1,1,1,1), (1,0,1,0,1), (0,1,1,1,0), (2,0,0,1,1), (2,1,1,2,1) \rangle$

5. $W = < (1, -1, -1, -1), (3, -2, -1, -2), (1, 0, 1, 0) >$은 유클리드 내적공간 $\mathbb{R}^4$의 부분공간이다. W의 정규직교기저를 구하여라.

6. A가 $n \times m (n < m)$ 행렬이면 A의 열벡터들의 집합은 1차 종속임을 보여라.

7. 행렬 $A = \begin{bmatrix} a_{11} & a_{12} & a_{13} \\ a_{21} & a_{22} & a_{23} \end{bmatrix}$에 대하여 $rank(A)$가 다음과 같을 필요충분조건을 구하여라.

1) $rank(A) = 0$ 2) $rank(A) = 1$ 3) $rank(A) = 2$

8. 다음 행렬의 계수를 구하여라.

1) $\begin{bmatrix} 1 & 2 & 1 \\ 3 & -1 & -3 \\ 2 & 3 & 1 \end{bmatrix}$ 2) $\begin{bmatrix} 1 & -1 & 2 \\ 2 & 1 & -3 \\ 4 & -1 & 1 \end{bmatrix}$

3) $\begin{bmatrix} 1 & 2 & -1 \\ 2 & 4 & 6 \\ 0 & 0 & -8 \end{bmatrix}$ 4) $\begin{bmatrix} 1 & -2 & 1 \\ 2 & -3 & 2 \\ 1 & -1 & 1 \end{bmatrix}$

5) $\begin{bmatrix} 1 & -2 & 3 & 2 \\ 1 & -3 & 2 & -1 \\ -1 & 1 & -4 & -5 \end{bmatrix}$ 6) $\begin{bmatrix} 1 & 2 & -1 & 1 \\ 2 & 4 & -3 & 0 \\ 1 & 2 & 1 & 5 \end{bmatrix}$

7) $\begin{bmatrix} 1 & 0 & 0 & 1 \\ 0 & 1 & 0 & 0 \\ 0 & 0 & 1 & 0 \\ 2 & 0 & 0 & 1 \end{bmatrix}$ 8) $\begin{bmatrix} 1 & 0 & 1 & 1 \\ 3 & -4 & -1 & -9 \\ 1 & 2 & 3 & 7 \\ 3 & -1 & 2 & 0 \end{bmatrix}$

9. 행렬 $A = \begin{bmatrix} 1 & -1 & -1 \\ 0 & 1 & -2 \\ 1 & a & 1 \end{bmatrix}$에 대하여 다음 물음에 답하여라.

1) A의 계수가 2가 되기 위한 a의 값을 구하여라.

2) A의 계수가 2 일 때, 연립방정식 $A\mathbf{x} = \mathbf{0}$의 해공간의 기저와 차원을 구하여라.

10. $rank(A)$와 $rank(A \mid \mathbf{b})$를 구하고, 그 결과를 이용하여 다음의 행렬방정식 $A\mathbf{x} = \mathbf{b}$의 해의 존재성을 판정하여라.

1) $A = \begin{bmatrix} 1 & 2 & 3 & 4 \\ 1 & -3 & 4 & -1 \\ 2 & -1 & 7 & 3 \end{bmatrix}$, $\mathbf{b} = \begin{bmatrix} 2 \\ 3 \\ 5 \end{bmatrix}$ 2) $A = \begin{bmatrix} 1 & 2 & -1 \\ 2 & 4 & 6 \\ 0 & 0 & -8 \end{bmatrix}$, $\mathbf{b} = \begin{bmatrix} 4 \\ 5 \\ 6 \end{bmatrix}$

제 5 장 선형변환

한 벡터공간에서 다른 벡터공간으로의 선형변환은 수학에서 매우 중요하다. 이 장에서는 이러한 선형변환의 개념을 소개한다. 유한차원 벡터공간에서 유한차원 벡터공간으로의 모든 선형변환은 행렬에 의한 곱으로 바꾸어 문제를 해결할 수 있다. 따라서 선형변환은 결국 행렬을 연구 대상으로 한다. 또 이러한 선형변환을 표현하는 행렬은 벡터공간의 기저 선택에 의하여 결정된다. 1절에서는 선형변환을 정의하고 간단한 성질들을 조사한다. 2절에서는 유한차원 벡터공간에서 유한차원 벡터공간으로의 모든 선형변환을 행렬에 의한 곱으로 바꾸어 문제를 해결하는 방법을 알아본다.

5.1 선형변환의 정의와 성질

이 절에서는 한 벡터공간에서 다른 벡터공간으로의 선형변환에 대하여 알아본다.

정의 5.1 벡터공간 V에서 W로의 함수 $T : V \rightarrow W$가 다음 두 조건을 만족하면 T를 **선형변환**(linear transformation)이라 한다.

1) V의 임의의 두 벡터 u, v에 대하여 $T(\mathrm{u}+\mathrm{v}) = T(\mathrm{u}) + T(\mathrm{v})$이다.
2) V의 임의의 벡터 u와 임의의 상수 k에 대하여 $T(k\mathrm{u}) = kT(\mathrm{u})$이다.

주의 정의 5.1 1)의 좌변의 연산 기호 '+'는 벡터공간 V에서의 연산이고, 우변의 연산 기호 '+'는 벡터공간 W에서의 연산이다. 또한 2)의 좌변의 상수배 연산 $k\mathrm{u}$는 벡터공간 V에서의 연산이고, 우변의 상수배 연산 $kT(\mathrm{u})$는 벡터공간 W에서의 연산이다. 벡터공간 V와 벡터공간 W의 연산이 다르게 주어진 경우 특히 주의하여야 한다.

선형변환의 정의로부터 다음이 성립함을 알 수 있다.

정리 5.1 함수 $T : V \to W$에 대한 다음이 성립한다.

1) T가 선형변환이면 $T(0) = 0$이다.
2) T가 선형변환일 필요충분조건은 모든 $\mathrm{v}, \mathrm{w} \in V$과 상수 k에 대하여 $T(k\mathrm{v} + \mathrm{w}) = kT(\mathrm{v}) + T(\mathrm{w})$이다.
3) T가 선형변환이면 모든 $\mathrm{v}, \mathrm{w} \in V$에 대하여 $T(\mathrm{v} - \mathrm{w}) = T(\mathrm{v}) - T(\mathrm{w})$이다.

증명 1) $T(0) = T(0+0) = T(0) + T(0)$. 따라서 $T(0) = 0$이다.

2) T가 선형변환이라 하자. 모든 $\mathrm{v}, \mathrm{w} \in V$과 상수 k에 대하여

$$T(k\mathrm{v} + \mathrm{w}) = T(k\mathrm{v}) + T(\mathrm{w}) = kT(\mathrm{v}) + T(\mathrm{w})$$

이다. 반대로 $k = 1$로 두면 선형변환의 조건 1)을 얻고, $\mathrm{w} = 0$로 두면 선형변환의 조건 2)를 얻는다. 따라서 T는 선형변환이다.

3) 임의의 $\mathrm{v}, \mathrm{w} \in V$에 대하여

$$\begin{aligned} T(\mathrm{v} - \mathrm{w}) &= T(\mathrm{v} + (-1)\mathrm{w}) \\ &= T(\mathrm{v}) + (-1)T(\mathrm{w}) = T(\mathrm{v}) - T(\mathrm{w}) \end{aligned}$$

이다.

주어진 함수가 선형변환임을 보일 때 보통 정리 5.1의 2)번 성질을 이용한다.

예제 5.1 함수 $T : \mathbb{R}^2 \to \mathbb{R}^2$이 $T(x, y) = (3x + y, x)$로 정의될 때 T가 선형변환임을 보여라.

풀이 임의의 상수 $k \in \mathbb{R}$와 $\mathbb{R}^2$의 벡터 $\boldsymbol{v} = (x_1, y_1)$, $\boldsymbol{w} = (x_2, y_2)$를 생각하자.
$k\boldsymbol{v} + \boldsymbol{w} = (kx_1 + x_2, ky_1 + y_2)$이므로

$$T(k\boldsymbol{v} + \boldsymbol{w}) = (3(kx_1 + x_2) + ky_1 + y_2,\ kx_1 + x_2)$$

이다. 또한

$$\begin{aligned} kT(\boldsymbol{v}) + T(\boldsymbol{w}) &= k(3x_1 + y_1, x_1) + (3x_2 + y_2, x_2) \\ &= (3kx_1 + ky_1 + 3x_2 + y_2, kx_1 + x_2) \\ &= (3(kx_1 + x_2) + ky_1 + y_2, kx_1 + x_2) \end{aligned}$$

이므로 $T(k\boldsymbol{v} + \boldsymbol{w}) = kT(\boldsymbol{v}) + T(\boldsymbol{w})$이다. 따라서 T는 선형변환이다.

예제 5.2 P_n을 n차 이하의 실수계수 다항식의 집합이라 하자.
함수 $T : P_n \to P_{n-1}$이 $T(f(x)) = f'(x)$로 정의될 때 T가 선형변환임을 보여라.

풀이 $g(x), h(x) \in P_n$이고 $k \in \mathbb{R}$ 이라 하면

$$T(kg(x)+h(x)) = (kg(x)+h(x))' = kg'(x)+h'(x) = kT(g(x))+T(h(x))$$

이다. 따라서 T는 선형변환이다.

예제 5.3 $V = C(\mathbb{R})$를 $\mathbb{R}$에서 정의된 연속인 실함수로 구성된 벡터공간이라 하고 $a, b \in \mathbb{R}\,(a < b)$라 하자. 함수 $T : C(\mathbb{R}) \to \mathbb{R}$ 이 $T(f) = \int_a^b f(t)dt$로 정의될 때 T는 선형변환이다.

다음 예제의 예들은 선형변환을 이해하는데 도움을 줄 것이다.

예제 5.4 1) V와 W를 벡터공간이라 하자. 함수 $T: V \to W$이 V의 모든 벡터 v에 대하여 $T(\mathrm{v}) = \mathbf{0}$일 때 T를 **영변환**(zero transformation)이라 한다. 영변환이 선형변환임은 자명하다.

2) V를 벡터공간, k를 상수라 하자. 함수 $T: V \to V$, $T(\mathrm{v}) = k\mathrm{v}$에 대하여 $k > 1$ 이면 **확대변환**(dialation transformation), $0 < k < 1$ 이면 **축소변환**(contraction transformation)이라 한다. 특히, $k = 1$일 때 V 위에서의 **항등변환**(identity transformation)이라 한다. 확대변환, 축소변환, 항등변환은 모두 선형변환이다.

3) $m \times n$ 행렬 A에 대하여 $T: \mathbb{R}^n \to \mathbb{R}^m$, $T(\mathrm{x}) = A\mathrm{x}\,(\mathrm{x} \in \mathbb{R}^n)$라 정의하면 T는 선형변환이다. 이러한 선형변환을 **행렬변환**(matrix transformation)이라 한다.

4) $T: V \to V$와 같이 정의역과 공역이 같은 벡터공간인 선형변환을 **선형연산자**(linear operator)라 한다.

5) 내적공간 $\mathbb{R}^n$의 유한차원 부분공간을 W, $S = \{\mathrm{w}_1, \mathrm{w}_2, \cdots, \mathrm{w}_r\}$를 W의 한 정규직교기저라 할 때, $T: \mathbb{R}^n \to W$가

$$T(\mathrm{v}) = <\mathrm{v}, \mathrm{w}_1> \mathrm{w}_1 + <\mathrm{v}, \mathrm{w}_2> \mathrm{w}_2 + \cdots + <\mathrm{v}, \mathrm{w}_r> \mathrm{w}_r$$

로 정의되면 T는 선형변환이다. 이러한 선형변환을 W위로의 $\mathbb{R}^n$의 **직교사영변환**이라 한다.

6) $T: M_{n\times n} \to \mathbb{R}$, $T(A) = \det(A)$는 선형변환이 아니다.

이제 선형변환과 관련된 중요한 집합에 대하여 알아보자.

정의 5.2 $T: V \to W$가 선형변환이라 하자.

1) $T(\mathrm{v}) = 0$이 되는 벡터 $\mathrm{v} \in V$ 전체의 집합 $Ker(T)$를 T의 **핵**(kernel)이라 한다.
 즉, $Ker(T) = \{\mathrm{v} \in V \mid T(\mathrm{v}) = 0\}$이다.
2) T의 함수값 전체의 집합 $R(T)$를 T의 **치역**(range)이라 한다.
 즉, $R(T) = \{T(\mathrm{v}) \in W \mid \mathrm{v} \in V\}$이다.

예제 5.5 $T: V \to W$가 영변환이면 V의 모든 벡터가 0에 대응되기 때문에 $Ker(T) = V$이고 $R(T) = \{0\}$이다.

예제 5.6 $T(x_1, x_2, x_3) = (x_1 - x_2, 2x_3)$로 정의된 선형변환 $T: \mathbb{R}^3 \to \mathbb{R}^2$에 대하여 $Ker(T) = \{(t, t, 0) \mid t \in \mathbb{R}\}$이고 $R(T) = \mathbb{R}^2$이다.

정리 5.2 $T: V \to W$가 선형변환일 때 다음이 성립한다.

1) $Ker(T)$는 V의 부분공간이다.
2) $R(T)$는 W의 부분공간이다.

증명 1) $T(0) = 0$이므로 $0 \in Ker(T)$이다. 따라서 $Ker(T) \neq \phi$이다. 또한 분명히 $Ker(T) \subset V$이다. 임의의 $\mathrm{v}, \mathrm{w} \in Ker(T)$에 대하여

$$T(\mathrm{v} + \mathrm{w}) = T(\mathrm{v}) + T(\mathrm{w}) = 0 + 0 = 0$$

이므로 $\mathrm{v} + \mathrm{w} \in Ker(T)$이다. 또한 임의의 $\mathrm{v} \in Ker(T)$와 임의의 상수 k에 대하여

$$T(k\mathrm{v}) = k\,T(\mathrm{v}) = k0 = 0$$

이므로 $k\mathrm{v} \in Ker(T)$이다. 따라서 $Ker(T)$는 V의 부분공간이다.

2) $T(0)=0$이므로 $0 \in R(T)$이다. 따라서 $R(T) \neq \phi$이다. 또한 분명히 $R(T) \subset W$이다. 임의의 $\mathrm{w}_1, \mathrm{w}_2 \in R(T)$에 대하여, 적당한 $\mathrm{v}_1, \mathrm{v}_2$가 V에 존재하여 $T(\mathrm{v}_1)=w_1$, $T(\mathrm{v}_2)=w_2$이다. 그런데 V가 벡터공간이므로 $\mathrm{v}_1+\mathrm{v}_2 \in V$이다. 이제 $\mathrm{v}_1+\mathrm{v}_2=\mathrm{u}$라 두면

$$\mathrm{w}_1+\mathrm{w}_2 = T(\mathrm{v}_1)+T(\mathrm{v}_2) = T(\mathrm{v}_1+\mathrm{v}_2) = T(\mathrm{u})$$

가 되어 $\mathrm{w}_1+\mathrm{w}_2 \in R(T)$이다. 임의의 $\mathrm{w} \in R(T)$에 대하여 적당한 $\mathrm{v} \in V$가 존재하여 $T(\mathrm{v})=w$이므로 임의의 상수 k에 대하여,

$$T(k\mathrm{v}) = k\,T(\mathrm{v}) = k\mathrm{w}$$

이고 $k\mathrm{v} \in V$가 되어 $k\mathrm{w} \in R(T)$이다. 따라서 $R(T)$는 W의 부분공간이다.

다음 정리는 선형변환 $T: V \to W$의 치역 $R(T)$의 생성집합을 찾는 방법을 제공한다.

정리 5.3 $T: V \to W$가 선형변환이고 $\{\mathrm{v}_1, \mathrm{v}_2, \cdots, \mathrm{v}_n\}$이 벡터공간 V의 기저이면 $R(T)=< T(\mathrm{v}_1), T(\mathrm{v}_2), \cdots, \mathrm{T}(\mathrm{v}_n) >$이다.

증명 $T(\mathrm{v}_i) \in R(T)$이고 $R(T)$는 부분공간이므로 $< T(\mathrm{v}_1), T(\mathrm{v}_2), \cdots, \mathrm{T}(\mathrm{v}_n) >$는 $R(T)$에 포함된다. 즉

$$< T(\mathrm{v}_1), T(\mathrm{v}_2), \cdots, \mathrm{T}(\mathrm{v}_n) > \subset R(T)$$

이다. 이제 $\mathrm{w} \in R(T)$라 하면 $T(\mathrm{v})=\mathrm{w}$이 되는 $\mathrm{v} \in V$가 있다. $\{\mathrm{v}_1, \mathrm{v}_2, \cdots, \mathrm{v}_n\}$이 벡터공간 V의 기저이므로 $\mathrm{v}=a_1\mathrm{v}_1+\cdots+a_n\mathrm{v}_\mathrm{n}$이다. T는 선형변환이므로 $\mathrm{w}=T(\mathrm{v})=a_1T(\mathrm{v}_1)+\cdots+a_nT(\mathrm{v}_\mathrm{n}) \in R(T)$이다. 따라서 $R(T)$는 $< T(\mathrm{v}_1), T(\mathrm{v}_2), \cdots, \mathrm{T}(\mathrm{v}_n) >$에 포함된다. 즉

$$R(T) \subset < T(\mathrm{v}_1), T(\mathrm{v}_2), \cdots, \mathrm{T}(\mathrm{v}_n) >$$

이다. 따라서 $R(T)=< T(\mathrm{v}_1), T(\mathrm{v}_2), \cdots, \mathrm{T}(\mathrm{v}_n) >$이다.

예제 5.7 선형변환 $T : P_2 \to M_{22}$이 다음과 같이 정의되었을 때 치역 $R(T)$의 차원을 구하여라.

$$T(f(x)) = \begin{bmatrix} f(1)-f(2) & 0 \\ 0 & f(0) \end{bmatrix}.$$

풀이 P_2의 기저는 $\{1, x, x^2\}$이다. 따라서

$$\begin{aligned} R(T) &= < T(1), T(x), T(x^2) > \\ &= \left\langle \begin{bmatrix} 0 & 0 \\ 0 & 1 \end{bmatrix}, \begin{bmatrix} -1 & 0 \\ 0 & 0 \end{bmatrix}, \begin{bmatrix} -3 & 0 \\ 0 & 0 \end{bmatrix} \right\rangle \\ &= \left\langle \begin{bmatrix} 0 & 0 \\ 0 & 1 \end{bmatrix}, \begin{bmatrix} -1 & 0 \\ 0 & 0 \end{bmatrix} \right\rangle \end{aligned}$$

이다. 따라서 $\dim R(T) = 2$이다.

선형변환에서 $Ker(T)$와 $R(T)$는 매우 중요하기 때문에 이 공간들의 차원에 대하여 다음과 같이 특별한 이름을 준다.

정의 5.3 $T : V \to W$가 선형변환이고 $Ker(T)$와 $R(T)$이 유한차원이라 하자. 이때 벡터공간 $Ker(T)$의 차원을 T의 **퇴화차수**(nullity)라 하고 $N(T)$로 표기한다. 또한 벡터공간 $R(T)$의 차원을 T의 **계수**(rank)라 하며 $r(T)$로 표기한다.

다음 정리는 $N(T)$와 $r(T)$ 사이의 관계를 알려주는 중요한 정리로 증명은 생략한다.

정리 5.4 차원정리(Dimension Theorem)

V가 n차원 벡터공간이고, $T: V \to W$로의 선형변환이면 다음이 성립한다.

$$r(T) + N(T) = n$$

다음 예제는 선형변환 T가 행렬 A에 의한 곱일 때 $Ker(T)$와 $R(T)$에 대한 설명으로 $N(T)$와 $r(T)$를 구하는 방법을 제시해 준다.

예제 5.8 $T:\mathbb{R}^n \to \mathbb{R}^m$이 행렬 $A = \begin{bmatrix} a_{11} & a_{12} & \cdots & a_{1n} \\ a_{21} & a_{22} & \cdots & a_{2n} \\ \vdots & \vdots & \vdots & \vdots \\ a_{m1} & a_{m2} & \cdots & a_{mn} \end{bmatrix}$에 의한 곱 즉, $T(\mathrm{x}) = A\mathrm{x}$

이면 $Ker(T)$는 동차방정식 $A\mathrm{x} = 0$의 해들로 구성되는 벡터공간 즉, 해공간이 된다. 따라서 T의 퇴화차수 $N(T)$는 $A\mathrm{x} = 0$의 해공간의 차원이 된다. $R(T)$는 연립방정식 $A\mathrm{x} = \mathrm{b}$가 해를 갖는 벡터 b들로 구성되는 벡터공간이 된다. 그러므로 $R(T)$는 행렬 A의 열공간이다. 따라서 선형변환이 행렬 A에 의한 곱으로 정의되면 $r(T) = rank(A)$이다.

예제 5.8에서 T의 퇴화차수는 $A\mathrm{x} = 0$의 해공간의 차원이고 T의 계수는 행렬 A의 계수임을 알았다. 그러므로 정리 5.4에 의하여 다음 정리를 얻는다.

동형정리 A가 $m \times n$ 행렬이면 $A\mathrm{x} = 0$의 해공간의 차원은 $n - rank(A)$이다.

예제 5.9 예제 4.26에서 다음 동차연립방정식의 해공간은 2차원임을 알았다.

$$\begin{aligned} x_1 - 3x_2 - x_3 &= 0 \\ 2x_1 - 6x_2 - 2x_3 &= 0 \\ 3x_1 - 9x_2 - 3x_3 &= 0 \end{aligned}$$

이 동차연립방정식의 계수행렬을 A라 하면 A에는 3개의 열이 있으므로 정리 5.4에 의하여 A의 계수는 1이다.

연습문제 5.1

1. 다음 중 선형변환인 것을 모두 찾아라.

1) $T: M_{nn} \to \mathbb{R}$, $T(A) = \det(A)$ (단, $n \geq 2$)

2) $T: \mathbb{R}^2 \to \mathbb{R}$, $T(x, y) = xy$

3) $T: \mathbb{R}^3 \to \mathbb{R}^2$, $T(x, y, z) = (x + y, z)$

4) $T: P_1 \to P_2$, $T(p(x)) = xp(x)$

5) $T: \mathbb{R}^3 \to \mathbb{R}^2$, $T(x, y, z) = (x + y, xz)$

6) $T: P_1 \to \mathbb{R}^2,\ T(p(x)) = \begin{bmatrix} \frac{d}{dx}p(x) \\ \int_0^1 p(x)\,dx \end{bmatrix}$

2. $F : \mathbb{R}^2 \to \mathbb{R}^2$는 평면의 각 점을 y 축에 대칭이 되는 점으로 보내는 변환이라 할 때, 다음 물음에 답하여라.

1) F의 공식을 구하여라.

2) F는 선형연산자임을 보여라.

3. $\mathbb{R}^3$의 세 벡터 $\mathbf{v}_1 = (1, 1, 0), \mathbf{v}_2 = (0, -2, 0), \mathbf{v}_3 = (0, 0, 3)$에 대하여 선형변환 $T: \mathbb{R}^3 \to \mathbb{R}^3$가

$$T(\mathbf{v}_1) = (1, 0, 1),\ T(\mathbf{v}_2) = (2, -1, 1),\ T(\mathbf{v}_3) = (6, 3, 0)$$

으로 정의될 때, $T(2, -2, -4)$를 구하여라.

4. T는 유클리드 내적공간 $\mathbb{R}^3$에서 유클리드 내적공간 $xz-$평면 W 위로의 직교사영변환이고, $S = \{(1, 0, 0), (0, 0, 1)\}$는 W의 한 정규직교기저일 때, 다음을 구하여라.

1) $T(2, 7, -1)$

2) $T(x, y, z)$

5. $T : \mathbb{R}^3 \to \mathbb{R}^3$로의 선형변환이 행렬 $\begin{bmatrix} 1 & -1 & 3 \\ 5 & 6 & -4 \\ 7 & 4 & 2 \end{bmatrix}$에 의한 곱으로 정의될 때, 다음 물음에 답하여라.

1) T의 치역의 기저를 구하여라.

2) T의 핵의 기저를 구하여라.

3) T의 계수와 퇴화차수를 구하여라.

6. T를 유클리드 내적공간 $\mathbb{R}^3$에서 유클리드 내적공간 W 위로의 직교사영변환이라 할 때, 다음 물음에 답하여라. 단, $W = \{(x, y, z) \mid x + y + z = 0\}$.

1) W의 기저를 구하여라.

2) 1)에서 구한 기저를 정규직교기저로 고쳐라.

3) $T(x, y, z)$의 식을 구하여라.

7. 선형변환 T: $\mathbb{R}^3 \rightarrow \mathbb{R}^3$가 $\begin{bmatrix} 1 & 3 & 4 \\ 3 & 4 & 7 \\ -2 & 2 & 0 \end{bmatrix}$에 의한 곱으로 정의될 때, 다음 물음에 답하여라.

1) T의 치역은 원점을 지나는 평면임을 보이고 평면의 방정식을 구하여라.

2) $Ker(T)$는 원점을 지나는 직선임을 보이고 직선의 방정식을 구하여라.

8. D: $P_3 \rightarrow P_2$는 $D(\mathrm{p}) = \mathrm{p}'$인 미분변환일 때, D는 선형변환임을 보이고, $Ker(D)$를 구하여라.

9. J: $P_1 \rightarrow \mathbb{R}$는 $J(\mathrm{p}) = \int_{-1}^{1} p(x)\,dx$인 적분변환일 때, J는 선형변환임을 보이고, $Ker(J)$를 구하여라.

10. A는 $A\mathrm{x} = \mathbf{0}$이 자명해만 갖는 7×6 행렬이고, 선형변환 T: $\mathbb{R}^6 \rightarrow \mathbb{R}^7$는 A에 의한 곱이라 할 때, T의 계수와 T의 퇴화차수를 구하여라.

11. 5×7 행렬 A의 계수가 4일 때, 다음 물음에 답하여라.

1) $A\mathrm{x} = \mathbf{0}$의 해공간의 차원을 구하여라.

2) $A\mathrm{x} = \mathrm{b}$는 $\mathbb{R}^5$의 모든 벡터 b에 대하여 해를 갖는다고 할 수 있는가?

12. 선형변환 T: $\mathbb{R}^3 \rightarrow \mathbb{R}^4$가 $T\left(\begin{bmatrix} x \\ y \\ z \end{bmatrix}\right) = \begin{bmatrix} x+2y-z \\ -y \\ x+7y \\ y+z \end{bmatrix}$로 정의될 때, 다음 물음에 답하여라.

1) $R(T)$의 기저를 구하여라.

2) 차원정리를 이용하여 퇴화차수($N(T)$)를 구하여라.

13. 선형변환 T: $\mathbb{R}^3 \rightarrow \mathbb{R}^2$가 $T((x, y, z)) = (x-y, z)$로 정의될 때, 다음 물음에 답하여라.

1) $Ker(T)$의 기저와 $Ker(T)$의 차원($N(T)$)을 구하여라.

2) 차원정리를 이용하여 $r(T)$를 구하여라.

5.2 선형행렬변환

벡터공간의 기저와 좌표계는 밀접한 관계가 있다. 이 절에서는 이러한 관계를 살펴보고, 나아가 유한차원 벡터공간에서 유한차원 벡터공간으로의 모든 선형변환을 행렬변환으로 바꾸어 문제를 해결하는 방법을 알아본다.

정의 5.4 $S=\{\mathrm{v}_1,\mathrm{v}_2,\cdots,\mathrm{v}_n\}$가 벡터공간 V의 한 기저라고 하면, V의 임의의 벡터 v는 다음과 같이 유일한 방법으로 표시된다.

$$\mathrm{v}=c_1\mathrm{v}_1+c_2\mathrm{v}_2+\cdots+c_n\mathrm{v}_n$$

이때 $(\mathrm{v})_S=(c_1, c_2,\cdots, c_n)$을 기저 S에 대한 v의 **좌표벡터**(coordinate vector), $[\mathrm{v}]_S=\begin{bmatrix} c_1 \\ c_2 \\ \vdots \\ c_n \end{bmatrix}$을 기저 S에 대한 v의 **좌표행렬**(coordinate matrix)이라 한다.

예제 5.10 벡터공간 $V=P_2$의 기저가 $S=\{1, x, x^2\}$일 때 $f(x)=3-4x+7x^2$의 좌표 벡터는 $(f)_S=(3,-4,7)$이고 좌표행렬은 $[f]_S=\begin{bmatrix} 3 \\ -4 \\ 7 \end{bmatrix}$이다.

예제 5.11 $S=\{\mathrm{v}_1=(1, 2, 1), \mathrm{v}_2=(2, 9, 0), \mathrm{v}_3=(3, 3, 4)\}$일 때 S는 $\mathbb{R}^3$의 기저가 된다. 다음을 구하여라.

1) $\mathrm{v}=(5, -1, 9)$일 때 v의 좌표벡터 $(\mathrm{v})_S$와 좌표행렬 $[\mathrm{v}]_S$를 구하여라.

2) $(\mathrm{u})_S=(-1, 3, 2)$인 $\mathbb{R}^3$의 벡터 u를 구하여라.

풀이 1)
$$\begin{aligned}\mathrm{v}=(5, -1, 9)&=c_1\mathrm{v}_1+c_2\mathrm{v}_2+c_3\mathrm{v}_3\\ &=c_1(1, 2, 1)+c_2(2, 9, 0)+c_3(3, 3, 4)\end{aligned}$$

인 c_1, c_2, c_3를 구해야 하므로 대응하는 성분들의 방정식은 다음과 같다.

$$c_1+2c_2+3c_3=\ 5$$

$$\begin{aligned} 2c_1 + 9c_2 + 3c_3 &= -1 \\ c_1 \qquad + 4c_3 &= \ \ 9 \end{aligned}$$

이 방정식을 풀면 $c_1 = 1$, $c_2 = -1$, $c_3 = 2$이다. 따라서

$$(\mathbf{v})_S = (1, -1, 2),\ [\mathbf{v}]_S = \begin{bmatrix} 1 \\ -1 \\ 2 \end{bmatrix}$$

이다.

2) $(\mathbf{u})_S$의 정의를 이용하여 다음과 같이 구할 수 있다.

$$\mathbf{u} = (-1)\mathbf{v}_1 + 3\mathbf{v}_2 + 2\mathbf{v}_3 = (11, 31, 7)$$

참고 좌표벡터와 자표행렬은 기저벡터를 나열하는 순서에 따라 달라진다.

이제 유한차원 벡터공간에서 유한차원 벡터공간으로의 모든 선형변환을 행렬변환으로 바꾸어 문제를 해결하는 방법을 알아보자. 먼저 선형변환 $T : \mathbb{R}^n \to \mathbb{R}^m$에 대하여 생각해 보자. 앞에서 $m \times n$행렬 A에 대하여 $T: \mathbb{R}^n \to \mathbb{R}^m$, $T(\mathbf{x}) = A\mathbf{x}\,(\mathbf{x} \in \mathbb{R}^n)$라 정의하면 T는 선형변환이 되는 것을 확인하였다. 다음 정리는 역이 성립함을 말해준다. 즉, 임의의 선형변환 $T : \mathbb{R}^n \to \mathbb{R}^m$은 행렬에서 얻어진다는 것을 말해준다.

정리 5.5 선형변환 $T : \mathbb{R}^n \to \mathbb{R}^m$에 대하여 $T(\mathbf{x}) = A\mathbf{x}$ $(\mathbf{x} \in \mathbb{R}^n)$이 되는 행렬 A가 존재한다.

증명 선형변환 $T : \mathbb{R}^n \to \mathbb{R}^m$에 대한 $\mathbb{R}^n$의 표준단위벡터 $e_1, \cdots, e_n$의 이미지 $T(\mathrm{e}_1), T(\mathrm{e}_2), \cdots, T(\mathrm{e}_n)$을 열벡터로 갖는 행렬을 A라 하자, 즉, $A = [\,T(e_1) \cdots T(e_n)]$ 이다. 그러면 $\mathbf{x} = \begin{bmatrix} x_1 \\ \vdots \\ x_n \end{bmatrix} = x_1 e_1 + \cdots + x_n e_n$에 대하여

$$\begin{aligned} T(\mathbf{x}) &= T(x_1 e_1 + \cdots + x_n e_n) = x_1 T(e_1) + \cdots + x_n T(e_n) \\ &= [\,T(e_1) \cdots T(e_n)] \begin{bmatrix} x_1 \\ \vdots \\ x_n \end{bmatrix} \\ &= A\mathbf{x} \end{aligned}$$

이 된다.

참고 1) 행렬 A를 T의 **표준행렬**(standard matrix)이라 한다.
2) 증명으로부터 T의 표준행렬은 $A=[\,T(e_1)\cdots T(e_n)\,]$임을 알 수 있다.

실제 문제에서, $\mathbb{R}^n$에서 $\mathbb{R}^m$으로의 선형변환에 대한 표준행렬을 알고 있다면 문제를 간단히 해결할 수 있는 경우가 많다. 다음 예제는 선형변환이 주어졌을 때 표준행렬을 구하는 예이다.

예제 5.12 선형변환 $T:\mathbb{R}^3\to\mathbb{R}^4$가 $T\left(\begin{bmatrix}x_1\\x_2\\x_3\end{bmatrix}\right)=\begin{bmatrix}x_1+x_2\\x_1-x_2\\x_3\\x_1\end{bmatrix}$으로 정의될 때 T의 표준행렬을 구하여라.

풀이 $T(\mathrm{e}_1)=T\left(\begin{bmatrix}1\\0\\0\end{bmatrix}\right)=\begin{bmatrix}1\\1\\0\\1\end{bmatrix}$, $T(\mathrm{e}_2)=T\left(\begin{bmatrix}0\\1\\0\end{bmatrix}\right)=\begin{bmatrix}1\\-1\\0\\0\end{bmatrix}$,

$T(\mathrm{e}_3)=T\left(\begin{bmatrix}0\\0\\1\end{bmatrix}\right)=\begin{bmatrix}0\\0\\1\\0\end{bmatrix}$

이므로 T의 표준행렬 A는

$$A=\begin{bmatrix}1&1&0\\1&-1&0\\0&0&1\\1&0&0\end{bmatrix}$$

이고 이를 검산하면

$$\begin{bmatrix}1&1&0\\1&-1&0\\0&0&1\\1&0&0\end{bmatrix}\begin{bmatrix}x_1\\x_2\\x_3\end{bmatrix}=\begin{bmatrix}x_1+x_2\\x_1-x_2\\x_3\\x_1\end{bmatrix}$$

임을 알 수 있다.

V와 W가 유한차원 벡터공간(반드시 $\mathbb{R}^n$과 $\mathbb{R}^m$ 일 필요는 없다)일 때 선형변환 $T: V \to W$를 행렬변환으로 바꾸어 문제를 해결하는 방법을 알아보자.

V를 n차원, W를 m차원 벡터공간이라 가정하자. 만일 V와 W에 대한 기저들을 각각 B와 B'라 하면, V의 임의의 벡터 $\mathbf{x}$의 기저 B에 대한 좌표행렬 $[\mathbf{x}]_B$는 $\mathbb{R}^n$의 벡터이고, $T(\mathbf{x})$의 기저 B'에 대한 좌표행렬 $[T(\mathbf{x})]_{B'}$는 $\mathbb{R}^m$의 벡터가 된다. 이와 같이 벡터 $\mathbf{x}$를 $T(\mathbf{x})$로 대응시키는 선형변환 $T: V \to W$은 $\mathbb{R}^n$의 벡터 $[\mathbf{x}]_B$를 $\mathbb{R}^m$의 벡터 $[T(\mathbf{x})]_{B'}$로 대응시키는 선형변환을 준다. 이 선형변환은 정리 5.5에 의해서

$$A[\mathbf{x}]_B = [T(\mathbf{x})]_{B'} \tag{5.1}$$

로 표현된다. 이때 행렬 A를 기저 B와 B'에 대한 T의 행렬이라 한다. 만일 $B' = B$이면 A를 기저 B에 대한 T의 행렬이라 한다.

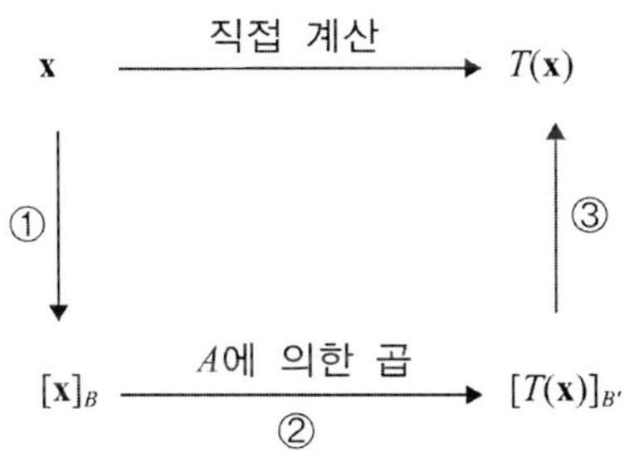

[그림 5.1]

T의 행렬 A를 이용하면 [그림 5.1]와 같이 $T(\mathbf{x})$를 다음과 같은 3단계의 간접적인 절차로 구할 수 있다.

① 좌표행렬 $[\mathbf{x}]_B$를 계산한다.

② 행렬 A의 우측에 $[\mathbf{x}]_B$를 곱하여 $[T(\mathbf{x})]_{B'}$를 구한다.

③ 좌표행렬 $[T(\mathbf{x})]_{B'}$에서 $T(\mathbf{x})$를 구한다.

위에서 살펴본 바와 같이 행렬 A는 기저 B와 B'에 의해 결정되므로 좌표행렬 계산이 쉽도록 기저 B와 B'를 선택해야 한다. 이제 T의 행렬 A를 구하는 문제

를 생각해 보자.

V는 기저가 $B=\{\mathrm{u}_1, \mathrm{u}_2, \cdots, \mathrm{u}_n\}$인 n 차원 벡터공간이고, W는 기저가 $B'=\{\mathrm{v}_1, \mathrm{v}_2, \cdots, \mathrm{v}_m\}$인 m 차원 벡터공간이라 하자. 식 (5.1)를 만족하는 $m\times n$ 행렬을

$$A=\begin{bmatrix} a_{11} & a_{12} & \cdots & a_{1n} \\ a_{21} & a_{22} & \cdots & a_{2n} \\ \vdots & \vdots & & \vdots \\ a_{m1} & a_{m2} & \cdots & a_{mn} \end{bmatrix}$$

이라 하자. x를 벡터 u_1로 택하면

$$[\mathrm{u}_1]_B=\begin{bmatrix} 1 \\ 0 \\ \vdots \\ 0 \end{bmatrix}$$

이고

$$A[\mathrm{u}_1]_B=[T(\mathrm{u}_1)]_{B'}$$

이므로

$$A[\mathrm{u}_1]_B=\begin{bmatrix} a_{11} & a_{12} & \cdots & a_{1n} \\ a_{21} & a_{22} & \cdots & a_{2n} \\ \vdots & \vdots & & \vdots \\ a_{m1} & a_{m2} & \cdots & a_{mn} \end{bmatrix}\begin{bmatrix} 1 \\ 0 \\ \vdots \\ 0 \end{bmatrix}=\begin{bmatrix} a_{11} \\ a_{21} \\ \vdots \\ a_{m1} \end{bmatrix}=[T(\mathrm{u}_1)]_{B'}$$

이다. 따라서

$$\begin{bmatrix} a_{11} \\ a_{21} \\ \vdots \\ a_{m1} \end{bmatrix}=[T(\mathrm{u}_1)]_{B'}$$

이 된다. 즉, A의 제 1열은 기저 B'에 대한 벡터 $T(\mathrm{u}_1)$의 좌표행렬이다. 마찬가지로 기저 B'에 대한 벡터 $T(\mathrm{u}_j)$의 좌표행렬은 A의 제 j열이 됨을 알 수 있다. 따라서 A는 다음과 같이 주어 주어진다.

$$A=\begin{matrix}\text{기저 } B\text{와 } B'\text{에} \\ \text{대한 } T\text{의 행렬}\end{matrix}=[[T(\mathrm{u}_1)]_{B'} \ \vdots\ [T(\mathrm{u}_2)]_{B'} \ \vdots\ \cdots \ \vdots\ [T(\mathrm{u}_n)]_{B'}]$$

다음 예제는 기저 B와 B'에 대한 T의 행렬 A를 이용하여 선형변환의 치역을 구하는 예이다.

예제 5.13 $T: P_1 \rightarrow P_2$는 $T(p(x)) = xp(x)$로 정의된 선형변환이라 하자.

1) 기저 $B = \{1, x\}$와 $B' = \{1, x, x^2\}$에 대한 T의 행렬을 구하여라.
2) $\mathbf{x} = 1 - 2x$일 때 1)을 이용하여 $T(\mathbf{x})$를 계산하여라.
3) $R(T)$의 기저를 구하여라.

풀이 1) T의 식에서 $T(1) = x$, $T(x) = x^2$이다. 그러므로 B'에 대한 $T(1)$, $T(x)$의 좌표행렬은

$$[T(\mathbf{u}_1)]_{B'} = \begin{bmatrix} 0 \\ 1 \\ 0 \end{bmatrix}, [T(\mathbf{u}_2)]_{B'} = \begin{bmatrix} 0 \\ 0 \\ 1 \end{bmatrix}$$

이다. 따라서 기저 B와 B'에 대한 T의 행렬은 다음과 같다.

$$[[T(\mathbf{u}_1)]_{B'} \ \vdots \ [T(\mathbf{u}_2)]_{B'}] = \begin{bmatrix} 0 & 0 \\ 1 & 0 \\ 0 & 1 \end{bmatrix}$$

2) B에 대한 $\mathbf{x}$의 좌표행렬은 $[\mathbf{x}]_B = \begin{bmatrix} 1 \\ -2 \end{bmatrix}$이므로

$$[T(\mathbf{x})]_{B'} = A[\mathbf{x}]_B = \begin{bmatrix} 0 & 0 \\ 1 & 0 \\ 0 & 1 \end{bmatrix} \begin{bmatrix} 1 \\ -2 \end{bmatrix} = \begin{bmatrix} 0 \\ 1 \\ -2 \end{bmatrix}$$

이다. 따라서 $T(\mathbf{x})$는 다음과 같다

$$T(\mathbf{x}) = x - 2x^2$$

3) 벡터공간 $\{[T(\mathbf{x})]_{B'} \in \mathbb{R}^3 \mid \mathbf{x} \in P_1\}$은 기저 B와 B'에 대한 T의 행렬 $\begin{bmatrix} 0 & 0 \\ 1 & 0 \\ 0 & 1 \end{bmatrix}$의 열공간과 같으므로 벡터공간 $\{[T(\mathbf{x})]_{B'} \in \mathbb{R}^3 \mid \mathbf{x} \in P_1\}$의 기저는 $\left\{ \begin{bmatrix} 0 \\ 1 \\ 0 \end{bmatrix}, \begin{bmatrix} 0 \\ 0 \\ 1 \end{bmatrix} \right\}$이다. 따라서 $R(T)$의 기저는 $\{x, x^2\}$이다.

예제 5.13에서 T의 행렬 A를 이용하여 선형변환의 치역의 기저를 구하였다. 이외에도 T의 행렬 A를 이용하면 T의 핵, 치역 등을 구할 수 있다.

예제 5.14 $B = \{\mathrm{u}_1, \mathrm{u}_2, \cdots, \mathrm{u}_n\}$은 n차원 벡터공간 V의 한 기저이고 $I: V \to V$가 항등연산자이면

$$I(\mathrm{u}_1) = \mathrm{u}_1,\ I(\mathrm{u}_2) = \mathrm{u}_2,\ \cdots,\ I(\mathrm{u}_n) = \mathrm{u}_n$$

이다. 그러므로

$$[I(\mathrm{u}_1)]_B = \mathrm{e}_1,\ [I(\mathrm{u}_2)]_B = \mathrm{e}_2,\ \cdots,\ [I(\mathrm{u}_n)]_B = \mathrm{e}_n$$

이다. 따라서 기저 B에 대한 항등연산자 I의 행렬은 I_n이 된다.

예제 5.14에서 정의역과 공역이 같은 기저를 갖는 벡터공간일 때 항등연산자 $I: V \to V$에 대한 행렬은 단위행렬 I_n 임을 확인하였다. 이제 정의역과 공역이 같은 벡터공간이지만 서로 다른 기저를 갖는 경우에 항등연산자에 대한 행렬을 구하는 문제를 생각해 보자.

항등연산자 $I: V \to V$에서 정의역 V는 기저가 $B = \{\mathrm{u}_1, \mathrm{u}_2, \cdots, \mathrm{u}_n\}$이고, 공역 V는 기저가 $B' = \{\mathrm{u}_1', \mathrm{u}_2', \cdots, \mathrm{u}_n'\}$이라 하자. 항등연산자를 나타내는 행렬을

$$P = \begin{bmatrix} a_{11} & a_{12} & \cdots & a_{1n} \\ a_{21} & a_{22} & \cdots & a_{2n} \\ \vdots & \vdots & & \vdots \\ a_{n1} & a_{n2} & \cdots & a_{nn} \end{bmatrix}$$

이라 하자. x를 벡터 u_1로 택하면

$$[\mathrm{u}_1]_B = \begin{bmatrix} 1 \\ 0 \\ \vdots \\ 0 \end{bmatrix}$$

이고

$$P[\mathrm{u}_1]_B = [I(\mathrm{u}_1)]_{B'} = [\mathrm{u}_1]_{B'}$$

이므로

$$P[\mathrm{u}_1]_B = \begin{bmatrix} a_{11} & a_{12} & \cdots & a_{1n} \\ a_{21} & a_{22} & \cdots & a_{2n} \\ \vdots & \vdots & & \vdots \\ a_{n1} & a_{n2} & \cdots & a_{nn} \end{bmatrix} \begin{bmatrix} 1 \\ 0 \\ \vdots \\ 0 \end{bmatrix} = \begin{bmatrix} a_{11} \\ a_{21} \\ \vdots \\ a_{n1} \end{bmatrix} = [\mathrm{u}_1]_{B'}$$

이다. 따라서

$$\begin{bmatrix} a_{11} \\ a_{21} \\ \vdots \\ a_{n1} \end{bmatrix} = [\mathrm{u}_1]_{B'}$$

이 된다. 즉, P 의 제 1열은 기저 B'에 대한 벡터 u_1의 좌표행렬이다. 마찬가지로 기저 B'에 대한 벡터 u_j의 좌표행렬은 P 의 제 j 열이 됨을 알 수 있다. 따라서 P 는 다음과 같이 주어 주어진다.

$$P = [[\mathrm{u}_1]_{B'} \ \vdots \ [\mathrm{u}_2]_{B'} \ \vdots \ \cdots \ \vdots \ [\mathrm{u}_n]_{B'}].$$

이때 행렬 P 를 기저 B 에서 기저 B' 로의 **추이행렬**(transition matrix)이라고 한다.

예제 5.15 $\mathbb{R}^2$의 두 기저 $B = \{\mathrm{u}_1, \mathrm{u}_2\}$와 $B' = \{\mathrm{u}_1', \mathrm{u}_2'\}$에 대하여 다음을 구하여라. 단, $\mathrm{u}_1 = \begin{bmatrix} 1 \\ 0 \end{bmatrix}$, $\mathrm{u}_2 = \begin{bmatrix} 0 \\ 1 \end{bmatrix}$, $\mathrm{u}_1' = \begin{bmatrix} 1 \\ 1 \end{bmatrix}$, $\mathrm{u}_2' = \begin{bmatrix} 2 \\ 1 \end{bmatrix}$이다.

1) B에서 B'로의 추이행렬 P를 구하여라.

2) $\mathrm{v} = \begin{bmatrix} 7 \\ 2 \end{bmatrix}$ 일 때 $[\mathrm{v}]_{B'}$를 구하여라.

3) v를 u_1'와 u_2'의 1차 결합으로 표시하여라.

풀이 1) $\mathrm{u}_1 = -\mathrm{u}_1' + \mathrm{u}_2'$ 이므로
$\mathrm{u}_2 = 2\mathrm{u}_1' - \mathrm{u}_2'$

$$[\mathrm{u}_1]_{B'} = \begin{bmatrix} -1 \\ 1 \end{bmatrix}, [\mathrm{u}_2]_{B'} = \begin{bmatrix} 2 \\ -1 \end{bmatrix}$$

이다. 따라서 기저 B 에서 기저 B' 로의 추이행렬 P 는

$$P = \begin{bmatrix} -1 & 2 \\ 1 & -1 \end{bmatrix}$$

이다.

2) $[\mathrm{v}]_B = \begin{bmatrix} 7 \\ 2 \end{bmatrix}$ 이므로

$$[\mathrm{v}]_{B'} = \begin{bmatrix} -1 & 2 \\ 1 & -1 \end{bmatrix}\begin{bmatrix} 7 \\ 2 \end{bmatrix} = \begin{bmatrix} -3 \\ 5 \end{bmatrix}$$

이다.

3) 따라서 $\mathrm{v} = -3\mathrm{u}_1' + 5\mathrm{u}_2'$이다.

예제 5.15의 추이행렬은 가역행렬임을 쉽게 알 수 있다. 실제로 한 벡터공간의 서로 다른 두 기저 B, B'에 대하여 기저 B에서 기저 B'로의 추이행렬 P는 가역행렬이다. 또한 P^{-1}는 기저 B'에서 기저 B로의 추이행렬이 된다. 이러한 사실은 정리 5.6에 요약되어 있고, 예제 5.16으로 확인해보자.

정리 5.6 P가 기저 B에서 기저 B'로의 추이행렬이면

1) P는 가역행렬이다.
2) P^{-1}는 B'에서 B로의 추이행렬이 된다.

예제 5.16 $\mathbb{R}^2$의 두 기저 $B = \{\mathrm{u}_1, \mathrm{u}_2\}$, $B' = \{\mathrm{u}_1', \mathrm{u}_2'\}$에 대하여 다음을 구하여라. 단, $\mathrm{u}_1 = \begin{bmatrix} 1 \\ 0 \end{bmatrix}$, $\mathrm{u}_2 = \begin{bmatrix} 0 \\ 1 \end{bmatrix}$, $\mathrm{u}_1' = \begin{bmatrix} 1 \\ 1 \end{bmatrix}$, $\mathrm{u}_2' = \begin{bmatrix} 2 \\ 1 \end{bmatrix}$이다.

1) B'에서 B로의 추이행렬 Q를 구하여라.
2) Q^{-1}는 B에서 B'로의 추이행렬임을 보여라.

풀이 1) $\mathrm{u}_1' = \mathrm{u}_1 + \mathrm{u}_2$ 이므로
$\mathrm{u}_2' = 2\mathrm{u}_1 + \mathrm{u}_2$

$$[\mathrm{u}_1']_B = \begin{bmatrix} 1 \\ 1 \end{bmatrix}, [\mathrm{u}_2']_B = \begin{bmatrix} 2 \\ 1 \end{bmatrix}$$

이다. 따라서 기저 B'에서 기저 B로의 추이행렬은 $Q = \begin{bmatrix} 1 & 2 \\ 1 & 1 \end{bmatrix}$이다.

2) $Q^{-1} = \begin{bmatrix} -1 & 2 \\ 1 & -1 \end{bmatrix}$이고 이는 예제 5.15의 추이행렬과 동일하다. 따라서 Q^{-1}는 B에서 B'로의 추이행렬이다.

일반적으로 추이행렬의 역행렬은 쉽게 구할 수 없다. 그러나 정규직교기저에서 정규직교기저로의 추이행렬의 역행렬은 쉽게 구할 수 있다. 다음 정리는 이러한 내용을 요약한 것이다.

정리 5.7 P가 내적공간의 한 정규직교기저에서 다른 정규직교기저로의 추이행렬이라면, $P^{-1} = P^T$이다.

정의 5.5 $A^{-1} = A^T$인 정사각행렬 A를 **직교행렬**(orthogonal matrix)이라고 한다.

정의 5.5에 의하면 정리 5.7은 정규직교기저에서 정규직교기저로의 추이행렬은 직교행렬이라는 사실을 말해 주고 있다. 이러한 좋은 성질 때문에 우리는 정규직교기저에 대한 공부를 꾸준히 해온 것이다. 다음 정리는 직교행렬의 성질을 요약한 것이다.

정리 5.8 A가 n차 정사각행렬일 때, 다음은 서로 동치이다.

1) A는 직교행렬이다.
2) A의 행벡터들은 유클리드 내적공간 $\mathbb{R}^n$의 정규직교기저를 형성한다.
3) A의 열벡터들은 유클리드 내적공간 $\mathbb{R}^n$의 정규직교기저를 형성한다.

정리 5.8의 내용을 예제 5.17로 확인해보자.

예제 5.17 행렬 $A = \begin{bmatrix} \frac{1}{\sqrt{2}} & \frac{1}{\sqrt{2}} & 0 \\ 0 & 0 & 1 \\ \frac{1}{\sqrt{2}} & \frac{-1}{\sqrt{2}} & 0 \end{bmatrix}$의 행벡터는

$$\mathbf{r}_1 = \left(\frac{1}{\sqrt{2}}, \frac{1}{\sqrt{2}}, 0\right), \ \mathbf{r}_2 = (0, 0, 1), \ \mathbf{r}_3 = \left(\frac{1}{\sqrt{2}}, \frac{-1}{\sqrt{2}}, 0\right)$$

이다. $\mathbb{R}^3$에서의 유클리드 내적을 이용하면 $\| \mathbf{r}_1 \| = \| \mathbf{r}_2 \| = \| \mathbf{r}_3 \| = 1$이고, $\mathbf{r}_1 \cdot \mathbf{r}_2 = \mathbf{r}_1 \cdot \mathbf{r}_3 = \mathbf{r}_2 \cdot \mathbf{r}_3 = 0$이다. 따라서 A의 행벡터들은 $\mathbb{R}^3$의 정규직교기저가 된다. 그러므로 정리 5.8에 의하여 A는 직교행렬이 되고

$$A^{-1} = A^T = \begin{bmatrix} \frac{1}{\sqrt{2}} & 0 & \frac{1}{\sqrt{2}} \\ \frac{1}{\sqrt{2}} & 0 & \frac{-1}{\sqrt{2}} \\ 0 & 1 & 0 \end{bmatrix}$$

이다.

선형연산자 $T: V \to V$의 행렬은 V의 기저에 따라 달라진다. 따라서 T의 행렬이 다루기 편한 대각행렬이 되도록 V의 기저를 선택하는 것이 중요하다. 이를 위해 표준기저와 같이 손쉬운 기저에 대한 T의 행렬을 구해보는 것이 첫 번째 선택이 될 것이다. 그러나 일반적으로 표준기저에 대한 T의 행렬이 대각행렬을 만들지는 못한다. 그래서 T의 행렬이 대각행렬이 되도록 처음에 선택한 기저를 변환하는 방법을 생각해보자. 다음 정리는 기저변환이 선형연산자 T의 행렬에 어떠한 영향을 미치는가를 보여주는 중요한 결과이다.

정리 5.9 유한차원 벡터공간 V의 두 기저 B, B'와 선형연산자 $T: V \to V$에 대하여 A를 기저 B에 대한 T의 행렬, A'를 기저 B'에 대한 T의 행렬이라 하면

$$A' = Q^{-1} A Q \qquad (5.2)$$

이다. 여기서 Q는 기저 B'에서 B로의 추이행렬이다.

증명 편의를 위하여 $A\mathbf{u} = \mathbf{v}$의 관계를 $\mathbf{u} \xrightarrow{A} \mathbf{v}$로 표시하겠다.

A는 기저 B에 대한 T의 행렬이고 A'는 기저 B'에 대한 T의 행렬이므로 V 내의 모든 $\mathbf{x}$에 대하여 다음의 관계가 성립한다.

$$A[\mathbf{x}]_B = [T(\mathbf{x})]_B, \; A'[\mathbf{x}]_{B'} = [T(\mathbf{x})]_{B'}$$

이것은 다음과 같이 쓸 수 있다.

$$[\mathbf{x}]_B \xrightarrow{A} [T(\mathbf{x})]_B \tag{5.3}$$

$$[\mathbf{x}]_{B'} \xrightarrow{A'} [T(\mathbf{x})]_{B'}$$

행렬 A 와 A'의 관련성을 보이기 위하여 Q를 B'에서 B로의 추이행렬이라 하자. 그러면 Q^{-1}는 B에서 B'로의 추이행렬이 된다. 그러므로

$$Q[\mathbf{x}]_{B'} = [\mathbf{x}]_B,\ Q^{-1}[T(\mathbf{x})]_B = [T(\mathbf{x})]_{B'}$$

이고 다음과 같이 표시될 수 있다.

$$[\mathbf{x}]_{B'} \xrightarrow{Q} [\mathbf{x}]_B \tag{5.4}$$

$$[T(\mathbf{x})]_B \xrightarrow{Q^{-1}} [T(\mathbf{x})]_B{}'$$

식 (5.3)과 식 (5.4)의 관계는 다음과 같은 간단한 그림으로 나타낼 수 있다.

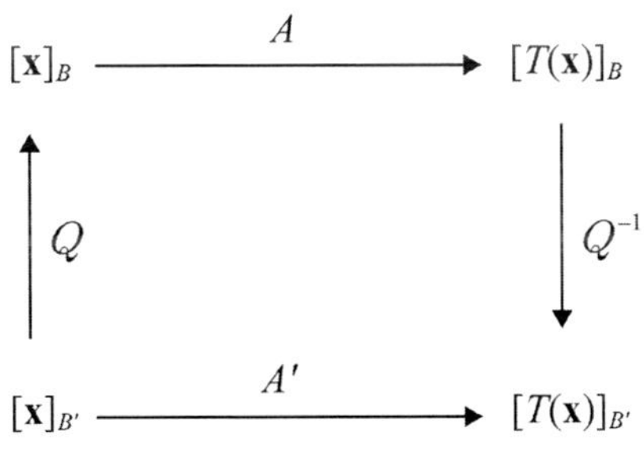

[그림 5.2]

[그림 5.2]는 행렬 $[\mathbf{x}]_{B'}$에서 행렬 $[T(\mathbf{x})]_{B'}$를 구하는 두 가지 방법을 제시하고 있다.

1) 제1방법: [그림 5.2]에서 맨 아래의 화살표 방향을 택한다. 즉,

$$A'[\mathbf{x}]_{B'} = [T(\mathbf{x})]_{B'}.$$

2) 제2방법: [그림 5.2]에서 좌변으로 올라가서 윗부분을 가로질러 우변으로 내려온다(화살표 방향).

$$Q^{-1}AQ[\mathbf{x}]_{B'} = [T(\mathbf{x})]_{B'}.$$

위의 1), 2)의 방법을 비교하면 V의 모든 $\mathbf{x}$에 대하여

$$Q^{-1}AQ[\mathbf{x}]_{B'} = A'[\mathbf{x}]_{B'}$$

이고 $A' = Q^{-1}AQ$임을 알 수 있다.

정의 5.6 A, B는 같은 크기의 정사각행렬이고, 어떤 가역행렬 P가 존재하여 $B = P^{-1}AP$를 만족하면 B는 A와 **상사**(similarity)라 한다. $P^{-1} = Q$라 하면 $A = Q^{-1}BQ$가 된다. 즉, A는 B와 상사이다. 따라서 간단히 A와 B는 상사라 한다.

참고 정리 5.7의 두 행렬 A와 A'는 상사이다.

예제 5.18 $T: \mathbb{R}^2 \to \mathbb{R}^2$는 $T\left(\begin{bmatrix} x \\ y \end{bmatrix}\right) = \begin{bmatrix} x+y \\ -2x+4y \end{bmatrix}$로 정의된 선형변환일 때 기저 $B = \{\mathbf{e}_1, \mathbf{e}_2\}$에 대한 T의 행렬 A를 구하고, 추이행렬을 이용하여 기저 $B' = \{\mathbf{u}_1, \mathbf{u}_2\}$에 대한 T의 행렬 A'를 구하여라. 단, $\mathbf{e}_1 = \begin{bmatrix} 1 \\ 0 \end{bmatrix}, \mathbf{e}_2 = \begin{bmatrix} 0 \\ 1 \end{bmatrix}$, $\boldsymbol{u}_1 = \begin{bmatrix} 1 \\ 1 \end{bmatrix}, \boldsymbol{u}_2 = \begin{bmatrix} 1 \\ 2 \end{bmatrix}$이다.

풀이 $T(\mathbf{e}_1) = \begin{bmatrix} 1 \\ -2 \end{bmatrix}, T(\mathbf{e}_2) = \begin{bmatrix} 1 \\ 4 \end{bmatrix}$이므로 기저 B에 대한 T의 행렬은 $A = \begin{bmatrix} 1 & 1 \\ -2 & 4 \end{bmatrix}$이다. 기저 B'에 대한 T의 행렬 A'를 구하려면 B'에서 B로의 추이행렬이 필요하다.

$$\mathbf{u}_1 = \mathbf{e}_1 + \mathbf{e}_2, \mathbf{u}_2 = \mathbf{e}_1 + 2\mathbf{e}_2$$

이므로

$$[\mathbf{u}_1]_B = \begin{bmatrix} 1 \\ 1 \end{bmatrix}, [\mathbf{u}_2]_B = \begin{bmatrix} 1 \\ 2 \end{bmatrix}$$

이다. 따라서 B'에서 B로의 추이행렬 Q와 Q^{-1}는 다음과 같다.

$$Q = \begin{bmatrix} 1 & 1 \\ 1 & 2 \end{bmatrix}, Q^{-1} = \begin{bmatrix} 2 & -1 \\ -1 & 1 \end{bmatrix}$$

따라서 기저 B'에 대한 T의 행렬은 다음과 같다.

$$A' = Q^{-1}AQ = \begin{bmatrix} 2 & -1 \\ -1 & 1 \end{bmatrix}\begin{bmatrix} 1 & 1 \\ -2 & 4 \end{bmatrix}\begin{bmatrix} 1 & 1 \\ 1 & 2 \end{bmatrix} = \begin{bmatrix} 2 & 0 \\ 0 & 3 \end{bmatrix}$$

예제 5.18은 벡터공간의 표준기저에 대한 선형연산자 T의 행렬(T의 표준행렬)이 대각행렬이 되지 못함을 보여준다. 즉, T의 표준행렬 $A = \begin{bmatrix} 1 & 1 \\ -2 & 4 \end{bmatrix}$는 구조에 있어서 기저 B'에 대한 T의 행렬 $\begin{bmatrix} 2 & 0 \\ 0 & 3 \end{bmatrix}$만큼 간단하지 않다. 주어진 선형연산자 T의 행렬이 대각행렬이 되도록 기저를 선택하면 계산이 용이해 지기 때문에 대각행렬을 만드는 기저를 어떻게 구하는가 하는 의문이 생김은 당연하다. 이러한 의문에 대한 해법은 다음 장에서 알아보겠다. 이 장을 마치기 전에 응용의 예를 한 가지 더 들어 보자.

예제 5.19 $T : P_1 \to P_1$는 $T(ax+b) = (4a-2b)x + (a+b)$로 정의된 선형변환일 때 P_1의 표준기저 $B = \{1, x\}$에 대한 T의 행렬 A와 추이행렬을 이용하여 기저 $B' = \{\mathbf{u}_1, \mathbf{u}_2\}$에 대한 T의 행렬 A'를 구하여라. 단, $\mathbf{u}_1 = x+1$, $\mathbf{u}_2 = 2x+1$ 이다.

풀이 $T(1) = \begin{bmatrix} 1 \\ -2 \end{bmatrix}$, $T(x) = \begin{bmatrix} 1 \\ 4 \end{bmatrix}$이므로 $[T(1)]_B = \begin{bmatrix} 1 \\ -2 \end{bmatrix}$, $[T(x)]_B = \begin{bmatrix} 1 \\ 4 \end{bmatrix}$이다. 따라서 기저 B에 대한 T의 행렬은 $A = \begin{bmatrix} 1 & 1 \\ -2 & 4 \end{bmatrix}$이다. 기저 B'에 대한 T의 행렬 A'를 구하려면 B'에서 B로의 추이행렬이 필요하다.

$$\mathbf{u}_1 = x+1, \mathbf{u}_2 = 2x+1$$

이므로

$$[\mathbf{u}_1]_B = \begin{bmatrix} 1 \\ 1 \end{bmatrix}, [\mathbf{u}_2]_B = \begin{bmatrix} 1 \\ 2 \end{bmatrix}$$

이다. 따라서 B'에서 B로의 추이행렬 Q와 Q^{-1}는 다음과 같다.

$$Q = \begin{bmatrix} 1 & 1 \\ 1 & 2 \end{bmatrix}, Q^{-1} = \begin{bmatrix} 2 & -1 \\ -1 & 1 \end{bmatrix}$$

따라서 기저 B'에 대한 T의 행렬은 다음과 같다.

$$A' = Q^{-1}AQ = \begin{bmatrix} 2 & -1 \\ -1 & 1 \end{bmatrix}\begin{bmatrix} 1 & 1 \\ -2 & 4 \end{bmatrix}\begin{bmatrix} 1 & 1 \\ 1 & 2 \end{bmatrix} = \begin{bmatrix} 2 & 0 \\ 0 & 3 \end{bmatrix}$$

연습문제 5.2

1. $S = \{\mathbf{v}_1 = (1, 1, 1), \mathbf{v}_2 = (1, 1, 0), \mathbf{v}_3 = (1, 0, 0)\}$가 $\mathbb{R}^3$의 한 기저일 때, 벡터 $\mathbf{v} = (1, 2, 3)$의 기저 S에 대한 좌표벡터 $(\mathbf{v})_S$를 구하여라.

2. 선형변환 $T : \mathbb{R}^3 \to \mathbb{R}^2$가

$$T(\mathbf{e}_1) = (1, 1),\ T(\mathbf{e}_2) = (3, 0),\ T(\mathbf{e}_3) = (4, -7)$$

로 정의될 때, T의 표준행렬 A를 구하여라.

3. $T : \mathbb{R}^3 \to \mathbb{R}^3$가 다음과 같이 정의될 때, 다음 물음에 답하여라.

$$T\left(\begin{bmatrix} x \\ y \\ z \end{bmatrix}\right) = \begin{bmatrix} x-y \\ y-x \\ x-z \end{bmatrix}$$

1) T의 표준행렬 A를 구하여라.

2) A를 이용하여 $T(2, 0, 0)$을 구하여라.

3) 기저 $B = \{\mathbf{v}_1, \mathbf{v}_2, \mathbf{v}_3\}$에 대한 T의 행렬 C를 구하여라. 단, $\mathbf{v}_1 = \begin{bmatrix} 1 \\ 0 \\ 1 \end{bmatrix}$, $v_2 = \begin{bmatrix} 0 \\ 1 \\ 1 \end{bmatrix}$, $v_3 = \begin{bmatrix} 1 \\ 1 \\ 0 \end{bmatrix}$이다.

4) C를 이용하여 $T(2, 0, 0)$을 구하여라.

4. 선형변환 $T : \mathbb{R}^4 \to \mathbb{R}^3$가 $T\left(\begin{bmatrix} x \\ y \\ z \\ w \end{bmatrix}\right) = \begin{bmatrix} x+2y+z-4w \\ 2x+y-4z-2w \\ 2x-3z+3w \end{bmatrix}$로 정의될 때, 다음 물음에 답하여라.

1) $T(\mathbf{x}) = A\mathbf{x}$라고 할 때, 행렬 A를 구하여라.

2) $Ker(T)$의 기저를 구하여라.

3) $R(T)$의 기저를 구하여라.

5. $T : V \to V$가 축소(또는 확장)변환이면 모든 V의 기저에 대한 T의 행렬은 대각행렬임을 보여라.

6. $T : \mathbb{R}^3 \to \mathbb{R}^3$는 $T\left(\begin{bmatrix} x \\ y \\ z \end{bmatrix}\right) = \begin{bmatrix} x+2y-z \\ -y \\ x+7y \end{bmatrix}$로 정의되고 B는 $\mathbb{R}^3$의 표준기저이고, $B' = \{\mathrm{v}_1, \mathrm{v}_2, \mathrm{v}_3\}$ 일 때, 다음 물음에 답하여라. 단, $\mathrm{v}_1 = \begin{bmatrix} 1 \\ 0 \\ 0 \end{bmatrix}$, $v_2 = \begin{bmatrix} 1 \\ 1 \\ 0 \end{bmatrix}$, $v_3 = \begin{bmatrix} 1 \\ 1 \\ 1 \end{bmatrix}$이다.

1) 기저 $B = \{\mathrm{e}_1, \mathrm{e}_2, \mathrm{e}_3\}$에 대한 T의 행렬을 구하여라. 단, $\mathrm{e}_1 = \begin{bmatrix} 1 \\ 0 \\ 0 \end{bmatrix}$, $e_2 = \begin{bmatrix} 0 \\ 1 \\ 0 \end{bmatrix}$, $e_3 = \begin{bmatrix} 0 \\ 0 \\ 1 \end{bmatrix}$이다.

2) 기저 B'에 대한 T의 행렬을 구하여라.

7. $T : \mathbb{R}^2 \to \mathbb{R}^2$가 선형변환이고, $\mathbb{R}^2$의 기저는 $B = \{\mathrm{v}_1, \mathrm{v}_2\}$이고, $A = \begin{bmatrix} 1 & 3 \\ -2 & 5 \end{bmatrix}$가 기저 B에 대한 T의 행렬일 때, 다음 물음에 답하여라. 단, $\mathrm{v}_1 = \begin{bmatrix} 1 \\ 3 \end{bmatrix}$, $v_2 = \begin{bmatrix} -1 \\ 4 \end{bmatrix}$이다.

1) $[T(\mathrm{v}_1)]_B$와 $[T(\mathrm{v}_2)]_B$를 구하여라.

2) $T(\mathrm{v}_1)$과 $T(\mathrm{v}_2)$를 구하여라.

3) $T\left(\begin{bmatrix} 1 \\ 10 \end{bmatrix}\right)$을 구하여라.

8. $T : \mathbb{R}^3 \to \mathbb{R}^2$가 $T(\mathrm{v}_1) = T(\mathrm{v}_2) = (1, 0)$, $T(\mathrm{v}_3) = (0, 1)$로 정의된 선형변환이다. T를 행렬 A에 의한 곱으로 표현할 때, 이 행렬 A를 구하여라. 단, $\mathrm{v}_1 = \begin{bmatrix} 1 \\ 2 \\ 3 \end{bmatrix}$, $\mathrm{v}_2 = \begin{bmatrix} 2 \\ 5 \\ 3 \end{bmatrix}$, $\mathrm{v}_3 = \begin{bmatrix} 1 \\ 0 \\ 10 \end{bmatrix}$이다.

9. $T : P_1 \rightarrow \mathbb{R}^2$는 $T(p(x)) = \begin{bmatrix} \dfrac{d}{dx} p(x) \\ \displaystyle\int_0^1 p(x)\,dx \end{bmatrix}$로 정의된 선형변환일 때 P_1의 표준기저 $B = \{1, x\}$와 $\mathbb{R}^2$의 표준기저 $B' = \left\{ \begin{bmatrix} 1 \\ 0 \end{bmatrix}, \begin{bmatrix} 0 \\ 1 \end{bmatrix} \right\}$에 대한 T의 행렬 A를 구하여라.

10. $T : P_2 \rightarrow P_2$는 선형변환이고, $B = \{\mathrm{v}_1, \mathrm{v}_2, \mathrm{v}_3\}$은 P_2의 기저이다.

$A = \begin{bmatrix} 1 & 3 & -1 \\ 2 & 5 & 0 \\ 6 & -2 & 4 \end{bmatrix}$를 기저 B에 대한 T의 행렬이라 할 때, 다음 물음에 답하여라.

단, $\mathrm{v}_1 = 3x + 3x^2$, $\mathrm{v}_2 = -1 + 3x + 2x^2$, $\mathrm{v}_3 = 3 + 7x + 2x^2$.

1) $[T(\mathrm{v}_1)]_B$, $[T(\mathrm{v}_2)]_B$, $[T(\mathrm{v}_3)]_B$를 구하여라.

2) $T(\mathrm{v}_1)$, $T(\mathrm{v}_2)$, $T(\mathrm{v}_3)$를 구하여라.

3) $T(1 + x^2)$을 구하여라.

11. $B = \{\mathrm{v}_1, \mathrm{v}_2, \mathrm{v}_3, \mathrm{v}_4\}$는 벡터공간 V의 한 기저이고, T는 $T(\mathrm{v}_1) = \mathrm{v}_2$, $T(\mathrm{v}_2) = \mathrm{v}_3$, $T(\mathrm{v}_3) = \mathrm{v}_4$, $T(\mathrm{v}_4) = \mathrm{v}_1$으로 정의된 선형연산자일 때, 기저 B에 대한 T의 행렬을 구하여라.

12. $D : P_2 \rightarrow P_2$는 미분연산자 $D(\mathrm{p}) = \mathrm{p}'$라 할 때, 다음 물음에 답하여라.

1) 기저 $B = \{\mathrm{p}_1 = 1, \mathrm{p}_2 = x, \mathrm{p}_3 = x^2\}$에 대한 D의 행렬을 구하여라.

2) 기저 $B' = \{\mathrm{p}_1 = 2, \mathrm{p}_2 = 2 - 3x, \mathrm{p}_3 = 2 - 3x + 8x^2\}$에 대한 D의 행렬을 구하여라.

3) 1)에서 구한 행렬을 이용하여 $D(6 - 6x + 24x^2)$을 구하여라.

4) 2)에서 구한 행렬을 이용하여 $D(6 - 6x + 24x^2)$을 구하여라.

13. $T : P_2 \rightarrow P_2$는 $T(p(x)) = p(x) + \displaystyle\int_0^1 p(x)\,dx$로 정의되고 P_2의 기저 $B = \{1,\ 1 + x,\ x + x^2\}$에 대하여 다음 물음에 답하여라.

1) 기저 B에 대한 T의 행렬 A을 구하여라.

2) T의 치역 $R(T)$의 기저와 차원을 구하여라.

14. $\mathbb{R}^2$의 두 기저 $B=\{\mathbf{u}_1, \mathbf{u}_2\}$와 $B'=\{\mathbf{v}_1, \mathbf{v}_2\}$에 대하여 다음을 구하여라.

단, $\mathbf{u}_1=\begin{bmatrix}1\\0\end{bmatrix}, \mathbf{u}_2=\begin{bmatrix}0\\1\end{bmatrix}, \mathbf{v}_1=\begin{bmatrix}2\\1\end{bmatrix}, \mathbf{v}_2=\begin{bmatrix}-3\\4\end{bmatrix}$이다.

1) B에서 B'로의 추이행렬을 구하여라.

2) $\mathbf{w}=\begin{bmatrix}3\\-4\end{bmatrix}$일 때 좌표행렬 $[\mathbf{w}]_{B'}$를 계산하여라.

3) 직접 $[\mathbf{w}]_{B'}$를 계산한 것과 비교하여라.

4) B'에서 B로의 추이행렬을 구하여라.

15. $\mathbf{p}_1=6+3x, \mathbf{p}_2=10+2x, \mathbf{q}_1=2, \mathbf{q}_2=3+2x$일 때 P_1의 두 기저 $B=\{\mathbf{p}_1, \mathbf{p}_2\}$, $B'=\{\mathbf{q}_1, \mathbf{q}_2\}$에 대하여 다음 물음에 답하여라.

1) B에서 B'로의 추이행렬을 구하여라.

2) $\mathbf{p}=-4+x$일 때 좌표행렬 $[\mathbf{p}]_{B'}$를 계산하여라.

3) 직접 $[\mathbf{p}]_{B'}$를 계산한 것과 2)에서 구한 결과를 비교하여라.

4) B'에서 B로의 추이행렬을 구하여라.

16. 벡터공간 $V=\langle \mathbf{f}_1=\sin x, \mathbf{f}_2=\cos x\rangle$에 대하여 다음 물음에 답하여라.

1) $\mathbf{g}_1=2\sin x+\cos x, \mathbf{g}_2=3\cos x$는 V의 기저가 됨을 보여라.

2) $B=\{\mathbf{f}_1, \mathbf{f}_2\}$에서 $B'=\{\mathbf{g}_1, \mathbf{g}_2\}$로의 추이행렬을 구하여라.

3) $\mathbf{h}=2\sin x-5\cos x$일 때 좌표행렬 $[\mathbf{h}]_{B'}$를 계산하여라

4) 직접 $[\mathbf{h}]_{B'}$를 계산한 것과 3)에서 구한 결과를 비교하여라.

5) B'에서 B로의 추이행렬을 구하여라.

17. $\mathbb{R}^2$의 두 기저 $B=\left\{\mathbf{u}_1=\begin{bmatrix}5\\2\end{bmatrix}, \mathbf{u}_2=\begin{bmatrix}1\\6\end{bmatrix}\right\}, B'=\left\{\mathbf{v}_1=\begin{bmatrix}-2\\0\end{bmatrix}, \mathbf{v}_2=\begin{bmatrix}1\\2\end{bmatrix}\right\}$

에 대하여 다음 물음에 답하여라

1) B에서 B'로의 추이행렬 P를 구하여라.

2) $\mathbf{v}=\begin{bmatrix}7\\14\end{bmatrix}$일 때, $[\mathbf{v}]_B$와 $[\mathbf{v}]_{B'}$를 구하여라.

18. $B=\{e_1, e_2, e_3\}$, $B'=\{v_1=(1,0,0), v_2=(1,1,0), v_3=(1,1,1)\}$은 $\mathbb{R}^3$의 두 기저이다. 다음 물음에 답하여라.

1) B에서 B'로의 추이행렬 P를 구하여라.

2) $v=(2,-5,3)$의 기저 B'에 대한 좌표행렬 $[v]_{B'}$를 1)을 이용하여 구하여라.

3) B'에서 B로의 추이행렬 Q를 구하여라.

19. P_1의 두 기저 $B=\{1, x\}$, $B_0=\{x, 1+x\}$에 대하여 다음 물음에 답하여라.

1) B에서 B_0로의 추이행렬 P를 구하여라.

2) $p=-2+3x$의 기저 B_0에 대한 좌표행렬 $[p]_{B_0}$를 구하여라.

3) B_0에서 B로의 추이행렬 Q를 구하여라.

20. $T: \mathbb{R}^2 \to \mathbb{R}^2$가 선형변환이고, $\mathbb{R}^2$의 두 기저를 $B=\{(-3,2), (4,-2)\}$와 $B'=\{(-1,2), (2,-2)\}$라 하자. $A=\begin{bmatrix} -2 & 7 \\ -3 & 7 \end{bmatrix}$가 기저 B에 대한 T의 행렬일 때, 다음 물음에 답하여라.

1) 기저 B'에서 B로의 추이행렬 P를 구하여라.

2) 기저 B'에 대한 T의 행렬 A'를 구하여라.

3) $[v]_{B'}=\begin{bmatrix} -3 \\ -1 \end{bmatrix}$일 때 $[v]_B$와 $[T(v)]_B$를 구하여라.

21. $T: \mathbb{R}^3 \to \mathbb{R}^3$가 선형변환이고, $\mathbb{R}^2$의 두 기저를 $B=\{(1,1,0), (1,0,1), (0,1,1)\}$와 $B'=\{(1,0,0), (0,1,0), (0,0,1)\}$라 하자.

$A=\begin{bmatrix} 3/2 & -1 & -1/2 \\ -1/2 & 2 & 1/2 \\ 1/2 & 1 & 5/2 \end{bmatrix}$가 기저 B에 대한 T의 행렬일 때, 다음 물음에 답하여라.

1) 기저 B'에서 B로의 추이행렬 P를 구하여라.

2) $[v]_{B'}=\begin{bmatrix} 1 \\ 0 \\ -1 \end{bmatrix}$일 때 $[v]_B$와 $[T(v)]_B$를 구하여라.

3) 기저 B'에 대한 T의 행렬 A'를 구하여라.

22. $T: P_1 \to P_1$ 는 $T(\mathrm{p}) = x \times \dfrac{d}{dx}\mathrm{p}$로 정의되고 P_1 의 두 기저 $B = \{1, x\}$와 $B' = \{2,\ 2-3x\}$일 때, 다음 물음에 답하여라.

1) B 에서 B'로의 추이행렬 P를 구하여라.

2) 기저 B에 대한 T의 행렬 A을 구하여라.

3) $Ker(T)$의 기저를 구하여라.

23. $T: P_2 \to P_2$가 선형변환이고, $A = \begin{bmatrix} 1 & 3 & 0 \\ 3 & 1 & 0 \\ 0 & 0 & -2 \end{bmatrix}$는 P_2의 표준기저에 대한 T의 행렬일 때 기저 $B' = \{1+x,\ 1-x,\ x^2\}$에 대한 T의 행렬 A'을 구하여라.

24. 두 행렬 A와 B가 상사일 때, 다음 물음에 답하여라.

1) A가 가역행렬이면 B도 가역행렬이다.

2) A가 가역행렬이면 A^{-1}와 B^{-1}도 상사행렬이다.

25. 행렬 A와 B가 상사일 때, 다음 물음에 답하여라.

1) A^2과 B^2은 상사임을 보여라.

2) k가 임의의 양의 정수이면 A^k과 B^k은 상사임을 보여라.

3) $\det(A) = \det(B)$임을 보여라.

4) $rank(A) = rank(B)$임을 보여라.

제 6 장

Introduction to Linear Algebra

고유치와 고유벡터

선형대수학의 응용분야에서 $A\mathbf{x} = \lambda\mathbf{x}$ 라는 방정식을 자주 접하게 되는데 이 방정식이 비자명해 $\mathbf{x}$ 를 가질 때, λ 를 행렬 A 의 고유치, $\mathbf{x}$ 를 λ 에 대한 A 의 고유벡터라 한다. 고유치와 고유벡터는 미분방정식의 해법에도 응용된다. 1절에서는 고유치와 고유벡터를 정의하고, 2절과 3절에서는 고유치와 고유벡터를 이용해서 행렬을 대각화하는 방법에 대하여 알아본다.

6.1 고유치와 고유벡터

공학이나 수학 문제에서 선형변환 $T : V \to V$를 자주 접하게 되는데 이 때 $\mathbf{x}$ 에 대한 방정식 $T(\mathbf{x}) = \lambda\mathbf{x}$ 가 0 이 아닌 해를 갖기 위한 실수 λ 를 결정하는 것이 대단히 중요하다(다음 절에서 λ 가 행렬을 대각화하는데 결정적인 역할을 한다는 것을 알 수 있을 것이다). 유한차원 벡터공간에서 유한차원 벡터공간으로의 모든 선형변환은 행렬에 의한 곱으로 문제를 간단히 해결할 수 있으므로 선형변환의 연구 대상은 결국 행렬이 된다. 이 절에서는 선형변환의 고유치, 고유벡터와 관계된 내용을 행렬의 고유치, 고유벡터에 대한 내용으로 바꾸는 것에 대하여 알아보자. 이를 위하여 먼저 행렬의 고유치와 고유벡터에 대해 알아보자.

정의 6.1 A 가 n차 정방행렬이고, $\mathbb{R}^n$의 벡터 $\mathbf{x}(\neq 0)$에 대하여 $A\mathbf{x} = \lambda\mathbf{x}$일 때 λ 를 행렬 A 의 **고유치(eigenvalue)**라하고, 벡터 $\mathbf{x}$ 를 고유치 λ 에 대한 행렬 A 의 **고유벡터(eigenvector)**라고 부른다. (그림 6.1).

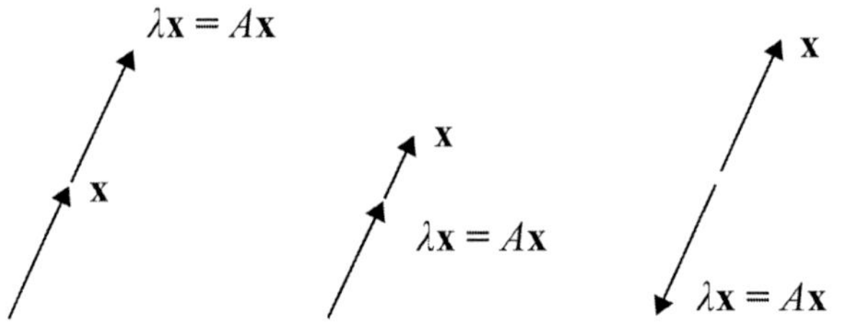

[그림 6.1]

예제 6.1 행렬 $A = \begin{bmatrix} 2 & 1 \\ 1 & 2 \end{bmatrix}$의 고유치와 각 고유치에 대한 고유벡터를 구하여라.

풀이 실수 λ 에 대해 $A\begin{bmatrix} x \\ y \end{bmatrix} = \lambda\begin{bmatrix} x \\ y \end{bmatrix}$라고 하자. 이 행렬방정식을 동차연립방정식의 형태로 고쳐 쓰면 $\begin{cases} (2-\lambda)x + y = 0 \\ x + (2-\lambda)y = 0 \end{cases}$이 된다. 이제 이 연립방정식이 비자명해 $\begin{bmatrix} x \\ y \end{bmatrix}$를 갖도록 λ 의 값을 구하고, 각 λ 에 대한 해 $\mathbf{x} = \begin{bmatrix} x \\ y \end{bmatrix}$를 구하여보자.

이 연립방정식이 비자명해를 가질 조건은 $\begin{vmatrix} 2-\lambda & 1 \\ 1 & 2-\lambda \end{vmatrix} = 0$이므로 $\lambda = 1$, $\lambda = 3$이 된다. 따라서 행렬 A 의 고유치는 $\lambda = 1$, $\lambda = 3$이다.

$\lambda = 1$이면 연립방정식은 $\begin{cases} x + y = 0 \\ x + y = 0 \end{cases}$이므로 비자명해는 다음과 같다.

$$\mathbf{x} = k\begin{bmatrix} 1 \\ -1 \end{bmatrix},\ k \neq 0$$

따라서 $\lambda = 1$에 대한 A 의 고유벡터는 $k\begin{bmatrix} 1 \\ -1 \end{bmatrix}$, $k \neq 0$이다.

$\lambda = 3$이면 연립방정식은 $\begin{cases} y - x = 0 \\ x - y = 0 \end{cases}$이므로 비자명해는 다음과 같다.

$$\mathbf{x} = l\begin{bmatrix} 1 \\ 1 \end{bmatrix},\ l \neq 0$$

따라서 $\lambda = 3$에 대한 A 의 고유벡터는 $l\begin{bmatrix} 1 \\ 1 \end{bmatrix}$, $l \neq 0$이다.

예제 6.1에서 A 의 고유치를 구하기 위하여 $A\mathbf{x} - \lambda\mathbf{x}$를 풀었다. 이 식을 고쳐 쓰

면 $A\mathbf{x} = \lambda I\mathbf{x}$ 또는

$$(A - \lambda I)\mathbf{x} = 0 \tag{6.1}$$

이 된다. λ 가 A 의 고유치가 되기 위해서는 식 (6.1)이 비자명해 $\mathbf{x}$를 가져야 한다. 그런데 정리 4.16에 의하면 식 (6.1)은 $\det(A - \lambda I) = 0$ 일 때 비자명해 $\mathbf{x}$를 가진다. 이때 $\det(A - \lambda I) = 0$을 A 의 **고유방정식**(characteristic equation)이라 부른다. 또한, 이 방정식을 만족하는 실수 λ는 A 의 고유치가 된다. λ에 대한 다항식 $f(\lambda) = \det(A - \lambda I)$를 A 의 **고유다항식**(characteristic polynomial)이라 부르고 $(A - \lambda I)\mathbf{x} = 0$의 해공간을 고유치 λ에 대한 A 의 **고유공간**(eigenspace)이라 한다.

예제 6.1에서 고유치 $\lambda = 1$에 대한 고유벡터는 $k\begin{bmatrix} 1 \\ -1 \end{bmatrix}, k \neq 0$이있고, 고유치 $\lambda = 3$에 대한 고유벡터는 $l\begin{bmatrix} 1 \\ 1 \end{bmatrix}, l \neq 0$이었다. 따라서 고유치 $\lambda = 1$에 대한 A 의 고유공간은 집합 $\left\{\begin{bmatrix} 1 \\ -1 \end{bmatrix}\right\}$로 생성되고, $\left\{\begin{bmatrix} 1 \\ -1 \end{bmatrix}\right\}$을 고유치 $\lambda = 1$에 대한 A의 고유공간의 기저라고 말한다. 고유치 $\lambda = 3$에 대한 A 의 고유공간의 기저는 $\left\{\begin{bmatrix} 1 \\ 1 \end{bmatrix}\right\}$이다.

예제 6.1에서는 방정식의 조건을 만족시키는 실수 λ를 구할 수 있었지만 이러한 실수 λ가 항상 존재하는 것은 아니다. 다음 예제는 조건을 만족시키는 실수 λ가 존재하지 않는 경우이고, 이 경우에 주어진 행렬의 고유치는 없다고 말한다.

예제 6.2 $A = \begin{bmatrix} -2 & -1 \\ 5 & 2 \end{bmatrix}$의 고유치를 구하여라(고유치가 없는 경우).

풀이 $\det(A - \lambda I) = (\lambda + 2)(\lambda - 2) + 5 = \lambda^2 + 1 = 0$이므로 이를 만족하는 실수 λ는 없다. 따라서 A 의 고유치는 없다.

문제에 따라서 조건을 만족시키는 고유치 λ가 중근인 경우가 있는데, 고유치 λ가 고유방정식의 r – 중근일 때 r 을 고유치 λ의 **중복도**라 한다. 다음 두 예제에서 중복도가 각각 2, 3 인 경우에 대하여 살펴보자.

예제 6.3 $A = \begin{bmatrix} 3 & -2 & 0 \\ -2 & 3 & 0 \\ 0 & 0 & 5 \end{bmatrix}$의 고유치와 각 고유치에 대한 고유공간의 기저를 구하여라(중복도가 2인 경우).

풀이 A의 고유방정식은 $(\lambda-1)(\lambda-5)^2=0$이므로 A의 고유치는 $\lambda=1$, $\lambda=5$ (중근)이다. λ에 대한 A의 고유공간은 $(A-\lambda I)\mathbf{x}=\mathbf{0}$의 해공간이다. $\lambda=5$ (중근)일 때 $(A-5I_3)\mathbf{x}=\mathbf{0}$를 연립방정식의 형태로 고쳐 쓰면 다음과 같다.

$$\begin{aligned} -2x-2y &= 0 \\ -2x-2y &= 0 \end{aligned}$$

이 연립방정식에서 $y=s$, $z=t$ $(s, t\in\mathbb{R})$이라 두면 $x=-s$ 이므로 해는

$$\mathbf{x} = \begin{bmatrix} -s \\ s \\ t \end{bmatrix} = s\begin{bmatrix} -1 \\ 1 \\ 0 \end{bmatrix} + t\begin{bmatrix} 0 \\ 0 \\ 1 \end{bmatrix} \ (s, t\in\mathbb{R})$$

이고 집합 $\left\{\begin{bmatrix} -1 \\ 1 \\ 0 \end{bmatrix}, \begin{bmatrix} 0 \\ 0 \\ 1 \end{bmatrix}\right\}$은 1차 독립이다. 따라서 $\lambda=5$ (중근)에 대한 A의 고유공간의 기저는 $\left\{\begin{bmatrix} -1 \\ 1 \\ 0 \end{bmatrix}, \begin{bmatrix} 0 \\ 0 \\ 1 \end{bmatrix}\right\}$이다.

$\lambda=1$ 일 때 $(A-I_3)\mathbf{x}=\mathbf{0}$를 연립방정식의 형태로 고쳐 쓰면 다음과 같다.

$$\begin{aligned} 2x-2y \quad &= 0 \\ -2x+2y \quad &= 0 \\ 4z &= 0 \end{aligned}$$

이 연립방정식에서 $y=s$ $(s\in\mathbb{R})$라 두면 $x=s$가 되어 해는

$$\mathbf{x} = \begin{bmatrix} s \\ s \\ 0 \end{bmatrix} = s\begin{bmatrix} 1 \\ 1 \\ 0 \end{bmatrix} \ (s\in\mathbb{R})$$

이다. 따라서 $\lambda=1$에 대한 A의 고유공간의 기저는 $\left\{\begin{bmatrix} 1 \\ 1 \\ 0 \end{bmatrix}\right\}$이다.

예제 6.4 $A = \begin{bmatrix} 4 & -6 & -2 \\ 1 & -1 & -1 \\ -1 & 3 & 3 \end{bmatrix}$의 고유치와 각 고유치에 대한 고유공간의 기저를 구하여라(고유치의 중복도가 3인 경우).

풀이 A의 고유방정식은 $-(\lambda-2)^3 = 0$이다. 그러므로 A의 고유치는 $\lambda = 2$(3중근)이다. λ에 대한 A의 고유공간은 $(A-\lambda I)\mathbf{x} = \mathbf{0}$의 해공간이다. $\lambda = 2$(3중근)일 때 $(A-2I_3)\mathbf{x} = \mathbf{0}$를 연립방정식의 형태로 고쳐 쓰면 $x-3y-z=0$이 되므로 $y=s$, $z=t$ $(s, t \in \mathbb{R})$라 두면 $x=3s+t$가 되어 해는

$$\mathbf{x} = \begin{bmatrix} 3s+t \\ s \\ t \end{bmatrix} = s\begin{bmatrix} 3 \\ 1 \\ 0 \end{bmatrix} + t\begin{bmatrix} 1 \\ 0 \\ 1 \end{bmatrix} \ (s, t \in \mathbb{R})$$

이고 $\left\{\begin{bmatrix} 3 \\ 1 \\ 0 \end{bmatrix}, \begin{bmatrix} 1 \\ 0 \\ 1 \end{bmatrix}\right\}$은 1차 독립이다. 따라서 $\lambda = 2$ (3중근)에 대한 A의 고유공간의 기저는 $\left\{\begin{bmatrix} 3 \\ 1 \\ 0 \end{bmatrix}, \begin{bmatrix} 1 \\ 0 \\ 1 \end{bmatrix}\right\}$이다.

다음 정리는 지금까지 언급한 내용을 요약 정리한 것이다.

정리 6.1 A가 n차 정방행렬이면 다음은 동치이다.

1) λ는 A의 고유치이다.
2) 연립방정식 $(A-\lambda I)\mathbf{x} = \mathbf{0}$는 비자명해를 갖는다.
3) $\mathbb{R}^n$에 $\mathbf{0}$이 아닌 벡터 $\mathbf{x}$가 존재하여 $A\mathbf{x} = \lambda\mathbf{x}$를 만족한다.
4) λ는 고유방정식 $\det(A-\lambda I) = 0$의 실수해이다.

대수학의 기본정리(복소수 계수의 n차 방정식은 n개의 복소수근을 가진다.)에 의하면 n차 방정식은 복소수근과 중근까지 고려하면 n개의 근을 가져야 하므로 n차 정방행렬 A의 고유치는 복소수 범위에서 중복도를 고려하면 n개가 존재한다. 실제로 많은 공학문제에서는 고유치가 복소수인 경우도 고려하고 있다. n차 정방행렬 A의 고유치가 $\lambda_1, \lambda_2, \cdots, \lambda_n$(중근과 복소수근 포함)이면 $\det(A) = \lambda_1\lambda_2\cdots\lambda_n$이 된

다(연습문제 7). 그러므로 행렬 A의 고유치에 0이 포함되기 위한 필요충분조건은 $\det(A) = 0$이 된다.

고유치와 고유벡터는 행렬뿐 아니라 선형변환에서도 정의할 수 있다. 벡터공간 V의 영벡터가 아닌 벡터 $\mathbf{x}$에 대하여 $T(\mathbf{x}) = \lambda\mathbf{x}$를 만족하면 실수 λ를 **선형변환 $T: V \to V$의 고유치**라 부른다. 행렬의 경우와 마찬가지로 I가 항등변환일 때 λ에 대한 T의 고유벡터는 $Ker(T - \lambda I)$의 영벡터가 아닌 벡터이다. 벡터공간 $Ker(T - \lambda I)$를 λ에 대한 T의 고유공간이라 부른다.

V가 유한차원 벡터공간이고 A가 V의 임의의 기저 B에 대한 T의 행렬이라 하자. 선형변환 $T: V \to V$는 $[T(\mathbf{x})]_B = A[\mathbf{x}]_B$임을 5.2절에서 살펴보았다. 만일 λ가 T의 고유치이면 좌표행렬변환은 선형변환이므로 $[\lambda\mathbf{x}]_B = \lambda[\mathbf{x}]_B$이다. 따라서 다음 식이 성립한다.

$$[T(\mathbf{x})]_B = [\lambda\mathbf{x}]_B = \lambda[\mathbf{x}]_B = A[\mathbf{x}]_B$$

즉, T의 고유치는 행렬 A의 고유치이며, 벡터 $\mathbf{x}$가 λ에 대한 T의 고유벡터이기 위한 필요충분조건은 좌표행렬 $[\mathbf{x}]_B$가 λ에 대한 A의 고유벡터이다. 따라서 다음과 같은 정리를 얻을 수 있다.

정리 6.2 유한차원 벡터공간 V와 V의 임의의 기저 B에 대한 T의 행렬 A에 대하여 다음이 성립한다.

1) T의 고유치는 A의 고유치이다.
2) 벡터 $\mathbf{x}$가 λ에 대한 T의 고유벡터일 필요충분조건은 $\mathbf{x}$의 좌표행렬 $[\mathbf{x}]_B$가 λ에 대한 A의 고유벡터이다.

다음 예제는 정리 6.2를 적용하여 선형변환 T의 고유치와 고유공간의 기저를 구하는 예이다.

예제 6.5 $T(a + bx + cx^2) = (3a - 2b) + (-2a + 3b)x + (5c)x^2$로 정의된 선형변환 $T: P_2 \to P_2$의 고유치와 각 고유치에 대한 고유공간에 대한 기저를 구하여라.

풀이 P_2의 기저를 표준기저 $B=\{1, x, x^2\}$로 택하자(물론, 다른 기저를 선택해도 되지만 풀이가 복잡해진다).

$$[T(1)]_B=\begin{bmatrix}3\\-2\\0\end{bmatrix},\ [T(x)]_B=\begin{bmatrix}-2\\3\\0\end{bmatrix},\ [T(x^2)]_B=\begin{bmatrix}0\\0\\5\end{bmatrix}$$

이므로 표준기저 B에 대한 T의 행렬은

$$A=\begin{bmatrix}3&-2&0\\-2&3&0\\0&0&5\end{bmatrix}$$

이다. 행렬 A의 고유치는 예제 6.3에서 $\lambda=1, 5$(중근)임을 알았다. 그러므로 정리 6.2에 의하여 T의 고유치는 $\lambda=1, 5$(중근)이다. 그리고 $\lambda=5$에 대한 A의 고유공간의 기저는 $\left\{\begin{bmatrix}-1\\1\\0\end{bmatrix}, \begin{bmatrix}0\\0\\1\end{bmatrix}\right\}$이므로 T의 고유공간의 기저는 $\{-1+x, x^2\}$이다. 같은 방법으로 $\lambda=1$에 대한 T의 고유공간의 기저를 구하면 $\{1+x\}$이다.

연습문제 6.1

1. $A=\begin{bmatrix}1&1\\1&1\end{bmatrix}$의 고유치와 각 고유치에 대한 A의 고유공간의 기저를 구하여라.

2. $T: P_1 \to P_1$은 $T(a_0+a_1x)=a_0+(6a_0-a_1)x$로 정의되는 선형변환일 때, T의 고유치와 각 고유치에 대한 T의 고유공간의 기저를 구하여라.

3. $T: P_1 \to P_1$는 $T(a+bx)=a-2b+(2b-3a)x$로 정의되는 선형변환이고, P_1의 기저를 $B=\{1, x\}$라 할 때, 다음 물음에 답하여라.
   1) 기저 B에 대한 T의 행렬 A를 구하여라.
   2) T의 고유치를 구하여라.
   3) 각 고유치에 대한 A의 고유공간의 기저를 구하여라.
   4) 각 고유치에 대한 T의 고유공간의 기저를 구하여라.

4. λ가 n차 정방행렬 A의 고유치이고, $\mathbf{x}$가 고유치 λ에 대한 A의 고유벡터이면 임의의 자연수 m에 대하여 λ^m은 A^m의 고유치이고 $\mathbf{x}$는 λ^m에 대한 A^m의 고유벡터임을 보여라.

5. λ가 n차 가역행렬 A의 고유치이고, $\mathbf{x}$가 λ에 대한 A의 고유벡터이면 λ^{-1}는 A^{-1}의 고유치이고, $\mathbf{x}$는 λ^{-1}에 대한 A^{-1}의 고유벡터임을 보여라.

6. 행렬 A의 고유치에 0이 포함되기 위한 필요충분조건은 $\det(A) = 0$임을 보여라.

7. 행렬 A의 고유치가 $\lambda_1, \lambda_2, \cdots, \lambda_n$ (중근과 복소수근 포함)이면 $\det(A) = \lambda_1 \lambda_2 \cdots \lambda_n$ 임을 보여라.

8. n차 정방행렬 A와 A^T의 고유치는 같음을 보여라.

9. 삼각행렬의 고유치는 주대각선상의 원들임을 보여라.

10. 연습문제 4, 9의 결과를 이용하여 A^9의 고유치를 구하여라.

단, $A = \begin{bmatrix} 1 & 3 & 7 & 11 \\ 0 & -1 & 3 & 8 \\ 0 & 0 & -2 & 4 \\ 0 & 0 & 0 & 2 \end{bmatrix}$

11. λ를 선형변환 $T: V \to V$의 고유치라 하자. λ에 대한 T의 고유벡터는 $Ker(T - \lambda I)$의 $\mathbf{0}$이 아닌 벡터임을 보여라. 단, I는 항등변환이다.

12. 선형변환 $T: M_{22} \to M_{22}$가 $T\left(\begin{bmatrix} a & b \\ c & d \end{bmatrix}\right) = \begin{bmatrix} 2c & a+c \\ b-2c & d \end{bmatrix}$로 정의될 때, 다음 물음에 답하여라.

1) T의 고유치를 구하여라.

2) 각 고유치에 대한 T의 고유공간의 기저를 구하여라.

13. 다음 행렬들의 고유치와 각 고유치에 대한 고유공간의 기저와 차원을 구하여라.

1) $\begin{bmatrix} 2 & 0 \\ 1 & 2 \end{bmatrix}$ 2) $\begin{bmatrix} 3 & -2 \\ -2 & 3 \end{bmatrix}$ 3) $\begin{bmatrix} 5 & 6 & 2 \\ 0 & -1 & -8 \\ 1 & 0 & -2 \end{bmatrix}$

4) $\begin{bmatrix} 2 & 1 & 1 \\ 0 & 1 & -1 \\ 0 & 2 & 4 \end{bmatrix}$ 5) $\begin{bmatrix} 4 & -6 & -2 \\ 1 & -1 & -1 \\ -1 & 3 & 3 \end{bmatrix}$ 6) $\begin{bmatrix} 4 & 0 & 1 \\ -2 & 1 & 0 \\ -2 & 0 & 1 \end{bmatrix}$

14. 두 행렬 A와 B가 상사이면, 두 행렬의 고유치는 같음을 보여라.

15. $T: P_1 \rightarrow P_1$는 $T(a+bx) = a+2b+(2b+3a)x$로 정의된 선형변환이고, P_1의 기저를 $B = \{1, x\}$라 할 때, 다음 물음에 답하여라.

1) 기저 B에 대한 T의 행렬 A를 구하여라.
2) 1)에서 구한 행렬 A의 고유치를 모두 구하여라.
3) 행렬 A의 각 고유치에 대한 고유공간의 기저를 구하여라.
4) T의 각 고유치에 대한 고유공간의 기저를 구하여라.

16. $T(a+bx+cx^2) = 2a+(a+3b)x+(-3a+5b+3c)x^2$로 정의된 선형변환 $T: P_2 \rightarrow P_2$에서 T의 고유치와 각 고유치에 대한 T의 고유공긴의 기저를 구하여라.(hint: P_2의 기저를 표준기저로 택하여라.)

6.2 대각화

이 절과 다음 절에서는 아래와 같은 문제들에 대하여 생각해보자.

문제 1) 유한차원 벡터공간 V 위의 선형변환 $T: V \rightarrow V$가 주어졌을 때 기저 B 대한 T의 행렬이 대각행렬이 되는 V의 기저 B가 존재하는가?

문제 2) 유한차원 내적공간 V 위의 선형변환 $T: V \rightarrow V$가 주어졌을 때 기저 B'에 대한 T의 행렬이 대각행렬이 되는 V의 직교기저 B'가 존재하는가?

선형변환 $T: V \rightarrow V$와 어떤 기저 B에 대한 T의 행렬 A를 생각해보자. 문제 1)은 V의 기저를 적절하게 바꾸면 새로운 기저 B'에 대한 T의 행렬 A'가 대각행렬이 되는가를 물어보는 것과 동치이다.

만약 V가 내적공간이고 V의 서로 다른 두 기저들이 정규직교기저이면 정리 5.8에 의해 추이행렬 Q는 직교행렬이다. 따라서 위의 문제들은 다음과 같이 행렬에 대한 내용으로 바꾸어 생각할 수 있다.

문제 1) 정사각행렬 A가 주어졌을 때 $Q^{-1}AQ$가 대각행렬이 되는 가역행렬 Q가 존재하는가?

문제 2) 정사각행렬 A가 주어졌을 때 $Q^{-1}AQ$가 대각행렬이 되는 직교행렬 Q가 존재하는가?

예제 5.15에서 정사각행렬 A는 대각행렬이 아니지만 적당한 가역행렬 Q에 대하여 $Q^{-1}AQ$는 대각행렬이 되었다. 이 문제를 해결하기 위해서는 먼저 $Q^{-1}AQ$가 대각행렬이 되는 가역행렬 Q를 만들어 내는 것이 필요하다. 위 문제를 해결하기 위하여 몇 가지 용어를 정의를 알아보자.

정의 6.2 정사각행렬 A에 대하여 $Q^{-1}AQ$가 대각행렬이 되는 가역행렬 Q가 존재하면 정방행렬 A는 **대각화 가능**(diagonalizable)하다고 하고 행렬 Q를 행렬 A의 **대각화 행렬**(diagonalization matrix)이라고 한다.

다음 정리는 행렬이 대각화 가능한 지를 판별하는 방법으로 이용될 수 있다.

정리 6.3 A가 n차 정방행렬이면 다음은 동치이다.

1) A는 대각화 가능한 행렬이다.
2) A는 n개의 1차 독립인 고유벡터들을 갖는다.

증명 1) $\Rightarrow$ 2) A는 대각화 가능한 행렬이므로 적당한 가역행렬

$$Q = \begin{bmatrix} q_{11} & q_{12} & \cdots & q_{1n} \\ q_{21} & q_{22} & \cdots & q_{2n} \\ \vdots & \vdots & & \vdots \\ q_{n1} & q_{n2} & \cdots & q_{nn} \end{bmatrix}$$

가 존재해서 $Q^{-1}AQ$가 대각행렬이 된다. 즉 $Q^{-1}AQ = D$이다.
여기에서

$$D = \begin{bmatrix} \lambda_1 & 0 & \cdots & 0 \\ 0 & \lambda_2 & \cdots & 0 \\ \vdots & \vdots & & \vdots \\ 0 & 0 & \cdots & \lambda_n \end{bmatrix}$$

이다. 따라서 $AQ = QD$이다. 즉,

$$AQ = \begin{bmatrix} q_{11} & q_{12} & \cdots & q_{1n} \\ q_{21} & q_{22} & \cdots & q_{2n} \\ \vdots & \vdots & & \vdots \\ q_{n1} & q_{n2} & \cdots & q_{nn} \end{bmatrix} \begin{bmatrix} \lambda_1 & 0 & \cdots & 0 \\ 0 & \lambda_2 & \cdots & 0 \\ \vdots & \vdots & & \vdots \\ 0 & 0 & \cdots & \lambda_n \end{bmatrix} \tag{6.2}$$

$$= \begin{bmatrix} \lambda_1 q_{11} & \lambda_2 q_{12} & \cdots & \lambda_n q_{1n} \\ \lambda_1 q_{21} & \lambda_2 q_{22} & \cdots & \lambda_n q_{2n} \\ \vdots & \vdots & & \vdots \\ \lambda_1 q_{n1} & \lambda_2 q_{n2} & \cdots & \lambda_n q_{nn} \end{bmatrix}$$

이나. 이제 $\mathrm{q}_1, \mathrm{q}_2, \cdots, \mathrm{q}_n$을 행렬 Q의 열벡터라고 하면 식 (6.2)로부터 AQ의 열들은 $\lambda_1 \mathrm{q}_1, \lambda_2 \mathrm{q}_2, \cdots, \lambda_n \mathrm{q}_n$이다. 그런데 AQ의 열들은 $A\mathrm{q}_1, A\mathrm{q}_2, \cdots, A\mathrm{q}_n$으로 쓸 수 있으므로

$$A\mathrm{q}_1 = \lambda_1 \mathrm{q}_1,\ A\mathrm{q}_2 = \lambda_2 \mathrm{q}_2,\ \cdots,\ A\mathrm{q}_n = \lambda_n \mathrm{q}_n \tag{6.3}$$

이 된다. 그리고 Q가 가역행렬이므로 Q의 열벡터들은 모두 영벡터가 아니다. 그러므로 식 (6.3)에 의해 $\lambda_1, \lambda_2, \cdots, \lambda_n$은 행렬 A의 고유치이며 $\mathrm{q}_1, \mathrm{q}_2, \cdots, \mathrm{q}_n$은 각 고유치에 대한 고유벡터들이다. 또 Q가 가역행렬이므로 정리 4.16에 의하여 집합 $\{\mathrm{q}_1, \mathrm{q}_2, \cdots, \mathrm{q}_n\}$은 1차 독립이다. 그러므로 A는 n개의 1차 독립인 고유벡터를 갖는다.

2) ⇒ 1) A는 n개의 1차 독립인 고유벡터를 갖는다고 가정하고 열벡터들이 $\mathrm{q}_1, \mathrm{q}_2, \cdots, \mathrm{q}_n$인 행렬을 Q라 하면 즉,

$$Q = [\mathrm{q}_1 \vdots \mathrm{q}_2 \vdots \cdots \vdots \mathrm{q}_n] = \begin{bmatrix} q_{11} & q_{12} & \cdots & q_{1n} \\ q_{21} & q_{22} & \cdots & q_{2n} \\ \vdots & \vdots & & \vdots \\ q_{n1} & q_{n2} & \cdots & q_{nn} \end{bmatrix}$$

이라 하면 AQ의 열들은 $A\mathrm{q}_1, A\mathrm{q}_2, \cdots, A\mathrm{q}_n$이다. $\mathrm{q}_i\ (i = 1, 2, \cdots, n)$를 고유치 λ_i에 대한 고유벡터라 두면 $A\mathrm{q}_1 = \lambda_1 \mathrm{q}_1, A\mathrm{q}_2 = \lambda_2 \mathrm{q}_2, \cdots, A\mathrm{q} = \lambda_n \mathrm{q}_n$이다. 따라서

$$AQ = \begin{bmatrix} \lambda_1 q_{11} & \lambda_2 q_{12} & \cdots & \lambda_n q_{1n} \\ \lambda_1 q_{21} & \lambda_2 q_{22} & \cdots & \lambda_n q_{2n} \\ \vdots & \vdots & & \vdots \\ \lambda_1 q_{n1} & \lambda_2 q_{n2} & \cdots & \lambda_n q_{nn} \end{bmatrix} \tag{6.4}$$

$$= \begin{bmatrix} q_{11} & q_{12} & \cdots & q_{1n} \\ q_{21} & q_{22} & \cdots & q_{2n} \\ \vdots & \vdots & & \vdots \\ q_{n1} & q_{n2} & \cdots & q_{nn} \end{bmatrix} \begin{bmatrix} \lambda_1 & 0 & \cdots & 0 \\ 0 & \lambda_2 & \cdots & 0 \\ \vdots & \vdots & & \vdots \\ 0 & 0 & \cdots & \lambda_n \end{bmatrix}$$
$$= QD$$

이다. 여기서 D는 주대각선상의 원들이 고유치 $\lambda_1, \lambda_2, \cdots, \lambda_n$인 대각행렬이다. Q의 열벡터들이 1차 독립이므로 Q는 가역행렬이고, 식 (6.4)는 $Q^{-1}AQ = D$로 고쳐 쓸 수 있다. 즉, A는 대각화 가능하다.

정리 6.3의 증명과정에서 살펴본 바와 같이 대각화 가능한 n차 정방행렬 A를 대각화하는 순서는 다음과 같이 요약할 수 있다.

> 1단계: 행렬 A에 대한 n개의 1차 독립인 고유벡터 $\mathbf{q}_1, \mathbf{q}_2, \cdots, \mathbf{q}_n$을 구한다.
> 2단계: $\mathbf{q}_1, \mathbf{q}_2, \cdots, \mathbf{q}_n$을 열벡터로 갖는 행렬 Q를 만든다.
> 3단계: 행렬 $Q^{-1}AQ$는 대각선의 원이 $\lambda_1, \lambda_2, \cdots, \lambda_n$인 대각행렬이 된다.
> 여기서 $\lambda_i\,(i = 1, 2, \cdots, n)$는 $\mathbf{q}_i$에 대한 고유치이다.

예제 6.6 행렬 $A = \begin{bmatrix} 3 & -2 & 0 \\ -2 & 3 & 0 \\ 0 & 0 & 5 \end{bmatrix}$의 대각화 행렬 Q를 구하여라.

풀이 예제 6.3에서 A의 고유치는 $\lambda = 1, 5$(중근)이었다. 또, $\lambda = 5$에 대한 고유공간의 기저는 $\left\{ \mathbf{q}_1 = \begin{bmatrix} -1 \\ 1 \\ 0 \end{bmatrix}, \mathbf{q}_2 = \begin{bmatrix} 0 \\ 0 \\ 1 \end{bmatrix} \right\}$이었고, $\lambda = 1$에 대한 고유공간의 기저는 $\left\{ \mathbf{q}_3 = \begin{bmatrix} 1 \\ 1 \\ 0 \end{bmatrix} \right\}$이었다. $\{\mathbf{q}_1, \mathbf{q}_2, \mathbf{q}_3\}$는 1차 독립이므로 A의 대각화 행렬은 $Q = \begin{bmatrix} -1 & 0 & 1 \\ 1 & 0 & 1 \\ 0 & 1 & 0 \end{bmatrix}$이다. 또한 Q는 행렬 A를 다음과 같이 대각화한다.

$$Q^{-1}AQ = \begin{bmatrix} -\frac{1}{2} & \frac{1}{2} & 0 \\ 0 & 0 & 1 \\ \frac{1}{2} & \frac{1}{2} & 0 \end{bmatrix} \begin{bmatrix} 3 & -2 & 0 \\ -2 & 3 & 0 \\ 0 & 0 & 5 \end{bmatrix} \begin{bmatrix} -1 & 0 & 1 \\ 1 & 0 & 1 \\ 0 & 1 & 0 \end{bmatrix} = \begin{bmatrix} 5 & 0 & 0 \\ 0 & 5 & 0 \\ 0 & 0 & 1 \end{bmatrix}$$

참고 예제 6.6의 풀이에서 행렬 Q를 만들 때 열의 순서는 고려할 필요가 없다. $Q^{-1}AQ$의 i 번째 대각선상의 원은 행렬 Q의 i 번째 열벡터에 대한 고유치이므로 행렬 Q의 열의 순서가 바뀌면 $Q^{-1}AQ$의 대각선상의 고유치의 순서가 바뀐다. 예를 들어, 예제 6.6의 행렬 Q를

$$Q = \begin{bmatrix} -1 & 1 & 0 \\ 1 & 1 & 0 \\ 0 & 0 & 1 \end{bmatrix}$$

이라 두면

$$Q^{-1}AQ = \begin{bmatrix} 5 & 0 & 0 \\ 0 & 1 & 0 \\ 0 & 0 & 5 \end{bmatrix}$$

이 된다.

다음 예제는 대각화 불가능한 행렬의 예이다.

예제 6.7 행렬 $A = \begin{bmatrix} -3 & 2 \\ -2 & 1 \end{bmatrix}$는 대각화 가능한가?

풀이 A의 고유방정식은 $(1+\lambda)^2 = 0$이다. 그러므로 $\lambda = -1$은 A의 유일한 고유치이다. $\lambda = -1$의 고유벡터는 $(A+I)\mathbf{x} = \mathbf{0}$의 비자명해이다. 즉, 다음 연립방정식의 비자명해이다.

$$\begin{aligned} 2x_1 - 2x_2 &= 0 \\ 2x_1 - 2x_2 &= 0 \end{aligned}$$

이 연립방정식의 해는 $x_1 = t,\ x_2 = t$이므로 고유공간은 $\begin{bmatrix} t \\ t \end{bmatrix} = t\begin{bmatrix} 1 \\ 1 \end{bmatrix}$ 모양의 모든 벡터들로 구성된다. 따라서 $\lambda = -1$에 대한 A의 고유공간은 1차원이므로 행렬 A는 2개의 1차 독립인 고유벡터를 가질 수 없다. 따라서 A는 대각화 불가능하다.

예제 6.8 $T : \mathbb{R}^3 \to \mathbb{R}^3$는 $T\left(\begin{bmatrix} x_1 \\ x_2 \\ x_3 \end{bmatrix}\right) = \begin{bmatrix} 3x_1 - 2x_2 \\ -2x_1 + 3x_2 \\ 5x_3 \end{bmatrix}$로 정의된 선형변환이라 할 때, 선형변환 T의 행렬이 대각행렬이 되는 $\mathbb{R}^3$의 기저를 구하여라.

풀이 $B=\{\mathbf{e}_1, \mathbf{e}_2, \mathbf{e}_3\}$를 $\mathbb{R}^3$의 표준기저라 하면

$$T(\mathbf{e}_1)=\mathrm{T}\left(\begin{bmatrix}1\\0\\0\end{bmatrix}\right)=\begin{bmatrix}3\\-2\\0\end{bmatrix},\quad T(\mathbf{e}_2)=T\left(\begin{bmatrix}0\\1\\0\end{bmatrix}\right)=\begin{bmatrix}-2\\3\\0\end{bmatrix},$$

$$T(\mathbf{e}_3)=T\left(\begin{bmatrix}0\\0\\1\end{bmatrix}\right)=\begin{bmatrix}0\\0\\5\end{bmatrix}$$

이고 T의 표준행렬은 $A=\begin{bmatrix}3&-2&0\\-2&3&0\\0&0&5\end{bmatrix}$이다. 이 행렬 A는 대각행렬이 아니다. T의 행렬이 대각행렬 A'가 되는 또 다른 기저를 $B'=\{\mathbf{u}_1, \mathbf{u}_2, \mathbf{u}_3\}$라 하자. 그리고 Q를 기저 B'에서 표준기저 B로의 추이행렬이라 하면 정리 5.9에 의하여 $A'=Q^{-1}AQ$가 된다. 다시 말해 추이행렬 Q는 A를 대각화한다. 예제 6.6에서 행렬 Q와 A'는 각각

$$Q=\begin{bmatrix}-1&0&1\\1&0&1\\0&1&0\end{bmatrix},\ A'=\begin{bmatrix}5&0&0\\0&5&0\\0&0&1\end{bmatrix}$$

이었고, Q는 기저 $B'=\{\mathbf{u}_1, \mathbf{u}_2, \mathbf{u}_3\}$에서 표준기저 $B=\{\mathbf{e}_1, \mathbf{e}_2, \mathbf{e}_3\}$로의 추이행렬을 의미하므로 Q의 열은 $[\mathbf{u}_1]_B, [\mathbf{u}_2]_B, [\mathbf{u}_3]_B$이다. 따라서

$$[\mathbf{u}_1]_B=\begin{bmatrix}-1\\1\\0\end{bmatrix},\ [\mathbf{u}_2]_B=\begin{bmatrix}0\\0\\1\end{bmatrix},\ [\mathbf{u}_3]_B=\begin{bmatrix}1\\1\\0\end{bmatrix}$$

이다. 그러므로

$$\mathbf{u}_1=(-1)\mathbf{e}_1+(1)\mathbf{e}_2+(0)\mathbf{e}_3=\begin{bmatrix}-1\\1\\0\end{bmatrix},$$

$$\mathbf{u}_2=(0)\mathbf{e}_1+(0)\mathbf{e}_2+(1)\mathbf{e}_3=\begin{bmatrix}0\\0\\1\end{bmatrix},$$

$$\mathbf{u}_3=(1)\mathbf{e}_1+(1)\mathbf{e}_2+(0)\mathbf{e}_3=\begin{bmatrix}1\\1\\0\end{bmatrix}.$$

이다. 따라서 집합 $\left\{\begin{bmatrix}-1\\1\\0\end{bmatrix}, \begin{bmatrix}0\\0\\1\end{bmatrix}, \begin{bmatrix}1\\1\\0\end{bmatrix}\right\}$는 T의 행렬 A'가 대각행렬이 되도록 하는 $\mathbb{R}^3$의 기저이다.

지금까지 대각화 가능한 행렬들을 대각화하는 방법을 알아보았다. 이제 정방행렬 A가 대각화될 수 있는 조건을 다음 정리에서 살펴보자.

정리 6.4 1) $\mathbf{v}_1, \mathbf{v}_2, \cdots, \mathbf{v}_k$가 k개의 서로 다른 고유치 $\lambda_1, \lambda_2, \cdots, \lambda_k$에 대한 행렬 A의 고유벡터들이면 집합 $\{\mathbf{v}_1, \mathbf{v}_2, \cdots, \mathbf{v}_k\}$는 1차 독립이다.

2) n차 정방행렬 A에 n개의 서로 다른 고유치가 존재하면 A는 대각화 가능하다(역은 성립하지 않는다. 연습문제 1. 참조).

증명 1) $\mathbf{v}_1, \mathbf{v}_2, \cdots, \mathbf{v}_k$가 k개의 서로 다른 고유치 $\lambda_1, \lambda_2, \cdots, \lambda_k$에 대한 행렬 A의 고유벡터라 하자. 이제 $\{\mathbf{v}_1, \mathbf{v}_2, \cdots, \mathbf{v}_k\}$가 1차 종속이라 가정하고 모순을 유도하여 $\{\mathbf{v}_1, \mathbf{v}_2, \cdots, \mathbf{v}_k\}$가 1차 독립이라는 결론을 얻고자 한다. 정의에 의하여 고유벡터는 0이 아니므로 $\{\mathbf{v}_1\}$은 1차 독립이다. 이제 r을 집합 $\{\mathbf{v}_1, \mathbf{v}_2, \cdots, \mathbf{v}_r\}$이 1차 독립이 되는 가장 큰 정수라고 가정하자. 그런데 $\{\mathbf{v}_1, \mathbf{v}_2, \cdots, \mathbf{v}_k\}$가 1차 종속이라 가정하였기 때문에 r은 $1 \le r < k$를 만족해야 한다. 또한 r의 최대성에 의해 $\{\mathbf{v}_1, \mathbf{v}_2, \cdots, \mathbf{v}_{r+1}\}$은 1차 종속이다. 따라서 모두는 0이 아닌 실수 $c_1, c_2, \cdots, c_{r+1}$이 존재하여

$$c_1\mathbf{v}_1 + c_2\mathbf{v}_2 + \cdots + c_{r+1}\mathbf{v}_{r+1} = 0 \tag{6.5}$$

이 된다. 식 (6.5)의 양변에 A를 곱하고

$$A\mathbf{v}_1 = \lambda_1\mathbf{v}_1,\ A\mathbf{v}_2 = \lambda_2\mathbf{v}_2,\ \cdots,\ A\mathbf{v}_{r+1} = \lambda_{r+1}\mathbf{v}_{r+1}$$

인 관계식을 이용하면

$$c_1\lambda_1\mathbf{v}_1 + c_2\lambda_2\mathbf{v}_2 + \cdots + c_{r+1}\lambda_{r+1}\mathbf{v}_{r+1} = 0 \tag{6.6}$$

을 얻는다. 식 (6.6)에 식 (6.5)의 양변에 λ_{r+1}을 곱한 식을 빼면

$$c_1(\lambda_1 - \lambda_{r+1})\mathbf{v}_1 + c_2(\lambda_2 - \lambda_{r+1})\mathbf{v}_2 + \cdots + c_r(\lambda_r - \lambda_{r+1})\mathbf{v}_r = 0$$

를 얻는다. 그런데 집합 $\{\mathbf{v}_1, \mathbf{v}_2, \cdots, \mathbf{v}_r\}$이 1차 독립이라 가정하였기 때문에

$$c_1(\lambda_1 - \lambda_{r+1}) = c_2(\lambda_2 - \lambda_{r+1}) = \cdots = c_r(\lambda_r - \lambda_{r+1}) = 0$$

이 된다. 그러나 $\lambda_1, \lambda_2, \cdots, \lambda_r$은 λ_{r+1}과 같지 않으므로

$$c_1 = c_2 = \cdots = c_r = 0 \tag{6.7}$$

이다. 이제 식 (6.7)을 식 (6.5)에 대입하면 $c_{r+1}\mathbf{v}_{r+1} = \mathbf{0}$이고 $\mathbf{v}_{r+1}$은 고유벡터이므로 영벡터가 아니다. 따라서 $c_{r+1} = 0$이다. 이는 식 (6.5)에서 모두는 0이 아닌 실수 $c_1, c_2, \cdots, c_{r+1}$라는 사실에 모순이다.

2) 만약 $\mathbf{v}_1, \mathbf{v}_2, \cdots, \mathbf{v}_n$이 서로 다른 고유치 $\lambda_1, \lambda_2, \cdots, \lambda_n$에 대한 고유벡터라 하면 1)에 의하여 집합 $\{\mathbf{v}_1, \mathbf{v}_2, \cdots, \mathbf{v}_n\}$은 1차 독립이다. 따라서 행렬 A는 정리 6.3에 의하여 대각화 가능하다.

예제 6.9 행렬 $A = \begin{bmatrix} 2 & 1 & 0 \\ 3 & 2 & 0 \\ 0 & 0 & 4 \end{bmatrix}$는 서로 다른 3개의 고유치 $\lambda = 4, \lambda = 2 \pm \sqrt{3}$를 가지므로 대각화 가능하고 적당한 가역행렬 Q에 대하여 다음과 같이 대각화할 수 있다.

$$Q^{-1}AQ = \begin{bmatrix} 4 & 0 & 0 \\ 0 & 2+\sqrt{3} & 0 \\ 0 & 0 & 2-\sqrt{3} \end{bmatrix}$$

(참고) 정리 6.4의 1)은 다음과 같이 확장될 수 있다.
$\lambda_1, \lambda_2, \cdots, \lambda_k$를 서로 다른 고유치라 하고 각 고유치에 대한 고유공간의 1차 독립인 벡터들을 모두 모아 하나의 집합으로 만들면 이 집합은 여전히 1차 독립이다. 예를 들면, 하나의 고유공간으로부터 3개의 1차 독립인 벡터들을 취하고 또 다른 고유공간으로부터 2개의 1차 독립인 고유벡터를 취한다면 이 5개의 벡터들의 집합은 1차 독립이다. 증명은 생략한다.

연습문제 6.2

1. $A = \begin{bmatrix} 3 & 0 \\ 0 & 3 \end{bmatrix}$는 고유치가 하나 밖에 없지만 대각화 가능함을 설명하여라.

2. $A = \begin{bmatrix} 1 & 1 \\ -2 & 4 \end{bmatrix}$의 대각화 행렬 Q를 구하여라.

3. $A = \begin{bmatrix} 0 & 0 & 1 \\ 0 & 1 & 2 \\ 0 & 0 & 1 \end{bmatrix}$는 대각화 가능한 행렬인가?

4. $T : \mathbb{R}^3 \to \mathbb{R}^3$는 $T\left(\begin{bmatrix} x \\ y \\ z \end{bmatrix}\right) = \begin{bmatrix} -2y-3z \\ -x+y-z \\ 2x+2y+5z \end{bmatrix}$로 정의된 선형변환일 때, T의 행렬이 대각행렬이 되는 $\mathbb{R}^3$의 기저를 구하여라.

5. 다음 행렬들의 대각화 가능 여부를 판별하고 대각화 가능한 경우 대각화 행렬 Q와 $Q^{-1}AQ$를 구하여라.

1) $\begin{bmatrix} 2 & 0 \\ 1 & 2 \end{bmatrix}$ 2) $\begin{bmatrix} 1 & 0 \\ 6 & -1 \end{bmatrix}$ 3) $\begin{bmatrix} 2 & -3 \\ 1 & -2 \end{bmatrix}$

4) $\begin{bmatrix} 3 & 0 & 0 \\ 0 & 2 & 0 \\ 0 & 1 & 2 \end{bmatrix}$ 5) $\begin{bmatrix} 5 & 0 & 0 \\ 1 & 5 & 0 \\ 0 & 1 & 5 \end{bmatrix}$ 6) $\begin{bmatrix} 0 & 0 & 0 \\ 0 & 0 & 0 \\ 3 & 0 & 1 \end{bmatrix}$

6. $T : \mathbb{R}^3 \to \mathbb{R}^3$는 $T\left(\begin{bmatrix} x \\ y \\ z \end{bmatrix}\right) = \begin{bmatrix} 2x-y+z \\ y+z \\ x+y+2z \end{bmatrix}$로 정의된 선형변환일 때, T의 행렬이 대각행렬이 되는 $\mathbb{R}^3$의 기저를 구하여라.

7. A를 n차 정방행렬, Q를 n차 가역행렬이라 할 때, 다음을 증명하여라.

1) $(Q^{-1}AQ)^2 = Q^{-1}A^2Q$

2) $(Q^{-1}AP)^k = Q^{-1}A^kQ$ (k는 양의 정수)

8. $A = \begin{bmatrix} 3 & -2 & 0 \\ -2 & 3 & 0 \\ 0 & 0 & 5 \end{bmatrix}$일 때 A^{10}과 A^{10}의 고유치들 구하여라.

(hint: A의 대각화 행렬 Q를 구하고 $(Q^{-1}AQ)^{10}$을 계산하여라.)

9. $T : P_1 \to P_1$를 $T(a_0+a_1x) = a_0+(6a_0-a_1)x$로 정의된 선형변환이라 하자. T의 행렬이 대각행렬이 되는 P_1의 기저를 구하여라.

10. $A = \begin{bmatrix} a & b \\ c & d \end{bmatrix}$라 할 때 다음을 증명하여라.

1) $(a+d)^2+4bc > 0$이면 A는 대각화 가능하다.

2) $(a+d)^2+4bc < 0$이면 A는 대각화 불가능하다.

11. 행렬 $A=\begin{bmatrix}2&0&-2\\0&3&0\\0&0&3\end{bmatrix}$에 대하여 다음 물음에 답하여라.

1) A의 고유치와 각 고유치에 대한 고유공간의 기저를 구하여라.

2) A의 대각화 행렬 Q를 구하여라.

3) 대각행렬 $Q^{-1}AQ$를 구하여라.

12. 선형변환 $T:\mathbb{R}^3\to\mathbb{R}^3$가 $T\left(\begin{bmatrix}x\\y\\z\end{bmatrix}\right)=\begin{bmatrix}-x+4y-2z\\-3x+4y\\-3x+y+3z\end{bmatrix}$로 정의될 때, 다음 물음에 답하여라.

1) T의 표준행렬 A를 구하여라.

2) A의 고유치와 각 고유치에 대한 A의 고유공간의 기저를 구하여라.

3) A의 대각화 행렬 Q를 구하여라.

4) 3)에서 구한 대각화 행렬을 이용하여 대각행렬 $Q^{-1}AQ$를 구하여라.

13. 행렬 $A=\begin{bmatrix}1&3&3\\-3&-5&-3\\3&3&1\end{bmatrix}$는 P_2의 기저 $B=\{1,x,x^2\}$에 대한 선형변환 $T:P_2\to P_2$의 행렬이라 할 때, 다음 물음에 답하여라.

1) $T(2-x+3x^2)$을 구하여라.

2) A의 고유치와 각 고유치에 대한 A의 고유공간의 기저를 구하여라.

3) T의 행렬이 대각행렬이 되기 위한 P_2의 기저 $B'=\{\mathrm{u}_1,\mathrm{u}_2,\mathrm{u}_3\}$라 할 때, 기저 B'에서 B로의 추이행렬 Q를 구하여라.

4) 3)에서 언급한 $B'=\{\mathrm{u}_1,\mathrm{u}_2,\mathrm{u}_3\}$을 구하여라.

14. 선형변환 $T:P_2\to P_2$가 $T(a+bx+cx^2)=3a-2b+(-2a+3b)x+5cx^2$로 정의될 때, T의 행렬이 대각행렬이 되는 P_2의 기저 B를 구하여라.

15. 선형변환 $T:P_2\to P_2$가 $T(a+bx+cx^2)=a-cx^2$으로 정의되고, 기저 $B=\{1,x,1+x^2\}$ 일 때, 다음 물음에 답하여라.

1) T의 고유치를 구하여라.

2) 각 고유치에 대한 T의 고유공간의 기저를 구하여라.

3) T의 행렬이 대각행렬이 되는 P_2의 기저 B'를 구하여라.

6.3 직교대각화와 대칭행렬

이 절에서는 6.2절에서 언급한 두 번째 문제에 대하여 알아보자.

이 절에서 직교는 $\mathbb{R}^n$상의 유클리드 내적에서의 직교를 의미한다.

정의 6.3 정방행렬 A에 대하여 적절한 직교행렬 Q가 존재하여 $Q^{-1}AQ(=Q^TAQ)$가 대각행렬이면 A는 **직교대각화 가능**하다고 하고, 이 때, 행렬 Q를 A의 **직교대각화 행렬**이라고 말한다.

이제 우리가 생각해 보아야 하는 두 가지 문제가 있다. 첫 번째 문제는 '어떤 행렬이 직교대각화 가능한가?'이고, 두 번째는 '직교대각화 가능한 행렬의 직교대각화 행렬 Q를 어떻게 찾아내는가?'이다. 정리 6.5는 첫 번째 문제에 대한 해답을 제시해 준다.

정리 6.5 A가 n차 정방행렬이면 다음은 서로 동치이다.

1) A는 직교대각화 가능하다.
2) A는 n개의 고유벡터들로 이루어진 정규직교집합을 갖는다.

증명 1) ⇒ 2) A는 직교대각화 가능하기 때문에 $Q^{-1}AQ$가 대각행렬이 되는 행렬 Q가 존재한다. 정리 6.3의 증명에서 보았듯이 행렬 Q의 n개의 열벡터는 A의 고유벡터이다. 그리고 Q는 직교행렬이기 때문에 이 열벡터들은 정규직교이다. 그러므로 A는 n개의 고유벡터들로 이루어진 정규직교집합을 갖는다.

2) ⇒ 1) A가 n개의 고유벡터들로 구성된 정규직교집합 $\{\mathbf{q}_1, \mathbf{q}_2, \cdots, \mathbf{q}_n\}$을 갖는다고 가정하자. 정리 6.3에 의하여 이들 고유벡터를 열벡터로 갖는 행렬 Q는 A를 대각화한다. 또한 이 고유벡터들은 정규직교이므로 Q는 직교행렬이다. 즉 직교행렬 Q는 A의 직교대각화 행렬이다.

정리 6.5의 증명은 직교대각화 가능한 n차 정방행렬 A는 각 열이 A의 정규직교인 고유벡터들로 만든 n차 정방행렬 Q에 의하여 직교대각화 가능하다는 것을 보여준다. 이제 Q를 A의 직교대각화 행렬이라 하고 $Q^{-1}AQ=D$(대각행렬)라 두면

$$A = QDQ^{-1} = QDQ^T, A^T = (QDQ^T)^T = QD^TQ^T = QDQ^T = A$$

이다. 따라서 A는 대칭행렬이다. 이런 이유로 직교대각화 가능한 행렬은 대칭행렬이다. 실제로 그 역도 성립한다. 정리 6.6은 이러한 사실을 요약하여 정리한 것이다.

정리 6.6 A가 n차 정방행렬이면 다음은 서로 동치이다.

1) A는 직교대각화 가능하다.
2) A는 대칭행렬이다.

이제 대칭행렬을 대각화하는 직교행렬 Q를 구하는 문제를 생각해보자. 다음 정리는 우리의 두 번째 문제를 해결하는 열쇠를 제공해준다.

정리 6.7 A가 대칭행렬이면 서로 다른 고유공간에서 얻은 고유벡터들은 서로 직교한다.

증명 λ_1, λ_2를 n차 대칭행렬 A의 서로 다른 고유치라고 하자. 그리고 λ_1에 대한 A의 고유벡터를 $\mathrm{u} = \begin{bmatrix} u_1 \\ u_2 \\ \vdots \\ u_n \end{bmatrix}$, λ_2에 대한 A의 고유벡터를 $\mathrm{v} = \begin{bmatrix} v_1 \\ v_2 \\ \vdots \\ v_n \end{bmatrix}$라 두고

$$< \mathrm{u}, \mathrm{v} > = u_1 v_1 + u_2 v_2 + \cdots + u_n v_n = 0$$

임을 보이고자 한다. 즉, $\mathrm{u}^T \mathrm{v}$는 $< \mathrm{u}, \mathrm{v} >$을 원으로 갖는 1×1 행렬이므로 $\mathrm{u}^T \mathrm{v} = 0$임을 보이면 증명은 끝난다. $\mathrm{u}^T A \mathrm{v}$는 1×1 행렬이고 모든 1×1 행렬은 명백히 대칭행렬이므로

$$\begin{aligned} \mathrm{u}^T A \mathrm{v} &= (\mathrm{u}^T A \mathrm{v})^T \\ &= \mathrm{v}^T A^T \mathrm{u} && \text{(전치행렬 성질)} \\ &= \mathrm{v}^T A \mathrm{u} && \text{(A가 대칭행렬)} \end{aligned}$$

이고, 또한

$$\mathrm{u}^T A \mathrm{v} = \mathrm{u}^T \lambda_2 \mathrm{v} - \lambda_2 \mathrm{u}^T \mathrm{v}$$

이므로

$$\mathbf{v}^T A\mathbf{u} = \mathbf{v}^T \lambda_1 \mathbf{u} = \lambda_1 \mathbf{v}^T \mathbf{u} = \lambda_1 (\mathbf{v}^T \mathbf{u})^T = \lambda_1 \mathbf{u}^T \mathbf{v}$$

이다. 따라서 $\lambda_1 \mathbf{u}^T \mathbf{v} = \lambda_2 \mathbf{u}^T \mathbf{v}$ 이고 이를 정리하면 $(\lambda_1 - \lambda_2)\mathbf{u}^T \mathbf{v} = 0$이 된다. 그런데 $\lambda_1 \neq \lambda_2$ 이므로 $\mathbf{u}^T \mathbf{v} = 0$이다.

정리 6.7을 이용하면 다음과 같이 대칭행렬을 직교대각화하는 방법을 얻을 수 있다.

> 대칭행렬을 직교대각화하는 순서
>
> 1단계: 각 고유치에 대한 A 의 고유공간의 기저를 구한다.
>
> 2단계: 각 고유치에 대한 A 의 고유공간의 정규직교기저를 얻기 위하여 이 기저에 Gram-Schmidt 직교화 과정을 적용한다.
>
> 3단계: 각 열이 2단계에서 구한 기저벡터들로 이루어진 행렬 Q를 만든다. 이 행렬 Q가 대칭행렬 A 의 직교대각화 행렬이다.

정리 6.7은 서로 다른 고유공간에서 얻은 고유벡터들은 서로 직교임을 의미하고 이 고유벡터들에 Gram-Schmidt 직교화 과정을 적용해서 얻어지는 고유벡터들은 정규직교임을 말한다. 따라서 이 절차에 의해서 구해지는 고유벡터들의 집합은 항상 정규직교집합이 된다.

예제 6.10 $A = \begin{bmatrix} 4 & 2 & 2 \\ 2 & 4 & 2 \\ 2 & 2 & 4 \end{bmatrix}$의 직교대각화 행렬 Q를 구하여라.

풀이 A 의 고유방정식은 $(\lambda - 2)^2(\lambda - 8) = 0$이므로 고유치는 $\lambda = 8, \lambda = 2$이다. $\lambda = 2$에 대한 고유공간의 기저를 구하면

$$\left\{ \mathbf{u}_1 = \begin{bmatrix} -1 \\ 1 \\ 0 \end{bmatrix}, \mathbf{u}_2 = \begin{bmatrix} -1 \\ 0 \\ 1 \end{bmatrix} \right\}$$

이 되고 여기에 Gram-Schmidt 직교화 과정을 적용하면 정규직교인 고유벡터

$$\mathbf{v}_1 = \begin{bmatrix} -\frac{1}{\sqrt{2}} \\ \frac{1}{\sqrt{2}} \\ 0 \end{bmatrix}, \mathbf{v}_2 = \begin{bmatrix} -\frac{1}{\sqrt{6}} \\ -\frac{1}{\sqrt{6}} \\ \frac{2}{\sqrt{6}} \end{bmatrix}$$

를 얻는다. $\lambda = 8$에 대한 고유공간의 기저는 $\left\{ \mathbf{u}_3 = \begin{bmatrix} 1 \\ 1 \\ 1 \end{bmatrix} \right\}$이 되므로

Gram-Schmidt 직교화 과정을 적용하면 $\mathbf{v}_3 = \begin{bmatrix} \frac{1}{\sqrt{3}} \\ \frac{1}{\sqrt{3}} \\ \frac{1}{\sqrt{3}} \end{bmatrix}$를 얻는다. 따라서

$$Q = \begin{bmatrix} -\frac{1}{\sqrt{2}} & -\frac{1}{\sqrt{6}} & \frac{1}{\sqrt{3}} \\ \frac{1}{\sqrt{2}} & -\frac{1}{\sqrt{6}} & \frac{1}{\sqrt{3}} \\ 0 & \frac{2}{\sqrt{6}} & \frac{1}{\sqrt{3}} \end{bmatrix}$$

는 A를 직교대각화한다($Q^T A Q$가 대각행렬임을 각자가 확인하기 바란다).

다음 정리는 대칭행렬의 두 가지 중요한 성질을 말하고 있다.

정리 6.8 1) 대칭행렬 A의 고유방정식은 오직 실근만을 갖는다.
2) 만약 대칭행렬 A의 한 고유치 λ의 중복도가 k이면(k 중근이면) λ에 대한 A의 고유공간의 차원은 k이다.

증명은 생략하고 다음 예제로 정리 6.8의 의미를 알아보자.

예제 6.11 $A = \begin{bmatrix} 3 & 1 & 0 & 0 & 0 \\ 1 & 3 & 0 & 0 & 0 \\ 0 & 0 & 2 & 1 & 1 \\ 0 & 0 & 1 & 2 & 1 \\ 0 & 0 & 1 & 1 & 2 \end{bmatrix}$의 각 고유치에 대한 A의 고유공간의 차원을 구하여라.

풀이 A는 대칭행렬이고 A의 고유방정식은 $(\lambda-4)^2(\lambda-1)^2(\lambda-2)=0$이므로 $\lambda=4$와 $\lambda=1$에 대한 A의 고유공간의 차원은 2이고, $\lambda=2$에 대한 A의 고유공간의 차원은 1이다.

연습문제 6.3

1. $A=\begin{bmatrix}3 & 1\\ 1 & 3\end{bmatrix}$의 직교대각화 행렬 Q를 구하여라.

2. $A=\begin{bmatrix}5 & -2 & 0 & 0\\ -2 & 2 & 0 & 0\\ 0 & 0 & 5 & -2\\ 0 & 0 & -2 & 2\end{bmatrix}$의 직교대각화 행렬 Q를 구하여라.

3. n차 정방행렬 A, B에 대하여 다음 물음에 답하여라.

1) A의 고유다항식과 A^T의 고유다항식은 일치함을 보여라.

2) A와 B가 상사이면 A의 고유다항식과 B의 고유다항식은 일치함을 보여라.

4. n차원 벡터공간 V 위의 선형연산자 T에 대하여 다음 물음에 답하여라.

1) T의 고유치가 λ일 때, λ에 대한 T의 고유벡터 $\mathrm{v}_1, \mathrm{v}_2$가 1차 독립이면 T의 고유다항식은 $f(x)=(x-\lambda)^2 g(x)$와 같은 꼴임을 보여라.

2) T가 서로 다른 고유치 λ, μ를 가질 때, λ에 대한 T의 고유공간 E_λ가 V의 $n-1$차원 부분공간이면 T는 대각화 가능한 선형변환임을 보여라.

3) T가 대각화 가능한 선형변환이면 임의의 양의 정수 m에 대하여 T^m도 대각화 가능한 선형변환임을 보여라.

5. 정리 6.8의 2)를 이용하여 다음 대칭행렬들의 고유공간의 차원을 구하여라.

1) $\begin{bmatrix}1 & 1\\ 1 & 1\end{bmatrix}$

2) $\begin{bmatrix}\frac{7}{25} & 0 & \frac{24}{25}\\ 0 & -1 & 0\\ \frac{24}{25} & 0 & \frac{7}{25}\end{bmatrix}$

3) $\begin{bmatrix}1 & 1 & 1\\ 1 & 1 & 1\\ 1 & 1 & 1\end{bmatrix}$

4) $\begin{bmatrix}6 & 0 & 0\\ 0 & 3 & 3\\ 0 & 3 & 3\end{bmatrix}$

5) $\begin{bmatrix} 4 & 4 & 0 & 0 \\ 4 & 4 & 0 & 0 \\ 0 & 0 & 0 & 0 \\ 0 & 0 & 0 & 0 \end{bmatrix}$

6) $\begin{bmatrix} \frac{10}{3} & -\frac{4}{3} & 0 & -\frac{4}{3} \\ -\frac{4}{3} & -\frac{5}{3} & 0 & \frac{1}{3} \\ 0 & 0 & -2 & 0 \\ -\frac{4}{3} & \frac{1}{3} & 0 & -\frac{5}{3} \end{bmatrix}$

6. $b \neq 0$일 때 행렬 $\begin{bmatrix} a & b \\ b & a \end{bmatrix}$의 직교대각화 행렬을 구하여라.

7. 다음의 행렬 A의 직교대각화 행렬 Q와 $Q^{-1}AQ$를 구하여라.

1) $A = \begin{bmatrix} 3 & 1 \\ 1 & 3 \end{bmatrix}$

2) $A = \begin{bmatrix} 5 & 3\sqrt{3} \\ 3\sqrt{3} & -1 \end{bmatrix}$

3) $A = \begin{bmatrix} -7 & 24 \\ 24 & 7 \end{bmatrix}$

4) $A = \begin{bmatrix} 1 & 1 & 0 \\ 1 & 1 & 0 \\ 0 & 0 & 0 \end{bmatrix}$

5) $A = \begin{bmatrix} -2 & 0 & -36 \\ 0 & 3 & 0 \\ -36 & 0 & -23 \end{bmatrix}$

6) $A = \begin{bmatrix} 2 & -1 & -1 \\ -1 & 2 & -1 \\ -1 & -1 & 2 \end{bmatrix}$

7) $A = \begin{bmatrix} 3 & 1 & 0 & 0 \\ 1 & 3 & 0 & 0 \\ 0 & 0 & 0 & 0 \\ 0 & 0 & 0 & 0 \end{bmatrix}$

8) $A = \begin{bmatrix} 5 & -2 & 0 & 0 \\ -2 & 2 & 0 & 0 \\ 0 & 0 & 5 & -2 \\ 0 & 0 & -2 & 2 \end{bmatrix}$

8. 다음 대칭행렬의 직교대각화 행렬 Q를 구하여라.

1) $A = \begin{bmatrix} 0 & 2 & 2 \\ 2 & 0 & 2 \\ 2 & 2 & 0 \end{bmatrix}$

2) $A = \begin{bmatrix} 2 & 2 & -2 \\ 2 & -1 & 4 \\ -2 & 4 & -1 \end{bmatrix}$

9. 행렬 $A = \begin{bmatrix} 1 & -3 & 2 \\ 4 & -6 & 1 \end{bmatrix}$에 대하여 A^TA와 AA^T가 대칭행렬임을 보여라. 일반적으로 $m \times n$ 행렬 A에 대하여 A^TA와 AA^T가 대칭행렬이라 할 수 있는가?

10. 대칭행렬 A가 단 하나의 고유치 λ를 가지면 $A = \lambda I$임을 보여라.

11. A가 직교행렬이면 A^T와 A^{-1}도 직교행렬임을 보여라.

연습문제 해설

1.1 행렬과 행렬의 연산

1. $x-y=1,\ 2x+y=2$이므로 $x=1,\ y=0$이고
   $u+2v=2,\ u-v=5$이므로 $u=4,\ v=-1$이다.

2. 1) $\frac{1}{2}(A+B)=\frac{1}{2}\left(\begin{bmatrix}2&-3&4\\5&4&3\\-6&7&6\end{bmatrix}+\begin{bmatrix}2&5&-6\\-3&4&7\\4&3&6\end{bmatrix}\right)$

$$=\frac{1}{2}\begin{bmatrix}2+2&(-3)+5&4+(-6)\\5+(-3)&4+4&3+7\\(-6)+4&7+3&6+6\end{bmatrix}$$

$$=\frac{1}{2}\begin{bmatrix}4&2&-2\\2&8&10\\-2&10&12\end{bmatrix}=\begin{bmatrix}\frac{1}{2}\times 4&\frac{1}{2}\times 2&\frac{1}{2}\times(-1)\\\frac{1}{2}\times 2&\frac{1}{2}\times 8&\frac{1}{2}\times 10\\\frac{1}{2}\times(-2)&\frac{1}{2}\times 10&\frac{1}{2}\times 12\end{bmatrix}$$

$$=\begin{bmatrix}2&1&-1\\1&4&5\\-1&5&6\end{bmatrix}$$

   2) $\frac{1}{2}(A-B)=\frac{1}{2}\left(\begin{bmatrix}2&-3&4\\5&4&3\\-6&7&6\end{bmatrix}-\begin{bmatrix}2&5&-6\\-3&4&7\\4&3&6\end{bmatrix}\right)$

$$=\frac{1}{2}\begin{bmatrix}2-2&(-3)-5&4-(-6)\\5-(-3)&4-4&3-7\\(-6)-4&7-3&6-6\end{bmatrix}$$

$$=\frac{1}{2}\begin{bmatrix}0&-8&10\\8&0&-4\\-10&4&0\end{bmatrix}=\begin{bmatrix}\frac{1}{2}\times 0&\frac{1}{2}\times(-8)&\frac{1}{2}\times 10\\\frac{1}{2}\times 8&\frac{1}{2}\times 0&\frac{1}{2}\times(-8)\\\frac{1}{2}\times(-10)&\frac{1}{2}\times 8&\frac{1}{2}\times 0\end{bmatrix}$$

$$=\begin{bmatrix}0&-4&5\\4&0&-2\\-5&2&0\end{bmatrix}$$

3. 1) $AB=\begin{bmatrix}1&3\\2&4\end{bmatrix}\begin{bmatrix}a&b\\c&d\end{bmatrix}=\begin{bmatrix}a+3c&b+3d\\2a+4c&2b+4d\end{bmatrix}$이고,

$BA=\begin{bmatrix} a & b \\ c & d \end{bmatrix}\begin{bmatrix} 1 & 3 \\ 2 & 4 \end{bmatrix}=\begin{bmatrix} a+2b & 3a+4b \\ c+2d & 3c+4d \end{bmatrix}$이다. 따라서 $AB=BA$로부터 다음

연립방정식을 $\begin{cases} a+2b=a+3c \\ 3a+4b=b+3d \\ c+2d=2a+4c \\ 3c+4d=2b+4d \end{cases}$ 을 얻는다. 이 연립방정식을 풀면 $c=\dfrac{2b}{3}$,

$d=a+b$를 얻는다. 따라서 $B=\begin{bmatrix} a & b \\ \frac{3}{2}b & a+b \end{bmatrix}$ 이다.

2) $AB=\begin{bmatrix} 2 & 1 & 0 \\ 0 & 2 & 1 \\ 0 & 0 & 2 \end{bmatrix}\begin{bmatrix} a & b & c \\ d & e & f \\ g & h & i \end{bmatrix}=\begin{bmatrix} 2a+d & 2b+e & 2c+f \\ 2d+g & 2e+h & 2f+i \\ 2g & 2h & 2i \end{bmatrix}$이고

$BA=\begin{bmatrix} a & b & c \\ d & e & f \\ g & h & i \end{bmatrix}\begin{bmatrix} 2 & 1 & 0 \\ 0 & 2 & 1 \\ 0 & 0 & 2 \end{bmatrix}=\begin{bmatrix} 2a & a+2b & b+2c \\ 2d & d+2e & e+2f \\ 2g & g+2h & h+2i \end{bmatrix}$이다. $AB=BA$이므로 $d=0$,

$e=a,\ f=b,\ g=0,\ h=0,\ i=a$를 얻는다. 따라서 $B=\begin{bmatrix} a & b & c \\ 0 & a & b \\ 0 & 0 & a \end{bmatrix}$ 이다.

4. $A^2=\begin{bmatrix} 1 & 1 \\ 1 & 1 \end{bmatrix}\cdot\begin{bmatrix} 1 & 1 \\ 1 & 1 \end{bmatrix}=\begin{bmatrix} 2 & 2 \\ 2 & 2 \end{bmatrix}=2A$ 이고, $A^3=AA^2=2A^2=2^2A$ 이다.

수학적 귀납법에 의하여 $A^n=2^{n-1}A$ 임을 알 수 있다.

5. 1) 직접 계산에 의하여 $A^2=\begin{bmatrix} 2^2 & 2 \\ 0 & 2^2 \end{bmatrix}$, $A^3=\begin{bmatrix} 2^3 & 3\cdot 2^2 \\ 0 & 2^3 \end{bmatrix}$임을 알 수 있다. 따라서

$A^n=\begin{bmatrix} 2^n & n2^{n-1} \\ 0 & 2^n \end{bmatrix}$ 임을 추론할 수 있다. 이제 수학적 귀납법을 이용하여

이 등식이 모든 자연수 n에 대하여 성립함을 보이자.

$n=1$일 때 $A=\begin{bmatrix} 2 & 1 \\ 0 & 2 \end{bmatrix}$이므로 성립한다.

$n=k$일 때 성립한다고 가정하자. 그러면

$A^{k+1}=A^k\cdot A=\begin{bmatrix} 2^k & k\cdot 2^{k-1} \\ 0 & 2^k \end{bmatrix}\begin{bmatrix} 2 & 1 \\ 0 & 2 \end{bmatrix}=\begin{bmatrix} 2^{k+1} & (k+1)\cdot 2^k \\ 0 & 2^{k+1} \end{bmatrix}$이다. 즉,

$n=k+1$일 때도 성립한다. 따라서 모든 자연수 n에 대하여

$A^n=\begin{bmatrix} 2^n & n2^{n-1} \\ 0 & 2^n \end{bmatrix}$ 이 된다.

2) 1)에서와 마찬가지로 직접 계산에 의해서 $A^n=\begin{bmatrix} 1 & n & \frac{n(n-1)}{2} \\ 0 & 1 & n \\ 0 & 0 & 1 \end{bmatrix}$ 임을

추론할 수 있다. 이제 n에 관한 수학적 귀납법을 이용하여 주어진 등식이 성립함을 보이자.

$n=1$일 때 $A=\begin{bmatrix}1&1&0\\0&1&1\\0&0&1\end{bmatrix}$ 이므로 성립한다.

$n=k$일 때 성립한다고 가정하자. 그러면

$$A^{k+1}=A^k\cdot A=\begin{bmatrix}1&k&\frac{k(k-1)}{2}\\0&1&k\\0&0&1\end{bmatrix}\begin{bmatrix}1&1&0\\0&1&1\\0&0&1\end{bmatrix}=\begin{bmatrix}1&k+1&\frac{(k+1)k}{2}\\0&1&k+1\\0&0&1\end{bmatrix}$$ 이다. 즉,

$n=k+1$일 때도 성립한다. 따라서 모든 자연수 n에 대하여

$$A^n=\begin{bmatrix}1&n&\frac{n(n-1)}{2}\\0&1&n\\0&0&1\end{bmatrix}$$ 이 성립한다.

3) 직접 계산에 의해서

$$A^2=\begin{bmatrix}0&0&2^2&0\\0&0&0&2^2\\0&0&0&0\\0&0&0&0\end{bmatrix},\ A^3=\begin{bmatrix}0&0&0&2^3\\0&0&0&0\\0&0&0&0\\0&0&0&0\end{bmatrix},\ A^4=\begin{bmatrix}0&0&0&0\\0&0&0&0\\0&0&0&0\\0&0&0&0\end{bmatrix}$$

임을 알 수 있다. 따라서 $A^2=\begin{bmatrix}0&0&2^2&0\\0&0&0&2^2\\0&0&0&0\\0&0&0&0\end{bmatrix}$, $A^3=\begin{bmatrix}0&0&0&2^3\\0&0&0&0\\0&0&0&0\\0&0&0&0\end{bmatrix}$ 이고

$A^n=\begin{bmatrix}0&0&0&0\\0&0&0&0\\0&0&0&0\\0&0&0&0\end{bmatrix}(n\geq 4)$ 이다.

6. 1) $AB\neq BA$ 이므로 성립하지 않는다.
   2) $AI=IA$ 이므로 성립한다.
   3) $AO=O=OA$(단, O는 $n\times n$ 행렬)이므로 성립한다

7. 1) $A=\begin{bmatrix}1&0\\0&0\end{bmatrix}$, $B=\begin{bmatrix}0&0\\1&0\end{bmatrix}$라 하자. 그러면 $(A+B)^2=\begin{bmatrix}1&0\\1&0\end{bmatrix}\begin{bmatrix}1&0\\1&0\end{bmatrix}=\begin{bmatrix}1&0\\1&0\end{bmatrix}$ 이다.

   한편 $A^2=\begin{bmatrix}1&0\\0&0\end{bmatrix}$, $B^2=\begin{bmatrix}0&0\\0&0\end{bmatrix}$, $AB=\begin{bmatrix}1&0\\0&0\end{bmatrix}\begin{bmatrix}0&0\\1&0\end{bmatrix}=\begin{bmatrix}0&0\\0&0\end{bmatrix}$ 이므로

   $A^2+2AB+B^2=\begin{bmatrix}1&0\\0&0\end{bmatrix}$ 이다. 따라서 $(A+B)^2\neq A^2+2AB+B^2$ 이다.

   2) $A=\begin{bmatrix}-1&0&0\\0&1&0\\0&0&1\end{bmatrix}$ 이라 두면 $A^2=I_3(A\neq I_3)$ 이다.

8. 1) 직접 계산에 의해서 $A^3=\begin{bmatrix}0&1\\-1&0\end{bmatrix}$ 이다.

2) $A^3+A=\begin{bmatrix} 0 & 1 \\ -1 & 0 \end{bmatrix}+\begin{bmatrix} 0 & -1 \\ 1 & 0 \end{bmatrix}=O$ 이다.

3) 행렬 B를 행렬의 분할을 이용하여 $B=\begin{bmatrix} A & O_1 \\ O_2 & O_3 \end{bmatrix}$로 나타낼 수 있다. 여기서

$O_1=\begin{bmatrix} 0 \\ 0 \end{bmatrix}$, $O_2=[0\ 0]$, $O_3=[0]$이다. 따라서 $B^3+B=\begin{bmatrix} A^3 & O_1 \\ O_2 & O_3 \end{bmatrix}+\begin{bmatrix} A & O_1 \\ O_2 & O_3 \end{bmatrix}=O$

이 된다.

9. 1) 행렬의 분할을 이용하면

$$\begin{bmatrix} 2 & 1 & 0 & 0 \\ 1 & -1 & 0 & 0 \\ 0 & 0 & 3 & -2 \\ 0 & 0 & 2 & 1 \end{bmatrix}\begin{bmatrix} -1 & 5 & 0 & 0 \\ 2 & 0 & 0 & 0 \\ 0 & 0 & 4 & 3 \\ 0 & 0 & -2 & 1 \end{bmatrix}=\begin{bmatrix} A & O_2 \\ O_2 & B \end{bmatrix}\begin{bmatrix} C & O_2 \\ O_2 & D \end{bmatrix}=\begin{bmatrix} AC & O_2 \\ O_2 & BD \end{bmatrix}$$

로 나타낼 수 있다. 여기서 $A=\begin{bmatrix} 2 & 1 \\ 1 & -1 \end{bmatrix}$, $O_2=\begin{bmatrix} 0 & 0 \\ 0 & 0 \end{bmatrix}$, $B=\begin{bmatrix} 3 & -2 \\ 2 & 1 \end{bmatrix}$,

$C=\begin{bmatrix} -1 & 5 \\ 2 & 0 \end{bmatrix}$, $D=\begin{bmatrix} 4 & 3 \\ -2 & 1 \end{bmatrix}$이다. 한편, $AC=\begin{bmatrix} 2 & 1 \\ 1 & -1 \end{bmatrix}\begin{bmatrix} -1 & 5 \\ 2 & 0 \end{bmatrix}=\begin{bmatrix} 0 & 10 \\ -3 & 5 \end{bmatrix}$이고

$BD=\begin{bmatrix} 3 & -2 \\ 2 & 1 \end{bmatrix}\begin{bmatrix} 4 & 3 \\ -2 & 1 \end{bmatrix}=\begin{bmatrix} 16 & 7 \\ 6 & 7 \end{bmatrix}$이므로

$$\begin{bmatrix} 2 & 1 & 0 & 0 \\ 1 & -1 & 0 & 0 \\ 0 & 0 & 3 & -2 \\ 0 & 0 & 2 & 1 \end{bmatrix}\begin{bmatrix} -1 & 5 & 0 & 0 \\ 2 & 0 & 0 & 0 \\ 0 & 0 & 4 & 3 \\ 0 & 0 & -2 & 1 \end{bmatrix}=\begin{bmatrix} 0 & 10 & 0 & 0 \\ -3 & 5 & 0 & 0 \\ 0 & 0 & 16 & 7 \\ 0 & 0 & 6 & 7 \end{bmatrix}$$

이다.

2) 행렬의 분할을 이용하면

$$\begin{bmatrix} 1 & 3 & 2 & 0 \\ -1 & 2 & 2 & 1 \\ 0 & 0 & 1 & 2 \\ 0 & 0 & -3 & 5 \end{bmatrix}\begin{bmatrix} 3 & 0 & 2 \\ -2 & 1 & 3 \\ 0 & 0 & 2 \\ 0 & 0 & 4 \end{bmatrix}=\begin{bmatrix} A & B \\ O_2 & C \end{bmatrix}\begin{bmatrix} D & E \\ O_2 & F \end{bmatrix}=\begin{bmatrix} AD & AE+BF \\ O_2 & CF \end{bmatrix}$$

로 나타낼 수 있다. 여기서 $A=\begin{bmatrix} 1 & 3 \\ -1 & 2 \end{bmatrix}$, $B=\begin{bmatrix} 3 & 0 \\ -2 & 1 \end{bmatrix}$, $O_2=\begin{bmatrix} 0 & 0 \\ 0 & 0 \end{bmatrix}$,

$C=\begin{bmatrix} 1 & 2 \\ -3 & 5 \end{bmatrix}$, $D=\begin{bmatrix} 3 & 0 \\ -2 & 1 \end{bmatrix}$,$E=\begin{bmatrix} 2 \\ 3 \end{bmatrix}$, $F=\begin{bmatrix} 2 \\ 4 \end{bmatrix}$이다. 한편

$AD=\begin{bmatrix} 1 & 3 \\ -1 & 2 \end{bmatrix}\begin{bmatrix} 3 & 0 \\ -2 & 1 \end{bmatrix}=\begin{bmatrix} -3 & 3 \\ -7 & 2 \end{bmatrix}$, $AE+BF=\begin{bmatrix} 1 & 3 \\ -1 & 2 \end{bmatrix}\begin{bmatrix} 2 \\ 3 \end{bmatrix}+\begin{bmatrix} 3 & 0 \\ -2 & 1 \end{bmatrix}\begin{bmatrix} 2 \\ 4 \end{bmatrix}$,

$CF=\begin{bmatrix} 1 & 2 \\ -3 & 5 \end{bmatrix}\begin{bmatrix} 2 \\ 4 \end{bmatrix}=\begin{bmatrix} 10 \\ 14 \end{bmatrix}$이므로

$$\begin{bmatrix} 1 & 3 & 2 & 0 \\ -1 & 2 & 2 & 1 \\ 0 & 0 & 1 & 2 \\ 0 & 0 & -3 & 5 \end{bmatrix}\begin{bmatrix} 3 & 0 & 2 \\ -2 & 1 & 3 \\ 0 & 0 & 2 \\ 0 & 0 & 4 \end{bmatrix}=\begin{bmatrix} A & B \\ O_2 & C \end{bmatrix}\begin{bmatrix} D & E \\ O_2 & F \end{bmatrix}=\begin{bmatrix} AD & AE+BF \\ O_2 & CF \end{bmatrix}=\begin{bmatrix} -3 & 3 & 15 \\ -7 & 2 & 12 \\ 0 & 0 & 10 \\ 0 & 0 & 14 \end{bmatrix}$$

이다.

10.1) $\begin{bmatrix} a_{11} & a_{12} \\ a_{21} & a_{22} \\ a_{31} & a_{32} \end{bmatrix}\begin{bmatrix} x_1 \\ x_2 \\ x_3 \end{bmatrix} = \begin{bmatrix} b_1 \\ b_2 \\ b_3 \end{bmatrix}$　　2) $\begin{bmatrix} 1 & 1 & 1 \\ 1 & -2 & 1 \\ 3 & 2 & -1 \end{bmatrix}\begin{bmatrix} x \\ y \\ z \end{bmatrix} = \begin{bmatrix} 5 \\ 2 \\ 2 \end{bmatrix}$

3) $\begin{bmatrix} 2 & 3 & 2 & 5 \\ 3 & 6 & 2 & 4 \end{bmatrix}\begin{bmatrix} x \\ y \\ z \\ w \end{bmatrix} = \begin{bmatrix} 12 \\ 5 \end{bmatrix}$　　4) $\begin{bmatrix} \lambda-1 & 1 \\ 2 & \lambda-2 \end{bmatrix}\begin{bmatrix} x \\ y \end{bmatrix} = \begin{bmatrix} 0 \\ 0 \end{bmatrix}$

11. M → B: 5/38=0.13, M → H: 3/38=0.08, M → M: 30/38=0.79이므로 체인점 M의 추이는 그대로 남아있는 것이 79%, B로 바뀐 것이 13%, H로 바뀐 것이 8%이다. 1년 후의 시장점유율을 계산하기 위하여 다음을 계산하자.

B → B: 70%, B → H: 20%, B → M: 10%

H → B: 8%, H → H: 87%, H → M: 5%

이들을 행렬로 나타내면

$$\begin{array}{r} \\ M\text{에서} \\ B\text{에서} \\ H\text{에서} \end{array}\begin{array}{c} \quad M\text{으로} \quad B\text{로} \quad H\text{로} \\ \begin{bmatrix} 0.79 & 0.13 & 0.08 \\ 0.10 & 0.70 & 0.20 \\ 0.05 & 0.08 & 0.87 \end{bmatrix} \end{array}$$

이 되고 이 행렬을 1년간의 추이행렬이라고 부르자. 이제 1년 후의 시장 점유율은 다음 두 행렬의 곱이다.

$$\underset{\begin{array}{c}\text{현재의 시장점유율} \\ M \quad B \quad H\end{array}}{[50\ 40\ 10]}\ \underset{\text{1년간의 추이행렬}}{\begin{bmatrix} 0.79 & 0.13 & 0.08 \\ 0.10 & 0.70 & 0.20 \\ 0.05 & 0.08 & 0.87 \end{bmatrix}} = [44\ 35.7\ 20.3]$$

따라서 1년 후에는 M이 44%로 6% 감소, B는 35.7%로 4.3% 감소하고 H는 20.3%로 10.3% 증가하게 된다.

12. $\begin{cases} \text{기혼}\rightarrow\text{기혼} : 0.97 \\ \text{독신}\rightarrow\text{기혼} : 0.02 \end{cases}$ $\begin{cases} \text{독신}\rightarrow\text{독신} : 0.98 \\ \text{기혼}\rightarrow\text{독신} : 0.03 \end{cases}$ 이므로

$$\text{추이행렬 } A = \begin{array}{r} \\ \text{기혼} \\ \text{독신} \end{array}\begin{array}{c} \text{기혼} \quad \text{독신} \\ \begin{bmatrix} 0.97 & 0.03 \\ 0.02 & 0.98 \end{bmatrix} \end{array}$$

이다. 이제 1년 후의 기혼자와 독신사의 수는 다음 두 행렬의 곱이다.

$$[8000\ \ 2000]\begin{bmatrix} 0.97 & 0.03 \\ 0.02 & 0.98 \end{bmatrix} = [7800\ \ 2200]$$

2년 후의 경우에는 추이행렬을 제곱하여 구할 수 있다.

$$[8000\ \ 2000]\begin{bmatrix} 0.97 & 0.03 \\ 0.02 & 0.98 \end{bmatrix}^2 = [7610\ \ 2390]$$

일반적으로 n년 후의 경우에는 추이행렬을 n제곱을 곱함으로써 구할 수 있다.

1.2 역행렬과 전치행렬

1. 1) 직접 계산에 의해서 $\begin{bmatrix} -40 & 16 & 9 \\ 13 & -5 & -3 \\ 5 & -2 & -1 \end{bmatrix}\begin{bmatrix} 1&2&3 \\ 2&5&3 \\ 1&0&8 \end{bmatrix}=\begin{bmatrix} 1&0&0 \\ 0&1&0 \\ 0&0&1 \end{bmatrix}$ 이고

$\begin{bmatrix} 1&2&3 \\ 2&5&3 \\ 1&0&8 \end{bmatrix}\begin{bmatrix} -40 & 16 & 9 \\ 13 & -5 & -3 \\ 5 & -2 & -1 \end{bmatrix}=\begin{bmatrix} 1&0&0 \\ 0&1&0 \\ 0&0&1 \end{bmatrix}$ 임을 알 수 있다. 따라서 행렬

$\begin{bmatrix} -40 & 16 & 9 \\ 13 & -5 & -3 \\ 5 & -2 & -1 \end{bmatrix}$ 는 행렬 $\begin{bmatrix} 1&2&3 \\ 2&5&3 \\ 1&0&8 \end{bmatrix}$ 의 역행렬이다.

2) 주어지 연립방정식을 행렬을 이용하여 나타내면

$$\begin{bmatrix} 1&2&3 \\ 2&5&3 \\ 1&0&8 \end{bmatrix}\begin{bmatrix} x \\ y \\ z \end{bmatrix}=\begin{bmatrix} 1 \\ 2 \\ 3 \end{bmatrix}$$

이 된다. 양변에 $\begin{bmatrix} 1&2&3 \\ 2&5&3 \\ 1&0&8 \end{bmatrix}$ 의 역행렬 $\begin{bmatrix} -40 & 16 & 9 \\ 13 & -5 & -3 \\ 5 & -2 & -1 \end{bmatrix}$ 를 곱하면

$$\begin{bmatrix} x \\ y \\ z \end{bmatrix}=\begin{bmatrix} -40 & 16 & 9 \\ 13 & -5 & -3 \\ 5 & -2 & -1 \end{bmatrix}\begin{bmatrix} 1 \\ 2 \\ 3 \end{bmatrix}=\begin{bmatrix} 19 \\ -6 \\ -2 \end{bmatrix}$$

이 된다. 따라서 $x=19$, $y=-6$, $z=-2$이다.

2. $B=\begin{bmatrix} b_{11} & b_{12} & b_{13} \\ b_{21} & b_{22} & b_{23} \\ b_{31} & b_{32} & b_{33} \end{bmatrix}$ 라 두고 AB를 계산해 보면, $AB \neq I_3$이다. 따라서 A는 가역행렬이 아니다.

3. $r=1$일 때 $(P^{-1}AP)^1 = P^{-1}AP$이므로 성립한다. $r=n$일 성립한다고 가정하자. 그러면

$$\begin{aligned}(P^{-1}AP)^{n+1} &= (P^{-1}AP)^n(P^{-1}AP) = (P^{-1}A^nP)(P^{-1}AP) \\ &= P^{-1}A^{n+1}P\end{aligned}$$

이므로 $r=n+1$일 때도 성립한다. 따라서 수학적 귀납법에 의해서 임의의 자연수 r에 대하여 $(P^{-1}AP)^r = P^{-1}A^rP$이 성립한다.

4. 1) $A^2=\begin{bmatrix} 1 & 2 \\ -1 & -1 \end{bmatrix}\begin{bmatrix} 1 & 2 \\ -1 & -1 \end{bmatrix}=\begin{bmatrix} -1 & 0 \\ 0 & -1 \end{bmatrix}=-I$

2) $B^{50}=(PAP^{-1})^{50}=PA^{50}P^{-1}=P(A^2)^{25}P^{-1}=P(-I)^{25}P^{-1}=-PIP^{-1}=-I$

3) $$\begin{aligned}B^{-30} &= (PAP^{-1})^{-30} = ((PAP^{-1})^{30})^{-1} \\ &= (PA^{30}P^{-1})^{-1} = (P(-I)P^{-1})^{-1} \\ &= (-I)^{-1} = -I\end{aligned}$$

5. $A^2-3A+I_n=O \Rightarrow A(A-3I_n)=-I_n \Rightarrow A(3I_n-A)=I_n$이고

$A^2-3A+I_n=O \Rightarrow (A-3I_n)A=-I_n \Rightarrow (3I_n-A)A=I_n$이다. 따라서 A는 가역행렬이고 $A^{-1}=3I_n-A$이다.

6. 1) $I_2, -I_2$는 모두 가역행렬이다. 그러나, $I_2-I_2=O$으로 가역행렬이 아니다.

2) A가 가역행렬이라고 가정하면 $AB=O \Rightarrow A^{-1}AB=A^{-1}O=O$이다.
따라서 $B=O$ 되어 가정에 모순이다.

7. B와 D가 가역행렬이므로 역행렬 B^{-1}와 D^{-1}이 존재한다. 이제 행렬

$E=\begin{bmatrix} B^{-1} & -B^{-1}CD^{-1} \\ O & D^{-1} \end{bmatrix}$에 대하여 AE와 EA를 구하여 보자.

$AE=\begin{bmatrix} B & C \\ O & D \end{bmatrix}\begin{bmatrix} B^{-1} & -B^{-1}CD^{-1} \\ O & D^{-1} \end{bmatrix}=\begin{bmatrix} I & O \\ O & I \end{bmatrix}$, $EA=\begin{bmatrix} B^{-1} & -B^{-1}CD^{-1} \\ O & D^{-1} \end{bmatrix}\begin{bmatrix} B & C \\ O & D \end{bmatrix}=\begin{bmatrix} I & O \\ O & I \end{bmatrix}$

이다. 즉, $AE=EA=I$이 성립한다. 따라서 A는 가역행렬이다.

1.3 행렬식

1. 1) $\det(A)=\det\begin{bmatrix} 3 & -2 \\ 2 & 1 \end{bmatrix}=3\times 1-(-2)\times 2=7.$

2) $$\det(B)=\det\begin{bmatrix} 3 & 2 & -1 \\ 1 & 6 & 3 \\ 2 & -4 & 0 \end{bmatrix}$$
$$=3\times 6\times 0+2\times 3\times 2+(-1)\times(-4)\times(-1)$$
$$-(-1)\times 6\times 2-2\times 1\times 0-3\times(-4)\times 3=64$$

3) $\det(C)=\det\begin{bmatrix} 1 & 2 & 3 \\ -4 & 5 & 6 \\ 7 & -8 & 0 \end{bmatrix}=45+84+96-105-(-48)-(72)=240$

4) $$\det(D)=\det\begin{bmatrix} 0 & 0 & 2 & 2 \\ 3 & -3 & 3 & 3 \\ -4 & 4 & 4 & 4 \\ 4 & 3 & 1 & 9 \end{bmatrix}$$

$$=\det\begin{bmatrix} 0 & 0 & 0 & 2 \\ 0 & -3 & 0 & 3 \\ 0 & 4 & 0 & 4 \\ 7 & 3 & -8 & 9 \end{bmatrix}$$ (2열에 1을 곱하여 1열에 더함, 3열에 −1을 곱하여 4열에 더함)

$$=\det\begin{bmatrix} 0 & 0 & 0 & 2 \\ 0 & -3 & 0 & 3 \\ 0 & 4 & 0 & 4 \\ 0 & 3 & -8 & 9 \end{bmatrix}$$ (3열에 7/8을 곱하여 1열에 더함)

$$=0$$

5) $\det(E)=\det\begin{bmatrix}1&0&0&3\\2&7&0&6\\0&6&3&0\\7&3&1&-5\end{bmatrix}$

$$=\det\begin{bmatrix}1&0&0&0\\2&7&0&0\\0&6&3&0\\7&3&1&-26\end{bmatrix}\ \text{(1열에 }-3\text{을 곱하여 4열에 더함)}$$

$$=-546$$

6) $\det\begin{bmatrix}0&0&2&2&2\\3&-3&3&3&3\\-4&4&4&4&4\\4&3&1&9&2\\1&2&1&3&1\end{bmatrix}=2\cdot3\cdot4\det\begin{bmatrix}0&0&1&1&1\\1&-1&1&1&1\\-1&1&1&1&1\\4&3&1&9&2\\1&2&1&3&1\end{bmatrix}$

$$=24\det\begin{bmatrix}0&0&1&1&1\\1&-1&0&0&0\\-1&1&0&0&0\\4&3&1&9&2\\1&2&1&3&1\end{bmatrix}=24\det\begin{bmatrix}0&0&1&1&1\\1&-1&0&0&0\\0&0&0&0&0\\4&3&1&9&2\\1&2&1&3&1\end{bmatrix}=0$$

2. 1) $\det\begin{bmatrix}1&1&1\\a&b&c\\a^2&b^2&c^2\end{bmatrix}=\det\begin{bmatrix}1&1&1\\a&b&c\\0&b^2-ab&c^2-ac\end{bmatrix}$ (2행에 $-a$를 곱해서 3행에 더함)

$$=\det\begin{bmatrix}1&1&1\\0&b-a&c-a\\0&0&(c-a)(c-b)\end{bmatrix}$$

(1행과 2행에 $-a$와 $-b$를 각각 곱해서 2행과 3행에 더함)

$$=(b-a)(c-a)(c-b)$$

2) $\det\begin{bmatrix}1+x&1+y&1+z\\1+2x&1+2y&1+2z\\1+5x&1+5y&1+5z\end{bmatrix}=\det\left(\begin{bmatrix}1&1&0\\1&2&0\\1&5&0\end{bmatrix}\begin{bmatrix}1&1&1\\x&y&z\\0&0&0\end{bmatrix}\right)=\det\begin{bmatrix}1&1&0\\1&2&0\\1&5&0\end{bmatrix}\cdot\det\begin{bmatrix}1&1&1\\x&y&z\\0&0&0\end{bmatrix}=0$

3. 먼저 행렬식 $\det(A)$를 구하자. 그러면

$$\det A=\det\begin{bmatrix}1&2&3\\0&1&4\\1&2&1\end{bmatrix}=\det\begin{bmatrix}1&2&3\\0&1&4\\0&0&-2\end{bmatrix}=-2$$

이다.

1) n차 정사각행렬 B와 상수 c에 대하여 $\det(cB)=c^n\det(B)$이므로

$$\det(3A)=3^3\det(A)=27\times(-2)=-54$$

이다.

2) $\det(A^{-1}) = \dfrac{1}{\det(A)}$ 이므로

$$\det(2A^{-1}) = 2^3 \times \frac{1}{\det(A)} = 8 \times \frac{1}{(-2)} = -4$$

이다.

3) 행렬 C의 두 열을 바꿔 얻은 행렬을 D라 하면 $\det(D) = -\det(C)$이다. 따라서

$$\det\begin{bmatrix} 3 & 2 & 1 \\ 4 & 1 & 0 \\ 1 & 2 & 1 \end{bmatrix} = -\det\begin{bmatrix} 1 & 2 & 3 \\ 0 & 1 & 4 \\ 1 & 2 & 1 \end{bmatrix} = -\det(A) = -(-2) = 2$$

이다.

4. 1) $\det(A) = \det\begin{bmatrix} 4 & 1 & 1 & 1 \\ 3 & 1 & -1 & 1 \\ 1 & 3 & -5 & 2 \\ 4 & 1 & 1 & 1 \end{bmatrix}$

$= \det\begin{bmatrix} 4 & 1 & 1 & 1 \\ 3 & 1 & -1 & 1 \\ 1 & 3 & -5 & 2 \\ 0 & 0 & 0 & 0 \end{bmatrix}$ (1행에 -1을 곱하여 4행에 더함)

$= 0$

2) $A + B = \begin{bmatrix} 4 & 1 & 1 & 1 \\ 3 & 1 & -1 & 1 \\ 1 & 3 & -5 & 2 \\ 4 & 1 & 1 & 1 \end{bmatrix} + \begin{bmatrix} -2 & 0 & 0 & 0 \\ -3 & 1 & 0 & 0 \\ -1 & -3 & 4 & 0 \\ -1 & -1 & -1 & -1 \end{bmatrix} = \begin{bmatrix} 2 & 1 & 1 & 1 \\ 0 & 2 & -1 & 1 \\ 0 & 0 & -1 & 2 \\ 3 & 0 & 0 & 0 \end{bmatrix}$ 이다. 따라서

$$\det(A+B) = \det\begin{bmatrix} 2 & 1 & 1 & 1 \\ 0 & 2 & -1 & 1 \\ 0 & 0 & -1 & 2 \\ 3 & 0 & 0 & 0 \end{bmatrix}$$

$= -3\det\begin{bmatrix} 1 & 1 & 1 \\ 2 & -1 & 1 \\ 0 & -1 & 2 \end{bmatrix}$ (4행에 대하여 전개)

$= -3\det\begin{bmatrix} 1 & 1 & 1 \\ 0 & -3 & -1 \\ 0 & -1 & 2 \end{bmatrix}$ (1행에 -2을 곱하여 2행에 더함)

$= 3\det\begin{bmatrix} -3 & -1 \\ -1 & 2 \end{bmatrix}$ (1행에 대하여 진개)

$= (-3) \times (-7) = 21$

3) $\det(AB) = \det(A) \times \det(B) = 0$

4) $\det(B) = \det\begin{bmatrix} -2 & 0 & 0 & 0 \\ -3 & 1 & 0 & 0 \\ -1 & -3 & 4 & 0 \\ -1 & -1 & -1 & -1 \end{bmatrix} = (-2)\times 1 \times 4 \times (-1) = 8$이다. 따라서

$$\det\{(2B)^{-1}\} = \frac{1}{\det(2B)} = \frac{1}{2^4\det(B)} = \frac{1}{128}$$

이다.

5. $\det\begin{bmatrix} x^2 & x & 2 \\ 2 & 1 & 1 \\ 0 & 0 & -5 \end{bmatrix} = -5\det\begin{bmatrix} x^2 & x \\ 2 & 1 \end{bmatrix} = -5(x^2-2x) = 0$이다. 따라서 $x=0,\ 2$이다.

6. $\det(A) = \det\begin{bmatrix} t+3 & -1 & 1 \\ 5 & t-3 & 1 \\ 6 & -6 & t+4 \end{bmatrix} = t^3+4t^2-4t-16 = (t-2)(t+2)(t+4)$

이므로 $t=2, -2, -4$이다.

7. $A\mathbf{x}=0$가 $\mathbf{x}\neq 0$인 해를 갖는다고 하자. 만약 $\det(A)\neq 0$이면 A는 가역행렬이다. 따라서 $A\mathbf{x}=0 \Rightarrow A^{-1}(A\mathbf{x})=0 \Rightarrow \mathbf{x}=0$이므로 가정에 모순이다. $\det(A)=0$이다.

8. 연립방정식 $\begin{cases} \lambda x + y + z = 0 \\ x + \lambda y + z = 0 \\ x + y + \lambda z = 0 \end{cases}$을 행렬을 이용하여 나타내면

$$\begin{bmatrix} \lambda & 1 & 1 \\ 1 & \lambda & 1 \\ 1 & 1 & \lambda \end{bmatrix}\begin{bmatrix} x \\ y \\ z \end{bmatrix} = \begin{bmatrix} 0 \\ 0 \\ 0 \end{bmatrix}$$

이 된다. 연립방정식이 비자명해를 가질 필요충분조건은

$$\det\begin{bmatrix} \lambda & 1 & 1 \\ 1 & \lambda & 1 \\ 1 & 1 & \lambda \end{bmatrix} = (\lambda-1)^2(\lambda+2) = 0$$

이다. 따라서 $\lambda = -2,\ 1$이다.

9. 연립방정식 $\begin{cases} x + 2y + z = 3 \\ \lambda x - y - 3z = -1 \\ 2x + 3y + z = 4 \end{cases}$을 행렬을 이용하여 나타내면

$$\begin{bmatrix} 1 & 2 & 1 \\ \lambda & -1 & -3 \\ 2 & 3 & 1 \end{bmatrix}\begin{bmatrix} x \\ y \\ z \end{bmatrix} = \begin{bmatrix} 3 \\ -1 \\ 4 \end{bmatrix}$$

이 된다. 연립방정식이 단 하나의 해를 가질 조건은 계수행렬이 가역일 때, 즉

$$\det\begin{bmatrix} 1 & 2 & 1 \\ \lambda & -1 & -3 \\ 2 & 3 & 1 \end{bmatrix} = \lambda - 2 \neq 0$$

일 때이다. 따라서 $\lambda\neq 2$이다.

10. 연립방정식 $(A-\lambda I_2)\mathbf{x}=0$ 이 비자명해를 가질 조건은 $\det(A-\lambda I_2)=0$이다. 따라서

$$\det(A-\lambda I_2)=\det\begin{bmatrix}2-\lambda & 1\\ 1 & 2-\lambda\end{bmatrix}=(\lambda-1)(\lambda-3)=0$$

이므로 $\lambda=1,3$이다.

11. $A^2=A$이므로

$$\det(A^2)=\det(A)\Rightarrow(\det(A))^2=\det(A)\Rightarrow\det(A)(\det(A)-1)=0$$

이다. 따라서 $\det(A)=0$, 1이다.

12. $A^TA=I$이므로 양변에 행렬식을 취하면 $\det(A^TA)=\det(I)$이 된다. 한편

$$\det(A^TA)=\det(A^T)\det(A),\ \det(A^T)=\det(A),\ \det(I)=1$$

이므로 $(\det(A))^2=1$을 얻는다. 따라서 $\det(A)=\pm1$이다.

13. $A=\begin{bmatrix}1&1\\0&0\end{bmatrix}$

14. 1) $BA=\begin{bmatrix}1&1&2\\2&0&2\end{bmatrix}\begin{bmatrix}1&2\\1&3\\1&1\end{bmatrix}=\begin{bmatrix}4&7\\4&6\end{bmatrix}$이다. 따라서 $\det(BA)=\det\begin{bmatrix}4&7\\4&6\end{bmatrix}=-4$이다.

2) $\det(2(BA)^{-1})=2^2\det((BA)^{-1})=4\times\dfrac{1}{\det(BA)}=\dfrac{4}{(-4)}=-1$

15. $A=\begin{bmatrix}1&2\\1&3\\1&1\end{bmatrix}$, $B=\begin{bmatrix}1&1&2\\2&0&2\end{bmatrix}$라 하자. 그러면 $AB=\begin{bmatrix}1&2\\1&3\\1&1\end{bmatrix}\begin{bmatrix}1&1&2\\2&0&2\end{bmatrix}=\begin{bmatrix}5&1&6\\7&1&8\\3&1&4\end{bmatrix}$이므로

$$\det(AB)=\det\begin{bmatrix}5&1&6\\7&1&8\\3&1&4\end{bmatrix}=\det\begin{bmatrix}2&0&2\\4&0&4\\3&1&4\end{bmatrix}\text{(3행에 }-1\text{을 곱하여 1행과 2행에 더함)}$$

$$=\det\begin{bmatrix}2&0&2\\0&0&0\\3&1&4\end{bmatrix}\text{(1행에 }-2\text{를 곱하여 2행에 더함)}$$

$$=0$$

이다. 또한, $BA=\begin{bmatrix}1&1&2\\2&0&2\end{bmatrix}\begin{bmatrix}1&2\\1&3\\1&1\end{bmatrix}=\begin{bmatrix}4&7\\4&6\end{bmatrix}$이므로 $\det(BA)=\det\begin{bmatrix}4&7\\4&6\end{bmatrix}=-4$이다

따라서 $\det(AB)\neq\det(BA)$이다.

2.1 연립 1차 방정식

1. 1) $\begin{bmatrix} 1 & -2 & 0 \\ 3 & 4 & -1 \\ 2 & -1 & 3 \end{bmatrix}$ 2) $\begin{bmatrix} 1 & 0 & 1 & 1 \\ -1 & 2 & -1 & 3 \end{bmatrix}$ 3) $\begin{bmatrix} 1 & 0 & 1 & 0 & 0 & 1 \\ 0 & 2 & -1 & 0 & 1 & 2 \\ 0 & 0 & 2 & 1 & 0 & 3 \end{bmatrix}$ 4) $\begin{bmatrix} 1 & 0 & 1 \\ 0 & 1 & 2 \end{bmatrix}$

2. 1) $\begin{aligned} x_1 \qquad - x_3 &= 2 \\ 2x_1 + x_2 + x_3 &= 3 \\ -x_2 + 2x_3 &= 4 \end{aligned}$ 2) $\begin{aligned} x_1 &= 0 \\ x_2 &= 0 \\ x_1 - x_2 &= 1 \end{aligned}$

   3) $\begin{aligned} x_1 + 2x_2 + 3x_3 + 4x_4 &= 5 \\ 5x_1 + 4x_2 + 3x_3 + 2x_4 &= 1 \end{aligned}$ 4) $\begin{aligned} x_1 &= 1 \\ x_2 &= 2 \\ x_3 &= 3 \\ x_4 &= 4 \end{aligned}$

3. 주어진 연립방정식의 확대계수행렬은 $\begin{bmatrix} 1 & -1 & 3 \\ 2 & -2 & k \end{bmatrix}$이다. 1행을 2배하면 2행의 첫 번째, 두 번째 원과 같은 수가 된다.
   1) 1행을 2배하면 $[2 \ \ -2 \ \ 6]$이므로 $k \neq 6$이면 해가 존재하지 않는다.
   2) $k = 6$일 때 무한개의 해를 갖는다.

4. 직선이 교차하는 점이 주어진 연립방정식의 해가 된다.
   1) 세 직선의 방정식으로 이루어진 연립방정식의 해가 없는 경우에는 직선들은 교차하지 않는다.
   2) 연립방정식의 해가 단 하나 존재하면 직선들은 한 점에서 교차한다.
   3) 무수히 많은 해를 갖는 경우는 세 직선이 일치하는 경우이다.

5. 주어진 연립방정식의 확대계수행렬은 $\begin{bmatrix} 1 & 1 & 2 & a \\ 1 & 0 & 1 & b \\ 2 & 1 & 3 & c \end{bmatrix}$이다. 확대계수행렬의 1행과 2행을 더하면 $[2 \ \ 1 \ \ 3 \ \ a+b]$이다. 1, 2, 3번째 원이 3행과 같으므로 해가 존재하기 위해서는 $a+b=c$가 성립해야 한다.

2.2 Gauss 소거법과 Gauss-Jordan 소거법

1. 1단계: 제1행의 첫 번째 원이 0일 때에는 0이 아닌 수를 포함하는 행과 첫 행을 교환한다.

$$\begin{bmatrix} 2 & 4 & -10 & 6 & 12 & 28 \\ 0 & 0 & -2 & 0 & 7 & 12 \\ 2 & 4 & -5 & 6 & -5 & 1 \end{bmatrix} \quad R_{12}$$

   2단계: 1단계에서 찾아낸 열의 상단의 원이 a라면, 1행에 $1/a$를 곱한다. 즉, 선도 1을 만든다.

$$\begin{bmatrix} 1 & 2 & -5 & 3 & 6 & 14 \\ 0 & 0 & -2 & 0 & 7 & 12 \\ 2 & 4 & -5 & 6 & -5 & 1 \end{bmatrix} \quad \frac{1}{2}R_1$$

3단계: 1행에 적당한 수를 곱하여 선도 1 아래쪽의 모든 원을 0으로 만든다.

$$\begin{bmatrix} 1 & 2 & -5 & 3 & 6 & 14 \\ 0 & 0 & -2 & 0 & 7 & 12 \\ 0 & 0 & 5 & 0 & -17 & -27 \end{bmatrix} \quad -2R_1+R_3$$

4단계: 1행은 그대로 두고 전체 행렬이 행사다리꼴 행렬이 되도록 나머지 행에 대하여 1단계부터 반복한다.

$$\begin{bmatrix} 1 & 2 & -5 & 3 & 6 & 14 \\ 0 & 0 & 1 & 0 & -7/2 & -6 \\ 0 & 0 & 5 & 0 & -17 & -29 \end{bmatrix} \quad -\frac{1}{2}R_2(\text{선도 1 만듦})$$

$$\begin{bmatrix} 1 & 2 & -5 & 3 & 6 & 14 \\ 0 & 0 & 1 & 0 & -7/2 & -6 \\ 0 & 0 & 0 & 0 & 1/2 & 1 \end{bmatrix} \quad -5R_2+R_3$$

$$\begin{bmatrix} 1 & 2 & -5 & 3 & 6 & 14 \\ 0 & 0 & 1 & 0 & -7/2 & -6 \\ 0 & 0 & 0 & 0 & 1 & 2 \end{bmatrix} \quad 2R_3$$

5단계: 전부는 0이 아니면서 가장 아래에 위치한 행부터 시작하여 선도 1을 포함하는 행에 적당한 수를 곱하여 선도 1 위쪽의 원이 모두 0이 되도록 한다. 즉, 기약행사다리꼴행렬을 만든다.

$$\begin{bmatrix} 1 & 2 & -5 & 3 & 6 & 14 \\ 0 & 0 & 1 & 0 & 0 & 1 \\ 0 & 0 & 0 & 0 & 1 & 2 \end{bmatrix} \quad \frac{7}{2}R_3+R_2$$

$$\begin{bmatrix} 1 & 2 & -5 & 3 & 0 & 2 \\ 0 & 0 & 1 & 0 & 0 & 1 \\ 0 & 0 & 0 & 0 & 1 & 2 \end{bmatrix} \quad -6R_3+R_1$$

$$\begin{bmatrix} 1 & 2 & 0 & 3 & 0 & 7 \\ 0 & 0 & 1 & 0 & 0 & 1 \\ 0 & 0 & 0 & 0 & 1 & 2 \end{bmatrix} \quad 5R_2+R_1$$

2. a와 c가 모두 0이면, 가정에 모순이므로 $a \neq 0$ 또는 $c \neq 0$이다.

i) $a \neq 0$: $\begin{bmatrix} 1 & b/a \\ c & d \end{bmatrix} \rightarrow \begin{bmatrix} 1 & b/a \\ 0 & d-bc/a \end{bmatrix} \rightarrow \begin{bmatrix} 1 & b/a \\ 0 & 1 \end{bmatrix} \rightarrow \begin{bmatrix} 1 & 0 \\ 0 & 1 \end{bmatrix}$

ii) $c \neq 0$: $\begin{bmatrix} c & d \\ a & b \end{bmatrix} \rightarrow \begin{bmatrix} 1 & d/c \\ 0 & b-ad/c \end{bmatrix} \rightarrow \begin{bmatrix} 1 & d/c \\ 0 & 1 \end{bmatrix} \rightarrow \begin{bmatrix} 1 & 0 \\ 0 & 1 \end{bmatrix}$

3. 확대계수행렬은 $\begin{bmatrix} a & b & k \\ c & d & l \end{bmatrix}$이고, 이것을 기약행사다리꼴 행렬로 바꾸어보면 유일해를 가짐을 알 수 있다.

4. $y=-(\lambda-3)x,\ y=-x/(\lambda-3)$

$\Rightarrow$ $x \neq 0$이고 $y \neq 0$이기 위해서는 $-(\lambda-3)=-1/(\lambda-3)$

$\Rightarrow \lambda^2-6\lambda+8=0 \Rightarrow \lambda=2,\ 4$

5. $\begin{bmatrix}1 & 6 & -2 & 0\\ 2 & -4 & 1 & 0\end{bmatrix} \to \begin{bmatrix}1 & 6 & -2 & 0\\ 0 & 16 & -5 & 0\end{bmatrix} \to \begin{bmatrix}1 & 6 & -2 & 0\\ 0 & 1 & -5/16 & 0\end{bmatrix} \to \begin{bmatrix}1 & 0 & -1/8 & 0\\ 0 & 1 & -5/16 & 0\end{bmatrix}$

대응되는 동차 연립방정식은 $\begin{cases} x - 1/8\,z = 0 \\ y - 5/16\,z = 0 \end{cases}$ 이므로 후방대입법에 의해

$x = t/8,\ y = 5t/16,\ z = t,\ t \in \mathbb{R}$

6. 1) $\begin{bmatrix}a_{11} & a_{12}\\ a_{21} & a_{22}\\ a_{31} & a_{32}\end{bmatrix}\begin{bmatrix}x_1\\ x_2\\ x_3\end{bmatrix} = \begin{bmatrix}b_1\\ b_2\\ b_3\end{bmatrix},\ \begin{bmatrix}a_{11} & a_{12} & b_1\\ a_{21} & a_{22} & b_2\\ a_{31} & a_{32} & b_3\end{bmatrix}$

2) $\begin{bmatrix}1 & 1 & 1\\ 1 & -2 & 1\\ 3 & 2 & -1\end{bmatrix}\begin{bmatrix}x\\ y\\ z\end{bmatrix} = \begin{bmatrix}5\\ 2\\ 2\end{bmatrix},\ \begin{bmatrix}1 & 1 & 1 & 5\\ 1 & -2 & 1 & 2\\ 3 & 2 & -1 & 2\end{bmatrix}$

3) $\begin{bmatrix}2 & 3 & 2 & 5\\ 3 & 6 & 2 & 4\end{bmatrix}\begin{bmatrix}x\\ y\\ z\\ w\end{bmatrix} = \begin{bmatrix}12\\ 5\end{bmatrix},\ \begin{bmatrix}2 & 3 & 2 & 5 & 12\\ 3 & 6 & 2 & 4 & 5\end{bmatrix}$

4) $\begin{bmatrix}\lambda-1 & 1\\ 2 & \lambda-2\end{bmatrix}\begin{bmatrix}x\\ y\end{bmatrix} = \begin{bmatrix}0\\ 0\end{bmatrix},\ \begin{bmatrix}\lambda-1 & 1 & 0\\ 2 & \lambda-2 & 0\end{bmatrix}$

7. 1) 확대계수행렬에 기본행연산을 실시하여 기약행사다리꼴행렬로 고치면

$$\begin{bmatrix}2 & -1 & -2\\ 2 & 1 & 1\\ 3 & 2 & 1\end{bmatrix} \to \begin{bmatrix}2 & -1 & -2\\ 2 & 1 & 1\\ 1 & 3 & 3\end{bmatrix} \to \begin{bmatrix}1 & 3 & 3\\ 0 & -7 & -8\\ 0 & 1 & 1\end{bmatrix}$$

$\to \begin{bmatrix}1 & 3 & 3\\ 0 & 1 & 1\\ 0 & 0 & 1\end{bmatrix}$ 이므로 해가 없다.

2) $\begin{bmatrix}1 & 2 & 3 & 1\\ 2 & 5 & 3 & 2\\ 1 & 0 & 8 & 3\end{bmatrix} \to \begin{bmatrix}1 & 2 & 3 & 1\\ 0 & 1 & -3 & 0\\ 0 & -2 & 5 & 2\end{bmatrix} \to \begin{bmatrix}1 & 2 & 3 & 1\\ 0 & 1 & -3 & 0\\ 0 & 0 & 1 & -2\end{bmatrix}$

$\to \begin{bmatrix}1 & 2 & 3 & 1\\ 0 & 1 & 0 & -6\\ 0 & 0 & 1 & -2\end{bmatrix} \to \begin{bmatrix}1 & 0 & 0 & 19\\ 0 & 1 & 0 & -6\\ 0 & 0 & 1 & -2\end{bmatrix}$

∴ 해는 $x = 19,\ y = 16,\ z = -2$

8. 문제 7에서 확대계수행렬을 행사다리꼴행렬로 고친다.

1) $\begin{bmatrix}1 & 3 & 3\\ 0 & 1 & 1\\ 0 & 0 & 1\end{bmatrix}$ 이므로 해가 없다.

2) $\begin{bmatrix}1 & 2 & 3 & 1\\ 0 & 1 & -3 & 0\\ 0 & 0 & 1 & -2\end{bmatrix}$ 이므로 대응되는 연립방정식은 $\begin{aligned} x+2y+3z &= 1\\ y-3z &= 0\\ z &= -2\end{aligned}$ 이고

후방대입법으로 풀면 $z = -2, y = 3z = -6, z = -2y - 3z + 1 = 19$ 이다.

9. 1) 3개의 미시수 x, y, z를 구하기 위해 주어진 방정식이 1개이므로 미지수 z, y는 매개변수

s, t를 사용하고 후방대입법을 적용한다.

$$\begin{cases} x = -r - s \\ y = r \qquad\qquad (r,\ s \in \mathbb{R}) \\ z = s \end{cases}$$

2) 3개의 미지수 x, y, z를 구하기 위해 주어진 방정식이 2개이므로 미지수 z는 매개변수 r을 사용하고 후방대입법을 적용한다. 확대계수행렬을 행사다리꼴 행렬로 고치면,

$\begin{bmatrix} 1 & 2 & 1 & 0 \\ 0 & 2 & 1 & 1 \end{bmatrix} \to \begin{bmatrix} 1 & 2 & 1 & 0 \\ 0 & 1 & \frac{1}{2} & \frac{1}{2} \end{bmatrix}$이므로,

$z = r$이고, $y + \frac{1}{2}z = \frac{1}{2}$이므로 $y = -\frac{1}{2}r + \frac{1}{2}$, $x + 2y + z = 0$이므로

$x = r - 1 - r = -1$이다. 따라서

$$\begin{cases} x = -1 \\ y = -\frac{1}{2}r + \frac{1}{2} \ (r \in \mathbb{R}) \\ z = r \end{cases}$$

3) 3개의 미지수 x, y, z를 구하기 위해 주어진 방정식이 2개이므로 미지수 z는 매개변수 r을 사용하고 후방대입법을 적용한다. 확대계수행렬을 행사다리꼴 행렬로 고치면,

$\begin{bmatrix} 1 & 2 & -1 & 0 \\ 3 & 5 & -2 & 1 \end{bmatrix} \to \begin{bmatrix} 1 & 2 & -1 & 0 \\ 0 & -1 & 1 & 1 \end{bmatrix} \to \begin{bmatrix} 1 & 2 & -1 & 0 \\ 0 & 1 & -1 & -1 \end{bmatrix}$이므로,

$z = r$이고, $y - z = -1$이므로 $y = r - 1$, $x + 2y - z = 0$이므로

$x = -2y + z = -r + 2$이다. 따라서

$$\begin{cases} x = -r + 2 \\ y = \ \ r - 1 \ (r \in \mathbb{R}) \\ z = \ \ r \end{cases}$$

10. 주어진 연립방정식의 확대계수행렬을 기약행사다리꼴행렬로 고쳐보면

$$\begin{bmatrix} 1 & 2 & -3 & 4 \\ 3 & -1 & 5 & 2 \\ 4 & 1 & a^2-14 & a+2 \end{bmatrix} \to \begin{bmatrix} 1 & 2 & -3 & 4 \\ 0 & -7 & 14 & 0 \\ 0 & -7 & a^2\ 2 & a-14 \end{bmatrix}$$
$$\to \begin{bmatrix} 1 & 2 & -3 & 4 \\ 0 & 1 & -2 & 10/7 \\ 0 & 0 & a^2-16 & a-4 \end{bmatrix}$$

1) $a = -4$ 이면 마지막 방정식은 $0z = -8$ 이 되어 해가 없다.

2) $a = 4$ 이면 마지막 방정식은 $0z = 0$ 이 되어 방정식을 만족하는 z 의 값이 무수히 많다.

3) $a \neq \pm 4$ 이면 마지막 방정식은 $(a+4)z = 1 (a \neq -4)$이므로 유일한 해가 존재한다.

11. $\begin{bmatrix} 2 & 1 & 3 \\ 0 & -2 & 7 \\ 3 & 4 & 5 \end{bmatrix} \to \begin{bmatrix} 2 & 1 & 3 \\ 0 & -2 & 7 \\ 1 & 3 & 2 \end{bmatrix} \to \begin{bmatrix} 1 & 3 & 2 \\ 0 & -2 & 7 \\ 2 & 1 & 3 \end{bmatrix} \to \begin{bmatrix} 1 & 3 & 2 \\ 0 & -2 & 7 \\ 0 & 5 & 1 \end{bmatrix} \to \begin{bmatrix} 1 & 3 & 2 \\ 0 & -2 & 7 \\ 0 & 1 & 15 \end{bmatrix}$

$$\to \begin{bmatrix} 1 & 3 & 2 \\ 0 & 0 & 37 \\ 0 & 1 & 15 \end{bmatrix} \to \begin{bmatrix} 1 & 3 & 2 \\ 0 & 1 & 15 \\ 0 & 0 & 1 \end{bmatrix} \to \begin{bmatrix} 1 & 0 & 0 \\ 0 & 1 & 0 \\ 0 & 0 & 1 \end{bmatrix}$$

12. $\begin{bmatrix} 1 & 3 \\ 0 & 1 \end{bmatrix}$, $\begin{bmatrix} 1 & 7/2 \\ 0 & 1 \end{bmatrix}$

13. $\sin\alpha = x$, $\cos\beta = y$, $\tan\gamma = z$ 라 두고 확대계수행렬을 구하고 기본행연산을 실시하자.

$$\begin{bmatrix} 2 & -1 & 3 & 3 \\ 4 & 2 & -2 & 2 \\ 6 & -3 & 1 & 9 \end{bmatrix} \rightarrow \begin{bmatrix} 2 & -1 & 3 & 3 \\ 0 & 4 & -8 & -4 \\ 0 & 0 & -8 & 0 \end{bmatrix} \rightarrow \begin{bmatrix} 2 & -1 & 3 & 3 \\ 0 & 1 & -2 & -1 \\ 0 & 0 & 1 & 0 \end{bmatrix}$$

$$\rightarrow \begin{bmatrix} 2 & -1 & 3 & 3 \\ 0 & 1 & 0 & -1 \\ 0 & 0 & 1 & 0 \end{bmatrix} \rightarrow \begin{bmatrix} 2 & 0 & 3 & 2 \\ 0 & 1 & 0 & -1 \\ 0 & 0 & 1 & 0 \end{bmatrix}$$

$$\rightarrow \begin{bmatrix} 2 & 0 & 0 & 2 \\ 0 & 1 & 0 & -1 \\ 0 & 0 & 1 & 0 \end{bmatrix} \rightarrow \begin{bmatrix} 1 & 0 & 0 & 1 \\ 0 & 1 & 0 & -1 \\ 0 & 0 & 1 & 0 \end{bmatrix}$$

$$\therefore x = \sin\alpha = 1,\ y = \cos\beta = -1,\ z = \tan\gamma = 0 \Rightarrow \alpha = \frac{\pi}{2},\ \beta = \pi,\ \gamma = 0$$

14. 1) $\begin{bmatrix} 1 & 6 & 0 & 3 & 0 \\ 0 & 0 & 1 & -4 & 0 \\ 0 & 0 & 0 & 0 & 1 \end{bmatrix}$

2) 미지수는 5개이고 주어진 방정식은 3개이기 때문에 매개변수 t, s 를 사용한다. 1)에서 구한 기약행사다리꼴행렬을 이용하여 Gauss–Jordan 소거법으로 해를 구하면 다음과 같다.

$$\mathbf{x} = \begin{bmatrix} -6 \\ 1 \\ 0 \\ 0 \\ 0 \end{bmatrix} t + \begin{bmatrix} -3 \\ 0 \\ 4 \\ 1 \\ 0 \end{bmatrix} s,\ (s, t \in \mathbb{R})$$

3) 정리 2.1을 이용하면, $\mathbf{x} = \begin{bmatrix} 0 \\ 0 \\ 5 \\ 0 \\ 7 \end{bmatrix} + \begin{bmatrix} -6 \\ 1 \\ 0 \\ 0 \\ 0 \end{bmatrix} t + \begin{bmatrix} -3 \\ 0 \\ 4 \\ 1 \\ 0 \end{bmatrix} s,\ (s, t \in \mathbb{R})$

15. 1) $\begin{cases} x_1 + x_2 + 6x_3 + 6x_4 = 96000 \\ x_1 + x_2 + 5x_3 + 4x_4 = 80000 \\ x_1 + 2x_2 + 5x_3 + 6x_4 = 82000 \\ 2x_1 + 3x_2 + 4x_3 + 8x_4 = 71000 \end{cases}$

2) 확대계수행렬 $\begin{bmatrix} 1 & 1 & 6 & 6 & 96000 \\ 1 & 1 & 5 & 4 & 80000 \\ 1 & 2 & 5 & 6 & 82000 \\ 2 & 3 & 4 & 8 & 71000 \end{bmatrix}$ 에 기본행 연산을 적용하여 기약행사다리꼴로 바꾸면

$\begin{bmatrix} 1 & 0 & 0 & 0 & 2000 \\ 0 & 1 & 0 & 0 & 1000 \\ 0 & 0 & 1 & 0 & 15000 \\ 0 & 0 & 0 & 1 & 500 \end{bmatrix}$ 이다.

3) 2)에서 구한 기약행사다리꼴행렬을 이용하면 토너(x_3)의 단가 15,000원을 구할 수 있다.

2.3 역행렬과 연립 1차 방정식

1. $[A \mid I_3] = \left[\begin{array}{ccc|ccc} 2&1&2&1&0&0 \\ 3&2&2&0&1&0 \\ 1&2&3&0&0&1 \end{array}\right] \to \left[\begin{array}{ccc|ccc} 1&-1&-1&1&0&-1 \\ 3&2&2&0&1&0 \\ 1&2&3&0&0&1 \end{array}\right]$

$\to \left[\begin{array}{ccc|ccc} 1&-1&-1&1&0&-1 \\ 0&5&5&-3&1&3 \\ 1&2&3&0&0&1 \end{array}\right] \to \left[\begin{array}{ccc|ccc} 1&-1&-1&1&0&-1 \\ 0&5&5&-3&1&3 \\ 0&3&4&-1&0&2 \end{array}\right]$

$\to \left[\begin{array}{ccc|ccc} 1&-1&-1&1&0&-1 \\ 0&1&1&-\frac{3}{5}&\frac{1}{5}&\frac{3}{5} \\ 0&3&4&-1&0&2 \end{array}\right]$

$\to \left[\begin{array}{ccc|ccc} 1&-1&-1&1&0&-1 \\ 0&1&1&-\frac{3}{5}&\frac{1}{5}&\frac{3}{5} \\ 0&0&1&\frac{4}{5}&-\frac{3}{5}&\frac{1}{5} \end{array}\right]$

$\to \left[\begin{array}{ccc|ccc} 1&0&0&\frac{2}{5}&\frac{1}{5}&-\frac{2}{5} \\ 0&1&1&-\frac{3}{5}&\frac{1}{5}&\frac{3}{5} \\ 0&0&1&\frac{4}{5}&-\frac{3}{5}&\frac{1}{5} \end{array}\right] \to \left[\begin{array}{ccc|ccc} 1&0&0&\frac{2}{5}&\frac{1}{5}&-\frac{2}{5} \\ 0&1&0&-\frac{7}{5}&\frac{4}{5}&\frac{2}{5} \\ 0&0&1&\frac{4}{5}&-\frac{3}{5}&\frac{1}{5} \end{array}\right].$

따라서 $A^{-1} = \begin{bmatrix} \frac{2}{5}&\frac{1}{5}&-\frac{2}{5} \\ -\frac{7}{5}&\frac{4}{5}&\frac{2}{5} \\ \frac{4}{5}&-\frac{3}{5}&\frac{1}{5} \end{bmatrix} = \frac{1}{5}\begin{bmatrix} 2&1&-2 \\ -7&4&2 \\ 4&-3&1 \end{bmatrix}.$

2. $[A \mid I_3] = \left[\begin{array}{ccc|ccc} 1&2&-3&1&0&0 \\ 1&-2&1&0&1&0 \\ 5&-2&-3&0&0&1 \end{array}\right] \to \left[\begin{array}{ccc|ccc} 1&2&3&1&0&0 \\ 0&-4&4&-1&1&0 \\ 5&-2&-3&0&0&1 \end{array}\right]$

$\to \left[\begin{array}{ccc|ccc} 1&2&-3&1&0&0 \\ 0&-4&4&-1&1&0 \\ 0&-12&12&-5&0&1 \end{array}\right] \to \left[\begin{array}{ccc|ccc} 1&2&-3&1&0&0 \\ 0&-4&4&-1&1&0 \\ 0&0&0&-2&-3&1 \end{array}\right]$

$\to \left[\begin{array}{ccc|ccc} 1&2&3&1&0&0 \\ 0&1&-1&1/4&-1/4&0 \\ 0&0&0&-2&-3&1 \end{array}\right].$

따라서 A는 $\begin{bmatrix} 1&2&-3 \\ 0&1&-1 \\ 0&0&0 \end{bmatrix}$과 행동치이고 행렬는 $\begin{bmatrix} 1&2&-3 \\ 0&1&-1 \\ 0&0&0 \end{bmatrix}$ 행렬 I_3로 고칠 수 없기 때문에 A는 I_3와 행동치가 아니다. 따라서 A는 가역행렬이 아니다.

3. $A\mathrm{x}=\mathrm{b}$의 꼴로 고쳐 쓰면 $\begin{bmatrix}2&1&1\\3&2&1\\0&1&1\end{bmatrix}\begin{bmatrix}x_1\\x_2\\x_3\end{bmatrix}=\begin{bmatrix}7\\-3\\5\end{bmatrix}$이다.

$A=\begin{bmatrix}2&1&1\\3&2&1\\0&1&1\end{bmatrix}$ 이므로 $A^{-1}=\begin{bmatrix}1/2&0&-1/2\\-3/2&1&1/2\\3/2&-1&1/2\end{bmatrix}$.

따라서 $\mathrm{x}=A^{-1}\mathrm{b}=\begin{bmatrix}1/2&0&-1/2\\-3/2&1&1/2\\3/2&-1&1/2\end{bmatrix}\begin{bmatrix}7\\-3\\5\end{bmatrix}=\begin{bmatrix}1\\-11\\16\end{bmatrix}$

또는 $x_1=1,\ x_2=-11,\ x_3=16$이다.

4. A가 직교행렬일 때 양의 정수 k에 대하여 A가 가역행렬임을 보이면 충분하다 (왜냐하면 A가 가역행렬이면 A^k도 가역행렬이고, 정리 2.8에 의해 A^k가 가역행렬인 것과 $A^k\mathrm{x}=0$는 자명해만 갖는다는 동치조건이기 때문이다.)
$A^TA=I$ 이므로 $A^{-1}=A^T$가 된다. 즉, A는 가역행렬이다.
그러므로 A가 직교행렬일 때, $A^k\mathrm{x}=0$는 자명해만 갖는다.

5. $AB=2B+A \Rightarrow A(B-I)=2B \Rightarrow B-I=2A^{-1}B$

$\therefore\ B(I-2A^{-1})=I\ \ i.e, B^{-1}=I-2A^{-1}=\begin{bmatrix}1&-2&2\\-4&5&2\\2&-2&1\end{bmatrix}$

$\therefore\ B=(B^{-1})^{-1}=\begin{bmatrix}\frac{1}{5}&0&\frac{2}{5}\\\frac{6}{5}&1&\frac{2}{5}\\\frac{14}{5}&2&\frac{3}{5}\end{bmatrix}$

6. case 1. $\cos\theta\neq 0$일 때

$$[A\mid I]=\left[\begin{array}{ccc|ccc}\cos\theta&\sin\theta&0&1&0&0\\-\sin\theta&\cos\theta&0&0&1&0\\0&0&1&0&0&1\end{array}\right]\rightarrow\left[\begin{array}{ccc|ccc}1&\tan\theta&0&1/\cos\theta&0&0\\-\sin\theta&\cos\theta&0&0&1&0\\0&0&1&0&0&1\end{array}\right]$$

$$\rightarrow\left[\begin{array}{ccc|ccc}1&\tan\theta&0&1/\cos\theta&0&0\\0&1&0&\sin\theta&\cos\theta&0\\0&0&1&0&0&1\end{array}\right]\rightarrow\left[\begin{array}{ccc|ccc}1&0&0&\cos\theta&-\sin\theta&0\\0&1&0&\sin\theta&\cos\theta&0\\0&0&1&0&0&1\end{array}\right]$$

$\therefore\ A$는 가역행렬이고 $A^{-1}=\begin{bmatrix}\cos\theta&-\sin\theta&0\\\sin\theta&\cos\theta&0\\0&0&1\end{bmatrix}$

case 2. $\cos\theta=0$일 때

$$[A\mid I]=\left[\begin{array}{ccc|ccc}0&\sin\theta&0&1&0&0\\-\sin\theta&0&0&0&1&0\\0&0&1&0&0&1\end{array}\right]\rightarrow\left[\begin{array}{ccc|ccc}1&0&0&0&-1/\sin\theta&0\\0&1&0&1/\sin\theta&0&0\\0&0&1&0&0&1\end{array}\right]$$

$\therefore A$는 가역행렬이고 $A^{-1} = \begin{bmatrix} 0 & -1/\sin\theta & 0 \\ 1/\sin\theta & 0 & 0 \\ 0 & 0 & 1 \end{bmatrix}$

7. $\begin{bmatrix} 1 & 0 \\ 3 & 4 \end{bmatrix} \xrightarrow[E_1]{} \begin{bmatrix} 1 & 0 \\ 0 & 4 \end{bmatrix} \xrightarrow[E_2]{} \begin{bmatrix} 1 & 0 \\ 0 & 1 \end{bmatrix}$

1) 따라서, $E_1 = \begin{bmatrix} 1 & 0 \\ -3 & 1 \end{bmatrix}$, $E_2 = \begin{bmatrix} 1 & 0 \\ 0 & 1/4 \end{bmatrix}$

2) $E_2E_1A = I \Rightarrow A^{-1} = E_2E_1 = \begin{bmatrix} 1 & 0 \\ 0 & 1/4 \end{bmatrix}\begin{bmatrix} 1 & 0 \\ -3 & 1 \end{bmatrix}$

3) $A = (A^{-1})^{-1} = (E_2E_1)^{-1} = E_1^{-1}E_2^{-1} = \begin{bmatrix} 1 & 0 \\ 3 & 1 \end{bmatrix}\begin{bmatrix} 1 & 0 \\ 0 & 4 \end{bmatrix}$

8. $A = \begin{bmatrix} 1 & 3 & 3 & 8 \\ -2 & -5 & 1 & -8 \\ 0 & 1 & 7 & 8 \end{bmatrix} \xrightarrow[E^{-1}]{} \begin{bmatrix} 1 & 3 & 3 & 8 \\ 0 & 1 & 7 & 8 \\ 0 & 1 & 7 & 8 \end{bmatrix} \xrightarrow[F^{-1}]{} \begin{bmatrix} 1 & 3 & 3 & 8 \\ 0 & 1 & 7 & 8 \\ 0 & 0 & 0 & 0 \end{bmatrix} = R$

$F^{-1}E^{-1}A = R \Rightarrow A = EFR$

$E^{-1} = \begin{bmatrix} 1 & 0 & 0 \\ 2 & 1 & 0 \\ 0 & 0 & 1 \end{bmatrix} \Rightarrow E = \begin{bmatrix} 1 & 0 & 0 \\ -2 & 1 & 0 \\ 0 & 0 & 1 \end{bmatrix}$, $F^{-1} = \begin{bmatrix} 1 & 0 & 0 \\ 0 & 1 & 0 \\ 0 & -1 & 1 \end{bmatrix} \Rightarrow F = \begin{bmatrix} 1 & 0 & 0 \\ 0 & 1 & 0 \\ 0 & 1 & 1 \end{bmatrix}$

$\therefore A = \begin{bmatrix} 1 & 0 & 0 \\ -2 & 1 & 0 \\ 0 & 0 & 1 \end{bmatrix}\begin{bmatrix} 1 & 0 & 0 \\ 0 & 1 & 0 \\ 0 & 1 & 1 \end{bmatrix}\begin{bmatrix} 1 & 3 & 3 & 8 \\ 0 & 1 & 7 & 8 \\ 0 & 0 & 0 & 0 \end{bmatrix}$

9. 1) 3×3행렬의 예를 들어 보자

$A = \begin{bmatrix} 0 & 0 & 0 \\ a & b & c \\ d & e & f \end{bmatrix}$, $B = \begin{bmatrix} b_1 & b_2 & b_3 \\ b_4 & b_5 & b_6 \\ b_7 & b_8 & b_9 \end{bmatrix}$이라 두면 AB의 제 1행은 모두 0이 되어 어떠한 행렬 B를 곱해도 단위행렬이 될 수 없다.

같은 방법으로 임의의 $n\times n$행렬의 제 i행이 모두 0이면 어떠한 $n\times n$행렬 B를 우측에 곱해도 AB의 제i행은 모두 0이 되어 I_n을 만들 수 없다. 따라서 한 행이 모두 0인 행렬은 역행렬을 갖지 않는다.

2) 임의의 $n\times n$행렬 A의 j열이 모두 0이라면 ①과 같은 방법으로 임의의 $n\times n$ 행렬 B에 대하여 BA의 제 j열은 모두 0이다. 따라서 한 열이 모두 0인 행렬은 역행렬을 갖지 않는다.

10.생략

11.1) $\begin{bmatrix} 1 & 2 & 3 \\ 4 & 5 & 6 \\ 7 & 8 & 9 \end{bmatrix} \xrightarrow[E_1]{} \begin{bmatrix} 7 & 8 & 9 \\ 4 & 5 & 6 \\ 1 & 2 & 3 \end{bmatrix}$, $\therefore E_1 = \begin{bmatrix} 0 & 0 & 1 \\ 0 & 1 & 0 \\ 1 & 0 & 0 \end{bmatrix}$

2) $E_2B=A$이어야 하므로 $E_2=E_1^{-1}=\begin{bmatrix}0&0&1\\0&1&0\\1&0&0\end{bmatrix}=E_1$

3) $\begin{bmatrix}1&2&3\\4&5&6\\7&8&9\end{bmatrix}\xrightarrow[E_1]{}\begin{bmatrix}1&2&3\\4&5&6\\9&12&15\end{bmatrix}$, $\therefore E_3=\begin{bmatrix}1&0&0\\0&1&0\\2&0&1\end{bmatrix}$

4) $E_4C=A\Rightarrow E_4=E_3^{-1}=\begin{bmatrix}1&0&0\\0&1&0\\-2&0&1\end{bmatrix}$

12.1) B가 A와 행동치이므로 적당한 기본행렬 $E_1,\cdots,E_k$가 존재해서

$E_k\cdots E_1A=B$이다. 따라서 $E_1,\cdots,E_k,A$들이 가역행렬이므로 B도 가역행렬이다.

2) $A=E_1\cdots E_k$일 때 정리 2.4에 의해 $E_1,\cdots,E_k$는 가역행렬이므로 가역행렬들의 곱인 A는 가역행렬이다.

13. $A\mathbf{x}=0$이 자명해만 갖는다. $\Leftrightarrow$ A가 가역행렬이다. (정리 2.8)

따라서 A와 Q가 모두 가역행렬이므로 QA는 가역행렬이다.

QA는 가역행렬이다. $\Leftrightarrow$ $(QA)\mathbf{x}=0$이 자명해만 갖는다. (정리 2.8)

14. $AB=2B+A$의 양 변에 A^{-1}을 곱하면 $B=2A^{-1}B+I$이다. 이것은

$B-2A^{-1}B=I$와 같고, $(I-2A^{-1})B=I$이다. 따라서 $B=(I-2A^{-1})^{-1}$이다.

따라서 $B=\begin{bmatrix}-40&16&9\\13&-5&-3\\5&-2&-1\end{bmatrix}$이다.

15.1) $A^4=\begin{bmatrix}1&0\\0&1\end{bmatrix}$이므로 $A^{51}=A^3$과 같다. 따라서 $A^{51}=A^3=\begin{bmatrix}-1&-2\\1&1\end{bmatrix}$이다.

2) $B=PAP^{-1}$이므로 $B^{51}=PA^{51}P^{-1}$이다. 따라서 $P^{-1}=\begin{bmatrix}2&-1\\-1&1\end{bmatrix}$이므로

$B^{51}=\begin{bmatrix}1&1\\1&2\end{bmatrix}\begin{bmatrix}-1&-2\\1&1\end{bmatrix}\begin{bmatrix}2&-1\\-1&1\end{bmatrix}=\begin{bmatrix}1&-1\\2&-1\end{bmatrix}$이다.

2.4 역행렬 공식과 Cramer의 공식

1. $x_1=\dfrac{1}{-1}\begin{vmatrix}0&1&0&0\\1&0&1&-2\\0&0&2&1\\0&1&0&1\end{vmatrix}=2$, $x_2=\dfrac{1}{-1}\begin{vmatrix}1&0&0&0\\1&1&1&-2\\1&0&2&1\\1&0&0&1\end{vmatrix}=-2$,

$x_3=\dfrac{1}{-1}\begin{vmatrix}1&1&0&0\\1&0&1&-2\\1&0&0&1\\1&1&0&1\end{vmatrix}=-1$, $x_4=\dfrac{1}{-1}\begin{vmatrix}1&1&0&0\\1&0&1&1\\1&0&2&0\\1&1&0&0\end{vmatrix}=0.$

2. 주어진 연립방정식은 $\begin{cases} ax+by=-z \\ cx+dy=-2z \end{cases}$ 로 변형하고 $z=t$, $t \in \mathbb{R}$ 이라 두면 해는 다음과 같다.

$$x=\frac{\begin{vmatrix} -t & b \\ -2t & d \end{vmatrix}}{\begin{vmatrix} a & b \\ c & d \end{vmatrix}}=\frac{2b-d}{ad-bc}t,\ y=\frac{\begin{vmatrix} a & -t \\ c & -2t \end{vmatrix}}{\begin{vmatrix} a & b \\ c & d \end{vmatrix}}=\frac{c-2a}{ad-bc}t,\ z=t \text{ 단, } t \in \mathbb{R}$$

3. 1) $\begin{bmatrix} 1 & a & b \\ c & 1 & 2 \\ d & 2 & 1 \end{bmatrix}\begin{bmatrix} x_1 \\ x_2 \\ x_3 \end{bmatrix}=\begin{bmatrix} 2 \\ 2c \\ 2d \end{bmatrix}$, $A=\begin{bmatrix} 1 & a & b \\ c & 1 & 2 \\ d & 2 & 1 \end{bmatrix}$, $\mathbf{x}=\begin{bmatrix} x_1 \\ x_2 \\ x_3 \end{bmatrix}$, $\mathbf{b}=\begin{bmatrix} 2 \\ 2c \\ 2d \end{bmatrix}$

2) $\begin{vmatrix} 1 & a & b \\ c & 1 & 2 \\ d & 2 & 1 \end{vmatrix}=5 \neq 0$이므로 A는 I_3와 행동치이다.

3) $\det\{(2A)^{-1}\}=\dfrac{1}{\det(2A)}=\dfrac{1}{2^3\det(A)}=\dfrac{1}{40}$

4) A : $n \times n$가역행렬일 때 $A^{-1}=\dfrac{1}{|A|}adj(A)$이므로

$$|A^{-1}|=\left|\frac{1}{|A|}adj(A)\right|=\frac{1}{|A|^n}|adj(A)|,\ \therefore |adj(A)|=|A|^{n-1}$$

$$\therefore \det\{adj(A)\}=|A|^2=25$$

5) $x_1=\dfrac{|A_1|}{|A|}=\dfrac{1}{5}\begin{vmatrix} 2 & a & b \\ 2c & 1 & 2 \\ 2d & 2 & 1 \end{vmatrix}=\dfrac{1}{5}\times 2|A|=2$

4. $|A|=\begin{vmatrix} 4 & 1 & 1 & 1 \\ 3 & 7 & -1 & 1 \\ 7 & 3 & -5 & 8 \\ 1 & 1 & 1 & 2 \end{vmatrix}=-424$, $|A_1|=-424$, $|A_2|=0$ $\therefore x=1,\ y=0$

5. 1) $|A|=0$이라 하자.

먼저 $A=O \Rightarrow adj(A)=O$ $\therefore |adj(A)|=0$임은 자명하다.

따라서 $A \neq O$이라 가정하자.

만일 $|adj(A)| \neq 0$이라면 $adj(A)$는 가역행렬이고 $A \times adj(A)=|A|I=O$이므로

$adj(A)^{-1}$를 양변에 곱하면 $A=O$이 되어 가정에 모순

$\therefore |adj(A)|=0$

2) $|A| \neq 0$ 이면 $A^{-1}=\dfrac{1}{|A|}adj(A)$이므로 $|adj(A)|=|A|^n\dfrac{1}{|A|}=|A|^{n-1}$

3) ①, ②에 의하여 A가 가역이기 위한 필요충분조건은 $adj(A)$가 가역행렬이다.

또한 $A^{-1}=\dfrac{1}{|A|}adj(A)$이므로 $A=(A^{-1})^{-1}=\dfrac{1}{|A^{-1}|}adj(A^{-1})$이고

$(A^{-1})^{-1}=(\dfrac{1}{|A|}adj(A))^{-1}$이다.

따라서 $(adj(A))^{-1}=|A^{-1}|A=\frac{1}{|A|}A=\frac{1}{|A|}\cdot\frac{1}{|A^{-1}|}adj(A^{-1})=adj(A^{-1})$

6. A가 직교행렬이므로 $A^TA=I$ 을 만족한다.
따라서, $|A^TA|=|A^T||A|=|A|^2=1$이 되어 $|A|=\pm 1$ 이다.

7. $|A|=1\neq 0$ 이므로 $A^{-1}=\frac{1}{|A|}adj(A)$이다. 즉 $A^{-1}=adj(A)$
$adj(A)$는 A의 소행렬식들의 행렬의 전치행렬이고 A의 모든 원이 정수이기 때문에 A의 소행렬식은 모두 정수들의 곱과 합이다. 따라서 A의 소행렬식들은 모두 정수이고, $A^{-1}=adj(A)$의 원 또한 모두 정수이다.

8. 첫 번째와 두 번째 방정식을 만족하는 x, y 를 Cramer의 공식을 이용하여 구하면

$$x=\frac{\begin{vmatrix}-c_1 & b_1\\ -c_2 & b_2\end{vmatrix}}{\begin{vmatrix}a_1 & b_1\\ a_2 & b_2\end{vmatrix}},\quad y=\frac{\begin{vmatrix}a_1 & -c_1\\ a_2 & -c_2\end{vmatrix}}{\begin{vmatrix}a_1 & b_1\\ a_2 & b_2\end{vmatrix}}$$

이고, 이 식을 세 번째 방정식에 대입하여 간단히 하면

$$a_3\begin{vmatrix}b_1 & c_1\\ b_2 & c_2\end{vmatrix}+b_3\begin{vmatrix}a_1 & -c_1\\ a_2 & -c_2\end{vmatrix}+c_3\begin{vmatrix}a_1 & b_1\\ a_2 & b_2\end{vmatrix}=0$$

이다. 따라서 다음과 같은 식이 성립한다.

$$0=a_3\begin{vmatrix}b_1 & c_1\\ b_2 & c_2\end{vmatrix}-b_3\begin{vmatrix}a_1 & c_1\\ a_2 & c_2\end{vmatrix}+c_3\begin{vmatrix}a_1 & b_1\\ a_2 & b_2\end{vmatrix}=\begin{vmatrix}a_1 & b_1 & c_1\\ a_2 & b_2 & c_2\\ a_3 & b_3 & c_3\end{vmatrix}$$

9. $\det(A)=1$ 이므로 $A\mathbf{x}=\begin{bmatrix}1\\0\\0\end{bmatrix}$, 의 해를 Cramer의 공식을 이용하여 구하면

$$x_1=\frac{\det(A_1)}{\det(A)}=\frac{1}{1}=1,\ x_2=\frac{\det(A_2)}{\det(A)}=\frac{-1}{1}=-1,\ x_3=\frac{\det(A_3)}{\det(A)}=\frac{0}{1}=0$$

이다. 따라서 A^{-1} 의 제 1열은 $\begin{bmatrix}1\\-1\\0\end{bmatrix}$이다.

같은 방법으로 $A\mathbf{x}=\begin{bmatrix}0\\1\\0\end{bmatrix}$ 와 $A\mathbf{x}=\begin{bmatrix}0\\0\\1\end{bmatrix}$ 의 해를 구하면, A^{-1} 의 제 2열, A^{-1} 의 제3열은

각각 $\begin{bmatrix}1\\0\\-1\end{bmatrix}$, $\begin{bmatrix}-1\\1\\1\end{bmatrix}$ 가 되어 $A^{-1}=\begin{bmatrix}1 & 1 & -1\\ -1 & 0 & 1\\ 0 & 1 & 1\end{bmatrix}$이다.

10.1) 정의에 의해 행렬 A의 각 원의 여인수를 구해서 여인수 행렬을 구하면 $\begin{bmatrix} 2 & -4 & 0 \\ 0 & 2 & 0 \\ 0 & 0 & 1 \end{bmatrix}$이다.

2) $A = E_1^{-1}E_2^{-1}I_3$이므로 단위행렬 I_3에 적용하여 행렬 A를 얻을 수 있는 기본행연산이 무엇인지 찾는다. 따라서 $E_1 = \begin{bmatrix} 1 & 0 & 0 \\ -2 & 1 & 0 \\ 0 & 0 & 1 \end{bmatrix}$, $E_2 = \begin{bmatrix} 1 & 0 & 0 \\ 0 & 1 & 0 \\ 0 & 0 & \frac{1}{2} \end{bmatrix}$ 이다.

3) $A = E_1^{-1}E_2^{-1} = \begin{bmatrix} 1 & 0 & 0 \\ 2 & 1 & 0 \\ 0 & 0 & 1 \end{bmatrix}\begin{bmatrix} 1 & 0 & 0 \\ 0 & 1 & 0 \\ 0 & 0 & 2 \end{bmatrix}$

4) $E_1^5 A^5 E_2^{-5} = \begin{bmatrix} 1 & 0 & 0 \\ 0 & 1 & 0 \\ 0 & 0 & 1024 \end{bmatrix}$이므로 $|E_1^5 A^5 E_2^{-5}| = 1024$이다.

5) $A^{-2} = \begin{bmatrix} 1 & 0 & 0 \\ -4 & 1 & 0 \\ 0 & 0 & \frac{1}{4} \end{bmatrix}$이므로, $|2adj(A^{-2})| = \frac{1}{2}$

11. $\det(adj(A)adj(B)) = \det(\det(A)A^{-1})\det(\det(B)B^{-1})$

$$= |A|^n \frac{1}{|A|}|B|^n \frac{1}{|B|}$$

$$= |A|^{n-1}|B|^{n-1}$$

3.1 벡터의 기하학적 의미

1. 종점을 $Q(a,b,c)$라고 하면

$$\overrightarrow{PQ} = (a-2, b+1, c-4) = k(7,6,-3) = k\mathbf{v} \ (k > 0)$$

따라서, $a-2 = 7k$, $b+1 = 6k$, $c-4 = -3k$ 단, $k > 0$.

종점의 좌표는 $Q(7k+2, 6k-1, -3k+4)$ (단, $k > 0$)이다.

2. $c_1(2,7,8) + c_2(1,-1,3) + c_3(3,6,11)$

$$= (2c_1 + c_2 + 3c_3,\ 7c_1 - c_2 + 6c_3,\ 8c_1 + 3c_2 + 11c_3)$$

$$= (0,0,0)$$

따라서,

$$2c_1 + c_2 + 3c_3 = 0$$
$$7c_1 - c_2 + 6c_3 = 0$$
$$8c_1 + 3c_2 + 11c_3 = 0$$

이 연립방정식을 풀면 $c_1 = c_2 = -t$, $c_3 = t$ (t는 임의의 실수)

3. $\| \mathrm{v} \| = \sqrt{1^2+2^2+4^2} = \sqrt{21}$

$\| k\mathrm{v} \| = | k | \, \| \mathrm{v} \| = | k | \cdot \sqrt{21} = 3$

$| k | = \dfrac{3}{\sqrt{21}} \qquad \therefore k = \pm \dfrac{3}{\sqrt{21}}.$

4. $\mathrm{v} \neq 0$이므로, $\| \mathrm{v} \| > 0$이고

$$\left\| \frac{\mathrm{v}}{\| \mathrm{v} \|} \right\| = \left| \frac{1}{\| \mathrm{v} \|} \right| \| \mathrm{v} \| = \frac{1}{\| \mathrm{v} \|} \| \mathrm{v} \| = 1.$$

5. $d(\mathrm{u},\mathrm{v}) = \| \mathrm{u} - \mathrm{v} \| = \| (2, 0, 2) \| = (2^2+2^2)^{\frac{1}{2}} = 2\sqrt{2}.$

6. 1) $2u-(v+3w)=(18,-7,-11)$

2) $x=u-\dfrac{1}{2}v-\dfrac{3}{2}w=(9,-\dfrac{7}{2},-\dfrac{11}{2})$ 이므로 $\| x \| = \dfrac{\sqrt{494}}{2}.$

7. 연립방정식 $2k_1+k_2-2k_3=10$을 풀면 $k_1=1, k_2=2, k_3=-3$이 된다.
$3k_1+2k_2+2k_3=1$
$5k_1+4k_2+3k_3=4$

8. 시점을 $P(x, y, z)$라 하면 $\overrightarrow{PG}=-v$가 된다. 따라서 $2-x=2$, $-y=6$, $-7-z=1$이므로 $x=0$, $y=6$, $z=-8$이 되어 시점은 $(0, 6, -8)$이다.

9. 시점을 $P(x, y, z)$라 하면 $\overrightarrow{PG}=-tv \Rightarrow (2-x, 1-y, -7-z)=(-t, -3t, t)$가 된다. 따라서 시점은 $(2+\mathrm{t}, 1+3\mathrm{t}, -\mathrm{t}-7) | \mathrm{t}>0$이 된다. 여기서 $\mathrm{t}>0$인 이유는 방향이 반대가 되도록 −를 붙였기 때문이다.

10. $\{(x, y, z) \mid \| (x, y, z)-(x_0, y_0, z_0) \| = 1\}$

$= \{(x, y, z) \mid \| (x-x_0, y-y_0, z-z_0) \| = 1\}$

$= \{(x, y, z) \mid (x-x_0)^2+(y-y_0)^2+(z-z_0)^2 = 1\}$

: 중심이 (x_0, y_0, z_0)이고, 반지름이 1인 구의 방정식이다.

11. $\| 3\mathrm{u}-5\mathrm{v}+\mathrm{w} \|$

$= \| 3(3, 0, 1, 2)-5(-1, 2, 7, -3)+(2, 0, 1, 1) \|$

$= \| (9+5+2, 0-10+0, 3-35+1, 6+15+1) \|$

$= \| (16, -10, -31, 22) \| = \sqrt{1801}$

12. ① $\mathrm{v}-\mathrm{w}=(2, -3, 1)-(3, 2, -1)=(-1, -5, 2)$

② $7\mathrm{w} \;\; 3\mathrm{u}-7(3, 2, -1)-3(1, 2, 3)=(21, 14, -7)+(-3, -6, -9)$

$=(18, 8, -16)$

③ $3(\mathrm{u}-7\mathrm{v})=3\mathrm{u}-21\mathrm{v}=3(1,2,3)-21(2,-3,1)$
$=(3,6,9)+(-42,63,-21)=(-39,69,-12)$

13. $2\mathrm{u}-\mathrm{v}+\mathrm{w}=7\mathrm{x}+2\mathrm{w} \Rightarrow 7\mathrm{x}=2\mathrm{u}-\mathrm{v}-\mathrm{w}=2(1,2,3)-(2,-3,1)-(3,2,-1)$
$=(-3,5,6)$

$\therefore \mathrm{x}=\left(-\frac{3}{7}, \frac{5}{7}, \frac{6}{7}\right)$

14. 1) $\frac{3}{4}\overline{PQ}=\frac{3}{4}(2,1,1)$ 따라서 $x-1=\frac{6}{4}, y-3=\frac{3}{4}, z-1=\frac{3}{4}$ 이다.

그러므로 구하는 점의 좌표는 $\frac{1}{4}(10,15,7)$ 이다.

2) 같은 방법으로 $\frac{1}{4}\overline{PQ}=\frac{1}{4}(2,1,1)$ 따라서 $x-1=\frac{2}{4}, y-3=\frac{1}{4}, z-1=\frac{1}{4}$ 이다.

그러므로 구하는 점의 좌표는 $\frac{1}{4}(6,13,5)$ 이다.

15. $\overrightarrow{PQ}=\overrightarrow{OQ}-\overrightarrow{OP}=(5,-7,3)$

① $\|\overrightarrow{PQ}\|=\sqrt{25+49+9}=\sqrt{83}$

② $\frac{1}{2}(2+7,3-4,-2+1)=\left(\frac{9}{2},-\frac{1}{2},-\frac{1}{2}\right)$

③ $\frac{1}{4}(7+6,-4+9,1-6)=\left(\frac{13}{4},\frac{5}{4},-\frac{5}{4}\right)$

④ $-\frac{1}{2}(7-6,-4-9,1+6)=\left(-\frac{1}{2},\frac{13}{2},-\frac{7}{2}\right)$

⑤ $\frac{\overrightarrow{PQ}}{\|\overrightarrow{PQ}\|}=\left(\frac{5}{\sqrt{83}},\frac{-7}{\sqrt{83}},\frac{3}{\sqrt{83}}\right)$

16 ① $\|\mathrm{u}\|=\sqrt{0+9+16}-5$

② $\|\mathrm{v}\|=\sqrt{1^2+1^2+1^2}=\sqrt{3}$

③ $\|\mathrm{u}\|+\|\mathrm{w}\|=5+\sqrt{64+49+16}=5+\sqrt{129}$

④ $\|-2\mathrm{u}\|+\|2\mathrm{u}\|=2\|\mathrm{u}\|+2\|\mathrm{u}\|=4\|\mathrm{u}\|=20$

17. 구하고자 하는 벡터의 시점을 $P(x,y,z)$ 라 하면

$PQ=(2-x,-y,-7-z)=(2,-4,1)k \quad (k>0)$

$\therefore x=-2k+2, y=4k, z=-k-7 \quad (k>0)$ 이 되므로

$P(2-2k,4k,-7-k) \quad (k>0)$ 이다.

18. 벡터의 연산에 관한 정리 증명으로 스칼라곱 결합법칙과 배분법칙 등 독자들 스스로 쉽게 증명할 수 있다.

3.2 유클리드 내적

1. 1) $\mathrm{u} = \mathrm{w}_1 + \mathrm{w}_2 (\mathrm{w}_1 = k\mathrm{v}, \mathrm{w}_2 \perp \mathrm{v})$라고 하면

$\mathrm{u} \cdot \mathrm{v} = k \|\mathrm{v}\|^2 + \mathrm{w}_2 \cdot \mathrm{v} = k\|\mathrm{v}\|^2$이다.

따라서, $\mathrm{w}_1 = k\mathrm{v} = \dfrac{\mathrm{u}\cdot\mathrm{v}}{\|\mathrm{v}\|^2}\mathrm{v} = \dfrac{-3+4}{(-3)^2+2^2}(-3,2)$

$= (-3/13, 2/13)$이다.

또한, $\mathrm{w}_2 = \mathrm{u} - \mathrm{w}_1 = (16/13, 24/13)$.

2) 같은 방법으로 구하면

$\mathrm{w}_1 = \dfrac{\mathrm{u}\cdot\mathrm{v}}{\|\mathrm{v}\|^2}\mathrm{v} = \dfrac{1}{3}(1,1,1)$

$\mathrm{w}_2 = \mathrm{u} - \mathrm{w}_1 = (0,0,1) - (1/3,1/3,1/3) = (-1/3,-1/3,2/3)$

2. $\|\mathrm{u}+\mathrm{v}\|^2 = (\mathrm{u}+\mathrm{v})\cdot(\mathrm{u}+\mathrm{v})$

$= \mathrm{u}\cdot\mathrm{u} + \mathrm{u}\cdot\mathrm{v} + \mathrm{v}\cdot\mathrm{u} + \mathrm{v}\cdot\mathrm{v}$

$= \|\mathrm{u}\|^2 + \|\mathrm{v}\|^2 + 2\mathrm{u}\cdot\mathrm{v}$

$\|\mathrm{u}-\mathrm{v}\|^2 = (\mathrm{u}-\mathrm{v})\cdot(\mathrm{u}-\mathrm{v})$

$= \mathrm{u}\cdot\mathrm{u} - \mathrm{u}\cdot\mathrm{v} - \mathrm{v}\cdot\mathrm{u} + \mathrm{v}\cdot\mathrm{v}$

$= \|\mathrm{u}\|^2 + \|\mathrm{v}\|^2 - 2\mathrm{u}\cdot\mathrm{v}$

$\therefore \quad \|\mathrm{u}+\mathrm{v}\|^2 + \|\mathrm{u}-\mathrm{v}\|^2 = 2\|\mathrm{u}\|^2 + 2\|\mathrm{v}\|^2$

3. $\mathrm{w} = k_1\mathrm{u}_1 + k_2\mathrm{u}_2 + \cdots + k_r\mathrm{u}_r$이라 두면 가정에서 v가 $\mathrm{u}_1, \mathrm{u}_2, \cdots, \mathrm{u}_r$과 직교하므로

$\mathrm{v}\cdot\mathrm{w} = \mathrm{v}\cdot(k_1\mathrm{u}_1 + k_2\mathrm{u}_2 + \cdots + k_r\mathrm{u}_r)$

$= k_1(\mathrm{v}\cdot\mathrm{u}_1) + k_2(\mathrm{v}\cdot\mathrm{u}_2) + \cdots + k_r(\mathrm{v}\cdot\mathrm{u}_r) = 0$

따라서 v는 $k_1\mathrm{u}_1 + k_2\mathrm{u}_2 + \cdots + k_r\mathrm{u}_r$와 직교한다.

4. 구하고자 하는 벡터를 $\mathrm{v} = (x, y)$라고 하자.

$\Rightarrow \ \mathrm{v}\cdot(-2,4) = (x,y)\cdot(-2,4) = 0, \ \|(x,y)\| = 1$

$\Rightarrow -2x + 4y = 0, \ x^2 + y^2 = 1$이다.

이 연립방정식을 풀면, 해는 다음과 같다.

$$\left(\frac{2}{\sqrt{5}}, \frac{1}{\sqrt{5}}\right), \left(-\frac{2}{\sqrt{5}}, -\frac{1}{\sqrt{5}}\right)$$

5. ① $\cos\theta = \dfrac{\mathrm{u}\cdot\mathrm{v}}{\|\mathrm{u}\|\,\|\mathrm{v}\|} = \dfrac{4-2+4}{\sqrt{16+4+4}\,\sqrt{1+1+4}} = \dfrac{6}{12} = \dfrac{1}{2} \qquad \therefore \theta = 60^\circ$

② v에 대한 u의 직교성분 $\mathrm{w}_2 = \mathrm{u} - \dfrac{\mathrm{u}\cdot\mathrm{v}}{\|\mathrm{v}\|^2}\mathrm{v} = (4,-2,2) - \dfrac{6}{6}(1,1,2)$

$$=(3, -3, 0)$$

6. ① $u \cdot (7v+w) = 7(u \cdot v) + (u \cdot w) = 7(4-4)+6 = 6$

② $\| (u \cdot w)w \| = \| 6w \| = 36$

③ $\| u \| (v \cdot w) = \sqrt{5}(24) = 24\sqrt{5}$

④ $(\| u \| v) \cdot w = \sqrt{5}(v \cdot w) = 24\sqrt{5}$

7. ① u · (v · w)는 v · w 가 스칼라이므로 u · (v · w) 는 벡터와 스칼라의 내적
⇒ 의미 없다.

② (u · v) + w 는 u · v 가 스칼라이고 (u · v) + w 는 스칼라와 벡터의 합
⇒ 의미 없다.

③ ‖u · v‖ 는 u · v 가 스칼라이고 ‖u · v‖ 는 스칼라의 노름 ⇒ 의미 없다.

④ k · (u + v) 는 u+v 는 벡터이고 k(u + v)는 스칼라와 벡터의 내적 ⇒ 의미 없다.

8. 정육면체 한 변의 길이를 $k(\neq 0)$라고 하면 대각선 벡터의 성분은 (k, k, k)이고
한 면(xy-평면)상의 벡터의 성분은 $(k, k, 0)$이므로

$$\cos\theta = \frac{k^2+k^2}{\sqrt{k^2+k^2+k^2}\sqrt{k^2+k^2}} = \frac{2}{\sqrt{3}\sqrt{2}} = \frac{\sqrt{2}}{\sqrt{3}} \quad \therefore \theta = \cos^{-1}(\sqrt{\frac{2}{3}})$$

9. $A=(1,-1)$, $B=(-2,0)$, $C=(2,4)$라고 두면

$\overrightarrow{AB}=(-3,1)$, $\overrightarrow{AC}=(1,5)$, $\overrightarrow{BC}=(4,4)$

$\overrightarrow{BA}=(3,-1)$, $\overrightarrow{CA}=(-1,-5)$, $\overrightarrow{CB}=(-4,-4)$

$\overrightarrow{AB}$ 와 $\overrightarrow{AC}$ 사이의 각을 θ_1이라 하면 $\cos\theta_1 = \frac{-3+5}{\sqrt{9+1}\sqrt{1+25}} = \frac{1}{\sqrt{65}}$

$\overrightarrow{BA}$ 와 $\overrightarrow{BC}$ 사이의 각을 θ_2라 하면 $\cos\theta_2 = \frac{12-4}{\sqrt{9+1}\sqrt{16+16}} = \frac{1}{\sqrt{5}}$

$\overrightarrow{CA}$ 와 $\overrightarrow{CB}$ 사이의 각을 θ_3라 하면 $\cos\theta_3 = \frac{4+20}{\sqrt{1+25}\sqrt{16+16}} = \frac{3}{\sqrt{13}} \quad \therefore \theta = \theta_1$

10. $\frac{1}{4}\| u+v \|^2 - \frac{1}{4}\| u-v \|^2 - \frac{1}{4}(u+v) \cdot (u+v) - \frac{1}{4}(u-v) \cdot (u\ \ v)$

$= \frac{1}{4}(\| u \|^2 + \| v \|^2 + 2(u \cdot v) - \| u \|^2 - \| v \|^2 + 2(u \cdot v)) = u \cdot v$

11. $v=(v_1, v_2)$라 하면 크기가 1이므로 $v_1^2+v_2^2=1$이고 벡터 $(-3,4)$와 직교하므로

$v \cdot (-3,4) = 0$으로부터 $-3v_1+4v_2=0$ 으로부터 $v_1 = \pm\frac{4}{5}$, $v_2 = \pm\frac{3}{5}$이다

그러므로 $v=\pm(4/5, 3/5)$가 된다.

12. $(2,1,k)\cdot(3,k,2)=0, \Rightarrow 6+k+2k=0 \Rightarrow k=-2$.

13. 1) $\cos\theta=\dfrac{u\cdot v}{\|u\|\ \|v\|}=\dfrac{3}{\sqrt{6}\sqrt{6}}=\dfrac{1}{2}, \quad \therefore \theta=\dfrac{\pi}{3}$

2) $w_1=kv,\ u=kv+w_2,\ w_1\perp w_2$ 따라서 $u\cdot v=(kv+w_2)\cdot v\ =k\|v\|^2,$

$\Rightarrow\ k=\dfrac{1}{2}$가 된다. 따라서 $w_1=\dfrac{1}{2}v=\dfrac{1}{2}(1,1,2),\ w_2=u-w_1=\dfrac{1}{2}(3,-3,0)$

14. 1) $\overrightarrow{OA}=(1,5,-2),\ \overrightarrow{OB}=(1,2,3)$이므로

$\cos\theta=\dfrac{\overrightarrow{OA}\cdot\overrightarrow{OB}}{\|\overrightarrow{OA}\|\|\overrightarrow{OB}\|}=\dfrac{\sqrt{105}}{42}.$

2) $w_1=k\overrightarrow{OA}$이고 $\overrightarrow{OA}\cdot\overrightarrow{OB}=k\|\overrightarrow{OB}\|^2$이다. 따라서 $k=\dfrac{5}{30}=\dfrac{1}{6}$가 된다.

따라서 $w_1=\dfrac{1}{6}(1,5,-2)$이다.

3) $\overrightarrow{AB}=(0,-3,-5),\ \overrightarrow{BC}=(2,3,2),\ \overrightarrow{CA}=(-2,0,-3)$이므로

$\|\overrightarrow{AB}\|+\|\overrightarrow{BC}\|+\|\overrightarrow{CA}\|=\sqrt{34}+\sqrt{17}+\sqrt{13}$이 된다.

15. 한 변의 길이가 $a>0$인 정육면체에 대하여 원점을 $P(0,0,0)$라 하면 원점에서 대각선 그은 점의 좌표벡터는 는 (a,a,a)가 되고, 한 변의 좌표벡터는 $(a,0,0)$또는 $(0,a,0)$또는 $(0,0,a)$가 된다. 따라서 이들 중의 하나와 이루는 사잇각에 대해

$\cos\theta=\dfrac{(a,a,a)\cdot(a,0,0)}{\|(a,a,a)\|\|(a,0,0)\|}=\dfrac{1}{\sqrt{3}}.$

16. $u\cdot v=0$이고 $\|u\|=\|v\|=1$이라 할 때 $\|u-v\|^2=\|u\|^2-2(u\cdot v)+\|v\|^2=2$

따라서 $\|u-v\|=\sqrt{2}$.

17. $\|u\|=\|v\|$이면 $u\cdot u=v\cdot v$가 된다. 따라서

$(u+v)\cdot(u-v)=u\cdot u-u\cdot v+v\cdot u-v\cdot v=0$

18. u가 두 벡터 v와 w에 직교하면 $u\cdot v=0=u\cdot w$이다. 따라서

$u\cdot(av+bw)=a(u\cdot v)+b(u\cdot w)=0$

19. 하루 환전 총 수입에 해당한다.

3.3 외적

1. u×v는 u와 v에 동시에 수직이다.

$$\mathrm{u}\times\mathrm{v}=\begin{vmatrix}\mathrm{i} & \mathrm{j} & \mathrm{k}\\ -7 & 3 & 1\\ 2 & 0 & 4\end{vmatrix}=12\mathrm{i}+30\mathrm{j}-6\mathrm{k}=(12,30,-6)$$

u×v에 평행한 모든 벡터는 u와 v에 동시에 수직이다. 따라서 임의의 스칼라 k에 대하여 $k(\mathrm{u}\times\mathrm{v})=k(12,30,-6)=6k(2,5,-1)$가 u와 v에 동시에 수직이다.

2. $\mathrm{x}=(a,b,c)$라고 하면

$$\mathrm{u}\times\mathrm{x}=\begin{vmatrix}\mathrm{i} & \mathrm{j} & \mathrm{k}\\ -1 & 3 & 2\\ a & b & c\end{vmatrix}=(3c-2b,\ 2a+c,\ -b-3a)=(1,1,-1)$$

따라서,
$$\begin{aligned}-2b+3c&=1\\ 2a+\quad c&=1\\ 3a+b\quad&=1\end{aligned}$$

이다. 이 연립방정식을 풀면 해는 다음과 같다.

$a=-\frac{1}{2}t+\frac{1}{2},\ b=\frac{3}{2}t-\frac{1}{2},\ c=t$ (단, t는실수)

$$\therefore \mathrm{x}=\left(-\frac{1}{2}\mathrm{t}+\frac{1}{2},\ \frac{3}{2}\mathrm{t}-\frac{1}{2},\ \mathrm{t}\right).$$

3. ① v와 방향이 같은 벡터는 $k\mathrm{v}$ 이므로 $(k>0)$ $\|k\mathrm{v}\|=10$인 k를 구하면 된다.

$\therefore\ \|k\mathrm{v}\|=k\|\mathrm{v}\|=k\sqrt{1+4}=10\quad \therefore k=2\sqrt{5}$

⇒v와 방향이 같고 크기가 10인 벡터는 $(-2\sqrt{5},\ 4\sqrt{5})$이다.

② $(\mathrm{u}+3\mathrm{v})\times\mathrm{v}+(-2\mathrm{u}+\mathrm{v})\times\mathrm{u}=\mathrm{u}\times\mathrm{v}+3\mathrm{v}\times\mathrm{v}-2\mathrm{u}\times\mathrm{u}+\mathrm{v}\times\mathrm{u}=0$

③ u 와 v에 동시에 수직인 벡터는 $k(\mathrm{u}\times\mathrm{v})$이므로 $(k\neq 0)$,

$$k(\mathrm{u}\times\mathrm{v})=k\begin{vmatrix}\mathrm{i} & \mathrm{j} & \mathrm{k}\\ -1 & 2 & 1\\ 2 & 1 & 2\end{vmatrix}=k(3,4,-5)$$

4. ① $\triangle PQR$의 넓이 $=\frac{1}{2}\|\overrightarrow{PQ}\times\overrightarrow{PR}\|=\frac{1}{2}\left\|\begin{vmatrix}\mathrm{i} & \mathrm{j} & \mathrm{k}\\ 0 & -3 & 5\\ 2 & 0 & 3\end{vmatrix}\right\|=\frac{1}{2}\|(-9,10,6)\|$

$$=\frac{1}{2}\sqrt{81+100+36}=\frac{\sqrt{217}}{2}$$

② P,Q,R을 포함하는 평행사변형의 넓이=2($\triangle PQR$의 넓이$)=\sqrt{217}$

③ $\overrightarrow{OP}, \overrightarrow{OQ}, \overrightarrow{OR}$ 로 이루어지는 평행육면체의 부피$=|(\overrightarrow{OP}\times\overrightarrow{OQ})\cdot\overrightarrow{OR}|$이고

$$\overrightarrow{OP}\times\overrightarrow{OQ}=\begin{vmatrix}\mathrm{i} & \mathrm{j} & \mathrm{k}\\ 1 & 5 & -2\\ 1 & 2 & 3\end{vmatrix}=(19,-5,-3)$$이므로

$|(\overrightarrow{OP} \times \overrightarrow{OQ}) \cdot \overrightarrow{OR}| = |19 \times 3 - 5 \times 5 - 3 \times 1| = 29$

5. ① $\mathrm{v} \times \mathrm{w} = \left(\begin{vmatrix} v_2 & v_3 \\ w_2 & w_3 \end{vmatrix}, -\begin{vmatrix} v_1 & v_3 \\ w_1 & w_3 \end{vmatrix}, \begin{vmatrix} v_1 & v_2 \\ w_1 & w_2 \end{vmatrix} \right)$

$$\mathrm{u} \cdot (\mathrm{v} \times \mathrm{w}) = u_1 \begin{vmatrix} v_2 & v_3 \\ w_2 & w_3 \end{vmatrix} - u_2 \begin{vmatrix} v_1 & v_3 \\ w_1 & w_3 \end{vmatrix} + u_3 \begin{vmatrix} v_1 & v_2 \\ w_1 & w_2 \end{vmatrix}$$

$$= \begin{vmatrix} u_1 & u_2 & u_3 \\ v_1 & v_2 & v_3 \\ w_1 & w_2 & w_3 \end{vmatrix}$$

② $\mathrm{u} \cdot (\mathrm{v} \times \mathrm{w}) = \begin{vmatrix} -1 & 4 & 7 \\ 6 & -7 & 3 \\ 4 & 0 & 1 \end{vmatrix} = 7 + 48 + 0 - (-196 + 0 + 24) = 227$

6. $\mathrm{u} \times \mathrm{v} \times \mathrm{w}$는 u, v, w 에 동시에 수직인 3차 공간의 벡터를 의미하므로 이러한 벡터는 존재하지 않는다. 예를 들어, i, j, k 와 동시에 수직인 3차 공간의 벡터는 없다.

7. ① $\mathrm{v} \times \mathrm{w}$는 v 와 w에 동시에 수직인 벡터이고 $\mathrm{u} \times (\mathrm{v} \times \mathrm{w})$는 $\mathrm{v} \times \mathrm{w}$와 수직이어야 하므로 v 와 w가 이루는 평면에 존재
② ①과 동일

8. $\mathrm{u} = (u_1, u_2, u_3)$, $\mathrm{v} = (\mathrm{v}_1, \mathrm{v}_2, \mathrm{v}_3)$, $\mathrm{w} = (\mathrm{w}_1, \mathrm{w}_2, \mathrm{w}_3)$라 두면
① $(\mathrm{u} + k\mathrm{v}) \times \mathrm{v} = \mathrm{u} \times \mathrm{v} + k\mathrm{v} \times \mathrm{v} = \mathrm{u} \times \mathrm{v}$
② $(\mathrm{u} \times \mathrm{v}) \cdot \mathrm{w} = \left(\begin{vmatrix} u_2 & u_3 \\ v_2 & v_3 \end{vmatrix}, -\begin{vmatrix} u_1 & u_3 \\ v_1 & v_3 \end{vmatrix}, \begin{vmatrix} u_1 & u_2 \\ v_1 & v_2 \end{vmatrix} \right) \cdot (w_1, w_2, w_3)$

$$= w_1 \begin{vmatrix} u_2 & u_3 \\ v_2 & v_3 \end{vmatrix} - w_2 \begin{vmatrix} u_1 & u_3 \\ v_1 & v_3 \end{vmatrix} + w_3 \begin{vmatrix} u_1 & u_2 \\ v_1 & v_2 \end{vmatrix} \Leftarrow \begin{vmatrix} u_1 & u_2 & u_3 \\ v_1 & v_2 & v_3 \\ w_1 & w_2 & w_3 \end{vmatrix} \text{의 제 3행에 관한 여인수 전개}$$

$$= \begin{vmatrix} u_1 & u_2 & u_3 \\ v_1 & v_2 & v_3 \\ w_1 & w_2 & w_3 \end{vmatrix} = \mathrm{u} \cdot (\mathrm{v} \times \mathrm{w})$$

③ a) $\mathrm{w} = \mathrm{i}$

$(\mathrm{u} \times \mathrm{v}) \times \mathrm{i} = (u_2v_3 - u_3v_2,\ u_3v_1 - u_1v_3,\ u_1v_2 - u_2v_1) \times (1, 0, 0)$

$= (0, -u_2v_1 + u_1v_2, -u_3v_1 + u_1v_3)$

$(\mathrm{u} \cdot \mathrm{i})\mathrm{v} - (\mathrm{v} \cdot \mathrm{i})\mathrm{u} = (u_1v_1,\ u_1v_2,\ u_1v_3) - (u_1v_1,\ u_2v_1,\ u_3v_1)$

$= (0,\ u_1v_2 - u_2v_1,\ u_1v_3 - u_3v_1)$ ∴ 등호성립

b) $\mathrm{w} = \mathrm{j}$

$(\mathrm{u} \times \mathrm{v}) \times \mathrm{j} = (u_2v_1 - u_1v_2,\ 0,\ u_2v_3 - u_3v_2)$

$(\mathrm{u} \cdot \mathrm{j})\mathrm{v} - (\mathrm{v} \cdot \mathrm{j})\mathrm{u} = (u_2v_1,\ u_2v_2,\ u_2v_3) - (u_1v_2,\ u_2v_2,\ u_3v_2)$

$= (u_2v_1 - u_1v_2,\ 0,\ u_2v_3 - u_3v_2)$ ∴ 등호성립

c) $\mathrm{w} = \mathrm{k}$

$(\mathrm{u} \times \mathrm{v}) \times \mathrm{k} = (u_3v_1 - u_1v_3,\ u_1v_3 - u_3v_1,\ 0)$

$(\mathrm{u} \cdot \mathrm{k})\mathrm{v} - (\mathrm{v} \cdot \mathrm{k})\mathrm{u} = (u_3v_1,\ u_3v_2,\ u_3v_3) - (u_1v_3,\ u_2v_3,\ u_3v_3)$

$= (u_3v_1 - u_1v_3,\ u_3v_2 - u_2v_3,\ 0)$ ∴ 등호성립

d) $\mathrm{w} = (w_1,\ w_2,\ w_3)$

$(\mathrm{u} \times \mathrm{v}) \times \mathrm{w} = (\mathrm{u} \times \mathrm{v}) \times (w_1\mathrm{i} + w_2\mathrm{j} + w_3\mathrm{k})$

$= w_1(\mathrm{u} \times \mathrm{v}) \times \mathrm{i} + w_2(\mathrm{u} \times \mathrm{v}) \times \mathrm{j} + w_3(\mathrm{u} \times \mathrm{v}) \times \mathrm{k}$

$= w_1[(\mathrm{u} \cdot \mathrm{i})\mathrm{v} - (\mathrm{v} \cdot \mathrm{i})\mathrm{u}] + w_2[(\mathrm{u} \cdot \mathrm{j})\mathrm{v} - (\mathrm{v} \cdot \mathrm{j})\mathrm{u}] + w_3[(\mathrm{u} \cdot \mathrm{k})\mathrm{v} - (\mathrm{v} \cdot \mathrm{k})\mathrm{u}]$

$= (\mathrm{u} \cdot w_1\mathrm{i})\mathrm{v} + (\mathrm{u} \cdot w_2\mathrm{j})\mathrm{v} + (\mathrm{u} \cdot w_3\mathrm{k})\mathrm{v} - [(\mathrm{v} \cdot w_1\mathrm{i})\mathrm{u} + (\mathrm{v} \cdot w_2\mathrm{j})\mathrm{u} + (\mathrm{v} \cdot w_3\mathrm{k})\mathrm{u}]$

$= [\mathrm{u} \cdot (w_1\mathrm{i} + w_2\mathrm{j} + w_3\mathrm{k})]\mathrm{v} - [\mathrm{v} \cdot (w_1\mathrm{i} + w_2\mathrm{j} + w_3\mathrm{k})]\mathrm{u} = (\mathrm{u} \cdot \mathrm{w})\mathrm{v} - (\mathrm{v} \cdot \mathrm{w})\mathrm{u}$

9. 1) $\|u \times v\| = \|u\|\|v\|\sin\theta$이므로 $\sin\theta = \frac{3}{2\sqrt{3}} = \frac{\sqrt{3}}{2}$. 따라서 $\theta = \frac{\pi}{3}$.

2) $u \cdot v = \|u\|\|v\|\cos\theta = 2 \times \sqrt{3} \times \frac{1}{2} = \sqrt{3}$.

10.1) $\cos\theta = \frac{u \cdot v}{\|u\|\|v\|} = \frac{3}{\sqrt{3}\sqrt{11}} = \sqrt{\frac{3}{11}}$.

2) $u \times v = \left(\begin{vmatrix} 1 & 1 \\ 3 & 1 \end{vmatrix}, -\begin{vmatrix} 1 & 1 \\ -1 & 1 \end{vmatrix}, \begin{vmatrix} 1 & 1 \\ -1 & 3 \end{vmatrix} \right) = (-2,\ -2,\ 4)$

따라서 직교하는 벡터는 임의의 $k \neq 0$에 대해 $k(-2,\ -2,\ 4)$가 된다.

11.1) $Q(x,\ y,\ z)$라 하자. 그러면 $\overrightarrow{PQ} = v$가 되므로 $\overrightarrow{PQ} = (x-7,\ y+1,\ z+2) = (7,\ 0,\ -3)$이 되어 $x=9,\ y=5,\ z=-5$. 따라서 $Q(9,\ 5,\ -5)$가 된다

2) $w_1 = k\overrightarrow{OP}$이고 $\overrightarrow{OQ} = k\overrightarrow{OP} + w_2$, 따라서 $k = \frac{\overrightarrow{OP} \cdot \overrightarrow{OQ}}{\|\overrightarrow{OP}\|^2} = \frac{18-5+10}{(\sqrt{9})^2} = \frac{23}{9}$

따라서 $w_1 = k\overrightarrow{OP} = \frac{23}{9}(2,\ -1,\ -2)$

3) $\overrightarrow{OP} \times \overrightarrow{OQ} = \pm\left(\begin{vmatrix} -1 & -2 \\ 5 & -5 \end{vmatrix}, -\begin{vmatrix} 2 & -2 \\ 9 & -5 \end{vmatrix}, \begin{vmatrix} 2 & -1 \\ 9 & 5 \end{vmatrix} \right) = \pm(15,\ -8,\ 19)$.

4) $\triangle OPQ$의 면적은 $\triangle OPQ = \frac{1}{2}\|\overrightarrow{OP} \times \overrightarrow{OQ}\| = \frac{1}{2}\sqrt{15^2 + 8^2 + 19^2} = \frac{1}{2}\sqrt{650}$.

12.1) $\overrightarrow{PQ} = (-2,\ -2,\ 0)$, $\overrightarrow{PR} = (-1,\ -1,\ 4)$가 된다. 따라서

$\overrightarrow{PQ} \times \overrightarrow{PR} = \left(\begin{vmatrix} -2 & 0 \\ -1 & 4 \end{vmatrix}, -\begin{vmatrix} -2 & 0 \\ -1 & 4 \end{vmatrix}, \begin{vmatrix} -2 & -2 \\ -1 & -1 \end{vmatrix} \right) = (-8,\ 8,\ 0)$.

따라서 삼각형의 넓이는 $\frac{1}{2}\|\overrightarrow{PQ}\times\overrightarrow{PR}\|=\frac{1}{2}\sqrt{128}=4\sqrt{2}$.

2) 평행사변형의 넓이는 $\|\overrightarrow{PQ}\times\overrightarrow{PR}\|=\sqrt{128}=8\sqrt{2}$.

3) 평행육면체의 부피 $V=|(\overrightarrow{OP}\times\overrightarrow{OQ})\cdot\overrightarrow{OR}|=|(-2,2,-2)\cdot(2,1,3)|=|-8|=8$.

4) $\overrightarrow{PS}=(3,3,0)-(3,2,-1)=(0,1,1)$이므로 $\overrightarrow{PS}$와 삼각형에 수직인 벡터 사이의 각 θ는 내적의 관계로부터 $\cos\theta=\frac{\overrightarrow{PS}\cdot(\overrightarrow{PQ}\times\overrightarrow{PR})}{\|\overrightarrow{PS}\|\|\overrightarrow{PQ}\times\overrightarrow{PR}\|}=\frac{8}{8\sqrt{2}\sqrt{2}}=\frac{1}{2}$이다. 따라서 $\theta=\frac{\pi}{3}$가 된다.

그러므로 벡터 $\overrightarrow{PS}$와 삼각형 $\triangle PQR$이 이루는 사잇각은 $\frac{\pi}{2}-\frac{\pi}{3}=\frac{\pi}{6}$.

13.1) $\boldsymbol{u}=(u_1,u_2,u_3)$, $\boldsymbol{v}=(v_1,v_2,v_3)$ 그리고 $\boldsymbol{w}=(w_1,w_2,w_3)$라고 하자. 그러면

$$\boldsymbol{u}\times(\boldsymbol{v}+\boldsymbol{w})=\left(\begin{vmatrix}u_2 & u_3\\ v_2+w_2 & v_3+w_3\end{vmatrix},\ -\begin{vmatrix}u_1 & u_3\\ v_1+u_1 & v_3+w_3\end{vmatrix},\ \begin{vmatrix}u_1 & u_2\\ v_1+w_1 & v_2+w_2\end{vmatrix}\right)$$

$$=(u_2(v_3+w_3)-u_3(v_2+w_2),\ -(u_1(v_3+w_3)-u_3(v_1+w_1)),\ u_1(v_2+w_2)-u_2(u_1+w_1))$$

$$=\left(\begin{vmatrix}u_2 & u_3\\ v_2 & v_3\end{vmatrix}+\begin{vmatrix}u_2 & u_3\\ w_2 & w_3\end{vmatrix},\ -\begin{vmatrix}u_1 & u_3\\ v_1 & v_3\end{vmatrix}-\begin{vmatrix}u_1 & u_3\\ w_1 & w_3\end{vmatrix},\ \begin{vmatrix}u_1 & u_2\\ v_1 & v_2\end{vmatrix}+\begin{vmatrix}u_1 & u_2\\ w_1 & w_2\end{vmatrix}\right).$$

2) $\Rightarrow$) $\boldsymbol{u}$와 $\boldsymbol{v}$에 대하여 $\boldsymbol{u}\times\boldsymbol{v}=0$라고 하면

$\boldsymbol{u}\times\boldsymbol{v}=(u_2v_3-u_3v_2,\ u_3v_1-u_1v_3,\ u_1v_2-u_2v_1)=(0,0,0)$가 된다. 적어도 벡터 $\boldsymbol{u}$의 한 성분은 0이 아니다. 따라서 $u_3\neq0$이라 할 수 있다. 그러면 위 식의 각 성분으로부터

$v_1=\frac{u_1}{u_3}v_{3,}\,v_2=\frac{u_2}{u_3}v_3$, v_3를 구할 수 있다. 그러면

$\boldsymbol{v}=(v_1,v_2,v_3)=u_3v_3(u_1,u_2,u_3)=u_3v_3\boldsymbol{u}$ 가 되어 평행하다.

$\Leftarrow$) $\boldsymbol{u}$와 $\boldsymbol{v}$가 평행하면 $\boldsymbol{v}=k\boldsymbol{u}(k\neq0)$가 된다. 그러면 $\boldsymbol{u}\times\boldsymbol{v}=k(\boldsymbol{u}\times\boldsymbol{u})=k\cdot0=0$이다.

3) $\|\boldsymbol{u}\times\boldsymbol{v}\|=\|\boldsymbol{u}\|\|\boldsymbol{v}\|=\|\boldsymbol{u}\|\|\boldsymbol{v}\|\sin\theta$ 그러므로 $\sin\theta=1$ $\therefore\theta=\frac{\pi}{2}$

4) $\|\boldsymbol{u}+\boldsymbol{v}\|=\|\boldsymbol{u}-\boldsymbol{v}\|\ \Leftrightarrow\ \|\boldsymbol{u}+\boldsymbol{v}\|^2=\|\boldsymbol{u}-\boldsymbol{v}\|^2$

$\|\boldsymbol{u}+\boldsymbol{v}\|^2=(\boldsymbol{u}+\boldsymbol{v})\cdot(\boldsymbol{u}+\boldsymbol{v})=(\boldsymbol{u}-\boldsymbol{v})\cdot(\boldsymbol{u}-\boldsymbol{v})=\|\boldsymbol{u}-\boldsymbol{v}\|^2$으로부터

$\boldsymbol{u}\cdot\boldsymbol{v}=0$임을 알 수 있다.

5) $\boldsymbol{i}\times(\boldsymbol{i}\times\boldsymbol{j})=-\boldsymbol{j}\neq0=(\boldsymbol{i}\times\boldsymbol{i})\times\boldsymbol{j}$.

14.두 벡터의 외적은 벡터이며, 두 벡터의 내적은 스칼라 값이다.

예로는 $(1,0,0)\times(0,1,0)=(0,0,1)$이 되고 $(1,0,0)\cdot(0,1,0)=0$이 된다.

3.4 3차 공간에서의 직선과 평면

1. 평면의 방정식은 $\mathrm{n} \cdot \overrightarrow{P_0P} = 0$이고, $\overrightarrow{P_0P} = (x-2, y-6, z-1)$이므로 $(1, 4, 2) \cdot (x-2, y-6, z-1) = 0$. 따라서 구하려는 평면방정식의 점수선형식은 다음과 같다.

$$(x-2)+4(y-6)+2(z-1) = 0.$$

2. 직선의 방정식은 $\overrightarrow{P_0P} = t\mathrm{n}$이고, $\overrightarrow{P_0P} = (x-2, y-4, z-6)$이므로 $(x-2, y-4, z-6) = t(1, 2, 5) = (t, 2t, 5t)$. 따라서 구하려는 직선의 매개방정식은 다음과 간다

$$\begin{cases} x = 2+t \\ y = 4+2t \\ z = 6+5t \end{cases}, -\infty < t < \infty.$$

3. $xy-$평면은 원점 $(0, 0, 0)$을 지나고 z축을 법선으로 갖는 평면이다. 따라서 $xy-$평면의 방정식은 원점 $(0, 0, 0)$을 지나고 벡터 $\mathrm{n} = (0, 0, 1)$을 법선벡터로 하는 다음 식이 된다.

$$(0, 0, 1) \cdot (x, y, z) = z = 0.$$

같은 방법에 의해 $xz-$평면과 $yz-$평면의 방정식은 각각 다음과 같다.

$$y = 0,\ x = 0.$$

4. $\overrightarrow{PQ}=(1, 6, -1)$, $\overrightarrow{PR}=(3, 6, 2)$, $\overrightarrow{QR}=(2, 0, 3)$

$$\Rightarrow S=\frac{1}{2}\|\overrightarrow{PQ}\times\overrightarrow{PR}\| = \frac{1}{2}\|(12+6, -2-3, 6-18\| = \frac{1}{2}\sqrt{18^2+5^2+12^2}$$

$$=\frac{1}{2}\sqrt{493}$$

$$T-\|\overrightarrow{PQ}\|+\|\overrightarrow{PR}\|+\|\overrightarrow{QR}\| - \sqrt{1+36+1}+\sqrt{9+36+4}+\sqrt{4+9}$$

$$-\sqrt{38}+7+\sqrt{13}$$

5. $x+2y-3z=4$ 위의 한 점 $(1, 0, -1)$과 평면 $3x+6y-9z=7$ 사이의 거리이므로

$$D-\frac{|3+9-7|}{\sqrt{9+36+81}}-\frac{5}{\sqrt{126}}$$

6 두 점 P, Q와 같은 거리에 있는 점을 $R(x, y, z)$라 하면 $\|\overrightarrow{PR}\| = \|\overrightarrow{QR}\|$이다.
$\overrightarrow{PR}=(x+1, y-2, z+4)$, $\overrightarrow{QR}=(x, y+2, z-2)$이므로

$$\|\overrightarrow{PR}\| = \sqrt{(x+1)^2+(y-2)^2+(z+4)^2} = \sqrt{x^2+(y+2)^2+(z-2)^2} = \|\overrightarrow{QR}\|$$

$$\Rightarrow 2x+1-4y+4+8z+16 = 4y+4-4z+4$$

$$\Rightarrow 2x-8y+12z = 8-21 = -13$$

$$\therefore 2x-8y+12z+13=0$$

7. $x=4t+3,\ y=2t-7,\ z=-t+6$을 평면의 식에 대입하면

$$5(4t+3)-3(2t-7)+3(-t+6)=1$$

$\Rightarrow 20t-6t-3t+15+21+18=1 \Rightarrow t=-\dfrac{53}{11}$

$\therefore$ 교점은 $\left(-\dfrac{179}{11},\ -\dfrac{183}{11},\ \dfrac{119}{11}\right)$이다.

8. 구하고자 하는 평면의 법선벡터를 먼저 구하자.
직선상의 한 벡터
$t=0 \Rightarrow Q(-1,0,-2),\ t=1 \Rightarrow R(0,1,2) \Rightarrow \overrightarrow{QR}=(1,1,4),\ \overrightarrow{PQ}=(2,0,0)$

$\therefore \overrightarrow{PQ}\times\overrightarrow{QR}=\begin{vmatrix} \mathbf{i} & \mathbf{j} & \mathbf{k} \\ 2 & 0 & 0 \\ 1 & 1 & 4 \end{vmatrix}=(0,-8,2)$

그러므로 점 $P(1,0,-2)$를 지나고 평면에 수직인 벡터가 $(0,-8,2)$인 평면은

$$0(x-1)-8(y-0)+2(z+2)=0$$

$$\Rightarrow -8y+2z=-4 \ \ i.e.\ -4y+z=-2$$

9. ① $\overrightarrow{PQ}=(1,6,-1),\ \overrightarrow{PR}=(3,6,2)$

$\overrightarrow{PQ}\times\overrightarrow{PR}=\begin{vmatrix} \mathbf{i} & \mathbf{j} & \mathbf{k} \\ 1 & 6 & -1 \\ 3 & 6 & 2 \end{vmatrix}=(18,-5,-12)$

$\therefore P, Q, R$을 포함하는 평행사변형의 넓이
$=\|\overrightarrow{PQ}\times\overrightarrow{PR}\|=\sqrt{18^2+5^2+12^2}=\sqrt{493}$

② $\triangle PQR$에 수직인 벡터는 $\overrightarrow{PQ}\times\overrightarrow{PR}=(18,-5,-12)$

$\therefore \dfrac{\overrightarrow{PQ}\times\overrightarrow{PR}}{\|\overrightarrow{PQ}\times\overrightarrow{PR}\|}=\left(\dfrac{18}{\sqrt{493}},\ -\dfrac{5}{\sqrt{493}},\ -\dfrac{12}{\sqrt{493}}\right)$

③ $yz-$평면의 법선벡터$=(1,0,0)$, 두 평면이 이루는 각 = 두 법선벡터가 이루는 각

$\therefore \cos\theta=\dfrac{18}{\|(18,-5,-12)\|\ \|(1,0,0)\|}=\dfrac{18}{\sqrt{493}}$

④ $\triangle PQR$을 포함하는 평면
$18(x-2)-5(y-1)-12(z-2)=0 \Rightarrow 18x-5y-12z-7=0$
$xz-$평면: $y=0$평면

$\therefore z=t$라 두면 $x=-\dfrac{2}{3}t+\dfrac{7}{18}$가 되어 교선의 방정식은

$$\begin{cases} x=\dfrac{2}{3}t+\dfrac{7}{18} \\ y=0 \\ z=t \end{cases},\qquad -\infty<t<\infty$$

⑤ $\overrightarrow{PQ}=(1,6,-1)$에 평행하고 점 $S(1,2,-3)$을 지나는 직선의 방정식은

$$\begin{cases} x=1+t \\ y=2+6t \\ z=-3-t \end{cases}, \quad -\infty < t < \infty$$

이므로 대칭방정식은 $x-1=\dfrac{y-2}{6}=-z-3$이다.

따라서 한 쌍의 두 평면은 $x-1=\dfrac{y-2}{6}$, $-x+1=z+3$이다.

10. ① $\overrightarrow{P_1P_2}=(2,-1,1)$, $\overrightarrow{P_1P_3}=(1,-4,2)$

$\triangle P_1P_2P_3$의 넓이$=\dfrac{1}{2}\|\overrightarrow{P_1P_2}\times\overrightarrow{P_1P_3}\|=\dfrac{1}{2}\left\|\begin{vmatrix} \mathbf{i} & \mathbf{j} & \mathbf{k} \\ 2 & -1 & 1 \\ 1 & -4 & 2 \end{vmatrix}\right\|$

$$=\frac{1}{2}\|(2,-3,-7)\|=\frac{1}{2}\sqrt{4+9+49}=\frac{\sqrt{62}}{2}$$

② 법선벡터가 $(2,-3,-7)$이고 이 법선벡터의 크기는 $\sqrt{62}$이므로 법선벡터의 난위벡터는 $\left(\dfrac{2}{\sqrt{62}},-\dfrac{3}{\sqrt{62}},-\dfrac{7}{\sqrt{62}}\right)$이다.

③ $V=|(\overrightarrow{OP_1}\times\overrightarrow{OP_2})\cdot\overrightarrow{OP_3}|=\left|\begin{vmatrix} \mathbf{i} & \mathbf{j} & \mathbf{k} \\ 1 & 2 & -1 \\ 3 & 1 & 0 \end{vmatrix}\cdot(2,-2,1)\right|$

$=|(1,-3,-5)\cdot(2,-2,1)|=|2+6-5|=3$

11. $\overrightarrow{PQ}=(-2,-1,-1)$, $\overrightarrow{PR}=(-1,-6,2)$

∴ i) 평면의 법선벡터

$$\overrightarrow{PQ}\times\overrightarrow{PR}=\begin{vmatrix} \mathbf{i} & \mathbf{j} & \mathbf{k} \\ -2 & -1 & -1 \\ -1 & -6 & 2 \end{vmatrix}=(-8,5,11)$$

ii) 평면의 방정식

$$-8(x-1)+5(y-3)+11(z-0)=0$$
$$\Rightarrow -8x+5y+11z=7$$

12. $3x+4y-z=-7$에 평행인 평면은 $3x+4y-z=d$의 꼴이고 원점을 지나므로 $d=0$

∴ 구하고자 하는 평면은 $3x+4y-z=0$

13. 두 평면의 법선벡터들에 동시에 수직인 벡터 = 구하는 평면의 법선벡터

$\mathbf{n}_1=(1,1,1)$, $\mathbf{n}_2=(2,1,-1)$ 에 동시에 수직인 벡터는

$\mathbf{n}_1\times\mathbf{n}_2=\begin{vmatrix} \mathbf{i} & \mathbf{j} & \mathbf{k} \\ 1 & 1 & 1 \\ 2 & 1 & -1 \end{vmatrix}=(-2,3,-1)$

∴ 구하고자 하는 평면은 (원점을 지나므로)

$$-2(x-0)+3(y-0)-(z-0)=0\Rightarrow -2x+3y-z=0$$

14.1) $\overrightarrow{OA}=(2, 1, 2)$이고 직선상의 한 점을 $Q(x, y, z)$라고 하면

$\overrightarrow{PQ}=(x-1, y-1, z-1)=t\overrightarrow{OA}=t(2, 1, 2)$

$x=2t+1,\ y=t+1,\ z=2t+1,\ -\infty<t<\infty$

2) $(2, a, b)=(2t+1, t+1, 2t+1)$, $t=\dfrac{1}{2}$가 되고, $a=\dfrac{3}{2}, b=2$가 된다.

3) $V=|(\overrightarrow{OA}\times\overrightarrow{OB})\cdot\overrightarrow{OC}|$이므로

$$\overrightarrow{OA}\times\overrightarrow{OB}=\left(\begin{vmatrix}1&2\\7&1\end{vmatrix}, -\begin{vmatrix}2&2\\3&1\end{vmatrix}, \begin{vmatrix}2&1\\3&7\end{vmatrix}\right)=(-13, 4, 11)$$

$V=|(\overrightarrow{OA}\times\overrightarrow{OB})\cdot\overrightarrow{OC}|=|(-13, 4, 11)\cdot(5, 7, 4)|=7$

4) $\overrightarrow{AB}\times\overrightarrow{AC}=(1, 6, -1)\times(3, 6, 2)$

$=\left(\begin{vmatrix}6&-1\\6&2\end{vmatrix}, -\begin{vmatrix}1&-1\\3&2\end{vmatrix}, \begin{vmatrix}1&6\\3&6\end{vmatrix}\right)$

$=(18, -5, -12)$

그리고 한 점 $A(2, 1, 2)$와 삼각형 내부의 한 점 $P(x, y, z)$에 대해

$\overrightarrow{AB}\times\overrightarrow{AC}\cdot\overrightarrow{AP}=(18, -5, -12)\cdot(x-2, y-1, z-2)=0$

따라서 $18x-5y-12z=7$

5) xz평면은 $y=0$이므로 $18x-12z=7$이 된다. 따라서 $z=t$라고 하면

$x=\dfrac{2}{3}t+\dfrac{7}{18}$이 된다. 즉 $x=\dfrac{2}{3}t+\dfrac{7}{18}$, $y=0$, $z=t$, $-\infty<t<\infty$.

15.1) $\overrightarrow{PQ}=(0, 1, 2)$에 평행하고 직선상의 임의 점 (x, y, z)에 대해

$(x-1, y-2, z+1)=t\overrightarrow{PQ}=t(0, t, 2t)$

따라서 $x=1, y=t+2, z=2t-1, -\infty<t<\infty$

2) $\overrightarrow{PQ}\times \boldsymbol{n}=(0, 1, 2)\times(4, 1, -2)=(-4, 8, -4)$

따라서 점 $P(1, 2, -1)$와 평면위의 임의 점 (x, y, z)에 대해

$(-4, 8, -4)\cdot(x-1, y-2, z+1)=0$가 되어

$x-2y+z=-4$이다.

16.1) $P(x_1, y_1)$, $Q(x_2, y_2)$를 직선 $ax+by+c=0$ 상의 임의의 두 점이라하자.

그러면 $ax_1+by_1+c=0$와 $ax_2+by_2+c=0$를 만족한다.

직교함을 보이기 위해 $\boldsymbol{n}\cdot\overrightarrow{PQ}=0$임을 증명하면 된다.

$$\begin{aligned}\boldsymbol{n}\cdot\overrightarrow{PQ}&=(a, b)\cdot(x_2-x_1, y_2-y_1)\\&=a(x_2-x_1)+b(y_2-y_1)\\&=ax_2+by_2-(ax_1+by_1)\\&=c-c=0\end{aligned}$$

2) 점 $P(x_0, y_0)$와 직선과 가장 가까운 점을 $Q(x, y)$라 하자. 그러면
$\overrightarrow{PQ}=(x-x_0, y-y_0)$가 된다.
그러면 $\overrightarrow{PQ}$는 법선벡터 $\boldsymbol{n}=(a, b)$와 평행하다. 따라서 $\overrightarrow{PQ}=t(a, b)$가 된다.
$x=at+x_0$, $y=bt+y_0$이고, 이 점은 $ax+by+c=0$를 만족하므로
$a(at+x_0)+b(bt+y_0)+c=0$이고 $ta^2+tb^2+ax_0+by_0+c=0$가 된다.
$t=-\dfrac{ax_0+by_0+c}{a^2+b^2}$이다. 그러면 거리 d는
$d=\sqrt{(x-x_0)^2+(y-y_0)^2}=\sqrt{(ta)^2+(tb)^2}=t\sqrt{a^2+b^2}$이므로 대입하여 계산하면
$d=\dfrac{|ax_0+by_0+c|}{\sqrt{a^2+b^2}}$이 된다. 거리이기 때문에 t의 값에 의해 절댓값이 결정된다.

17. $\boldsymbol{n}_1=(4, 2, -7)$, $\boldsymbol{n}_2=(2, -4, 1)$에 동시에 수직인 벡터는
$\boldsymbol{n}=\boldsymbol{n}_1\times\boldsymbol{n}_2=(-26, -18, -20)$
이고 한 점 $(1, 2, 3)$을 지나는 평면의 방정식은 $\boldsymbol{n}\cdot(x-1, y-2, z-3)=0$을 만족한다. 여기서 (x, y, z)는 평면 위의 임의의 점이다. 따라서
$(-26, -18, -20)\cdot(x-1, y-2, z-3)=0$를 풀어 정리하면
$13x+9y+10z=61$이 된다.

18. 두 평면의 교선은 $x=-2t-5$, $y=-6t-7$, $z=t$이다. 그러면 이 직선은 벡터 $\boldsymbol{v}=(-2, -6, 1)$과 같은 방향이다. 직선상의 한 점과 주어진 점 $(2, 4, -1)$이 만드는 벡터와 $\boldsymbol{v}$에 동시에 수직인 벡터가 구하고자하는 평면의 법선벡터가 된다. 따라서 $t=0$일 때 $(-5, -7, 0)$은 직선상의 한 점이다. 두 점이 만드는 벡터 $\boldsymbol{u}=(-7, -11, 1)$이 된다.
따라서 $\boldsymbol{u}\times\boldsymbol{v}=(-5, 5, 20)$가 된다. 한 점 $(2, 4, -1)$과 평면 상의 임의의 점 (x, y, z)에 대하여 $(-5, 5, 20)\cdot(x-2, y-4, z+1)=0$. 따라서 $x-y-4z=2$.

19. 1) $x=2t-3$, $y=t+2$, $z=3t-1$이므로
$$\|\overrightarrow{OP}\|=\sqrt{(2t-3)^2+(t+2)^2+(3t-1)^2}$$
$$=\sqrt{14\left(\left(t-\frac{1}{2}\right)^2+\frac{3}{4}\right)}$$
따라서 $t=\dfrac{1}{2}$ 일 때 $\sqrt{14\times\dfrac{3}{4}}=\dfrac{\sqrt{42}}{2}$

2) $t=\dfrac{1}{2}$일 때 $x=2t-3$, $y=t+2$, $z=3t-1$에 대입하여 계산하면
$\overrightarrow{OP}=\left(-2, \dfrac{5}{2}, \dfrac{1}{2}\right)$가 된다.

3) $d=\sqrt{(2t-3-1)^2+(t+2-1)^2+(3t-1+2)^2}$

$=\sqrt{14t^2-8t+18}$

$=\sqrt{14(t-\frac{4}{7})^2+\frac{826}{49}}$

따라서 $t=\frac{4}{7}$일 때 $\sqrt{\frac{826}{49}}=\frac{\sqrt{826}}{7}$이다.

4.1 벡터공간과 부분공간

1. 등식의 좌변 '+'는 스칼라(실수 또는 복소수) 사이의 덧셈이고, 우변 '+'는 벡터 사이의 덧셈이다.

2. 덧셈에 대한 항등원인 영벡터를 구해보자.
$(x, y, z)+(a, b, c)=(x, y, z)$
$\Rightarrow(x+a, y+b, z+c)=(x, y, z)$
$\Rightarrow x+a=x, y+b=y, z+c=z$
$\Rightarrow a=b=c=0$
따라서 영벡터는 $(0, 0, 0)$ 이다.
이번에는 (x,y,z)의 음벡터를 구해보자
$(x, y, z)+(a, b, c)=0 \Rightarrow (x+a, y+b, z+c)=0$
$\Rightarrow x+a=0, y+b=0, z+c=0$
$\Rightarrow a=-x, b=-y, c=-z$
따라서 (x, y, z)의 음벡터는 $(-x, -y, -z)$이다.
만약 정의된 두 연산에 대하여 $\mathbb{R}^3$가 벡터공간이면
$-(x, y, z)=(-x, -y, -z)$는 음벡터가 되어야 한다.
하지만 $(-1)(x, y, z)=(-x, y, z)$이므로 $y\neq 0$ 또는 $z\neq 0$인 원소 (x, y, z)에 대해서는 모순이다. 따라서 정의된 덧셈과 스칼라 배에 대하여 $\mathbb{R}^3$는 벡터공간이 아니다.

3. 임의의 $\begin{bmatrix}x_1\\x_2\end{bmatrix}, \begin{bmatrix}y_1\\y_2\end{bmatrix}\in V$에 대하여
$\begin{bmatrix}x_1\\x_2\end{bmatrix}+\begin{bmatrix}y_1\\y_2\end{bmatrix}=\begin{bmatrix}x_1+y_2\\x_2+y_1\end{bmatrix}$, $\begin{bmatrix}y_1\\y_2\end{bmatrix}+\begin{bmatrix}x_1\\x_2\end{bmatrix}=\begin{bmatrix}y_1+x_2\\y_2+x_1\end{bmatrix}$이 되어 교환법칙이 성립하지 않는다.

4. $\mathrm{u}+\mathrm{v}=\mathrm{w}+\mathrm{u} \Leftrightarrow (\mathrm{u}+\mathrm{v})-\mathrm{u}=(\mathrm{w}+\mathrm{u})-\mathrm{u} \Leftrightarrow -\mathrm{u}+(\mathrm{u}+\mathrm{v})=\mathrm{w}+(\mathrm{u}-\mathrm{u})$
$\Leftrightarrow (-\mathrm{u}+\mathrm{u})+\mathrm{v}=\mathrm{w}+0 \Leftrightarrow 0+\mathrm{v}=\mathrm{w}+0 \Leftrightarrow \mathrm{v}=\mathrm{w}$

5. $W = \{(x, x, \cdots, x) \mid x \in \mathbb{R}\}$ 라 두면 $(0,0,\cdots,0) \in W$이고 $W \subseteq \mathbb{R}^n$이다.
   W의 임의의 두 원소 $\mathrm{u} = (x,x,\cdots,x), \mathrm{v} = (y,y,\cdots,y)$와 스칼라 k에 대하여
   ① $\mathrm{u}+\mathrm{v} = (x+y, x+y, \cdots, x+y) \in W$
   ② $k\mathrm{u} = (kx, kx, \cdots, kx) \in W$
   이므로 W는 $\mathbb{R}^n$의 부분공간이다. 따라서 W는 벡터공간이다.

6. $W = \{\mathrm{y} \in \mathbb{R}^n \mid \mathrm{x} \cdot \mathrm{y} = 0\}$라 두면 $(0,0,\cdots,0) = \mathbf{0} \in W$이고 $W \subseteq \mathbb{R}^n$이다.
   ① $\forall \mathrm{y}, \mathrm{z} \in W$에 대하여 $\mathrm{x} \cdot \mathrm{y} = 0$, $\mathrm{x} \cdot \mathrm{z} = 0$이다.
   따라서 $\mathrm{x} \cdot (\mathrm{y}+\mathrm{z}) = \mathrm{x} \cdot \mathrm{y} + \mathrm{x} \cdot \mathrm{z} = 0$ 이다. 즉, $\mathrm{y}+\mathrm{z} \in W$이다.
   ② $\forall \mathrm{y} \in W$와 스칼라 k에 대하여
   $\mathrm{x} \cdot (k\mathrm{y}) = k(\mathrm{x} \cdot \mathrm{y}) = k(0) = 0$이므로 $k\mathrm{y} \in W$이다.
   따라서 W는 $\mathbb{R}^n$의 부분공간이다. 즉, W는 벡터공간이다.

7. $W = \{\mathrm{x} \in \mathbb{R}^3 \mid \mathrm{x} \cdot \mathrm{u} = 0, \mathrm{x} \cdot \mathrm{v} = 0\}$ 라 두면 $\mathbf{0} \in W$이고, $W \subseteq \mathbb{R}^3$ 이다.
   ① W의 임의의 두 원소 $\mathrm{x}_1, \mathrm{x}_2$ 에 대하여
   $\mathrm{u} \cdot (\mathrm{x}_1 + \mathrm{x}_2) = 0, \mathrm{v} \cdot (\mathrm{x}_1 + \mathrm{x}_2) = 0$ 이므로 $\mathrm{x}_1 + \mathrm{x}_2 \in W$이다.
   ② 임의의 스칼라 k 에 대하여 $\mathrm{u} \cdot k\mathrm{x}_1 = 0, \mathrm{v} \cdot k\mathrm{x}_1 = 0$ 이므로 $k\mathrm{x}_1 \in W$이다.
   따라서 W는 $\mathbb{R}^3$의 부분공간이다. 즉, W는 벡터공간이다.

8. $W = \{A \in M_{nn} \mid AT = TA\}$라 두면 n차 영행렬 $O \in W$이고, $W \subseteq M_{nn}$이다.
   ① W의 임의의 두 원소 A, B에 대하여 $AT = TA$, $BT = TB$이다.
   따라서 $(A+B)T = AT + BT = TA + TB = T(A+B)$이므로 $A+B \in W$이다.
   ② 임의의 W의 원소 A와 스칼라 k에 대하여
   $(kA)T = k(AT) = k(TA) = T(kA)$이므로 $kA \in W$이다.
   따라서 W는 M_{nn}의 부분공간이다. 즉, W는 벡터공간이다.

9. 1) $\begin{bmatrix} 0 & 0 \\ 0 & 0 \end{bmatrix} \in W_1$이므로 $W_1 \neq \varnothing$ 이고 $W_1 \subseteq M_{22}$ 이다.
   ① W_1 의 임의의 두 원소 $A = \begin{bmatrix} a_1 & a_2 \\ a_3 & a_4 \end{bmatrix}, B = \begin{bmatrix} b_1 & b_2 \\ b_3 & b_4 \end{bmatrix}$ 에 대하여 $a_1 + a_2 = 0$,
   $b_1 + b_2 = 0$이다. $a_1 + a_2 + b_1 + b_2 = 0$ 이므로 $A + B \in W_1$ 이다.
   ② 임의의 스칼라 k에 대하여 $k(a_1 + a_2) = 0$ 이므로 $kA \in W_1$ 이다.
   따라서, W_1은 M_{22}의 부분공간이다.

   2) $A = \begin{bmatrix} 1 & 0 \\ 0 & 0 \end{bmatrix}, B = \begin{bmatrix} 0 & 0 \\ 0 & 1 \end{bmatrix} \in W_2$ 이지만 $A + B = \begin{bmatrix} 1 & 0 \\ 0 & 1 \end{bmatrix} \notin W_2$ 이다.
   따라서 W_2 는 M_{22} 의 부분공간이 아니다.

10. $P_n = \{a_0 + a_1x + \cdots + a_nx^n \mid a_0, a_1, \cdots a_n \in \mathbb{R}\}$로 두면 $0 \in P_n$이고, $P_n \subseteq P$이다.

① 임의의 $\mathrm{p}_1 = a_0 + a_1x + \cdots + a_nx^n$, $\mathrm{p}_2 = b_0 + b_1x + \cdots + b_nx^n \in P_n$에 대하여

$\mathrm{p}_1 + \mathrm{p}_2 = (a_0 + b_0) + (a_1 + b_1)x + \cdots + (a_n + b_n)x^n \in P_n$이다.

② 임의의 $\mathrm{p} = a_0 + a_1x + \cdots + a_nx^n \in P_n$와 임의의 스칼라 k에 대하여

$k\mathrm{p} = (ka_0) + (ka_1)x + \cdots + (ka_n)x^n \in P_n$이다.

따라서 P_n은 P의 부분공간이다. 즉 P_n은 벡터공간이다.

11. ① 임의의 함수 $f, g \in C(\mathbb{R})$에 대하여 함수 f와 g는 실수 전체에서 연속이다.

따라서 두함수의 합 $f+g$ 또한 실수 전체에서 연속이다. 즉, $f+g \in C(\mathbb{R})$

$A1$) $\mathrm{f} + \mathrm{g} = \mathrm{g} + \mathrm{f}$

$A2$) $(\mathrm{f} + \mathrm{g}) + \mathrm{h} = \mathrm{f} + (\mathrm{g} + \mathrm{h})$

$A3$) $\mathrm{f} + 0 = \mathrm{f} = 0 + \mathrm{f}$이고 0은 상수함수이므로 연속이므로 $0 \in C(\mathbb{R})$

$A4$) $\mathrm{f} + (-\mathrm{f}) = 0 = -\mathrm{f} + \mathrm{f}$ f가 연속이면 $-f$도 연속이므로 $-f \in C(\mathbb{R})$

② 임의의 함수 $f \in C(\mathbb{R})$와 스칼라 k에 대하여 kf는 연속이므로 $kf \in C(\mathbb{R})$

$S1$) $k(l\mathrm{f}) = (kl)\mathrm{f}$

$S2$) $(k+l)\mathrm{f} = k\mathrm{f} + l\mathrm{f}$

$S3$) $k(\mathrm{f} + \mathrm{g}) = k\mathrm{f} + k\mathrm{g}$

$S4$) $1\mathrm{f} = \mathrm{f}$

따라서 $C(\mathbb{R})$은 벡터공간이다.

12. 1) 상수함수 $0 \in W_1$이므로 $W_1 \neq \varnothing$이고, $W_1 \subseteq C(\mathbb{R})$이다.

① W_1의 임의의 함수 f, g에 대하여 $f(3) = 0$, $g(3) = 0$

$f + g(3) = f(3) + g(3) = 0$이므로 $f + g \in W_1$이다.

② W_1의 임의의 함수 f와 스칼라 k에 대하여

$kf(3) = k0 = 0$이므로 $kf \in W_1$이다.

따라서 W_1은 $C(\mathbb{R})$의 부분공간이다. 즉, W_1은 벡터공간이다.

2) 상수함수 $0 \in W_2$이므로 $W_2 \neq \varnothing$이고, $W_2 \subseteq C(\mathbb{R})$이다.

① W_2의 임의의 함수 f, g에 대하여 $f(7) = f(1)$, $g(7) = g(1)$이다.

$f + g(7) = f(7) + g(7) = f(1) + g(1) = f + g(1)$이므로 $f + g \in W_2$이다.

② W_2의 임의의 함수 f와 스칼라 k에 대하여

$kf(7) = kf(1)$이므로 $kf \in W_2$이다.

따라서 W_2은 $C(\mathbb{R})$의 부분공간이다. 즉, W_2은 벡터공간이다.

13. 1) 스칼라 $k = -1$로 두면 $k(x, y, z) = (-x, -y, -z) \notin W$이므로 스칼라 배에 대해 닫혀 있지 않다.

2) 스칼라 $k=2$로 두면 $k(a,a,1)=(2a,2a,2)\notin W$이므로 스칼라 배에 대해 닫혀 있지 않다.

3) 스칼라 $k=100$으로 두면 $\|k\mathrm{v}\|=100>1$이므로 $k\mathrm{v}\notin W$이므로 스칼라 배에 대해 닫혀 있지 않다.

4) 스칼라 $k=\sqrt{2}$로 두면 $k(a,b,c)=(a\sqrt{2},b\sqrt{2},c\sqrt{2})\notin W$이므로 스칼라 배에 대해 닫혀 있지 않다.

14. $\begin{bmatrix}1&0\\0&0\end{bmatrix}\in W$이지만 $2\begin{bmatrix}1&0\\0&0\end{bmatrix}=\begin{bmatrix}2&0\\0&0\end{bmatrix}\notin W\left(\because \begin{bmatrix}2&0\\0&0\end{bmatrix}\begin{bmatrix}2&0\\0&0\end{bmatrix}=\begin{bmatrix}4&0\\0&0\end{bmatrix}\neq\begin{bmatrix}2&0\\0&0\end{bmatrix}\right)$

15. 스칼라 $k=\sqrt{2}$로 두면 $k(a_0+a_1x+a_2x^2)=a_0\sqrt{2}+a_1\sqrt{2}\,x+a_2\sqrt{2}\,x^2\notin W$이다.
따라서 스칼라 배에 대해 닫혀 있지 않으므로 P_2의 부분공간이 아니다.

16. 1) $(0,0,0)\in W_1$이므로 $W_1\neq\varnothing$이고, $W_1\subseteq\mathbb{R}^3$이다.

① W_1의 임의의 원소 $\mathrm{u}=(a_1,b_1,0)$, $\mathrm{v}=(a_2,b_2,0)$에 대하여
$\mathrm{u}+\mathrm{v}=(a_1+a_2,\ b_1+b_2,0)$이므로 $\mathrm{u}+\mathrm{v}\in W_1$이다.

② W_1의 임의의 원소 $\mathrm{u}=(a_1,b_1,0)$과 스칼라 k에 대하여
$k\mathrm{u}=(ka_1,\ kb_1,0)$이므로 $k\mathrm{u}\in W_1$이다.

따라서 W_1은 $\mathbb{R}^3$의 부분공간이다.

마찬가지로 $(0,0,0)\in W_2$이므로 $W_1\neq\varnothing$이고, $W_2\subseteq\mathbb{R}^3$이다.

① W_2의 임의의 원소 $\mathrm{u}=(0,0,c_1)$, $\mathrm{v}=(0,0,c_2)$에 대하여
$\mathrm{u}+\mathrm{v}=(0,0,c_1+c_2)$이므로 $\mathrm{u}+\mathrm{v}\in W_2$이다.

② W_2의 임의의 원소 $\mathrm{u}=(0,0,c_1)$과 스칼라 k에 대하여
$k\mathrm{u}=(0,0,kc_1)$이므로 $k\mathrm{u}\in W_2$이다.

따라서 W_2은 $\mathbb{R}^3$의 부분공간이다.

2) $(a,b,0)\in W_1$, $(0,0,c)\in W_2$이므로 $(a,b,0),(0,0,c)\in W_1\cup W_2$이다.
하지만 $(a,b,0)+(0,0,c)=(a,b,c)\notin W_1$이고, $(a,b,c)\notin W_2$이다.
즉, $(a,b,c)\notin W_1\cup W_2$이다.
따라서 $W_1\cup W_2$는 덧셈에 대해 닫혀 있지 않다. 즉, $\mathbb{R}^3$의 부분공간이 아니다.

17. 1) W_1과 W_2는 $\mathbb{R}^3$에서 원점을 포함하는 평면 위의 점들이 집합이다.
따라서 W_1, W_2는 $\mathbb{R}^3$의 부분공간이다.

2) $W_1\cap W_2$는 $\mathbb{R}^3$에서 원점을 포함하는 두 평면의 교선 위의 점들의 집합을 의미하고 두 평면 모두 원점을 포함하므로 두 평면의 교선은 원점을 지난다. 즉, $W_1\cap W_2$는 $\mathbb{R}^3$에서 원점을 지나는 교선 위의 점들의 집합이다. 참고로 이 집합은 $\mathbb{R}^3$의 부분공간이다.

18.1) ① $\forall \{a_n\}, \{b_n\} \in S$ 에 대하여 $\{a_n\}+\{b_n\}=\{a_n+b_n\}\in S$

$A1)$ $\{a_n\}+\{b_n\}=\{a_n+b_n\}=\{b_n+a_n\}=\{b_n\}+\{a_n\}$

$A2)$ $(\{a_n\}+\{b_n\})+\{c_n\}=\{a_n+b_n+c_n\}=\{a_n\}+\{b_n+c_n\}=\{a_n\}+(\{b_n\}+\{c_n\})$

$A3)$ $\{a_n\}+\{0_n\}=\{a_n+0_n\}=\{a_n\}=\{0_n+a_n\}=\{0_n\}+\{a_n\}(\{0_n\}=\{0,0,\cdots\})$

$A4)$ $\{a_n\}+\{-a_n\}=\{a_n-a_n\}=\{0_n\}=\{-a_n\}+\{a_n\}$

② $\forall \{a_n\}\in S$ 과 임의의 스칼라 k에 대하여 $k\{a_n\}=\{ka_n\}\in S$ 이다.

$S1)$ $k(l\{a_n\})=k\{la_n\}=\{kla_n\}=kl\{a_n\}$

$S2)$ $(k+l)\{a_n\}=\{(k+l)a_n\}=\{ka_n+la_n\}=\{ka_n\}+\{la_n\}=k\{a_n\}+l\{a_n\}$

$S3)$ $k(\{a_n\}+\{b_n\})=k(\{a_n+b_n\})=\{k(a_n+b_n)\}=\{ka_n+kb_n\}$
$=\{ka_n\}+\{kb_n\}=k\{a_n\}+k\{b_n\}$

$S4)$ $1\{a_n\}=\{1(a_n)\}=\{a_n\}$

따라서 S는 벡터공간이다.

2) 분명히 $T\subseteq S$이나 $\forall \{a_n\}\in T$ 에 대하여 $2\{a_n\}=\{2a_n\}$이고
$2a_{n+1}-2a_n=2$이므로 $2\{a_n\}\notin T$ 이다.
따라서 T는 S의 부분공간이 아니다.

3) $\{0_n\}=\{0,0,\cdots\}\in U$이므로 $U\neq\varnothing$ 이고 $U\subseteq S$ 이다.

① $\forall \{a_n\}, \{b_n\}\in U$에 대하여

$a_{n+k}+p_{k-1}a_{n+k-1}+\cdots+p_1a_{n+1}+p_0a_n=0,\ b_{n+k}+p_{k-1}b_{n+k-1}+\cdots+p_1b_{n+1}+p_0b_n=0$

이고 $\{a_n\}+\{b_n\}=\{a_n+b_n\}$이므로

$(a_{n+k}+b_{n+k})+p_{k-1}(a_{n+k-1}+b_{n+k-1})+\cdots+p_1(a_{n+1}+b_{n+1})+p_0(a_n+b_n)$
$=a_{n+k}+p_{k-1}a_{n+k-1}+\cdots+p_1a_{n+1}+p_0a_n+b_{n+k}+p_{k-1}b_{n+k-1}+\cdots$
$+p_1b_{n+1}+p_0b_n=0$

이다. 따라서 $\{a_n\}+\{b_n\}\in U$이다.

② 임의의 스칼라 l과 $\forall \{a_n\}\in U$에 대하여

$a_{n+k}+p_{k-1}a_{n+k-1}+\cdots+p_1a_{n+1}+p_0a_n=0$이고 $l\{a_n\}=\{la_n\}$이므로

$la_{n+k}+p_{k-1}la_{n+k-1}+\cdots+p_1la_{n+1}+p_0la_n$
$=l(a_{n+k}+p_{k-1}a_{n+k-1}+\cdots+p_1a_{n+1}+p_0a_n)=0$이다. 따라서 $l\{a_n\}\in U$이다.

따라서 U는 S의 부분공간이다.

4.2 생성과 1차 독립

1. 1) $(1, 5, 6) = k_1(1, -1, 3) + k_2(2, 4, 0) = (k_1 + 2k_2, -k_1 + 4k_2, 3k_1)$.

   $1 = k_1 + 2k_2, 5 = -k_1 + 4k_2, 6 = 3k_1$ 을 만족시키는 k_1, k_2는 존재하지 않는다.

   따라서, 벡터 $(1, 5, 6)$은 $\langle (1, -1, 3), (2, 4, 0) \rangle$의 원소가 아니다.

   2) $(5, 1, 9) = k_1(1, -1, 3) + k_2(2, 4, 0) = (k_1 + 2k_2, -k_1 + 4k_2, 3k_1)$

   $5 = k_1 + 2k_2, 1 = -k_1 + 4k_2, 9 = 3k_1$ 을 만족시키는 $k_1 = 3,\ k_2 = 1$이다.

   따라서, 벡터 $(5, 1, 9)$는 $\langle (1, -1, 3), (2, 4, 0) \rangle$의 원소이다.

2. $\mathbb{R}^3$의 부분집합들의 3개의 벡터로 이루어져 있으므로 각 벡터를 행벡터로 갖는 행렬의 행렬식이 0이면 $\mathbb{R}^3$를 생성하지 못하고, 0이 아니면 $\mathbb{R}^3$를 생성한다.

   1) $\begin{vmatrix} 1 & 1 & 1 \\ 1 & 1 & 0 \\ 1 & 0 & 0 \end{vmatrix} = -1 \neq 0$이므로 $\mathbb{R}^3$를 생성한다.

   2) $\begin{vmatrix} 1 & 0 & 0 \\ 1 & 1 & 1 \\ 1 & 0 & 2 \end{vmatrix} = 2 \neq 0$이므로 $\mathbb{R}^3$를 생성한다.

   3) $\begin{vmatrix} 1 & 1 & 0 \\ 1 & 0 & 1 \\ 0 & 1 & 1 \end{vmatrix} = -2 \neq 0$이므로 $\mathbb{R}^3$를 생성한다.

   4) $\begin{vmatrix} 2 & -1 & 0 \\ 1 & 2 & 5 \\ 7 & -1 & 5 \end{vmatrix} = 0$이므로 $\mathbb{R}^3$를 생성하지 못한다.

3. 1) $(6, 9, -6) = 3(2, 3, -2)$이므로 1차 종속

   2) $\mathbb{R}^3$의 부분집합들의 3개의 벡터로 이루어져 있으므로 각 벡터를 행벡터로 갖는 행렬의 행렬식이 0이면 1차 종속, 0이 아니면 1차 독립이다.

   $\begin{vmatrix} 2 & -1 & 4 \\ 3 & 6 & 1 \\ 2 & 5 & -4 \end{vmatrix} = -60 \neq 0$이므로 1차 독립이다.

   3) $\mathbb{R}^3$의 부분집합들의 3개의 벡터로 이루어져 있으므로 각 벡터를 행벡터로 갖는 행렬의 행렬식이 0이면 1차 종속, 0이 아니면 1차 독립이다.

   $\begin{vmatrix} 6 & -3 & 0 \\ 1 & 2 & 4 \\ 2 & 0 & 0 \end{vmatrix} = -24 \neq 0$이므로 1차 독립이다.

4. $k_1\mathrm{u} + k_2\mathrm{v} = 0$이라 하면 $\{\mathrm{u}, \mathrm{v}\}$가 1차 종속이므로 $k_1 \neq 0$ 또는 $k_2 \neq 0$는 0이다.

   $k_1 \neq 0$이면 u, v가 영벡터가 아니므로 $k_2 \neq 0$이다. 따라서 $\mathrm{u} = \dfrac{k_2}{k_1}\mathrm{v}$이다.

   즉, 벡터 u는 벡터 v의 스칼라 배이다.

5. 1) $k_1\mathrm{u} + k_2\mathrm{v} = 0$이라 하면, $0\mathrm{w} = 0$이므로 $k_1\mathrm{u} + k_2\mathrm{v} + 0\mathrm{w} = 0$이고,

$\{\mathrm{u}, \mathrm{v}, \mathrm{w}\}$가 1차 독립이므로 $k_1 = k_2 = 0$이다. 따라서 $\{\mathrm{u}, \mathrm{v}\}$는 1차 독립이다.

2) $k_1(\mathrm{u}+\mathrm{v}) + k_2(\mathrm{v}+\mathrm{w}) + k_3(\mathrm{w}+\mathrm{u}) = 0$이라 하면

$(k_1 + k_3)\mathrm{u} + (k_1 + k_2)\mathrm{v} + (k_2 + k_3)\mathrm{w} = 0$이고,

u, v, w가 1차 독립이므로 $k_1 + k_3 = 0,\ k_1 + k_2 = 0,\ k_2 + k_3 = 0$이다.

즉, $\begin{bmatrix}1&0&1\\1&1&0\\0&1&1\end{bmatrix}\begin{bmatrix}k_1\\k_2\\k_3\end{bmatrix} = \begin{bmatrix}0\\0\\0\end{bmatrix}$이다. 또한, $\begin{vmatrix}1&0&1\\1&1&0\\0&1&1\end{vmatrix} \neq 0$이므로 $k_1 = k_2 = k_3 = 0$뿐이다.

따라서 $\{\mathrm{u}+\mathrm{v}, \mathrm{v}+\mathrm{w}, \mathrm{w}+\mathrm{u}\}$는 1차 독립이다.

3) $k_1(2\mathrm{v}+\mathrm{w}) + k_2(2\mathrm{u}-\mathrm{v}) + k_3(3\mathrm{u}+\mathrm{w}) = 0$ 이라 하면

$(2k_2 + 3k_3)\mathrm{u} + (2k_1 - k_2)\mathrm{v} + (k_1 + k_3)\mathrm{w} = 0$이고,

u, v, w가 1차 독립이므로 $2k_2 + 3k_3 = 0,\ 2k_1 - k_2 = 0,\ k_1 + k_3 = 0$이다.

즉, $\begin{bmatrix}0&2&3\\2&-1&0\\1&0&1\end{bmatrix}\begin{bmatrix}k_1\\k_2\\k_3\end{bmatrix} = \begin{bmatrix}0\\0\\0\end{bmatrix}$이다. 또한, $\begin{vmatrix}0&2&3\\2&-1&0\\1&0&1\end{vmatrix} \neq 0$이므로 $k_1 = k_2 = k_3 = 0$뿐이다.

따라서 $\{2\mathrm{v}+\mathrm{w}, 2\mathrm{u}-\mathrm{v}, 3\mathrm{u}+\mathrm{w}\}$는 1차 독립이다.

6. $\{\mathrm{v}_1, \mathrm{v}_2, \mathrm{v}_3\}$가 1차 종속이므로 모두는 0이 아닌 어떤 스칼라 k_1, k_2, k_3에 대하여 $k_1\mathrm{v}_1 + k_2\mathrm{v}_2 + k_3\mathrm{v}_3 = 0$이다.

그러나 $0\mathrm{v}_4 = 0$이므로 $k_1\mathrm{v}_1 + k_2\mathrm{v}_2 + k_3\mathrm{v}_3 + 0\mathrm{v}_4 = 0$이다.

따라서 $\{\mathrm{v}_1, \mathrm{v}_2, \mathrm{v}_3, \mathrm{v}_4\}$도 1차 종속이다.

7. S가 영벡터를 포함하므로 적당한 j에 대하여 $\mathrm{v}_j = 0$ 이다. 따라서

$$0\mathrm{v}_1 + 0\mathrm{v}_2 + \cdots + 0\mathrm{v}_{j-1} + 1\mathrm{v}_j + 0\mathrm{v}_{j+1} + \cdots + 0\mathrm{v}_n = 0$$

이 되므로 S는 1차 종속이다.

4.3 기저와 차원

1. 1) $\begin{vmatrix}3&9\\-4&-12\end{vmatrix} = 0$이므로 주어진 집합은 1차 독립이 아니고, $\mathbb{R}^2$를 생성하지 못한다.

따라서 주어진 집합은 $\mathbb{R}^2$의 기저가 아니다.

2) $\begin{vmatrix}1&3\\-2&4\end{vmatrix} = 10 \neq 0$이므로 주어진 집합은 1차 독립이고, $\mathbb{R}^2$를 생성한다.

따라서 주어진 집합은 $\mathbb{R}^2$의 기저이다.

2. 1) $\begin{vmatrix} 1 & 2 & 3 \\ -2 & 1 & 0 \\ 1 & 0 & 1 \end{vmatrix} = 2 \neq 0$이므로 주어진 집합은 1차 독립이고, $\mathbb{R}^3$를 생성한다.

따라서 주어진 집합은 $\mathbb{R}^3$의 기저이다.

2) $\begin{vmatrix} 1 & -1 & 3 \\ 2 & 1 & -4 \\ 6 & -4 & 3 \end{vmatrix} = -25 \neq 0$이므로 주어진 집합은 1차 독립이고, $\mathbb{R}^3$를 생성한다.

따라서 주어진 집합은 $\mathbb{R}^3$의 기저이다.

3. 먼저, $\{1, x, \cdots, x^n\}$은 P_n을 생성함을 보이자.

P_n의 임의의 벡터를 p라 하면 $\mathrm{p} = a_n x^n + a_{n-1} x^{n-1} + \cdots + a_1 x + a_0 1$로 표현되므로 주어진 집합의 1차 결합이다. 즉, $\{1, x, \cdots, x^n\}$은 P_n을 생성한다.

이제 $\{1, x, \cdots, x^n\}$이 1차 독립임을 보이자.

$$a_0 1 + a_1 x + a_2 x^2 + \cdots + a_n x^n = 0$$

이라 하면 다항식의 상등에 의하여 모든 계수는 0이어야 한다. 즉, $\{1, x, \cdots, x^n\}$은 1차 독립이다. 따라서 $\{1, x, \cdots, x^n\}$은 P_n의 기저이다.

4. 먼저, $\left\{\begin{bmatrix} 1 & 0 \\ 0 & 0 \end{bmatrix}, \begin{bmatrix} 0 & 1 \\ 0 & 0 \end{bmatrix}, \begin{bmatrix} 0 & 0 \\ 1 & 0 \end{bmatrix}, \begin{bmatrix} 0 & 0 \\ 0 & 1 \end{bmatrix}\right\}$는 M_{22}를 생성함을 보이자.

M_{22}의 임의의 벡터를 $A = \begin{bmatrix} a & b \\ c & d \end{bmatrix}$라 하면, $\begin{bmatrix} a & b \\ c & d \end{bmatrix} = a\begin{bmatrix} 1 & 0 \\ 0 & 0 \end{bmatrix} + b\begin{bmatrix} 0 & 1 \\ 0 & 0 \end{bmatrix} + c\begin{bmatrix} 0 & 0 \\ 1 & 0 \end{bmatrix} + d\begin{bmatrix} 0 & 0 \\ 0 & 1 \end{bmatrix}$이므로 주어진 집합의 1차 결합으로 표현된다. 즉, $\left\{\begin{bmatrix} 1 & 0 \\ 0 & 0 \end{bmatrix}, \begin{bmatrix} 0 & 1 \\ 0 & 0 \end{bmatrix}, \begin{bmatrix} 0 & 0 \\ 1 & 0 \end{bmatrix}, \begin{bmatrix} 0 & 0 \\ 0 & 1 \end{bmatrix}\right\}$는 M_{22}를 생성한다.

이제 $\left\{\begin{bmatrix} 1 & 0 \\ 0 & 0 \end{bmatrix}, \begin{bmatrix} 0 & 1 \\ 0 & 0 \end{bmatrix}, \begin{bmatrix} 0 & 0 \\ 1 & 0 \end{bmatrix}, \begin{bmatrix} 0 & 0 \\ 0 & 1 \end{bmatrix}\right\}$이 1차 독립임을 보이자

$k_1\begin{bmatrix} 1 & 0 \\ 0 & 0 \end{bmatrix} + k_2\begin{bmatrix} 0 & 1 \\ 0 & 0 \end{bmatrix} + k_3\begin{bmatrix} 0 & 0 \\ 1 & 0 \end{bmatrix} + k_4\begin{bmatrix} 0 & 0 \\ 0 & 1 \end{bmatrix} = \begin{bmatrix} 0 & 0 \\ 0 & 0 \end{bmatrix}$이므로 $k_1 = k_2 = k_3 = k_4 = 0$만 존재한다.

즉, $\left\{\begin{bmatrix} 1 & 0 \\ 0 & 0 \end{bmatrix}, \begin{bmatrix} 0 & 1 \\ 0 & 0 \end{bmatrix}, \begin{bmatrix} 0 & 0 \\ 1 & 0 \end{bmatrix}, \begin{bmatrix} 0 & 0 \\ 0 & 1 \end{bmatrix}\right\}$는 1차 독립이다.

따라서 $\left\{\begin{bmatrix} 1 & 0 \\ 0 & 0 \end{bmatrix}, \begin{bmatrix} 0 & 1 \\ 0 & 0 \end{bmatrix}, \begin{bmatrix} 0 & 0 \\ 1 & 0 \end{bmatrix}, \begin{bmatrix} 0 & 0 \\ 0 & 1 \end{bmatrix}\right\}$는 M_{22}의 기저이다.

5. $k_1 \mathrm{v}_1 + k_2 \mathrm{v}_2 + \cdots + k_n \mathrm{v}_n = 0$이라 두고 모든 $i(1 \leq i \leq n)$에 대하여

양변에 v_i와 내적을 취하면

$$\begin{aligned} 0 = 0 \cdot \mathrm{v}_i &= (k_1 \mathrm{v}_1 + k_2 \mathrm{v}_2 + \cdots + k_n \mathrm{v}_n) \cdot \mathrm{v}_i \\ &= k_1(\mathrm{v}_1 \cdot \mathrm{v}_i) + k_2(\mathrm{v}_2 \cdot \mathrm{v}_i) + \cdots + k_n(\mathrm{v}_n \cdot \mathrm{v}_i) = k_i \end{aligned}$$

이다. 따라서, $k_1 = k_2 = \cdots = k_n = 0$만 존재한다.

즉, $\{\mathrm{v}_1, \mathrm{v}_2, \cdots, \mathrm{v}_n\}$은 1차 독립이다.

6. $\mathbb{R}^2$의 두 벡터의 집합 $\{(1, 1), (1, 0)\}$은 1차 독립이다. 그러나 두 벡터가 직교하지는 않는다.

7. $\begin{vmatrix} 0 & 0 & 1 \\ \frac{3}{5} & \frac{4}{5} & 0 \\ -\frac{4}{5} & \frac{3}{5} & 0 \end{vmatrix} = 1 \neq 0$이므로 주어진 집합은 $\mathbb{R}^3$의 기저이다.

또한 $\|u_1\| = \|u_2\| = \|u_3\| = 1$이고, $u_1 \cdot u_2 = u_1 \cdot u_3 = u_2 \cdot u_3 = 0$이므로

주어진 벡터는 $\mathbb{R}^3$의 정규직교기저이다.

$u \cdot u_1 = 2$, $u \cdot u_2 = -1$, $u \cdot u_3 = -7$이므로 $(u)_s = (2, -1, -7)$이다.

8. 1) $u_1 = (1, 0, 1), u_2 = (0, 1, 0)$, $u_3 = (0, 0, 1)$이라 하자.

$$v_1 = \frac{u_1}{\| u_1 \|} = \left(\frac{1}{\sqrt{2}}, 0, \frac{1}{\sqrt{2}}\right),$$

$$v_2 = \frac{u_2 - (u_2 \cdot v_1)v_1}{\| u_2 - (u_2 \cdot v_1)v_1 \|} = (0, 1, 0),$$

$$v_3 = \frac{u_3 - (u_3 \cdot v_1)v_1 - (u_3 \cdot v_2)v_2}{\| u_3 - (u_3 \cdot v_1)v_1 - (u_3 \cdot v_2)v_2 \|} = \left(-\frac{1}{\sqrt{2}}, 0, \frac{1}{\sqrt{2}}\right)$$

따라서 정규직교기저는 $\left\{\left(\frac{1}{\sqrt{2}}, 0, \frac{1}{\sqrt{2}}\right), (0, 1, 0), \left(-\frac{1}{\sqrt{2}}, 0, \frac{1}{\sqrt{2}}\right)\right\}$이다.

2) $u_1 = (1, 1, 1), u_2 = (1, 0, 1), u_3 = (0, 1, 1)$이라 하자.

$$v_1 = \frac{u_1}{\| u_1 \|} = \left(\frac{1}{\sqrt{3}}, \frac{1}{\sqrt{3}}, \frac{1}{\sqrt{3}}\right),$$

$$v_2 = \frac{u_2 - (u_2 \cdot v_1)v_1}{\| u_2 - (u_2 \cdot v_1)v_1 \|} = \left(\frac{1}{\sqrt{6}}, -\frac{2}{\sqrt{6}}, \frac{1}{\sqrt{6}}\right),$$

$$v_3 = \frac{u_3 - (u_3 \cdot v_1)v_1 - (u_3 \cdot v_2)v_2}{\| u_3 - (u_3 \cdot v_1)v_1 - (u_3 \cdot v_2)v_2 \|} = \left(-\frac{1}{\sqrt{2}}, 0, \frac{1}{\sqrt{2}}\right)$$

따라서 정규직교기저는

$\left\{\left(\frac{1}{\sqrt{3}}, \frac{1}{\sqrt{3}}, \frac{1}{\sqrt{3}}\right), \left(\frac{1}{\sqrt{6}}, -\frac{2}{\sqrt{6}}, \frac{1}{\sqrt{6}}\right), \left(-\frac{1}{\sqrt{2}}, 0, \frac{1}{\sqrt{2}}\right)\right\}$이다.

3) $u_1 = (1, 0, 0), u_2 = (1, 1, 1), u_3 = (1, 0, 2)$이라 하자.

$$v_1 = \frac{u_1}{\| u_1 \|} = (1, 0, 0),$$

$$v_2 = \frac{u_2 - (u_2 \cdot v_1)v_1}{\| u_2 - (u_2 \cdot v_1)v_1 \|} = \left(0, \frac{1}{\sqrt{2}}, \frac{1}{\sqrt{2}}\right),$$

$$v_3 = \frac{u_3 - (u_3 \cdot v_1)v_1 - (u_3 \cdot v_2)v_2}{\| u_3 - (u_3 \cdot v_1)v_1 - (u_3 \cdot v_2)v_2 \|} = \left(0, -\frac{1}{\sqrt{2}}, \frac{1}{\sqrt{2}}\right)$$

따라서 정규직교기저는 $\left\{(1, 0, 0), \left(0, \frac{1}{\sqrt{2}}, \frac{1}{\sqrt{2}}\right), \left(0, -\frac{1}{\sqrt{2}}, \frac{1}{\sqrt{2}}\right)\right\}$이다.

9. $w=(a, b, c)$라 두면, $u \cdot w = v \cdot w = 0$이므로 $a=b$이고, $c=0$이다.

또한, $\| w \| = 1$이므로, $a=\frac{1}{\sqrt{2}}, b=\frac{1}{\sqrt{2}}, c=0$이다.

$\begin{vmatrix} \frac{1}{\sqrt{2}} & -\frac{1}{\sqrt{2}} & 0 \\ 0 & 0 & 1 \\ \frac{1}{\sqrt{2}} & \frac{1}{\sqrt{2}} & 0 \end{vmatrix} \neq 0$이므로 $\mathbb{R}^3$의 기저이다.

따라서 $\left\{\left(\frac{1}{\sqrt{2}}, -\frac{1}{\sqrt{2}}, 0\right), (0, 0, 1), \left(\frac{1}{\sqrt{2}}, \frac{1}{\sqrt{2}}, 0\right)\right\}$는 $\mathbb{R}^3$의 정규직교기저이다.

10.1) 평면 W의 법선벡터는 $\overrightarrow{OA} \times \overrightarrow{OB} = \begin{vmatrix} i & j & k \\ 1 & -1 & 0 \\ 1 & 0 & -1 \end{vmatrix} = (1,1,1)$이다.

원점을 지나므로 주어진 평면의 방정식은 $x+y+z=0$이다.

2) 주어진 평면의 방정식의 해를 후방대입법을 적용하면 $z=t,\ y=s,\ x=-t-s$이므로
$W=\{(x, y, z) \mid x=-t-s, y=s, z=t\} = \{s(-1, 1, 0)+t(-1, 0, 1) \mid s, t \in \mathbb{R}\}$
이다. 따라서, 부분공간 W의 기저는 $\{(-1, 1, 0), (-1, 0, 1)\}$이다.

3) $u_1=(-1, 1, 0)$, $u_2=(-1, 0, 1)$이라 하고, Gram-schmidt 직교화 과정을 하면

$v_1 = \frac{u_1}{\| u_1 \|} = \left(-\frac{1}{\sqrt{2}}, \frac{1}{\sqrt{2}}, 0\right)$,

$v_2 = \frac{u_2-(u_2 \cdot v_1)v_1}{\| u_2-(u_2 \cdot v_1)v_1 \|} = \left(-\frac{1}{\sqrt{6}}, -\frac{1}{\sqrt{6}}, \frac{2}{\sqrt{6}}\right)$이다.

따라서, W의 정규직교기저는 $\left\{\left(-\frac{1}{\sqrt{2}}, \frac{1}{\sqrt{2}}, 0\right), \left(-\frac{1}{\sqrt{6}}, -\frac{1}{\sqrt{6}}, \frac{2}{\sqrt{6}}\right)\right\}$이다.

4.4 해공간과 행렬의 계수

1. 1) 주어진 연립방정식의 확대계수행렬을 구하면 $\begin{bmatrix} 1 & 0 & 1 & 1 & 0 \\ 0 & 1 & 1 & -1 & 0 \end{bmatrix}$이므로 기약행사다리꼴 행렬이다. 후방대입법에 의해 $x_4=t, x_3=s$로 두면 $x_2=t-s,\ x_1=-t-s$이다.
즉, $(x_1, x_2, x_3, x_4)=t(-1,1,0,1)+s(-1,-1,1,0)$이다.
따라서 주어진 연립방정식의 해공간의 기저는 $\{(-1,1,0,1), (-1,-1,1,0)\}$이고, 차원은 2이다.

2) 주어진 연립방정식의 확대계수행렬에 기본행연산을 하여 기약행사다리꼴 행렬을 구하면

$$\begin{bmatrix} 2 & 1 & -1 & 1 & 0 \\ 3 & -1 & 1 & 1 & 0 \end{bmatrix} \rightarrow \begin{bmatrix} 1 & 0 & 0 & \frac{2}{5} & 0 \\ 0 & 1 & -1 & \frac{1}{5} & 0 \end{bmatrix}$$

이다. 후방대입법에 의해 $x_4 = t, x_3 = s$로 두면 $x_2 = -\frac{1}{5}t + s,\ x_1 = -\frac{2}{5}t$이다.

즉, $(x_1, x_2, x_3, x_4) = t\left(-\frac{2}{5}, -\frac{1}{5}, 0, 1\right) + s(0,1,1,0)$이다.

따라서 주어진 연립방정식의 해공간의 기저는 $\left\{\left(-\frac{2}{5}, -\frac{1}{5}, 0, 1\right), (0,1,1,0)\right\}$이고, 차원은 2이다.

3) 주어진 연립방정식의 확대계수행렬에 기본행연산을 하여 기약행사다리꼴 행렬을 구하면

$$\begin{bmatrix} 1 & -3 & 2 & 0 & 0 \\ 2 & -6 & 5 & -2 & 0 \\ 1 & -3 & 0 & 4 & 0 \end{bmatrix} \rightarrow \begin{bmatrix} 1 & -3 & 0 & 4 & 0 \\ 0 & 0 & 1 & -2 & 0 \\ 0 & 0 & 0 & 0 & 0 \end{bmatrix}$$

이다. 후방대입법에 의해 $x_4 = t, x_2 = s$로 두면 $x_3 = 2t,\ x_1 = -4t + 3s$이다.

즉, $(x_1, x_2, x_3, x_4) = t(-4, 0, 2, 1) + s(3, 1, 0, 0)$이다.

따라서 주어진 연립방정식의 해공간의 기저는 $\{(-4, 0, 2, 1),\ (3, 1, 0, 0)\}$이고, 차원은 2이다.

4) 주어진 연립방정식의 확대계수행렬에 기본행연산을 하여 기약행사다리꼴 행렬을 구하면

$$\begin{bmatrix} 1 & -2 & 3 & 2 & 0 \\ 1 & -3 & 2 & -1 & 0 \\ -1 & 1 & -4 & -5 & 0 \end{bmatrix} \rightarrow \begin{bmatrix} 1 & 0 & 5 & 8 & 0 \\ 0 & 1 & 1 & 3 & 0 \\ 0 & 0 & 0 & 0 & 0 \end{bmatrix}$$

이다. 후방대입법에 의해 $x_4 = t, x_3 = s$로 두면 $x_2 = -3t - s,\ x_1 = -8t - 5s$이다.

즉, $(x_1, x_2, x_3, x_4) = t(-8, -3, 0, 1) + s(-5, -1, 1, 0)$이다.

따라서 주어진 연립방정식의 해공간의 기저는 $\{(-8, -3, 0, 1),\ (-5, -1, 1, 0)\}$이고, 차원은 2이다.

2. $W_1 \cap W_2$는 다음의 연립방정식의 해공간을 구하는 문제와 같다.

$$\begin{cases} x + 2y - 3z = 0 \\ 3x - 2y + 5z = 0 \end{cases}$$

위의 연립미분방정식의 확대계수행렬을 기본행연산을 하여 기약행사다리꼴 행렬을 구하면

$$\begin{bmatrix} 1 & 2 & -3 & 0 \\ 3 & -2 & 5 & 0 \end{bmatrix} \rightarrow \begin{bmatrix} 1 & 0 & \frac{1}{2} & 0 \\ 0 & 1 & -\frac{7}{4} & 0 \end{bmatrix}$$

이다. 후방대입법에 의해 $z = t$로 두면 $y = \frac{7}{4}t,\ x = -\frac{1}{2}t$이다.

즉, $(x,y,z) = t\left(-\frac{1}{2}, \frac{7}{4}, 1\right)$이다. 따라서 $W_1 \cap W_2$의 기저는 $\left\{\left(-\frac{1}{2}, \frac{7}{4}, 1\right)\right\}$이고, 차원은 1이다.

3. n차 정방행렬의 행벡터들의 $\mathbb{R}^n$의 n개의 벡터이므로 행벡터들의 집합이 1차 독립임을 보이면 충분하다. 행렬이 가역행렬이므로 이 행렬은 단위행렬과 행동치이다. 행벡터 중에 1차 종속인 행벡터는 존재하지 않는다. 따라서 행벡터들의 집합은 $\mathbb{R}^n$의 기저가 된다.

4. 1) 주어진 벡터를 행벡터로 하는 행렬을 만들어, 이 행렬을 기약행사다리꼴 행렬로 바꾸면

$$\begin{bmatrix} 1 & 0 & 1 \\ 0 & 1 & 0 \\ 1 & 1 & 1 \end{bmatrix} \to \begin{bmatrix} 1 & 0 & 1 \\ 0 & 1 & 0 \\ 0 & 0 & 0 \end{bmatrix}$$

이다. 따라서 $\{(1,0,1), (0,1,0)\}$은 생성공간 W_1의 기저이다.

2) 주어진 벡터를 행벡터로 하는 행렬을 만들어, 이 행렬을 기약행사다리꼴 행렬로 바꾸면

$$\begin{bmatrix} 1 & 1 & 1 & 1 & 1 \\ 1 & 0 & 1 & 0 & 1 \\ 0 & 1 & 1 & 1 & 0 \\ 2 & 0 & 0 & 1 & 1 \\ 2 & 1 & 1 & 2 & 1 \end{bmatrix} \to \begin{bmatrix} 1 & 0 & 0 & 0 & 1 \\ 0 & 1 & 0 & 0 & 1 \\ 0 & 0 & 1 & 0 & 0 \\ 0 & 0 & 0 & 1 & -1 \\ 0 & 0 & 0 & 0 & 0 \end{bmatrix}$$

이다. 따라서 $\{(1,0,0,0,1),\ (0,1,0,0,1),\ (0,0,1,0,0),\ (0,0,0,1,-1)\}$은 생성공간 W_2의 기저이다.

5. 주어진 벡터를 행벡터로 하는 행렬을 만들어, 이 행렬을 기약행사다리꼴 행렬로 바꾸면

$$\begin{bmatrix} 1 & -1 & -1 & -1 \\ 3 & -2 & -1 & -2 \\ 1 & 0 & 1 & 0 \end{bmatrix} \to \begin{bmatrix} 1 & 0 & 1 & 0 \\ 0 & 1 & 2 & 1 \\ 0 & 0 & 0 & 0 \end{bmatrix}$$

이다. 따라서 $\{(1,0,1,0),\ (0,1,2,1)\}$은 주어진 생성공간 W의 기저이다.

$\mathrm{u}_1 = (1,0,1,0),\ \mathrm{u}_2 = (0,1,2,1)$이라 두고 Gram–Schmidt 직교화 과정을 적용하면

$$\mathrm{v}_1 = \frac{\mathrm{u}_1}{\|\mathrm{u}_1\|} = \left(\frac{1}{\sqrt{2}}, 0, \frac{1}{\sqrt{2}}, 0\right),$$

$$\mathrm{v}_2 = \frac{\mathrm{u}_2 - (\mathrm{u}_2 \cdot \mathrm{v}_1)\mathrm{v}_1}{\|\mathrm{u}_2 - (\mathrm{u}_2 \cdot \mathrm{v}_1)\mathrm{v}_1\|} = \left(-\frac{1}{2}, \frac{1}{2}, \frac{1}{2}, \frac{1}{2}\right)$$

이다. 따라서 W의 정규직교기저는 $\left\{\left(\frac{1}{\sqrt{2}}, 0, \frac{1}{\sqrt{2}}, 0\right), \left(-\frac{1}{2}, \frac{1}{2}, \frac{1}{2}, \frac{1}{2}\right)\right\}$이다.

6. A의 열벡터들의 집합은 벡터공간 $\mathbb{R}^n$의 부분집합이고, m개의 벡터로 이루어져있다. $m > n$이므로 정리 4.6에 의해 이 집합은 1차 종속이다.

7. 1) A가 영행렬이어야 한다. 즉, 기저 $S = \{\varnothing\}$.

2) 한 행이 전부 0이거나, 한 행이 다른 행의 상수배이다. 즉, 1행과 2행은 1차 종속이어야 한다.

3) 1행과 2행이 1차 독립이어야 한다.

8. 1) 행렬의 계수는 행공간의 차원과 같으므로 주어진 행렬에 기본행연산을 하여 기약행사다리꼴 행렬을 구하면

$$\begin{bmatrix} 1 & 2 & 1 \\ 3 & -1 & -3 \\ 2 & 3 & 1 \end{bmatrix} \to \begin{bmatrix} 1 & 0 & 0 \\ 0 & 1 & 0 \\ 0 & 0 & 1 \end{bmatrix}$$

이므로 행렬의 계수는 3이다.

2) 마찬가지로 주어진 행렬에 기본행연산을 하여 기약행사다리꼴 행렬을 구하면

$$\begin{bmatrix} 1 & -1 & 2 \\ 2 & 1 & -3 \\ 4 & -1 & 1 \end{bmatrix} \rightarrow \begin{bmatrix} 1 & 0 & -\frac{1}{3} \\ 0 & 1 & -\frac{7}{3} \\ 0 & 0 & 0 \end{bmatrix}$$

이므로 행렬의 계수는 2이다.

3) 주어진 행렬에 기본행연산을 하여 기약행사다리꼴 행렬을 구하면

$$\begin{bmatrix} 1 & 2 & -1 \\ 2 & 4 & 6 \\ 0 & 0 & -8 \end{bmatrix} \rightarrow \begin{bmatrix} 1 & 2 & 0 \\ 0 & 0 & 1 \\ 0 & 0 & 0 \end{bmatrix}$$

이므로 행렬의 계수는 2이다.

4) 주어진 행렬에 기본행연산을 하여 기약행사다리꼴 행렬을 구하면

$$\begin{bmatrix} 1 & -2 & 1 \\ 2 & -3 & 2 \\ 1 & -1 & 1 \end{bmatrix} \rightarrow \begin{bmatrix} 1 & 0 & 1 \\ 0 & 1 & 0 \\ 0 & 0 & 0 \end{bmatrix}$$

이므로 행렬의 계수는 2이다.

5) 주어진 행렬에 기본행연산을 하여 기약행사다리꼴 행렬을 구하면

$$\begin{bmatrix} 1 & -2 & 3 & 2 \\ 1 & -3 & 2 & -1 \\ -1 & 1 & -4 & -5 \end{bmatrix} \rightarrow \begin{bmatrix} 1 & 0 & 5 & 8 \\ 0 & 1 & 1 & 3 \\ 0 & 0 & 0 & 0 \end{bmatrix}$$

이므로 행렬의 계수는 2이다.

6) 주어진 행렬에 기본행연산을 하여 기약행사다리꼴 행렬을 구하면

$$\begin{bmatrix} 1 & 2 & -1 & 1 \\ 2 & 4 & -3 & 0 \\ 1 & 2 & 1 & 5 \end{bmatrix} \rightarrow \begin{bmatrix} 1 & 2 & 0 & 3 \\ 0 & 0 & 1 & 2 \\ 0 & 0 & 0 & 0 \end{bmatrix}$$

이므로 행렬의 계수는 2이다.

7) 주어진 행렬에 기본행연산을 하여 기약행사다리꼴 행렬을 구하면

$$\begin{bmatrix} 1 & 0 & 0 & 1 \\ 0 & 1 & 0 & 0 \\ 0 & 0 & 1 & 0 \\ 2 & 0 & 0 & 1 \end{bmatrix} \rightarrow \begin{bmatrix} 1 & 0 & 0 & 0 \\ 0 & 1 & 0 & 0 \\ 0 & 0 & 1 & 0 \\ 0 & 0 & 0 & 1 \end{bmatrix}$$

이므로 행렬의 계수는 4이다.

8) 주어진 행렬에 기본행연산을 하여 기약행사다리꼴 행렬을 구하면

$$\begin{bmatrix} 1 & 0 & 1 & 1 \\ 3 & -4 & -1 & -9 \\ 1 & 2 & 3 & 7 \\ 3 & -1 & 2 & 0 \end{bmatrix} \rightarrow \begin{bmatrix} 1 & 0 & 1 & 1 \\ 0 & 1 & 1 & 3 \\ 0 & 0 & 0 & 0 \\ 0 & 0 & 0 & 0 \end{bmatrix}$$

이므로 행렬의 계수는 2이다.

9. 1) A의 계수가 2가 되려면 $\det(A)=0$이어야 한다.

$$\begin{vmatrix} 1 & -1 & -1 \\ 0 & 1 & -2 \\ 1 & a & 1 \end{vmatrix} = 2a+4=0$$ 이므로 $a=-2$이다.

a에 -2를 대입한 행렬에 기본행연산을 하면

$$\begin{bmatrix} 1 & -1 & -1 \\ 0 & 1 & -2 \\ 1 & -2 & 1 \end{bmatrix} \rightarrow \begin{bmatrix} 1 & 0 & -3 \\ 0 & 1 & -2 \\ 0 & 0 & 0 \end{bmatrix}$$

이다. 따라서 행렬 A의 계수가 2이다.

2) 해공간을 구하기 위해 확대계수행렬에 기본행연산을 하면

$$\begin{bmatrix} 1 & -1 & -1 & 0 \\ 0 & 1 & -2 & 0 \\ 1 & -2 & 1 & 0 \end{bmatrix} \rightarrow \begin{bmatrix} 1 & 0 & -3 & 0 \\ 0 & 1 & -2 & 0 \\ 0 & 0 & 0 & 0 \end{bmatrix}$$

이다. 후방대입법에 의해 $z=t$로 두면 $y=2t,\ x=3t$이다. 즉, $(x,y,z)=t(3,2,1)$이다. 따라서 해공간 기저는 $\{(3,2,1)\}$이고, 차원은 1이다.

10.1) $$A=\begin{bmatrix} 1 & 2 & 3 & 4 \\ 1 & -3 & 4 & -1 \\ 2 & -1 & 7 & 3 \end{bmatrix} \rightarrow \begin{bmatrix} 1 & 0 & \frac{17}{5} & 2 \\ 0 & 1 & -\frac{1}{5} & 1 \\ 0 & 0 & 0 & 0 \end{bmatrix}$$ 이므로 $rank(A)=2$이다.

$$[A \mid b]=\begin{bmatrix} 1 & 2 & 3 & 4 & 2 \\ 1 & -3 & 4 & -1 & 3 \\ 2 & -1 & 7 & 3 & 5 \end{bmatrix} \rightarrow \begin{bmatrix} 1 & 0 & \frac{17}{5} & 2 & \frac{12}{5} \\ 0 & 1 & -\frac{1}{5} & 1 & -\frac{1}{5} \\ 0 & 0 & 0 & 0 & 0 \end{bmatrix}$$ 이므로

$rank(A \mid b)=2$이다.

따라서 $rank(A)=rank(A|b)$이므로 주어진 연립방정식은 해가 존재한다.

2) $$A=\begin{bmatrix} 1 & 2 & -1 \\ 2 & 4 & 6 \\ 0 & 0 & -8 \end{bmatrix} \rightarrow \begin{bmatrix} 1 & 2 & 0 \\ 0 & 0 & 1 \\ 0 & 0 & 0 \end{bmatrix}$$ 이므로 $rank(A)=2$이다.

$$[A \mid b]=\begin{bmatrix} 1 & 2 & -1 & 4 \\ 2 & 4 & 6 & 5 \\ 0 & 0 & -8 & 6 \end{bmatrix} \rightarrow \begin{bmatrix} 1 & 2 & 0 & 0 \\ 0 & 0 & 1 & 0 \\ 0 & 0 & 0 & 1 \end{bmatrix}$$ 이므로 $rank(A \mid b)=3$이다.

따라서 $rank(A) \neq rank(A|b)$이므로 주어진 연립방정식은 해가 존재하지 않는다.

5.1 선형변환의 정의와 성질

1. 1) $n \geq 2$이면 $T(2I_n) = 2^n$이고 $2T(I_n) = 2$이다. 따라서 $T(2I_n) \neq 2T(I_n)$이므로 T는 선형변환이 아니다.

   2) $T(2(1,1)) = T(2,2) = 4$이고 $2T(1,1) = 2 \times 1 = 2$이다. 따라서 $T(2(1,1)) \neq 2T(1,1)$이므로 T는 선형변환이 아니다.

   5) $T(2(1,0,1)) = T(2,0,2) = (2,4)$이고 $2T(1,0,1) = 2(1,1) = (2,2)$이다. 따라서 $T(2(1,0,1)) \neq 2T(1,0,1)$이므로 T는 선형변환이 아니다.

   1), 2), 5)를 제외한 나머지는 모두 선형변환이다.

2. 1) $F(x,y) = (-x, y)$

   2) $\mathbb{R}^2$의 임의의 두 벡터 $\mathrm{u} = (x_1, y_1), \mathrm{v} = (x_2, y_2)$와 상수 k에 대하여

   i)
   $$\begin{aligned} F(\mathrm{u}+\mathrm{v}) &= F(x_1 + x_2, y_1 + y_2) = (-x_1 - x_2, y_1 + y_2) \\ &= (-x_1, y_1) + (-x_2, y_2) = F(x_1, y_1) + F(x_2, y_2) \\ &= F(\mathrm{u}) + F(\mathrm{v}) \end{aligned}$$

   ii) $F(k\mathrm{u}) = F(kx_1, ky_1) = (-kx_1, ky_1) = k(-x_1, y_1) = kF(\mathrm{u})$

   이다. 따라서 F는 선형연산자이다.

3. 벡터 $(2,-2,-4)$를 v_1, v_2, v_3의 일차결합으로 나타내면 $(2,-2,-4) = 2\mathrm{v}_1 + 2\mathrm{v}_2 - \frac{4}{3}\mathrm{v}_3$이다.

   T가 선형변환이므로

   $$\begin{aligned} T(2,-2,-4) &= T\left(2\mathrm{v}_1 + 2\mathrm{v}_2 - \frac{4}{3}\mathrm{v}_3\right) \\ &= 2T(\mathrm{v}_1) + 2T(\mathrm{v}_2) - \frac{4}{3}T(\mathrm{v}_3) \\ &= 2(1,0,1) + 2(2,-1,1) - \frac{4}{3}(6,3,0) \\ &= (-2,-6,4) \end{aligned}$$

   이 된다.

4. $\mathrm{w}_1 = (1, 0, 0), \mathrm{w}_2 = (0, 0, 1)$라 놓으면 직교사영변환의 정의에 의해서

   $$T(\mathrm{v}) = <\mathrm{v}, \mathrm{w}_1> \mathrm{w}_1 + <\mathrm{v}, \mathrm{w}_2> \mathrm{w}_2 \text{ (단, } \mathrm{v} \in \mathbb{R}^3)$$

   이다.

   1) $T(2, 7, -1) = (2, 0, 0) + (0, 0, -1) = (2, 0, -1)$

   2) $T(x, y, z) = x\mathrm{w}_1 + z\mathrm{w}_2 = (x, 0, z)$

5. $T: \mathbb{R}^3 \to \mathbb{R}^3$가 행렬 $A = \begin{bmatrix} 1 & -1 & 3 \\ 5 & 6 & -4 \\ 7 & 4 & 2 \end{bmatrix}$에 의한 곱이므로 T의 치역은 행렬 A의 열공간과 같고, T의 핵은 동차연립방정식 $A\mathrm{x} = 0$의 해공간과 같다.

1) A의 열공간의 기저$=A^T$의 행공간의 기저이고, 기본 행연산에 의해

$$A^T = \begin{bmatrix} 1 & 5 & 7 \\ -1 & 6 & 4 \\ 3 & -4 & 2 \end{bmatrix} \to \begin{bmatrix} 1 & 0 & 2 \\ 0 & 1 & 1 \\ 0 & 0 & 0 \end{bmatrix}$$ 이므로 $R(T)$의 기저는 $\left\{ \begin{bmatrix} 1 \\ 0 \\ 2 \end{bmatrix}, \begin{bmatrix} 0 \\ 1 \\ 1 \end{bmatrix} \right\}$이다.

2) 동차연립방정식 $A\mathrm{x} = 0$를 가우스 소거법에 의해서 풀면

$\mathrm{x} = t \begin{bmatrix} -\frac{14}{11} \\ \frac{19}{11} \\ 1 \end{bmatrix}, t \in \mathbb{R}$ 이다. 따라서 $Ker(T) = \left\{ t \begin{bmatrix} -\frac{14}{11} \\ \frac{19}{11} \\ 1 \end{bmatrix} : t \in \mathbb{R} \right\}$이므로

$Ker(T)$의 기저는 $\left\{ \begin{bmatrix} \frac{14}{11} \\ \frac{19}{11} \\ 1 \end{bmatrix} \right\}$이다.

3) T의 계수는 2, T의 퇴화차수는 1이다.

6. 1) $W = \{(x,y,z) \mid x+y+z=0\} = \{(x,y,z) \mid x = -s-t,\ y = s,\ z = t,\ s,t \in \mathbb{R}\}$

$= \{(-s-t,\ s,\ t) \mid s,t \in \mathbb{R}\} = \{s(-1,1,0) + t(-1,0,1) \mid s,t \in \mathbb{R}\}$

따라서 W의 기저는 $\{(-1,1,0),\ (-1,0,1)\}$이다.

2) $\mathrm{u} = (-1, 1, 0)$, $\mathrm{v} = (-1, 0, 1)$이라 두고 Gam-Schmidt의 직교화 과정을 적용한다.

$$\mathrm{v}_1 = \frac{\mathrm{u}}{\|\mathrm{u}\|} = \left(-\frac{1}{\sqrt{2}}, \frac{1}{\sqrt{2}}, 0\right)$$

이다. 한편

$$\mathrm{v} - \langle \mathrm{v}, \mathrm{v}_1 \rangle \mathrm{v}_1 = (-1, 0, 1) - \left(-\frac{1}{2}, \frac{1}{2}, 0\right) = \left(-\frac{1}{2}, -\frac{1}{2}, 1\right)$$

이므로 $\mathrm{v}_2 = \dfrac{\mathrm{v} - \langle \mathrm{v}, \mathrm{v}_1 \rangle \mathrm{v}_1}{\|\mathrm{v} - \langle \mathrm{v}, \mathrm{v}_1 \rangle \mathrm{v}_1\|} = \left(-\frac{1}{\sqrt{6}}, -\frac{1}{\sqrt{6}}, \frac{2}{\sqrt{6}}\right)$이다.

따라서 $\{\mathrm{v}_1, \mathrm{v}_2\}$는 W의 한 정규직교기저이다.

3) $\mathrm{w} = (x, y, z)$라 하면

$$\begin{aligned} T(\mathrm{w}) &= \langle \mathrm{w}, \mathrm{v}_1 \rangle \mathrm{v}_1 + \langle \mathrm{w}, \mathrm{v}_2 \rangle \mathrm{v}_2 \\ &= \left(\frac{x-y}{2}, \frac{y-x}{2}, 0\right) + \left(\frac{x+y-2z}{6}, \frac{x+y-2z}{6}, \frac{4z-2x-2y}{6}\right) \\ &= \left(\frac{2x-y-z}{3}, \frac{-x+2y-z}{3}, \frac{-x-y+2z}{3}\right) \end{aligned}$$

이다.

7. 1) T의 치역은 행렬 A의 열공간(=A^T의 행공간)과 같다. 기본 행연산에

의해서 $A^T=\begin{bmatrix}1&3&-2\\3&4&2\\4&7&0\end{bmatrix}\rightarrow\begin{bmatrix}1&0&\frac{14}{5}\\0&1&-\frac{8}{5}\\0&0&0\end{bmatrix}$이므로 T의 치역의 기저는

$\left\{\begin{bmatrix}1\\0\\\frac{14}{5}\end{bmatrix},\begin{bmatrix}0\\1\\-\frac{8}{5}\end{bmatrix}\right\}$가 된다. 따라서 T의 치역은

$$\left\{s\left(1,0,\frac{14}{5}\right)+t\left(0,1,-\frac{8}{5}\right)\middle|\, s,\, t\in\mathbb{R}\right\}=\left\{(x,y,z)\mid x=s,\ y=t,\ z=\frac{14s-8t}{5}\right\}$$
$$=\left\{(x,y,z)\middle|\ z=\frac{14x-8y}{5}\right\}=\{(x,y,z)\mid 14x-8y-5z=0\}$$

이다. 그러므로 T의 치역은 원점을 지나는 평면이고 그 방정식은 $14x-8y-5z=0$이다.

2) T의 핵은 동차연립방정식 $A\mathbf{x}=0$의 해공간과 같다. 가우스 소거법을 적용하면 동차연립방정식 $A\mathbf{x}=0$의 해는 $x=-t$, $y=-t$, $z=t$, $t\in\mathbb{R}$이다. 따라서 $Ker(T)$는 원점을 지나는 직선이고 그 식은 $x=y=-z$이다.

8. $\mathrm{p}=a_0+a_1x+a_2x^2+a_3x^3$, $\mathrm{q}=b_0+b_1x+b_2x^2+b_3x^3$ 라 두면

i) $D(\mathrm{p}+\mathrm{q})=\dfrac{d}{dx}(a_0+b_0+(a_1+b_1)x+(a_2+b_2)x^2+(a_3+b_3)x^3)$

$$=a_1+2a_2x+3a_3x^2+b_1+2b_2x+3b_3x^2$$
$$=D(\mathrm{p})+D(\mathrm{q})$$

ii) $D(k\mathrm{p})=\dfrac{d}{dx}(ka_0+ka_1x+ka_2x^2+ka_3x^3)$

$$=k(a_1+2a_2x+3a_3x^2)=kD(\mathrm{p})$$

이다. 따라서 D는 선형변환이다. 한편,

$$Ker(D)=\left\{\mathrm{p}\in P_3\mid \frac{d}{dx}\mathrm{p}=0\right\}=\{\mathrm{p}\in P_3\mid \mathrm{p}=a_0,\ a_0\in\mathbb{R}\}=\mathbb{R}$$

이다.

9. $\mathrm{p}=a_0+a_1x$, $\mathrm{q}=b_0+b_1x$ 라 두면

i) $J(\mathrm{p}+\mathrm{q})=\int_{-1}^{1}\{p(x)+q(x)\}dx=\int_{-1}^{1}p(x)dx+\int_{-1}^{1}q(x)dx=J(\mathrm{p})+J(\mathrm{q})$

ii) $J(k\mathrm{p})=\int_{-1}^{1}kp(x)=k\int_{-1}^{1}p(x)dx=kJ(\mathrm{p})$

이다. 따라서 J는 선형변환이다. 한편,

$$Ker(J) = \left\{a+bx \in P_1 \mid \int_{-1}^{1} (a+bx)\,dx = 0,\ a,b \in \mathbb{R}\right\} = \{a+bx \in P_1 \mid a = 0\}$$

이다.

10. 연립방정식 $A\mathrm{x}=0$이 자명해만 갖기 때문에 $Ker(T)=\{0\}$이다. 한편 A는 7×6 행렬이고 $N(T)=0$이므로 차원정리에 $r(T)=6-N(T)=6$이다.

11. 1) $r(A)=4$이므로 차원정리에 의해서 $A\mathrm{x}=0$의 해공간의 차원은 3이다.

2) $A\mathrm{x}=\mathrm{b}$가 $\mathbb{R}^5$의 모든 b에 대하여 해를 갖는다고 하자. 그러면 $R(T)=\mathbb{R}^5$이고 $r(T)=5$이다. 주어진 조건에 의해서 $r(T)=4$이므로 모순이다. 따라서 $\mathbb{R}^5$의 모든 벡터 b에 대하여 $A\mathrm{x}=\mathrm{b}$이 해를 갖는 것은 아니다.

12. 1) 정리 5. 11에 의해서 $R(T)=< T(e_1), T(e_2), T(e_3) >$이다. 한편

$T(e_1)=\begin{bmatrix}1\\0\\1\\0\end{bmatrix}$, $T(e_2)=\begin{bmatrix}2\\-1\\7\\1\end{bmatrix}$, $T(e_3)=\begin{bmatrix}-1\\0\\0\\1\end{bmatrix}$이고 벡터 $T(e_1)$, $T(e_2)$, $T(e_3)$는

일차독립이다. 따라서, $R(T)$ 의 기저는 $\left\{\begin{bmatrix}1\\0\\1\\0\end{bmatrix}, \begin{bmatrix}2\\-1\\7\\1\end{bmatrix}, \begin{bmatrix}-1\\0\\0\\1\end{bmatrix}\right\}$이다.

2) 1)에 의해서 T의 계수는 $r(T)=3$임을 알 수 있다. 차원정리에 의해서 $3=N(T)+r(T)$이므로 $N(T)=0$이다.

13. 1) $Ker(T)$ 를 구하면

$$\begin{aligned} Ker(T) &= \{(x,y,z) \mid T(x,y,z)=(0,0)\} \\ &= \{(x,y,z) \mid (x-y,z)=(0,0)\} \\ &= \{(x,y,z) \mid x=y,\ z=0\} \\ &= \{t(1,1,0) \mid t \in R\} \end{aligned}$$

이 된다. 따라서 $Ker(T)$ 의 기저 $=\{(1,1,0)\}$이고 차원은 $N(T)=1$ 이다.

2) 차원정리에 의해서 $3=N(T)+r(T)$이므로 $r(T)=2$ 이다.

5.2 선형행렬변환

1. 벡터 $\mathrm{v}=(1,2,3)$를 v_1, v_2, v_3의 일차결합으로 나타내면 $(1,2,3)=3\mathrm{v}_1-\mathrm{v}_2-\mathrm{v}_3$ 이다. 따라서 기저 S에 대한 v의 좌표벡터는 $(\mathrm{v})_S=(3,-1,-1)$이다.

2. $A=\begin{bmatrix} a_{11} & a_{12} & a_{13} \\ a_{21} & a_{22} & a_{23} \end{bmatrix}$라 두면

$T(\mathrm{e}_1)=\begin{bmatrix} a_{11} \\ a_{21} \end{bmatrix}=\begin{bmatrix} 1 \\ 1 \end{bmatrix}$, $T(\mathrm{e}_2)=\begin{bmatrix} a_{12} \\ a_{22} \end{bmatrix}=\begin{bmatrix} 3 \\ 0 \end{bmatrix}$, $T(\mathrm{e}_3)=\begin{bmatrix} a_{13} \\ a_{23} \end{bmatrix}=\begin{bmatrix} 4 \\ -7 \end{bmatrix}$이다.

따라서 $A=\begin{bmatrix} 1 & 3 & 4 \\ 1 & 0 & -7 \end{bmatrix}$이다..

3. 1) $T(\mathrm{e}_1)=\begin{bmatrix} 1 \\ -1 \\ 1 \end{bmatrix}$, $T(\mathrm{e}_2)=\begin{bmatrix} -1 \\ 1 \\ 0 \end{bmatrix}$, $T(\mathrm{e}_3)=\begin{bmatrix} 0 \\ 0 \\ -1 \end{bmatrix}$이므로 T의 표준행렬은 $A=\begin{bmatrix} 1 & -1 & 0 \\ -1 & 1 & 0 \\ 1 & 0 & -1 \end{bmatrix}$ 이다.

2) $T(2,0,0)=\begin{bmatrix} 1 & -1 & 0 \\ -1 & 1 & 0 \\ 1 & 0 & -1 \end{bmatrix}\begin{bmatrix} 2 \\ 0 \\ 0 \end{bmatrix}=\begin{bmatrix} 2 \\ -2 \\ 2 \end{bmatrix}$

3) $T(\mathrm{v}_1)=\begin{bmatrix} 1 \\ -1 \\ 0 \end{bmatrix}=\mathrm{v}_1-\mathrm{v}_2 \Rightarrow [T(\mathrm{v}_1)]_{\mathrm{B}}=\begin{bmatrix} 1 \\ -1 \\ 0 \end{bmatrix}$

$T(\mathrm{v}_2)=\begin{bmatrix} -1 \\ 1 \\ -1 \end{bmatrix}=-\frac{3}{2}\mathrm{v}_1+\frac{1}{2}\mathrm{v}_2+\frac{1}{2}\mathrm{v}_3 \Rightarrow [T(\mathrm{v}_2)]_{\mathrm{B}}=\begin{bmatrix} -3/2 \\ 1/2 \\ 1/2 \end{bmatrix}$

$T(\mathrm{v}_3)=\begin{bmatrix} 0 \\ 0 \\ 1 \end{bmatrix}=\frac{1}{2}\mathrm{v}_1+\frac{1}{2}\mathrm{v}_2-\frac{1}{2}\mathrm{v}_3 \Rightarrow [T(\mathrm{v}_2)]_{\mathrm{B}}=\begin{bmatrix} 1/2 \\ 1/2 \\ -1/2 \end{bmatrix}$이므로

기저 B에 대한 T의 행렬은 $\begin{bmatrix} 1 & -3/2 & 1/2 \\ -1 & 1/2 & 1/2 \\ 0 & 1/2 & -1/2 \end{bmatrix}$이다.

4) $\mathrm{x}=\begin{bmatrix} 2 \\ 0 \\ 0 \end{bmatrix}$라 두면 $\mathrm{x}=\begin{bmatrix} 2 \\ 0 \\ 0 \end{bmatrix}=\mathrm{v}_1-\mathrm{v}_2+\mathrm{v}_3$이므로 $[\mathrm{x}]_{\mathrm{B}}=\begin{bmatrix} 1 \\ -1 \\ 1 \end{bmatrix}$이다.

따라서 $[T(\mathrm{x})]_B=C[\mathrm{x}]_B=\begin{bmatrix} 1 & -3/2 & 1/2 \\ -1 & 1/2 & 1/2 \\ 0 & 1/2 & -1/2 \end{bmatrix}\begin{bmatrix} 1 \\ -1 \\ 1 \end{bmatrix}=\begin{bmatrix} 3 \\ -1 \\ -1 \end{bmatrix}$이다.

이로부터 $T(\mathrm{x})=3\mathrm{v}_1-\mathrm{v}_2-\mathrm{v}_3=\begin{bmatrix} 2 \\ -2 \\ 2 \end{bmatrix}$을 얻는다.

4. 1) 정리 5.5에 의해서 $A=[T(e_1)\ T(e_2)\ T(e_3)\ T(e_4)]$이고, 직접계산에 의해

$$T(e_1)=\begin{bmatrix} 1 \\ 2 \\ 3 \end{bmatrix},\quad T(e_2)=\begin{bmatrix} 2 \\ 1 \\ 0 \end{bmatrix},\quad T(e_3)=\begin{bmatrix} 1 \\ -4 \\ -3 \end{bmatrix},\quad T(e_4)=\begin{bmatrix} -4 \\ -2 \\ 3 \end{bmatrix}$$

임을 알 수 있다. 따라서 구하는 행렬은 $A=\begin{bmatrix} 1 & 2 & 1 & -4 \\ 2 & 1 & -4 & -2 \\ 2 & 0 & -3 & 3 \end{bmatrix}$이다.

2) T를 나타내는 행렬이 A이므로 $Ker(T)$는 연립방정식 $A\mathrm{x}=0$의 해집합과 같다.

따라서 $Ker(T)$의 기저는 연립방정식

$$\begin{cases} x+2y+z-4w=0 \\ 2x+y-4z-2w=0 \\ 2x \qquad -3z+3w=0 \end{cases}$$

의 해공간의 기저와 같다. 가우스 소거법을 이용하여 연립방정식을 풀면

기저가 $\left\{\begin{bmatrix}-3\\4\\-1\\1\end{bmatrix}\right\}$임을 알 수 있다.

3) T를 나타내는 행렬이 A이므로 $R(T)$는 A의 열공간과 같다. 따라서 $R(T)$의 기저는 행렬 A의 열공간의 기저와 같다. 한편 A의 열공간은 A^T의 행공간과 같다. 기본행연산을 이용하여 A^T의 기약행사다리꼴을 구하면 $\begin{bmatrix}1&0&0\\0&1&0\\0&0&1\\0&0&0\end{bmatrix}$이므로 $R(T)$의 기저는 $\left\{\begin{bmatrix}1\\0\\0\end{bmatrix}, \begin{bmatrix}0\\1\\0\end{bmatrix}, \begin{bmatrix}0\\0\\1\end{bmatrix}\right\}$ 이다.

5. V의 기저를 $B=\{v_1, v_2, \cdots, v_n\}$라 하면 $T(v_1)=kv_1$, $T(v_2)=kv_2, \cdots, T(v_n)=kv_n$이므로

$$[T(v_1)]_B=\begin{bmatrix}k\\0\\\vdots\\0\end{bmatrix}, [T(v_2)]_B=\begin{bmatrix}0\\k\\0\\\vdots\\0\end{bmatrix}, \cdots, [T(v_n)]_B=\begin{bmatrix}0\\\vdots\\0\\k\end{bmatrix}$$

이다. 따라서 기저 B에 대한 T의 행렬은 $diag(k, k, \cdots, k)$이다.

6. 1) $T(e_1)=\begin{bmatrix}1\\0\\1\end{bmatrix}, T(e_2)=\begin{bmatrix}2\\-1\\7\end{bmatrix}, T(e_3)=\begin{bmatrix}-1\\0\\0\end{bmatrix}$이므로 기저 B에 관한 T의 행렬은

$A-\begin{bmatrix}1&2&-1\\0&-1&0\\1&7&0\end{bmatrix}$이다.

2) $v_1=e_1, v_2=e_1+e_2, v_3=e_1+e_2+e_3$이므로 $[v_1]_B=\begin{bmatrix}1\\0\\0\end{bmatrix}, [v_2]_B=\begin{bmatrix}1\\1\\0\end{bmatrix}, [v_3]_B=\begin{bmatrix}1\\1\\1\end{bmatrix}$이다.

따라서 B'에서 B로의 추이행렬은 $P=\begin{bmatrix}1&1&1\\0&1&1\\0&0&1\end{bmatrix}$이다. 이로부터 기저 B'에 관한 T의 행렬은

$$P^{-1}AP=\begin{bmatrix}1&-1&0\\0&1&-1\\0&0&1\end{bmatrix}\begin{bmatrix}1&2&-1\\0&-1&0\\1&7&0\end{bmatrix}\begin{bmatrix}1&1&1\\0&1&1\\0&0&1\end{bmatrix}=\begin{bmatrix}1&4&3\\-1&-9&-9\\1&8&8\end{bmatrix}$$

임을 알 수 있다.

7. 1) 기저 B에 대한 T의 행렬 $=\left[[T(v_1)]_B \ \vdots \ [T(v_2)]_B\right]=\begin{bmatrix}1&3\\-2&5\end{bmatrix}$ 이므로

$[T(\mathrm{v}_1)]_B = \begin{bmatrix} 1 \\ -2 \end{bmatrix}$, $[T(\mathrm{v}_2)]_B = \begin{bmatrix} 3 \\ 5 \end{bmatrix}$ 이다.

2) $[T(\mathrm{v}_1)]_B = \begin{bmatrix} 1 \\ -2 \end{bmatrix}$, $[T(\mathrm{v}_2)]_B = \begin{bmatrix} 3 \\ 5 \end{bmatrix}$ 이므로

$$T(\mathrm{v}_1) = 1\mathrm{v}_1 - 2\mathrm{v}_2 = \begin{bmatrix} 1 \\ 3 \end{bmatrix} - \begin{bmatrix} -2 \\ 8 \end{bmatrix} = \begin{bmatrix} 3 \\ -5 \end{bmatrix},\ T(\mathrm{v}_2) = 3\mathrm{v}_1 + 5\mathrm{v}_2 = \begin{bmatrix} 3 \\ 9 \end{bmatrix} + \begin{bmatrix} -5 \\ 20 \end{bmatrix} = \begin{bmatrix} -2 \\ 29 \end{bmatrix}$$

이다.

3) $\begin{bmatrix} 1 \\ 10 \end{bmatrix} = k_1\mathrm{v}_1 + k_2\mathrm{v}_2$ 일 때 $k_1 = 2,\ k_2 = 1$이다. T가 선형변환이므로

$$\begin{aligned} T\left(\begin{bmatrix} 1 \\ 10 \end{bmatrix}\right) &= T(2\mathrm{v}_1) + T(\mathrm{v}_2) = 2T(\mathrm{v}_1) + T(\mathrm{v}_2) \\ &= \begin{bmatrix} 6 \\ -10 \end{bmatrix} + \begin{bmatrix} -2 \\ 29 \end{bmatrix} = \begin{bmatrix} 4 \\ 19 \end{bmatrix} \end{aligned}$$

이다.

8. $A = \begin{bmatrix} a_{11} & a_{12} & a_{13} \\ a_{21} & a_{22} & a_{23} \end{bmatrix}$라 두면

$$T(\mathrm{v}_1) = A\mathrm{v}_1 = \begin{bmatrix} a_{11} + 2a_{12} + 3a_{13} \\ a_{21} + 2a_{22} + 3a_{23} \end{bmatrix} = \begin{bmatrix} 1 \\ 0 \end{bmatrix},\ T(\mathrm{v}_2) = A\mathrm{v}_1 = \begin{bmatrix} 2a_{11} + 5a_{12} + 3a_{13} \\ 2a_{21} + 5a_{22} + 3a_{23} \end{bmatrix} = \begin{bmatrix} 1 \\ 0 \end{bmatrix},$$

$$T(\mathrm{v}_3) = A\mathrm{v}_1 = \begin{bmatrix} a_{11} + 10a_{13} \\ a_{21} + 10a_{23} \end{bmatrix} = \begin{bmatrix} 0 \\ 1 \end{bmatrix}$$

이다. 따라서 $\begin{cases} a_{11} = 30,\ a_{12} = -10,\ a_{13} = -3 \\ a_{21} = -9,\ a_{22} = 3,\ a_{23} = 1 \end{cases}$이고 $A = \begin{bmatrix} 30 & -10 & -3 \\ -9 & 3 & 1 \end{bmatrix}$이다.

9. 구하는 행렬은 $A = [[T(1)]_{B'}\ [T(x)]_{B'}]$로 주어진다. 한편

$T(1) = \begin{bmatrix} 0 \\ 1 \end{bmatrix} = 0 \cdot \begin{bmatrix} 1 \\ 0 \end{bmatrix} + 1 \cdot \begin{bmatrix} 0 \\ 1 \end{bmatrix}$이고 $T(x) = \begin{bmatrix} 1 \\ 1/2 \end{bmatrix} = 1 \cdot \begin{bmatrix} 1 \\ 0 \end{bmatrix} + \frac{1}{2} \cdot \begin{bmatrix} 0 \\ 1 \end{bmatrix}$이므로

$[T(1)]_{B'} = \begin{bmatrix} 0 \\ 1 \end{bmatrix}$, $[T(x)]_{B'} = \begin{bmatrix} 1 \\ 1/2 \end{bmatrix}$이다. 따라서 $A = \begin{bmatrix} 0 & 1 \\ 1 & \frac{1}{2} \end{bmatrix}$이다.

10.1) $[T(\mathrm{v}_1)]_B = \begin{bmatrix} 1 \\ 2 \\ 6 \end{bmatrix}$, $[T(\mathrm{v}_2)]_B = \begin{bmatrix} 3 \\ 5 \\ -2 \end{bmatrix}$, $[T(\mathrm{v}_3)]_B = \begin{bmatrix} -1 \\ 0 \\ 4 \end{bmatrix}$ 이다.

2) $$\begin{aligned} T(\mathrm{v}_1) &= \mathrm{v}_1 + 2\mathrm{v}_2 + 6\mathrm{v}_3 \\ &= 3x + 3x^2 + 2(-1 + 3x + 2x^2) + 6(3 + 7x + 2x^2) \\ &= 16 + 51x + 19x^2 \end{aligned}$$

$$\begin{aligned} T(\mathrm{v}_2) &= 3\mathrm{v}_1 + 5\mathrm{v}_2 - 2\mathrm{v}_3 \\ &= 3(3x + 3x^2) + 5(-1 + 3x + 2x^2) - 2(3 + 7x + 2x^2) \\ &= -11 + 10x + 15x^2 \end{aligned}$$

$$T(\mathrm{v}_3) = -\mathrm{v}_1 + 4\mathrm{v}_3 = -(3x + 3x^2) + 4(3 + 7x + 2x^2)$$

$$= 12 + 25x + 5x^2$$

3) $1 + x^2 = \mathrm{v}_1 - \boldsymbol{v}_2$이므로

$$\begin{aligned} T(1+x^2) &= T(\mathrm{v}_1) - T(\mathrm{v}_2) \\ &= 16 + 51x + 19x^2 - (-11 + 10x + 15x^2) \\ &= 27 + 41x + 4x^2 \end{aligned}$$

이다.

11.주어진 조건에 의해서

$$[T(\mathrm{v}_1)]_B = \begin{bmatrix} 0 \\ 1 \\ 0 \\ 0 \end{bmatrix},\ [T(\mathrm{v}_2)]_B = \begin{bmatrix} 0 \\ 0 \\ 1 \\ 0 \end{bmatrix},\ [T(\mathrm{v}_3)]_B = \begin{bmatrix} 0 \\ 0 \\ 0 \\ 1 \end{bmatrix},\ [T(\mathrm{v}_4)]_B = \begin{bmatrix} 1 \\ 0 \\ 0 \\ 0 \end{bmatrix}$$

이다. 따라시 기저 B에 대힌 T의 행렬은 $\begin{bmatrix} 0&0&0&1 \\ 1&0&0&0 \\ 0&1&0&0 \\ 0&0&1&0 \end{bmatrix}$이다.

12.1) $D(\mathrm{p}_1) = 0$, $D(\mathrm{p}_2) = 1$, $D(\mathrm{p}_3) = 2x$ 이므로

$$[D(\mathrm{p}_1)]_B = \begin{bmatrix} 0 \\ 0 \\ 0 \end{bmatrix},\ [D(\mathrm{p}_2)]_B = \begin{bmatrix} 1 \\ 0 \\ 0 \end{bmatrix},\ [D(\mathrm{p}_3)]_B = \begin{bmatrix} 0 \\ 2 \\ 0 \end{bmatrix}$$

이다. 따라서 기저 B에 대한 D의 행렬은 $A = \begin{bmatrix} 0&1&0 \\ 0&0&2 \\ 0&0&0 \end{bmatrix}$이다.

2) $D(\mathrm{p}_1) = 0$, $D(\mathrm{p}_2) = -3$, $D(\mathrm{p}_3) = -3 + 16x$ 이므로

$$[D(\mathrm{p}_1)]_B = \begin{bmatrix} 0 \\ 0 \\ 0 \end{bmatrix},\ [D(\mathrm{p}_2)]_B = \begin{bmatrix} -\frac{3}{2} \\ 0 \\ 0 \end{bmatrix},\ [D(\mathrm{p}_3)]_B = \begin{bmatrix} \frac{23}{6} \\ -\frac{16}{3} \\ 0 \end{bmatrix}$$

이다. 따라서 기저 B'에 대한 D의 행렬은 $C = \begin{bmatrix} 0 & -\frac{3}{2} & \frac{23}{6} \\ 0 & 0 & -\frac{16}{3} \\ 0 & 0 & 0 \end{bmatrix}$이다.

3) $[D(6 - 6x + 24x^2)]_B = A[6 - 6x + 24x^2]_B = A\begin{bmatrix} 6 \\ -6 \\ 24 \end{bmatrix} = \begin{bmatrix} -6 \\ 48 \\ 0 \end{bmatrix}$이므로

$D(6 - 6x + 24x^2) = -6 + 48x$이다.

4) $[D(6 - 6x + 24x^2)]_B = C[6 - 6x + 24x^2]_B = C\begin{bmatrix} 1 \\ -1 \\ 3 \end{bmatrix} = \begin{bmatrix} 13 \\ -16 \\ 0 \end{bmatrix}$이므로

$D(6 - 6x + 24x^2) = 13(2) - 16(2 - 3x) = -6 + 48x$이다.

13.1) 구하는 행렬은 $A = \left[[T(1)]_B \ [T(1+x)]_B [T(x+x^2)]_B\right]$ 로 주어진다.

한편

$$T(1) = 1 + \int_0^1 1\,dx = 2 = 2 \cdot 1 + 0 \cdot (1+x) + 0 \cdot (x+x^2)$$

$$\begin{aligned} T(1+x) &= (1+x) + \int_0^1 (1+x)\,dx = (1+x) + 3/2 \\ &= 3/2 \cdot 1 + 1 \cdot (1+x) + 0 \cdot (x+x^2) \\ T(x+x^2) &= (x+x^2) + \int_0^1 (x+x^2)\,dx = (x+x^2) + 5/6 \\ &= 5/6 \cdot 1 + 0 \cdot (1+x) + 1 \cdot (x+x^2) \end{aligned}$$

이므로 $[T(1)]_B = \begin{bmatrix} 2 \\ 0 \\ 0 \end{bmatrix}$, $[T(1+x)]_B = \begin{bmatrix} 3/2 \\ 1 \\ 0 \end{bmatrix}$, $[T(x+x^2)]_B = \begin{bmatrix} 5/6 \\ 0 \\ 1 \end{bmatrix}$이다.

따라서 $A = \begin{bmatrix} 2 & \frac{3}{2} & \frac{5}{6} \\ 0 & 1 & 0 \\ 0 & 0 & 1 \end{bmatrix}$이다.

2) $R(T)$의 기저는 행렬 A의 열공간의 기저와 같다. 행렬 A의 열벡터가 일차독립이므로 A의 열공간의 차원은 3차원이다. 따라서 $r(T) = 3$이고 $R(T) = P_2$임을 알 수 있다. $R(T) = P_2$의 기저는 $\{1,\ 1+x,\ x+x^2\}$로 택할 수 있다.

14.1) $\mathrm{u}_1 = \frac{4}{11}\mathrm{v}_1 - \frac{1}{11}\mathrm{v}_2$이고 $\mathrm{u}_1 = \frac{4}{11}\mathrm{v}_1 - \frac{1}{11}\mathrm{v}_2$이므로 $P = \begin{bmatrix} 4/11 & 3/11 \\ -1/11 & 2/11 \end{bmatrix}$이다.

2) $[\mathrm{w}]_B = \begin{bmatrix} 3 \\ -4 \end{bmatrix}$이므로 $[\mathrm{w}]_B{}' = P[\mathrm{w}]_B = \begin{bmatrix} 4/11 & 3/11 \\ -1/11 & 2/11 \end{bmatrix}\begin{bmatrix} 3 \\ -4 \end{bmatrix} = \begin{bmatrix} 0 \\ -1 \end{bmatrix}$이다.

3) $\mathrm{w}_1 = -\mathrm{v}_2$이므로 $[\mathrm{w}]_B{}' = \begin{bmatrix} 0 \\ -1 \end{bmatrix}$이다.

4) B'에서 B로의 추이행렬은 $Q = P^{-1} = \begin{bmatrix} 2 & -3 \\ 1 & 4 \end{bmatrix}$이다.

15.1) $\mathrm{p}_1 = 6 + 3x = \frac{3}{4}\mathrm{q}_1 + \frac{3}{2}\mathrm{q}_2$ 이므로 $[\mathrm{p}_1]_{B'} = \begin{bmatrix} \frac{3}{4} \\ -\frac{3}{2} \end{bmatrix}$ 이다. 또한

$\mathrm{p}_2 = 10 + 2x = \frac{7}{2}\mathrm{q}_1 + \mathrm{q}_2$ 이므로 라 두면 $[\mathrm{p}_2]_{B'} = \begin{bmatrix} \frac{7}{2} \\ 1 \end{bmatrix}$ 이다. 따라서

$P = \begin{bmatrix} \frac{3}{4} & \frac{7}{2} \\ \frac{3}{2} & 1 \end{bmatrix}$이다.

2) $p=-4+x=p_1-p_2$ 라 두면 $[p]_B=\begin{bmatrix}1\\-1\end{bmatrix}$ 이므로

$$[p]_{B'}=P[p]_B=\begin{bmatrix}\frac{3}{4}&\frac{7}{2}\\ \frac{3}{2}&1\end{bmatrix}\begin{bmatrix}1\\-1\end{bmatrix}=\begin{bmatrix}-\frac{11}{4}\\ \frac{1}{2}\end{bmatrix}$$

이다.

3) $p=-4+x=-\frac{11}{4}q_1+\frac{1}{2}q_2$ 이므로 $[p]_{B'}=\begin{bmatrix}-\frac{11}{4}\\ \frac{1}{2}\end{bmatrix}$ 이다.

4) B'에서 B로의 추이행렬은 P^{-1}이므로 $P^{-1}=-\frac{2}{9}\begin{bmatrix}1&-\frac{7}{2}\\ -\frac{3}{2}&\frac{3}{4}\end{bmatrix}=\begin{bmatrix}-\frac{2}{9}&\frac{7}{9}\\ \frac{1}{3}&-\frac{1}{6}\end{bmatrix}$ 이다.

16.1) $f_1=\frac{1}{2}g_1-\frac{1}{6}g_2$, $f_2=\frac{1}{3}g_2$ 이므로 임의의 벡터 $v\in V$에 대하여

$$v=k_1f_1+k_2f_2=k_1\left(\frac{1}{2}g_1-\frac{1}{6}g_2\right)+k_2\frac{1}{3}g_2$$

이다. 따라서 $V\subset<g_1, g_2>$이다. 마찬가지로 $g_1=2f_1+f_2$, $g_2=3f_2$이므로 $V\supset<g_1, g_2>$이다. 따라서 $V=\langle g_1, g_2\rangle$이다. 이제 $\{g_1, g_2\}$는 일차독립이므로 $\{g_1, g_2\}$는 V의 기저이다.

2) $[f_1]_{B'}=\begin{bmatrix}\frac{1}{2}\\ -\frac{1}{6}\end{bmatrix}$, $[f_2]_{B'}=\begin{bmatrix}0\\ \frac{1}{3}\end{bmatrix}$이다. 따라서 $P=[[f_1]_{B'} \vdots [f_2]_{B'}]=\begin{bmatrix}\frac{1}{2}&0\\ -\frac{1}{6}&\frac{1}{3}\end{bmatrix}$ 이다.

3) $[h]_B=\begin{bmatrix}2\\-5\end{bmatrix}$이므로 $[h]_{B'}=P[h]_B=\begin{bmatrix}\frac{1}{2}&0\\ -\frac{1}{6}&\frac{1}{3}\end{bmatrix}\begin{bmatrix}2\\-5\end{bmatrix}=\begin{bmatrix}1\\-2\end{bmatrix}$이다.

4) $h=2\sin x-5\cos x=1\cdot(2\sin x+\cos x)-2\cdot\cos x=g_1-2g_2$ 이므로 $[h]_{B'}=\begin{bmatrix}1\\-2\end{bmatrix}$이다.

5) B'에서 B로의 추이행렬은 $P^{-1}=6\begin{bmatrix}\frac{1}{3}&0\\ -\frac{1}{6}&\frac{1}{2}\end{bmatrix}=\begin{bmatrix}2&0\\1&3\end{bmatrix}$이다.

17.1) B에서 B'로의 추이행렬은 $P=[[u_1]_{B'}\ [u_2]_{B'}]$로 주어진다. 한편

$$u_1=\begin{bmatrix}5\\2\end{bmatrix}=(-2)\cdot\begin{bmatrix}-2\\0\end{bmatrix}+1\cdot\begin{bmatrix}1\\2\end{bmatrix}=-2v_1+v_2,$$

$$u_2 = \begin{bmatrix} 1 \\ 6 \end{bmatrix} = 1 \cdot \begin{bmatrix} -2 \\ 0 \end{bmatrix} + 3 \cdot \begin{bmatrix} 1 \\ 2 \end{bmatrix} = v_1 + 3v_2$$

이므로 $[u_1]_{B'} = \begin{bmatrix} -2 \\ 1 \end{bmatrix}$, $[u_2]_{B'} = \begin{bmatrix} 1 \\ 3 \end{bmatrix}$이다. 따라서 추이행렬은 $P = \begin{bmatrix} -2 & 1 \\ 1 & 3 \end{bmatrix}$이다.

2) $v = \begin{bmatrix} 7 \\ 14 \end{bmatrix} = 1 \cdot \begin{bmatrix} 5 \\ 2 \end{bmatrix} + 2 \cdot \begin{bmatrix} 1 \\ 6 \end{bmatrix} = u_1 + 2u_2$이므로 $[v]_B = \begin{bmatrix} 1 \\ 2 \end{bmatrix}$이고 추이행렬을 이용하면 $[v]_{B'} = P[v]_B = \begin{bmatrix} -2 & 1 \\ 1 & 3 \end{bmatrix}\begin{bmatrix} 1 \\ 2 \end{bmatrix} = \begin{bmatrix} 0 \\ 7 \end{bmatrix}$을 얻는다.

18.1) B에서 B'로의 추이행렬은 $P = [[e_1]_{B'}\,[e_2]_{B'}\,[e_3]_{B'}]$로 주어진다.

$$e_1 = v_1 + 0 \cdot v_2 + 0 \cdot v_3,\ e_2 = -v_1 + v_2 + 0 \cdot v_3,\ e_3 = 0 \cdot v_1 - v_2 + v_3$$

이므로 $[e_1]_{B'} = \begin{bmatrix} 1 \\ 0 \\ 0 \end{bmatrix}$, $[e_2]_{B'} = \begin{bmatrix} -1 \\ 1 \\ 0 \end{bmatrix}$, $[e_3]_{B'} = \begin{bmatrix} 0 \\ -1 \\ 1 \end{bmatrix}$이다. 따라서 추이행렬은

$P = \begin{bmatrix} 1 & -1 & 0 \\ 0 & 1 & -1 \\ 0 & 0 & 1 \end{bmatrix}$이 된다.

2) $v = (2, -5, 3) = 2e_1 - 5e_2 + 3e_3$이므로 $[v]_B = \begin{bmatrix} 2 \\ -5 \\ 3 \end{bmatrix}$이다. 따라서

$$[v]_{B'} = P[v]_B = \begin{bmatrix} 1 & -1 & 0 \\ 0 & 1 & -1 \\ 0 & 0 & 1 \end{bmatrix}\begin{bmatrix} 2 \\ -5 \\ 3 \end{bmatrix} = \begin{bmatrix} 7 \\ -8 \\ 3 \end{bmatrix}$$

이다.

3) 방법1) B'에서 B로의 추이행렬 Q는 P의 역행렬과 같다. 즉, $Q = P^{-1}$이다. 가우스 소거법을 이용하여 P의 역행렬을 구하면 $P^{-1} = \begin{bmatrix} 1 & 1 & 1 \\ 0 & 1 & 1 \\ 0 & 0 & 1 \end{bmatrix}$이다. 따라서 $Q = \begin{bmatrix} 1 & 1 & 1 \\ 0 & 1 & 1 \\ 0 & 0 & 1 \end{bmatrix}$이다.

방법2) B'에서 B로의 추이행렬 $Q = [[v_1]_B\,[v_2]_B\,[v_3]_B]$이다.

$$v_1 = 1 \cdot e_1 + 0 \cdot e_2 + 0 \cdot e_3,$$
$$v_2 = 1 \cdot e_1 + 1 \cdot e_2 + 0 \cdot e_3,$$
$$v_3 = 1 \cdot e_1 + 1 \cdot e_2 + 1 \cdot e_3$$

이므로 $[v_1]_B = \begin{bmatrix} 1 \\ 0 \\ 0 \end{bmatrix}$, $[v_2]_B = \begin{bmatrix} 1 \\ 1 \\ 0 \end{bmatrix}$, $[v_3]_B = \begin{bmatrix} 1 \\ 1 \\ 1 \end{bmatrix}$이다. 따라서 $Q = \begin{bmatrix} 1 & 1 & 1 \\ 0 & 1 & 1 \\ 0 & 0 & 1 \end{bmatrix}$이다.

19.1) B에서 B_0로의 추이행렬은 $P = [[1]_{B_0}\,[x]_{B_0}]$로 주어진다.

$$1 = (-1)x + (1+x),\ x = 1 \cdot x + 0 \cdot (1+x)$$

이므로 $[1]_{B_0} = \begin{bmatrix} -1 \\ 1 \end{bmatrix}$, $[x]_{B_0} = \begin{bmatrix} 1 \\ 0 \end{bmatrix}$이다. 따라서 추이행렬은 $P = \begin{bmatrix} -1 & 1 \\ 1 & 0 \end{bmatrix}$이

된다.

2) p$=-2+3x$이므로 $[\mathrm{p}]_{B_0}=\begin{bmatrix}5\\-2\end{bmatrix}$ 이다.

3) B_0에서 B로의 추이행렬 Q는 $Q=P^{-1}$이다. 따라서 $Q=\begin{bmatrix}-1&1\\1&0\end{bmatrix}^{-1}=\begin{bmatrix}0&1\\1&1\end{bmatrix}$이다.

20.1) 기저 B'에서 B로의 추이행렬 $P=[[(-1,2)]_B\,[(2,-2)]_B]$이다.
$(-1,2)=3(-3,2)+2(4,-2)$이고 $(2,-2)=(-2)(-3,2)+(-1)(4,-2)$
이므로 $[(-1,2)]_B=\begin{bmatrix}3\\2\end{bmatrix}$, $[(2,-2)]_B=\begin{bmatrix}-2\\-1\end{bmatrix}$이다. 따라서 $P=\begin{bmatrix}3&-2\\2&-1\end{bmatrix}$이다.

2) 기저 B'에 대한 T의 행렬은 $A'=P^{-1}AP$이다. 따라서

$$A'=P^{-1}AP=\begin{bmatrix}3&-2\\2&-1\end{bmatrix}^{-1}\begin{bmatrix}-2&7\\-3&7\end{bmatrix}\begin{bmatrix}3&-2\\2&-1\end{bmatrix}=\begin{bmatrix}2&1\\-1&3\end{bmatrix}$$

이다.

3) 추이행렬의 성질을 이용하면 $[\mathrm{v}]_B=P[\mathrm{v}]_{B'}=\begin{bmatrix}3&-2\\2&-1\end{bmatrix}\begin{bmatrix}-3\\-1\end{bmatrix}=\begin{bmatrix}-7\\-5\end{bmatrix}$이고
$[T(\mathrm{v})]_B=A[\mathrm{v}]_B=\begin{bmatrix}-2&7\\-3&7\end{bmatrix}\begin{bmatrix}-7\\-5\end{bmatrix}=\begin{bmatrix}-21\\-14\end{bmatrix}$이다.

21.1) 기저 B'에서 B로의 추이행렬은 $P=[[(1,0,0)]_B\,[(0,1,0)]_B\,[(0,0,1)]_B]$로
주어진다. 한편,

$$(1,0,0)=\frac{1}{2}(1,1,0)+\frac{1}{2}(1,0,1)-\frac{1}{2}(0,1,1)$$

$$(0,1,0)=\frac{1}{2}(1,1,0)-\frac{1}{2}(1,0,1)+\frac{1}{2}(0,1,1)$$

$$(0,0,1)=-\frac{1}{2}(1,1,0)+\frac{1}{2}(1,0,1)+\frac{1}{2}(0,1,1)$$

이므로 $[(1,0,0)]_B=\begin{bmatrix}\frac{1}{2}\\\frac{1}{2}\\-\frac{1}{2}\end{bmatrix}$, $[(0,1,0)]_B=\begin{bmatrix}\frac{1}{2}\\-\frac{1}{2}\\\frac{1}{2}\end{bmatrix}$, $[(0,0,1)]_B=\begin{bmatrix}-\frac{1}{2}\\\frac{1}{2}\\\frac{1}{2}\end{bmatrix}$이다.

따라서 추이행렬은 $P=\begin{bmatrix}\frac{1}{2}&\frac{1}{2}&\frac{1}{2}\\\frac{1}{2}&-\frac{1}{2}&\frac{1}{2}\\-\frac{1}{2}&\frac{1}{2}&\frac{1}{2}\end{bmatrix}$이 된다.

2) 추이행렬의 성질을 이용하면 $[\mathrm{v}]_B = P[\mathrm{v}]_{B'} = \begin{bmatrix} \frac{1}{2} & \frac{1}{2} & -\frac{1}{2} \\ \frac{1}{2} & -\frac{1}{2} & \frac{1}{2} \\ -\frac{1}{2} & \frac{1}{2} & \frac{1}{2} \end{bmatrix} \begin{bmatrix} 1 \\ 0 \\ -1 \end{bmatrix} = \begin{bmatrix} 1 \\ 0 \\ -1 \end{bmatrix}$ 이고,

$[T(\mathrm{v})]_B = A[\mathrm{v}]_B = \begin{bmatrix} 3/2 & -1 & -1/2 \\ -1/2 & 2 & 1/2 \\ 1/2 & 1 & 5/2 \end{bmatrix} \begin{bmatrix} 1 \\ 0 \\ -1 \end{bmatrix} = \begin{bmatrix} 2 \\ -1 \\ -2 \end{bmatrix}$ 이다.

3) $A' = P^{-1}AP = \begin{bmatrix} \frac{1}{2} & \frac{1}{2} & -\frac{1}{2} \\ \frac{1}{2} & -\frac{1}{2} & \frac{1}{2} \\ -\frac{1}{2} & \frac{1}{2} & \frac{1}{2} \end{bmatrix}^{-1} \begin{bmatrix} \frac{3}{2} & -1 & -\frac{1}{2} \\ -\frac{1}{2} & 2 & \frac{1}{2} \\ \frac{1}{2} & 1 & \frac{5}{2} \end{bmatrix} \begin{bmatrix} \frac{1}{2} & \frac{1}{2} & -\frac{1}{2} \\ \frac{1}{2} & -\frac{1}{2} & \frac{1}{2} \\ -\frac{1}{2} & \frac{1}{2} & \frac{1}{2} \end{bmatrix}$

$$= \begin{bmatrix} 1 & 0 & 0 \\ 0 & 2 & 0 \\ 0 & 0 & 3 \end{bmatrix}$$

이다.

22.1) B에서 B'로의 추이행렬은 $P = [[1]_{B'}\ [x]_{B'}]$로 주어진다.

$$1 = \frac{1}{2} \cdot 2 + 0 \cdot (2-3x),\quad x = \frac{1}{3} \cdot 2 + \left(-\frac{1}{3}\right) \cdot (2-3x)$$

이므로 $[1]_{B'} = \begin{bmatrix} 1/2 \\ 0 \end{bmatrix}$, $[x]_{B'} = \begin{bmatrix} 1/3 \\ -1/3 \end{bmatrix}$ 이다. 따라서 추이행렬은 $P = \begin{bmatrix} 1/2 & 1/3 \\ 0 & -1/3 \end{bmatrix}$ 이 된다.

2) 행렬 $A = [[1]_B\ [x]_B]$ 으로 주어진다. $T(1) = 0 = 0 \cdot 1 + 0 \cdot x$ 이고 $T(x) = x = 0 \cdot 1 + 1 \cdot x$ 이므로 $[T(1)]_B = \begin{bmatrix} 0 \\ 0 \end{bmatrix}$, $[T(x)]_B = \begin{bmatrix} 0 \\ 1 \end{bmatrix}$ 이다. 따라서 $A = \begin{bmatrix} 0 & 0 \\ 0 & 1 \end{bmatrix}$ 이다.

3) $Ker(T)$의 기저는 연립방정식 $A\mathbf{x} = 0$의 해공간의 기저를 이용하여 구할 수 있다. 연립방정식 $A\mathbf{x} = 0$의 해는 $y = 0$이므로 해공간의 기저는 $\left\{\begin{bmatrix} 1 \\ 0 \end{bmatrix}\right\}$이다. 따라서 $Ker(T)$의 기저는 $\{1\}$ 이다.

23. P_2의 표준기저에 대한 T의 행렬이 $A = \begin{bmatrix} 1 & 3 & 0 \\ 3 & 1 & 0 \\ 0 & 0 & -2 \end{bmatrix}$ 이므로

$$[T(1)]_B = \begin{bmatrix} 1 \\ 3 \\ 0 \end{bmatrix},\ [T(x)]_B = \begin{bmatrix} 3 \\ 1 \\ 0 \end{bmatrix},\ [T(x^2)]_B = \begin{bmatrix} 0 \\ 0 \\ -2 \end{bmatrix}$$

을 얻는다. 따라서 $T(1) = 1 + 3x$, $T(x) = 3 + x$, $T(x^2) = -2x^2$ 이다. 따라서

$$T(1+x) = T(1)+T(x) = 4+4x = 4(1+x)+0\cdot(1-x)+0\cdot x^2,$$
$$T(1-x) = T(1)-T(x) = -2+2x = 0\cdot(1+x)-2(1-x)+0\cdot x^2,$$
$$T(x^2) = -2x^2 = 0\cdot(1+x)+0\cdot(1-x)+(-2)x^2$$

이다. 이제 $[T(1+x)]_{B'} = \begin{bmatrix}4\\0\\0\end{bmatrix}$, $[T(1-x)]_{B'} = \begin{bmatrix}0\\-2\\0\end{bmatrix}$, $[T(x^2)]_{B'} = \begin{bmatrix}0\\0\\-2\end{bmatrix}$

이므로 $A' = \begin{bmatrix}4 & 0 & 0\\0 & -2 & 0\\0 & 0 & -2\end{bmatrix}$ 이다.

24.1) A와 B가 상사이므로 가역행렬 P가 있어서 $A=P^{-1}BP$이 된다. A가 가역이므로 A^{-1}이 존재한다. 이제 $C=PA^{-1}P^{-1}$로 두면 $BC=(PAP^{-1})(PA^{-1}P^{-1})=I$이고 $CB=(PA^{-1}P^{-1})(PAP^{-1})=I$이다. 따라서 B는 가역이다.

2) 1)에 의해서 B도 가역이다. 즉, B^{-1}이 존재한다. 역행렬의 성질에 의해서 $A^{-1}=(P^{-1}BP)^{-1}=P^{-1}B^{-1}P$임을 알 수 있다. 따라서 A^{-1}와 B^{-1}는 상사이다.

25.1) A와 B가 상사이므로 가역행렬 P가 존재하여 $B=P^{-1}AP$이다.

$$B^2 = (P^{-1}AP)^2 = (P^{-1}AP)(P^{-1}AP) = P^{-1}A^2P$$

이므로 A^2와 B^2은 상사이다.

2) 모든 자연수 k에 대하여 $B^k=P^{-1}A^kP$을 보이면 된다.

i) $k=1$일 때 주어진 조건에 의하여 성립한다.

ii) $k=n$일 때 $B^n=P^{-1}A^nP$이 성립한다고 가정하자. 그러면 $B^{n+1}=B^n\cdot B=P^{-1}A^nP\cdot P^{-1}AP=P^{-1}A^{n+1}P$이다. 따라서 $k=n+1$일 때도 성립한다.

따라서 귀납법에 의해서 모든 자연수 k에 대하여 $B^k=P^{-1}A^kP$이 성립한다.

3) $B=P^{-1}AP$이므로 $\det(A)=\det(P^{-1}BP)=\det(P^{-1})\det(B)\det(P)=\det(B)$이다.

4) $B=P^{-1}AP$이므로 $AP=PB$이다. 한편 계수는 전치행렬에 대하여 변하지 않고 기본 행연산은 행공간을 변화시키지 않으므로 P가 가역행렬이기 때문에 $rank(A)=rank(P^TA^T)=rank(AP)$이다. 따라서 $rank(A)=rank(AP)=rank(PB)=rank(B)$이다.

6.1 고유치와 고유벡터

1. A의 고유방정식은 $\lambda(\lambda-2)=0$이므로 $\lambda=0, 2$이다.
$\lambda=0$에 대한 고유공간의 기저는 $(A-0I)\mathbf{x}=A\mathbf{x}=\mathbf{0}$의 해공간의 기저이고

$\begin{bmatrix} 1 & 1 \\ 1 & 1 \end{bmatrix} \rightarrow \begin{bmatrix} 1 & 1 \\ 0 & 0 \end{bmatrix}$이므로 $x+y=0$의 해공간의 기저와 같다. 즉, $\lambda=0$에 대한 고유공간의 기저는 후방대입법에 의해 $\left\{\begin{bmatrix} -1 \\ 1 \end{bmatrix}\right\}$이다.

$\lambda = 2$에 대한 고유공간의 기저는 $(A-2I)\mathbf{x}=\mathbf{0}$의 해공간의 기저이고

$\begin{bmatrix} -1 & 1 \\ 1 & -1 \end{bmatrix} \rightarrow \begin{bmatrix} -1 & 1 \\ 0 & 0 \end{bmatrix}$이므로 $-x+y=0$의 해공간의 기저와 같다. 즉 $\lambda=2$에 대한 고유공간의 기저는 후방대입법에 의해 $\left\{\begin{bmatrix} 1 \\ 1 \end{bmatrix}\right\}$이다.

2. 표준기저 $B=\{1,x\}$에 대한 T의 행렬은 $A=\begin{bmatrix} 1 & 0 \\ 6 & -1 \end{bmatrix}$이다.

고유방정식은 $(\lambda-1)(\lambda+1)=0$이므로 $\lambda=\pm 1$이다.

$\lambda=-1$에 대한 고유공간의 기저는 $(A-(-1)I)\mathbf{x}=(A+\lambda I)\mathbf{x}=\mathbf{0}$의 해공간의 기저이고

$\begin{bmatrix} 2 & 0 \\ 6 & 0 \end{bmatrix} \rightarrow \begin{bmatrix} 1 & 0 \\ 0 & 0 \end{bmatrix}$이므로 $x=0$의 해공간의 기저와 같다. 즉, $\lambda=-1$에 대한 행렬 A의 고유공간의 기저는 $\left\{\begin{bmatrix} 0 \\ 1 \end{bmatrix}\right\}$이다.

따라서 $\lambda=-1$에 대한 T의 고유공간의 기저는 $\{x\}$이다.

$\lambda=1$에 대한 고유공간의 기저는 $(A-1I)\mathbf{x}=(A-\lambda I)\mathbf{x}=\mathbf{0}$의 해공간의 기저이고

$\begin{bmatrix} 0 & 0 \\ 6 & -2 \end{bmatrix} \rightarrow \begin{bmatrix} 3 & -1 \\ 0 & 0 \end{bmatrix}$이므로 $3x-y=0$의 해공간의 기저와 같다. 즉, $\lambda=1$에 대한 행렬 A의 고유공간의 기저$\left\{\begin{bmatrix} 1/3 \\ 1 \end{bmatrix}\right\}$이다.

따라서 $\lambda=1$에 대한 T의 고유공간의 기저는 $\left\{\frac{1}{3}+x\right\}$이다.

3. ① $T(1)=1-3x \Rightarrow [T(1)]_B=\begin{bmatrix} 1 \\ -3 \end{bmatrix}$

$T(x)=-2+2x \Rightarrow [T(x)]_B=\begin{bmatrix} -2 \\ 2 \end{bmatrix}$

따라서 기저 B에 대한 T의 행렬 $A=\begin{bmatrix} 1 & -2 \\ -3 & 2 \end{bmatrix}$

② $\det(A-\lambda I)=0$을 만족시키는 λ를 구하면 된다.

$|A-\lambda I|=\begin{vmatrix} 1-\lambda & -2 \\ -3 & 2-\lambda \end{vmatrix}=\lambda^2-3\lambda+2-6=\lambda^2-3\lambda+4=0 \Rightarrow \lambda=-1, 4$

③ i) $\lambda=-1$

$\lambda=-1$에 대한 고유공간의 기저는 $(A+I)\mathbf{x}=0$의 해공간의 기저이고

$\begin{bmatrix} 2 & -2 \\ -3 & 3 \end{bmatrix} \rightarrow \begin{bmatrix} 1 & -1 \\ 0 & 0 \end{bmatrix}$이므로 $x-y=0$의 해공간의 기저와 같다.

즉, $\lambda=-1$에 대한

행렬 A의 고유공간의 기저는 $\left\{ \begin{bmatrix} 1 \\ 1 \end{bmatrix} \right\}$이다.

ii) $\lambda = 4$

$\lambda = 4$에 대한 고유공간의 기저는 $(A-4I)\mathbf{x} = 0$의 해공간의 기저이고

$\begin{bmatrix} -3 & -2 \\ -3 & -2 \end{bmatrix} \rightarrow \begin{bmatrix} 3 & 2 \\ 0 & 0 \end{bmatrix}$이므로 $3x+2y=0$의 해공간의 기저와 같다.

즉, $\lambda = 4$에 대한

행렬 A의 고유공간의 기저는 $\left\{ \begin{bmatrix} -2/3 \\ 1 \end{bmatrix} \right\}$이다.

④ i) $\lambda = -1$ $[\mathbf{x}]_B = \begin{bmatrix} 1 \\ 1 \end{bmatrix}$ $\Rightarrow$ $\mathbf{x} = 1+x$ 즉, $\lambda = -1$에 대한 행렬 A의

고유공간의 기저는 $\{1+x\}$이다.

ii) $\lambda = 4$ $[\mathbf{x}]_B = \begin{bmatrix} -2/3 \\ 1 \end{bmatrix}$ $\Rightarrow$ $\mathbf{x} = -\dfrac{2}{3}+x$ 즉, $\lambda = 4$에 대한 행렬 A의

고유공간의 기저는 $\left\{ -\dfrac{2}{3}+x \right\}$이다.

4. λ는 A의 고유치, $\mathbf{x}$는 λ에 대한 A의 고유벡터라고 하고,

$A^m\mathbf{x} = \lambda^m\mathbf{x}(\mathbf{x} \neq 0)\ \forall\ m = 1, 2, 3, \cdots$임을 귀납법으로 보이자.

i) $m=2$일 때, $A^2\mathbf{x} = AA\mathbf{x} = A\lambda\mathbf{x} = \lambda A\mathbf{x} = \lambda(\lambda\mathbf{x}) = \lambda^2\mathbf{x}(\mathbf{x} \neq 0)$

ii) $m=k$일 때, λ^k도 A^k의 고유치라고 가정하자. i.e., $A^k\mathbf{x} = \lambda^k\mathbf{x}(\mathbf{x} \neq 0)$

$m=k+1$이면 $A^{k+1}\mathbf{x} = AA^k\mathbf{x} = A\lambda^k\mathbf{x} = \lambda^k A\mathbf{x} = \lambda^k(\lambda\mathbf{x}) = \lambda^{k+1}\mathbf{x}(\mathbf{x} \neq 0)$

따라서 $A\mathbf{x} = \lambda\mathbf{x}(\mathbf{x} \neq 0)$이면 $A^m\mathbf{x} = \lambda^m\mathbf{x}(\mathbf{x} \neq 0)\ \forall\ m = 1, 2, 3, \cdots$

i.e., λ^m은 A^m의 고유치이고 $\mathbf{x}$는 λ^m에 대한 A의 고유벡터이다.

5. λ는 A의 고유치, $\mathbf{x}$는 λ에 대한 A의 고유벡터라고 가정하면 $A\mathbf{x} = \lambda\mathbf{x}(\mathbf{x} \neq 0)$. 여기서 $\lambda \neq 0$이다. (왜냐하면 만일 $\lambda = 0 \Rightarrow A\mathbf{x} = 0$ 이고 A가 가역행렬이므로 $\mathbf{x} = 0$이 되어 모순) 양변에 A^{-1}를 곱하면 $A^{-1}A\mathbf{x} = A^{-1}\lambda\mathbf{x} \Rightarrow \mathbf{x} = \lambda A^{-1}\mathbf{x}$이고

양변에 λ^{-1}를 곱하면 $A^{-1}\mathbf{x} = \lambda^{-1}\mathbf{x}(\mathbf{x} \neq 0)$

6. $(\Rightarrow)$ 행렬 A의 고유치에 0이 포함된다고 가정하자. 즉 $\lambda_i = 0$.

모든 고유치들은 고유방정식 $\det(A-\lambda_i I) = 0$을 만족해야하므로 $\det(A) = 0$이다.

$(\Leftarrow)$ $\det(A) = 0$이라 가정하자.

$\lambda = 0$일 때, 고유방정식 $\det(A-\lambda I) = 0$을 만족하므로 0은 행렬 A의 고유치이다.

7. $f(\lambda) = \begin{vmatrix} a_{11}-\lambda & a_{12} & \cdots & a_{1n} \\ a_{21} & a_{22}-\lambda & \cdots & a_{2n} \\ \vdots & \vdots & \ddots & \vdots \\ a_{n1} & a_{n2} & \cdots & a_{nn}-\lambda \end{vmatrix}$: n차 다항식이고 A의 고유치를 $\lambda_1, \cdots, \lambda_m$이라면

$f(\lambda)=(\lambda_1-\lambda)\cdots(\lambda_n-\lambda)$이다.

$$i.e.,\ \begin{vmatrix} a_{11}-\lambda & a_{12} & \cdots & a_{1n} \\ a_{21} & a_{22}-\lambda & \cdots & a_{2n} \\ \vdots & \vdots & \ddots & \vdots \\ a_{n1} & a_{n2} & \cdots & a_{nn}-\lambda \end{vmatrix} = (\lambda_1-\lambda)\cdots(\lambda_n-\lambda)$$

이제 양변에 $\lambda=0$을 대입$\Rightarrow |A|=\lambda_1\lambda_2\cdots\lambda_n$

8. $|A|=|A^T|$이므로 A의 고유다항식$=|A-\lambda I|=|(A-\lambda I)^T|=|A^T-\lambda I|=A^T$의 고유다항식

   $\therefore$ A의 고유치$=A^T$의 고유치

9. $A=\begin{vmatrix} a_{11} & a_{12} & \cdots & a_{1n} \\ 0 & a_{22} & \cdots & a_{2n} \\ \vdots & \vdots & \ddots & \vdots \\ 0 & 0 & \cdots & a_{nn} \end{vmatrix}$이면

$$|A-\lambda I|=\begin{vmatrix} a_{11}-\lambda & a_{12} & \cdots & a_{1n} \\ 0 & a_{22}-\lambda & \cdots & a_{2n} \\ \vdots & \vdots & \ddots & \vdots \\ 0 & 0 & \cdots & a_{nn}-\lambda \end{vmatrix} = (a_{11}-\lambda)\cdots(a_{nn}-\lambda)=0$$

   $\therefore$ $a_{11}, \cdots, a_{nn}$은 A의 고유치이다.

10. 9번에서 A의 고유치는 $\pm1, \pm2$이고 4번에서 A^9의 고유치는 $(\pm1)^9, (\pm2)^9$이므로 A^9의 고유치는 $\pm1, \pm2^9$이다.

11. (이 정리는 사실상 동치 정리이다.)

    λ가 T의 고유치 $\Leftrightarrow T\mathbf{x}=\lambda\mathbf{x}(\mathbf{x}\neq\mathbf{0})$ $i.e.,$ $(T-\lambda I)\mathbf{x}=\mathbf{0}$ $i.e.,$ $\mathbf{x}\in Ker(T-\lambda I)$

12. ① $B=\{\mathbf{v}_1, \mathbf{v}_2, \mathbf{v}_3, \mathbf{v}_4\}$이 M_{22}의 표준기저이므로

    단, $\mathbf{v}_1=\begin{bmatrix}1&0\\0&0\end{bmatrix}, \mathbf{v}_2=\begin{bmatrix}0&1\\0&0\end{bmatrix}, \mathbf{v}_3=\begin{bmatrix}0&0\\1&0\end{bmatrix}, \mathbf{v}_4=\begin{bmatrix}0&0\\0&1\end{bmatrix}$

$$T(\mathbf{v}_1)=\begin{bmatrix}0&1\\0&0\end{bmatrix}\ \therefore [T(\mathbf{v}_1)]_B=\begin{bmatrix}0\\1\\0\\0\end{bmatrix},\ T(\mathbf{v}_2)=\begin{bmatrix}0&0\\1&0\end{bmatrix}\ \therefore [T(\mathbf{v}_2)]_B=\begin{bmatrix}0\\0\\1\\0\end{bmatrix}$$

$$T(\mathbf{v}_3)=\begin{bmatrix}2&1\\-2&0\end{bmatrix}\ \therefore [T(\mathbf{v}_3)]_B=\begin{bmatrix}2\\1\\-2\\0\end{bmatrix},\ T(\mathbf{v}_4)=\begin{bmatrix}0&0\\0&1\end{bmatrix}\ \therefore [T(\mathbf{v}_4)]_B=\begin{bmatrix}0\\0\\0\\1\end{bmatrix}$$

$\Rightarrow$ 기저 B에 대한 T의 행렬 $A=\begin{bmatrix}0&0&2&0\\1&0&1&0\\0&1&-2&0\\0&0&0&1\end{bmatrix}$이고 T의 고유치와 A의 고유치는 같으므로

$$|A-\lambda I|=\begin{vmatrix} -\lambda & 0 & 2 & 0 \\ 1 & -\lambda & 1 & 0 \\ 0 & 1 & -2-\lambda & 0 \\ 0 & 0 & 0 & 1-\lambda \end{vmatrix}=\lambda^4+\lambda^3-3\lambda^2-\lambda+2=0 \Leftrightarrow$$

$\lambda=-2,-1,\ 1$(중복도 2)

② 1) $\lambda=-2$에 대한 T의 고유공간의 기저는 $(A+2I)\mathbf{x}=0$ 의 해공간의 기저이고

$$\begin{bmatrix} 2 & 0 & 2 & 0 \\ 1 & 2 & 1 & 0 \\ 0 & 1 & 0 & 0 \\ 0 & 0 & 0 & 3 \end{bmatrix} \rightarrow \begin{bmatrix} 1 & 0 & 1 & 0 \\ 0 & 1 & 0 & 0 \\ 0 & 0 & 0 & 1 \\ 0 & 0 & 0 & 0 \end{bmatrix}\text{이므로 } \begin{cases} x+z=0 \\ y=0 \\ w=0 \end{cases} \text{의 해공간과 같다.}$$

즉, $\lambda=-2$에 대한 A의 고유공간의 기저는 $\left\{\begin{bmatrix} -1 \\ 0 \\ 1 \\ 0 \end{bmatrix}\right\}$이다.

$[\mathbf{x}]_B=\begin{bmatrix} -1 \\ 0 \\ 1 \\ 0 \end{bmatrix} \Rightarrow \mathbf{x}=\begin{bmatrix} -1 & 0 \\ 1 & 0 \end{bmatrix}$ $\quad\therefore$ $\lambda=-2$에 대한 T의 고유공간의 기저는

$\left\{\begin{bmatrix} -1 & 0 \\ 1 & 0 \end{bmatrix}\right\}$이다.

2) $\lambda=-1$에 대한 T의 고유공간의 기저는 $(A+I)\mathbf{x}=0$ 의 해공간의 기저이고

$$\begin{bmatrix} 1 & 0 & 2 & 0 \\ 1 & 1 & 1 & 0 \\ 0 & 1 & -1 & 0 \\ 0 & 0 & 0 & 2 \end{bmatrix} \rightarrow \begin{bmatrix} 1 & 0 & 2 & 0 \\ 0 & 1 & -1 & 0 \\ 0 & 0 & 0 & 1 \\ 0 & 0 & 0 & 0 \end{bmatrix}\text{이므로 } \begin{cases} x+2z=0 \\ y-z=0 \\ w=0 \end{cases} \text{의 해공간과 같다.}$$

즉, $\lambda=-1$에 대한 A의 고유공간의 기저는 $\left\{\begin{bmatrix} -2 \\ 1 \\ 1 \\ 0 \end{bmatrix}\right\}$이다.

$[\mathbf{x}]_B=\begin{bmatrix} -2 \\ 1 \\ 1 \\ 0 \end{bmatrix} \Rightarrow \mathbf{x}=\begin{bmatrix} -2 & 1 \\ 1 & 0 \end{bmatrix}$ $\quad\therefore$ $\lambda=-1$에 대한 T의 고유공간의 기저는

$\left\{\begin{bmatrix} -2 & 1 \\ 1 & 0 \end{bmatrix}\right\}$이다.

3) $\lambda=1$(중복도 2)에 대한 T의 고유공간의 기저는 $(A-I)\mathbf{x}=0$ 의 해공간의 기저이고

$$\begin{bmatrix} -1 & 0 & 2 & 0 \\ 1 & -1 & 1 & 0 \\ 0 & 1 & -3 & 0 \\ 0 & 0 & 0 & 0 \end{bmatrix} \rightarrow \begin{bmatrix} 1 & 0 & 2 & 0 \\ 0 & 1 & -3 & 0 \\ 0 & 0 & 0 & 0 \\ 0 & 0 & 0 & 0 \end{bmatrix}\text{이므로 } \begin{cases} x-2z=0 \\ y-3z=0 \end{cases} \text{의 해공간과 같다.}$$

즉, $\lambda=1$에 대한 A의 고유공간의 기저는 $\left\{\begin{bmatrix} 2 \\ 3 \\ 1 \\ 0 \end{bmatrix}, \begin{bmatrix} 0 \\ 0 \\ 0 \\ 1 \end{bmatrix}\right\}$이다.

$$[\mathrm{x}]_B = \begin{bmatrix}2\\3\\1\\0\end{bmatrix}, \begin{bmatrix}0\\0\\0\\1\end{bmatrix} \Rightarrow \mathrm{x} = \begin{bmatrix}2 & 3\\1 & 0\end{bmatrix}, \begin{bmatrix}0 & 0\\0 & 1\end{bmatrix}$$ $\therefore \lambda = 1$에 대한 T의 고유공간의

기저는 $\left\{\begin{bmatrix}2 & 3\\1 & 0\end{bmatrix}, \begin{bmatrix}0 & 0\\0 & 1\end{bmatrix}\right\}$이다.

13.1) 고유치 $\lambda = 2$,

$\lambda = 2$ 에 대한 고유공간의 기저 $= \left\{\begin{bmatrix}0\\1\end{bmatrix}\right\}$, 차원 $= 1$

2) 고유치 $\lambda = 1, 5$,

$\lambda = 1$ 에 대한 고유공간의 기저 $= \left\{\begin{bmatrix}1\\1\end{bmatrix}\right\}$, 차원 $= 1$

$\lambda = 5$ 에 대한 고유공간의 기저 $= \left\{\begin{bmatrix}1\\-1\end{bmatrix}\right\}$, 차원 $= 1$

3) 고유치 $\lambda = 3, -4$,

$\lambda = 3$ 에 대한 고유공간의 기저$= \left\{\begin{bmatrix}5\\-2\\1\end{bmatrix}\right\}$, 차원 $= 1$

$\lambda = -4$ 에 대한 고유공간의 기저 $= \left\{\begin{bmatrix}-2\\ \frac{8}{3}\\1\end{bmatrix}\right\}$, 차원 $= 1$

4) 고유치 $\lambda = 2$(중근), 3,

$\lambda = 3$ 에 대한 고유공간의 기저$= \left\{\begin{bmatrix}-1\\1\\-2\end{bmatrix}\right\}$, 차원 $= 1$

$\lambda = 2$(중근) 에 대한 고유공간의 기저 $= \left\{\begin{bmatrix}1\\0\\0\end{bmatrix}, \begin{bmatrix}0\\1\\-1\end{bmatrix}\right\}$, 차원 $= 2$

5) 고유치 $\lambda = 2$(삼중근),

$\lambda = 2$(삼중근) 에 대한 고유공간의 기저$= \left\{\begin{bmatrix}3\\1\\1\end{bmatrix}, \begin{bmatrix}1\\0\\1\end{bmatrix}\right\}$, 차원 $= 2$

6) 고유치 $\lambda = 1, 2, 3$,

$\lambda = 1$ 에 대한 고유공간의 기저$= \left\{\begin{bmatrix}0\\1\\0\end{bmatrix}\right\}$, 차원 $= 1$

$\lambda = 2$ 에 대한 고유공간의 기저 $= \left\{\begin{bmatrix}-\frac{1}{2}\\1\\1\end{bmatrix}\right\}$, 차원 $= 1$

$\lambda=3$ 에 대한 고유공간의 기저 $=\left\{\begin{bmatrix}-1\\1\\1\end{bmatrix}\right\}$, 차원 $=1$

14. 행렬 A 와 B 가 상사이므로, 적당한 가역행렬 P 가 존재하여 $B=P^{-1}AP$ 이다.
행렬 A 와 B 의 고유다항식을 각각 $f_A(\lambda), f_B(\lambda)$ 라 하면,

$$\begin{aligned} f_B(\lambda) &= \det(B-\lambda I) = \det(P^{-1}AP-\lambda I) \\ &= \det(P^{-1}AP-P^{-1}\lambda IP) = \det(P^{-1}(A-\lambda I)P) \\ &= \det(P^{-1})\det(A-\lambda I)\det(P) \\ &= \det(A-\lambda I) = f_A(\lambda) \end{aligned}$$

즉, 두 행렬의 고유다항식이 같다. 따라서 두 행렬의 고유치는 같다.

15. 1) $A=\begin{bmatrix}1&2\\3&2\end{bmatrix}$.

2) 행렬 A 의 고유치 $\lambda=-1, 4$.

3) 고유치 $\lambda=-1$ 에 대한 행렬 A 의 고유공간의 기저$=\left\{\begin{bmatrix}1\\-1\end{bmatrix}\right\}$,

고유치 $\lambda=4$ 에 대한 행렬 A 의 고유공간의 기저$=\left\{\begin{bmatrix}2\\3\end{bmatrix}\right\}$.

4) 고유치 $\lambda=-1$ 에 대한 행렬 T 의 고유공간의 기저$=\{1-x\}$
고유치 $\lambda=4$ 에 대한 행렬 T 의 고유공간의 기저$=\{2+3x\}$.

16. 1) P_2 의 표준기저에 대한 T 의 행렬 A 의 고유치는 $\lambda=2, 3$ (중근)이다. $\lambda=3$ (중근)에 대한 A 의 고유공간의 기저는 $\left\{\begin{bmatrix}0\\0\\1\end{bmatrix}\right\}$ 이므로 고유치 $\lambda=3$ (중근)에 대한 T 의 고유공간의 기저는 $\{x^2\}$ 이다.

$\lambda=2$ 에 대한 A 의 고유공간의 기저는 $\left\{\begin{bmatrix}1\\1\\1\end{bmatrix}\right\}$ 이므로 $\lambda=1$ 에 대한 T 의 고유공간의 기저는 $\{1+x+x^2\}$ 이다.

6.2 대각화

1. A의 고유방정식은 $\det(A-\lambda I)=(\lambda-3)^2=0$이므로 $\lambda=3$은 A의 유일한 고유치이다.
$(A-\lambda I)\mathrm{x}=O\mathrm{x}=0$의 해공간의 기저는 $\left\{\begin{bmatrix}1\\0\end{bmatrix}, \begin{bmatrix}0\\1\end{bmatrix}\right\}$이므로 대각화 행렬 $P=I_2$이고
대각화 가능하다.

2. A의 고유치는 고유방정식 $\det(A-\lambda I)=(1-\lambda)(4-\lambda)+2=0$ 이므로 고유치 $\lambda=2, 3$ 이고
$\lambda=2$에 대한 고유공간의 기저는 $\begin{bmatrix}-1 & 1\\-2 & 2\end{bmatrix}\begin{bmatrix}x\\y\end{bmatrix}=\begin{bmatrix}0\\0\end{bmatrix}$의 해이므로 $\left\{\begin{bmatrix}1\\1\end{bmatrix}\right\}$이다.
$\lambda=3$에 대한 고유공간의 기저는 $\begin{bmatrix}-2 & 1\\-2 & 1\end{bmatrix}\begin{bmatrix}x\\y\end{bmatrix}=\begin{bmatrix}0\\0\end{bmatrix}$의 해이므로 $\left\{\begin{bmatrix}1/2\\1\end{bmatrix}\right\}$이다.
각 고유치에 대한 고유공간의 기저는 각각 $\begin{bmatrix}1\\1\end{bmatrix}$와 $\begin{bmatrix}1/2\\1\end{bmatrix}$이다.
대각화 행렬 Q는 1차 독립인 고유벡터를 열벡터로 갖는 행렬이므로 $Q=\begin{bmatrix}1 & 1/2\\1 & 1\end{bmatrix}$이다.

3. 행렬 A의 고유방정식은 $\lambda(\lambda-1)^2=0$이므로 고유치 $\lambda=0,\ 1$(중복도 2)이다.
$\lambda=1$에 대한 고유공간의 기저는 $\begin{bmatrix}1 & 0 & -1\\0 & 0 & -2\\0 & 0 & 0\end{bmatrix}\begin{bmatrix}x\\y\\z\end{bmatrix}=\begin{bmatrix}0\\0\\0\end{bmatrix}$의 해이므로 $\left\{\begin{bmatrix}0\\1\\0\end{bmatrix}\right\}$이다.
따라서 $(A-I)\mathrm{x}=0$의 해공간은 1차원이다. 즉, A는 3개의 1차 독립인 고유벡터를 가질 수 없으므로 대각화 불가능하다.

4. $B=\{\mathrm{e}_1, \mathrm{e}_2, \mathrm{e}_3\}$를 $\boldsymbol{R}^3$의 표준기저라 하면
$T(\mathrm{e}_1)=\begin{bmatrix}0\\-1\\2\end{bmatrix}$, $T(\mathrm{e}_2)=\begin{bmatrix}-2\\1\\2\end{bmatrix}$, $T(\mathrm{e}_3)=\begin{bmatrix}-3\\-1\\5\end{bmatrix}$이고, T의 표준행렬은
$A=\begin{bmatrix}0 & -2 & -3\\-1 & 1 & -1\\2 & 2 & 5\end{bmatrix}$이다.
T의 대각행렬 A'를 구하기 위하여 또 다른 기저 $B'=\{\mathrm{u}_1, \mathrm{u}_2, \mathrm{u}_3\}$로 바꾸려면
B'에서 B로의 추이행렬(Q)이 필요하고 이 추이행렬이 A를 대각화한다.
즉, $A'=Q^{-1}AQ$이다. 또한 Q는 행렬 A의 1차 독립인 고유벡터를 열벡터로 갖는
행렬이므로 A의 고유치와 고유벡터를 구하면 다음과 같다.
A의 고유치 $\lambda=1, 2, 3$이고 각 고유치에 대한 고유벡터를 열벡터로 갖는 추이행렬은
$Q=\begin{bmatrix}-1 & -1 & -1\\-1 & 1 & 0\\1 & 0 & 1\end{bmatrix}$이다. 따라서 $[\mathrm{u}_1]_B=\begin{bmatrix}-1\\-1\\1\end{bmatrix}$, $[\mathrm{u}_2]_B=\begin{bmatrix}-1\\1\\0\end{bmatrix}$, $[\mathrm{u}_3]_B=\begin{bmatrix}-1\\0\\1\end{bmatrix}$이므로

$\mathbf{u}_1 = \begin{bmatrix} -1 \\ -1 \\ 1 \end{bmatrix}$, $\mathbf{u}_2 = \begin{bmatrix} -1 \\ 1 \\ 0 \end{bmatrix}$, $\mathbf{u}_3 = \begin{bmatrix} -1 \\ 0 \\ 1 \end{bmatrix}$이다.

5. ① $\begin{bmatrix} 2 & 0 \\ 1 & 2 \end{bmatrix}$는 고유치 $\lambda = 2$(중복도 2)를 갖는다.

$\lambda = 2$(중복도 2)에 대한 고유공간의 기저는 $\left\{\begin{bmatrix} 0 \\ 1 \end{bmatrix}\right\}$이므로 2개의 1차 독립인 고유벡터를 갖지 않는다. 따라서 $\begin{bmatrix} 2 & 0 \\ 1 & 2 \end{bmatrix}$는 대각화 불가능하다.

② $\begin{bmatrix} 1 & 0 \\ 6 & -1 \end{bmatrix}$은 서로 다른 2개의 고유치 $\lambda = -1, 1$을 갖는다.

$\lambda = -1$의 고유공간의 기저는 $\left\{\begin{bmatrix} 0 \\ 1 \end{bmatrix}\right\}$이고 $\lambda = 1$의 고유공간의 기저는 $\left\{\begin{bmatrix} 1/3 \\ 1 \end{bmatrix}\right\}$이다.

따라서 대각화 행렬은 $Q = \begin{bmatrix} 0 & 1/3 \\ 1 & 1 \end{bmatrix}$ 이고, 대각행렬은 $Q^{-1}AQ = \begin{bmatrix} -1 & 0 \\ 0 & 1 \end{bmatrix}$이다.

③ $\begin{bmatrix} 2 & -3 \\ 1 & -2 \end{bmatrix}$은 고유치 $\lambda = -1, 1$을 갖는다.

$\lambda = -1$의 고유공간의 기저는 $\left\{\begin{bmatrix} 1 \\ 1 \end{bmatrix}\right\}$이고 $\lambda = 1$의 고유공간의 기저는 $\left\{\begin{bmatrix} 3 \\ 1 \end{bmatrix}\right\}$이다.

따라서 대각화 행렬은 $Q = \begin{bmatrix} 1 & 3 \\ 1 & 1 \end{bmatrix}$이고, 대각행렬은 $Q^{-1}AQ = \begin{bmatrix} -1 & 0 \\ 0 & 1 \end{bmatrix}$이다.

④ $\begin{bmatrix} 3 & 0 & 0 \\ 0 & 2 & 0 \\ 0 & 1 & 2 \end{bmatrix}$는 고유치 $\lambda = 2$(중복도 2), 3을 갖는다.

$\lambda = 2$(중복도 2)의 고유공간의 기저는 $\left\{\begin{bmatrix} 0 \\ 0 \\ 1 \end{bmatrix}\right\}$이고, $\lambda = 3$의 고유공간의 기저는 $\left\{\begin{bmatrix} 1 \\ 0 \\ 0 \end{bmatrix}\right\}$이므로 3개의 1차 독립인 고유벡터를 갖지 않는다.

따라서 $\begin{bmatrix} 3 & 0 & 0 \\ 0 & 2 & 0 \\ 0 & 1 & 2 \end{bmatrix}$는 대각화 불가능하다.

⑤ $\begin{bmatrix} 5 & 0 & 0 \\ 1 & 5 & 0 \\ 0 & 1 & 5 \end{bmatrix}$는 고유치 $\lambda = 5$(중복도 3)을 갖는다.

$\lambda = 5$(중복도 3)에 대한 고유공간의 기저는 $\left\{\begin{bmatrix} 0 \\ 0 \\ 1 \end{bmatrix}\right\}$ 이므로 3개의 1차 독립인 고유벡터를 갖지 않는다. 따라서, $\begin{bmatrix} 5 & 0 & 0 \\ 1 & 5 & 0 \\ 0 & 1 & 5 \end{bmatrix}$는 대각화 불가능하다.

⑥ $\begin{bmatrix} 0 & 0 & 0 \\ 0 & 0 & 0 \\ 3 & 0 & 1 \end{bmatrix}$는 고유치 $\lambda = 0$(중복도2), 1을 갖는다.

$\lambda=0$(중복도 2)에 대한 고유공간의 기저는 $\left\{\begin{bmatrix}1\\0\\-3\end{bmatrix}, \begin{bmatrix}0\\1\\0\end{bmatrix}\right\}$이고 $\lambda=1$에 대한 고유공간의 기저는 $\left\{\begin{bmatrix}0\\0\\1\end{bmatrix}\right\}$이다.

따라서 대각화 행렬은 $Q=\begin{bmatrix}0 & 1 & 0\\0 & 0 & 1\\1 & -3 & 0\end{bmatrix}$이고, 대각행렬은 $Q^{-1}AP=\begin{bmatrix}1 & 0 & 0\\0 & 0 & 0\\0 & 0 & 0\end{bmatrix}$이다.

6. $B=\{e_1, e_2, e_3\}$가 $\mathbb{R}^3$의 표준기저라 하면

$T(e_1)=\begin{bmatrix}2\\0\\1\end{bmatrix}$, $T(e_2)=\begin{bmatrix}-1\\1\\1\end{bmatrix}$, $T(e_3)=\begin{bmatrix}1\\1\\2\end{bmatrix}$이고, T의 표준행렬은 $A=\begin{bmatrix}2 & -1 & 1\\0 & 1 & 1\\1 & 1 & 2\end{bmatrix}$이다.

T의 대각행렬 A'를 구하기 위하여 새로운 기저 $B'=\{u_1, u_2, u_3\}$로 바꾸려면 B'에서 B로의 추이행렬(Q)이 필요하고 이 추이행렬이 A를 대각화한다. 즉, $A'=Q^{-1}AQ$이다.

이제 Q를 계산하기 위하여 행렬 A의 고유치를 구하면 $\lambda=0, 2, 3$이다.

$\lambda=0$의 고유공간의 기저는 $\left\{\begin{bmatrix}-1\\-1\\1\end{bmatrix}\right\}$이고, $\lambda=2$의 고유공간의 기저는 $\left\{\begin{bmatrix}-1\\1\\1\end{bmatrix}\right\}$이며,

$\lambda=3$의 고유공간의 기저는 $\left\{\begin{bmatrix}1/2\\1/2\\1\end{bmatrix}\right\}$이므로 추이행렬은 $Q=\begin{bmatrix}-1 & -1 & 1/2\\-1 & 1 & 1/2\\1 & 1 & 1\end{bmatrix}$이다.

$[u_1]_B=\begin{bmatrix}-1\\-1\\1\end{bmatrix}$, $[u_2]_B=\begin{bmatrix}-1\\1\\1\end{bmatrix}$, $[u_3]_B=\begin{bmatrix}1/2\\1/2\\1\end{bmatrix}$이므로 $u_1=\begin{bmatrix}-1\\-1\\1\end{bmatrix}$, $u_2=\begin{bmatrix}-1\\1\\1\end{bmatrix}$, $u_3=\begin{bmatrix}1/2\\1/2\\1\end{bmatrix}$

이다.

따라서 $B'=\left\{\begin{bmatrix}-1\\-1\\1\end{bmatrix}, \begin{bmatrix}-1\\1\\1\end{bmatrix}, \begin{bmatrix}1/2\\1/2\\1\end{bmatrix}\right\}$가 T의 행렬 A가 대각행렬이 되도록 하는 $\mathbb{R}^3$의 기저이다.

7. ① $(Q^{-1}AQ)^2=(Q^{-1}AQ)(Q^{-1}AQ)=Q^{-1}A^2Q$

② 수학적 귀납법 이용

i) $k=2$ ①에서 증명

ii) $k=n$일 때 $(P^{-1}AP)^n=P^{-1}A^nP$라고 가정하자.

$k=n+1$이면

$(Q^{-1}AQ)^{n+1}=(Q^{-1}AQ)^n(Q^{-1}AQ)=(Q^{-1}A^nQ)(Q^{-1}AQ)=Q^{-1}A^{n+1}Q$.

따라서 임의의 양의 정수 k에 대하여 $(Q^{-1}AQ)^k=Q^{-1}A^kQ$를 만족한다.

8. 행렬 A은 예제 6.3과 예제 6.6에서 살펴본 것과 같이 고유치는 $\lambda=1, 5$(중복도 2)이고, 대각화 가능하다.

또한, 대각화 행렬은 $Q=\begin{bmatrix}-1&0&1\\1&0&1\\0&1&0\end{bmatrix}$ 이고, 대각행렬 $Q^{-1}AQ=\begin{bmatrix}5&0&0\\0&5&0\\0&0&1\end{bmatrix}$ 이다.

연습문제 (6.1) 4번에 의해 A^{10}의 고유치는 $\lambda=1,\ 5^{10}$(중복도 2)이나.

$(A')^{10}=Q^{-1}A^{10}Q$ 이므로

$$A^{10}=Q(A')^{10}Q^{-1}=\begin{bmatrix}-1&0&1\\1&0&1\\0&1&0\end{bmatrix}\begin{bmatrix}5^{10}&0&0\\0&5^{10}&0\\0&0&1\end{bmatrix}\begin{bmatrix}-\frac{1}{2}&\frac{1}{2}&0\\0&0&1\\\frac{1}{2}&\frac{1}{2}&0\end{bmatrix}$$

$$=\begin{bmatrix}4882813&-4882812&0\\-4882812&4882813&0\\0&0&5^{10}\end{bmatrix}$$

9. $B=\{1,\ x\}$는 P_1의 표준기저이고 기저 B에 대한 T의 행렬 $A=\begin{bmatrix}1&0\\6&-1\end{bmatrix}$이다.

A의 고유치는 $\lambda=-1,\ 1$을 갖는다.

$\lambda=-1$에 대한 A의 고유공간의 기저는 $\left\{\begin{bmatrix}0\\1\end{bmatrix}\right\}$이고, $\lambda=1$에 대한 A의 고유공간의 기저는 $\left\{\begin{bmatrix}1/3\\1\end{bmatrix}\right\}$이다. 따라서 대각화 행렬은 $P=\begin{bmatrix}0&1/3\\1&1\end{bmatrix}$이고

$P=\left[[\mathrm{u}_1]_B,\ [\mathrm{u}_2]_B\right]$이므로

$\mathrm{u}_1=x,\ \mathrm{u}_2=\frac{1}{3}+x$이다.

10. A의 고유 다항식 $f(\lambda)=\lambda^2-(a+d)\lambda+(ad-bc)$이고

$D=(a+d)^2-4(ad-bc)=(a-b)^2+4bc$라 하자.

① $D>0$ 이면 $f(\lambda)=0$은 서로 다른 두 실근을 갖는다. 즉, 서로 다른 고유치를 갖는다. 따라서 A는 대각화 가능하다.

② $D<0$이면 $f(\lambda)=0$은 실근을 갖지 않으므로 대각화 불가능하다.

11. 1) A 의 고유치 $\lambda=2,3$.

$\lambda=2$ 에 대한 고유공간의 기저$=\left\{\begin{bmatrix}1\\0\\0\end{bmatrix}\right\}$ 이고,

$\lambda=3$ 에 대한 고유공간의 기저$=\left\{\begin{bmatrix}-2\\1\\0\end{bmatrix},\begin{bmatrix}0\\1\\0\end{bmatrix}\right\}$ 이다.

2) $Q=\begin{bmatrix}1&-2&0\\0&0&1\\0&1&0\end{bmatrix}$ 3) $Q^{-1}AQ=\begin{bmatrix}2&0&0\\0&3&0\\0&0&3\end{bmatrix}$

12.1) $A = \begin{bmatrix} -1 & 4 & -2 \\ -3 & 4 & 0 \\ -3 & 1 & 3 \end{bmatrix}$

2) A 의 고유치 $\lambda = 1, 2, 3$.

$\lambda = 1$ 에 대한 고유공간의 기저$= \left\{ \begin{bmatrix} 1 \\ 1 \\ 1 \end{bmatrix} \right\}$ 이고,

$\lambda = 2$ 에 대한 고유공간의 기저$= \left\{ \begin{bmatrix} 2 \\ 3 \\ 3 \end{bmatrix} \right\}$ 이며

$\lambda = 3$ 에 대한 고유공간의 기저$= \left\{ \begin{bmatrix} 1 \\ 3 \\ 4 \end{bmatrix} \right\}$ 이다.

3) $Q = \begin{bmatrix} 1 & 2 & 1 \\ 1 & 3 & 3 \\ 1 & 3 & 4 \end{bmatrix}$ 3) $Q^{-1}AQ = \begin{bmatrix} 1 & 0 & 0 \\ 0 & 2 & 0 \\ 0 & 0 & 3 \end{bmatrix}$

13.1) $T(2-x+3x^2) = 8-10x+6x^2$

2) A 의 고유치 $\lambda = 1, -2$(중근) .

$\lambda = 1$ 에 대한 고유공간의 기저는 $\left\{ \begin{bmatrix} 1 \\ -1 \\ 1 \end{bmatrix} \right\}$ 이고,

$\lambda = -2$ 에 대한 고유공간의 기저는 $\left\{ \begin{bmatrix} -1 \\ 1 \\ 0 \end{bmatrix}, \begin{bmatrix} -1 \\ 0 \\ 1 \end{bmatrix} \right\}$ 이다.

3) $Q = \begin{bmatrix} 1 & -1 & -1 \\ -1 & 1 & 0 \\ 1 & 0 & 1 \end{bmatrix}$.

4) $B' = \{ \mathrm{u}_1 = 1-x+x^2, \mathrm{u}_2 = -1+x, \mathrm{u}_3 = -1+x^2 \}$.

14.$B = \{ \mathrm{u}_1 = -1+x, \mathrm{u}_2 = x^2, \mathrm{u}_3 = 1+x \}$.

15.1) T 의 고유치 $\lambda = -1, 0, 1$.

2) $\lambda = -1$ 에 대한 T 의 고유공간의 기저는 $\{x^2\}$, $\lambda = 0$ 에 대한 T 의 고유공간의 기저는 $\{x\}$, $\lambda = 1$ 에 대한 T 의 고유공간의 기저는 $\{1\}$ 이다.

3) $B' = \{x^2, x, 1\}$.

6.3 직교대각화와 대칭행렬

1. A 의 고유방정식은 $\det(\lambda I - A) = (\lambda - 3)^2 - 1 = 0$이다. 따라서 A 의 고유치는 $\lambda = 2, 4$ 를 갖는다. 고유치 $\lambda = 2$에 대한 고유벡터 $\begin{bmatrix} -1 \\ 1 \end{bmatrix}$과 $\lambda = 4$에 대한 고유벡터 $\begin{bmatrix} 1 \\ 1 \end{bmatrix}$은 고유공간의 기저를 형성한다.

   따라서 고유벡터 $u_1 = \begin{bmatrix} -1 \\ 1 \end{bmatrix}$과 $u_2 = \begin{bmatrix} 1 \\ 1 \end{bmatrix}$에 Gram-Schmidt 과정을 적용하면

   $v_1 = \begin{bmatrix} -\frac{1}{\sqrt{2}} \\ \frac{1}{\sqrt{2}} \end{bmatrix}, v_2 = \begin{bmatrix} \frac{1}{\sqrt{2}} \\ \frac{1}{\sqrt{2}} \end{bmatrix}$인 정규직교 고유벡터를 얻는다.

   그러므로 $Q = \begin{bmatrix} -\frac{1}{\sqrt{2}} & \frac{1}{\sqrt{2}} \\ \frac{1}{\sqrt{2}} & \frac{1}{\sqrt{2}} \end{bmatrix}$은 A를 직교대각화한다.

   ※ 검산: $Q^T A Q$는 대각행렬인가를 확인해보면 된다.

2. A 의 고유방정식은 $(\lambda - 6)^2(\lambda - 1)^2 = 0$이므로 고유치 $\lambda = 1,\ 6$을 갖는다.

   고유치 $\lambda = 1$에 대한 고유공간의 기저는 $\left\{ \begin{bmatrix} 1/2 \\ 1 \\ 0 \\ 0 \end{bmatrix}, \begin{bmatrix} 0 \\ 0 \\ 1/2 \\ 1 \end{bmatrix} \right\}$이고

   고유치 $\lambda = 6$에 대한 고유공간의 기저는 $\left\{ \begin{bmatrix} -2 \\ 1 \\ 0 \\ 0 \end{bmatrix}, \begin{bmatrix} 0 \\ 0 \\ -2 \\ 1 \end{bmatrix} \right\}$이다.

   따라서 고유벡터들의 집합$\left\{ \begin{bmatrix} 1/2 \\ 1 \\ 0 \\ 0 \end{bmatrix}, \begin{bmatrix} 0 \\ 0 \\ 1/2 \\ 1 \end{bmatrix}, \begin{bmatrix} -2 \\ 1 \\ 0 \\ 0 \end{bmatrix}, \begin{bmatrix} 0 \\ 0 \\ -2 \\ 1 \end{bmatrix} \right\}$은 직교집합이다. 그러므로 이 벡터들을 정규화하면

   $$S = \left\{ \begin{bmatrix} 1/\sqrt{5} \\ 2/\sqrt{5} \\ 0 \\ 0 \end{bmatrix}, \begin{bmatrix} 0 \\ 0 \\ 1/\sqrt{5} \\ 2/\sqrt{5} \end{bmatrix}, \begin{bmatrix} -2/\sqrt{5} \\ 1/\sqrt{5} \\ 0 \\ 0 \end{bmatrix}, \begin{bmatrix} 0 \\ 0 \\ 2/\sqrt{5} \\ 1/\sqrt{5} \end{bmatrix} \right\}$$

   이 되어

   직교행렬 $Q = \begin{bmatrix} 1/\sqrt{5} & 0 & -2/\sqrt{5} & 0 \\ 2/\sqrt{5} & 0 & 1/\sqrt{5} & 0 \\ 0 & 1/\sqrt{5} & 0 & -2/\sqrt{5} \\ 0 & 2/\sqrt{5} & 0 & 1/\sqrt{5} \end{bmatrix}$이다.

3. ① $\det(A) = \det(A^T)$이므로

$\det(A-\lambda I)=\det((A-\lambda I)^T)=\det(A^T-\lambda I)$

② $A=Q^{-1}BQ$라고 하자.

$A-\lambda I=Q^{-1}BQ-\lambda I=Q^{-1}BQ-Q^{-1}\lambda IQ=Q^{-1}(B-\lambda I)Q$

$\Rightarrow \det(A-\lambda I)=\det(Q^{-1})\det(B-\lambda I)\det(Q)=\det(B-\lambda I)$

4. ① $\mathrm{v}_1, \mathrm{v}_2$를 포함하는 기저 $B=\{\mathrm{v}_1, \mathrm{v}_2, \mathrm{v}_3, \cdots, \mathrm{v}_n\}$생각

기저 B에 대한 T의 행렬 $A=\begin{bmatrix}\lambda & 0 & \cdots 0 \\ 0 & \lambda & \cdots 0 \\ \vdots & \vdots & \\ 0 & 0 & C\end{bmatrix}$, C는 $(n-2)\times(n-2)$ 행렬이므로

$\det(A-xI_n)=(\lambda-x)^2 g(x)$ (단, $g(x)=\det(C-xI_{n-2})$)

② T가 대각화 가능한 선형변환이려면 n개의 1차 독립인 고유벡터를 가지면 된다.

$\dim E_\lambda=n-1$이므로 1차 독립인 $n-1$개의 고유벡터가 존재 $\Rightarrow\{\mathrm{v}_1, \cdots, \mathrm{v}_{n-1}\}$

고유치 μ에 대한 고유벡터를 v_n 이라 두면 이는 $\mathrm{v}_1, \cdots, \mathrm{v}_{n-1}$과 1차 독립이므로

T는 n개의 1차 독립인 고유벡터를 갖는다. 즉 T는 대각화 가능한 선형변환이다.

③ T가 대각화 가능한 선형변환이므로 n개의 1차 독립인 고유벡터를 갖는다.

또한 v가 T의 고유벡터이면 (*i.e.*, $T(\mathrm{v})=\lambda\mathrm{v}$), v는 T^m의 고유벡터이므로

(*i.e.*, $T^m(\mathrm{v})=\lambda^m\mathrm{v}$) T^m도 대각화 가능한 선형변환이다.

5. ① $\det(A-\lambda I)=(1-\lambda)^2-1=\lambda^2-2\lambda=\lambda(\lambda-2) \Rightarrow \dim E_0=1,\ \dim E_2=1$

② $\det(A-\lambda I)=\begin{vmatrix}\frac{7}{25}-\lambda & 0 & \frac{24}{25} \\ 0 & -1-\lambda & 0 \\ \frac{24}{25} & 0 & \frac{7}{25}-\lambda\end{vmatrix}=(\frac{7}{25}-\lambda)^2(-1-\lambda)+(\lambda+1)(\frac{24}{25})^2$

$$=(\lambda+1)\left(\left(\frac{24}{25}\right)^2-\left(\lambda-\frac{7}{25}\right)^2\right)=(\lambda+1)\left(\frac{31}{25}-\lambda\right)\left(\frac{17}{25}+\lambda\right)$$

$\therefore \dim E_{-1}=1,\ \dim E_{\frac{31}{25}}=1,\ \dim E_{-\frac{17}{25}}=1$

③ $\begin{vmatrix}1-\lambda & 1 & 1 \\ 1 & 1-\lambda & 1 \\ 1 & 1 & 1-\lambda\end{vmatrix}=\begin{vmatrix}1-\lambda & 1 & 1 \\ 1 & 1-\lambda & 1 \\ 0 & \lambda & -\lambda\end{vmatrix}=\begin{vmatrix}0 & 2\lambda-\lambda^2 & \lambda \\ 1 & 1-\lambda & 1 \\ 0 & \lambda & -\lambda\end{vmatrix}$

$$=-(-\lambda(2\lambda-\lambda^2)-\lambda^2)=2\lambda^2-\lambda^3+\lambda^2=\lambda^2(3-\lambda)$$

$\therefore \dim E_0=2,\ \dim E_3=1$

④ $\det(A-\lambda I)=(6-\lambda)[(3-\lambda)^2-9]=-\lambda(6-\lambda)^2$

$\therefore \dim E_6=2,\ \dim E_0=1$

⑤ $\det(A-\lambda I)=((4-\lambda)^2-16)(\lambda^2)=(\lambda^2-8\lambda)\lambda^2=\lambda^3(\lambda-8)$

$\therefore \dim E_0=3,\ \dim E_8=1$

⑥ $\det(A-\lambda I)=(\lambda-4)(\lambda+2)^3$

$\therefore \dim E_4=1,\ \dim E_{-2}=3$

6. $A=\begin{bmatrix} a & b \\ b & a \end{bmatrix}$의 고유치를 구하면 $\det(A-\lambda I)=(a+b-\lambda)(a-b-\lambda)=0$에서

$\lambda=a+b,\ a-b$이다.

고유치 $\lambda=a+b$에 대한 고유공간의 기저는 $\begin{bmatrix} -b & b \\ b & -b \end{bmatrix} \to \begin{bmatrix} -b & b \\ 0 & 0 \end{bmatrix}$이므로 $\left\{\begin{bmatrix} 1 \\ 1 \end{bmatrix}\right\}$이다.

고유치 $\lambda=a-b$에 대한 고유공간의 기저는 $\begin{bmatrix} b & b \\ b & b \end{bmatrix} \to \begin{bmatrix} b & b \\ 0 & 0 \end{bmatrix}$이므로 $\left\{\begin{bmatrix} -1 \\ 1 \end{bmatrix}\right\}$이다.

따라서 고유벡터 $u_1=\begin{bmatrix} 1 \\ 1 \end{bmatrix}$과 $u_2=\begin{bmatrix} -1 \\ 1 \end{bmatrix}$에 Gram-Schmidt 과정을 적용하면

$v_1=\begin{bmatrix} \frac{1}{\sqrt{2}} \\ \frac{1}{\sqrt{2}} \end{bmatrix},\ v_2=\begin{bmatrix} -\frac{1}{\sqrt{2}} \\ \frac{1}{\sqrt{2}} \end{bmatrix}$인 정규직교 고유벡터를 얻는다.

그러므로 $Q=\begin{bmatrix} \frac{1}{\sqrt{2}} & -\frac{1}{\sqrt{2}} \\ \frac{1}{\sqrt{2}} & \frac{1}{\sqrt{2}} \end{bmatrix}$은 A를 직교대각화하고 $Q^TAQ=\begin{bmatrix} a+b & 0 \\ 0 & a-b \end{bmatrix}$이다.

7. ① $\det(A-\lambda I)=(3-\lambda)^2-1=(4-\lambda)(2-\lambda)=0$에서 고유치 $\lambda=2, 4$을 갖는다.

고유치 $\lambda=2$ 에 대한 고유공간의 기저는 $\left\{\begin{bmatrix} -1 \\ 1 \end{bmatrix}\right\}$이고,

고유치 $\lambda=4$ 에 대한 고유공간의 기저는 $\left\{\begin{bmatrix} 1 \\ 1 \end{bmatrix}\right\}$이다.

$\therefore\ Q=\frac{1}{\sqrt{2}}\begin{bmatrix} 1 & 1 \\ -1 & 1 \end{bmatrix},\quad Q^TAQ=\begin{bmatrix} 2 & 0 \\ 0 & 4 \end{bmatrix}$

② $\det(A-\lambda I)=(5-\lambda)(-1-\lambda)-27=\lambda^2-4\lambda-32=(\lambda-8)(\lambda+4)=0$에서

고유치 $\lambda=-4, 8$를 갖는다.

고유치 $\lambda=-4$에 대한 고유공간의 기저는 $\left\{\begin{bmatrix} -1/\sqrt{3} \\ 1 \end{bmatrix}\right\}$이고,

고유치 $\lambda=8$에 대한 고유공간의 기저는 $\left\{\begin{bmatrix} \sqrt{3} \\ 1 \end{bmatrix}\right\}$이다.

$\therefore\ Q=\frac{1}{2}\begin{bmatrix} -1 & \sqrt{3} \\ \sqrt{3} & 1 \end{bmatrix},\ Q^TAQ=\begin{bmatrix} -4 & 0 \\ 0 & 8 \end{bmatrix}$

③ $\det(A-\lambda I)=(-7-\lambda)(7-\lambda)-(24)^2=\lambda^2-49-(24)^2=\lambda^2-(25)^2=0$에서

고유치 $\lambda=\pm 25$을 갖는다.

고유치 $\lambda=25$에 대한 고유공간의 기저는 $\left\{\begin{bmatrix} 3/4 \\ 1 \end{bmatrix}\right\}$이고,

고유치 $\lambda=-25$에 대한 고유공간의 기저는 $\left\{\begin{bmatrix}-4/3\\1\end{bmatrix}\right\}$이다.

$\therefore\ Q=\dfrac{1}{5}\begin{bmatrix}3&-4\\4&3\end{bmatrix},\ Q^TAQ=\begin{bmatrix}25&0\\0&-25\end{bmatrix}$

④ $\det(A-\lambda I)=[(1-\lambda)^2-1](1-\lambda)=-\lambda(-\lambda^2-2\lambda)=0$에서

고유치 $\lambda=0$(중복도 2), 2를 갖는다.

고유치 $\lambda=0$(중복도 2)에 대한 고유공간의 기저는 $\left\{\begin{bmatrix}0\\0\\1\end{bmatrix},\begin{bmatrix}-1\\1\\0\end{bmatrix}\right\}$이고,

고유치 $\lambda=2$에 대한 고유공간의 기저는 $\left\{\begin{bmatrix}1\\1\\0\end{bmatrix}\right\}$이다.

$\therefore\ Q=\dfrac{1}{\sqrt{2}}\begin{bmatrix}0&-1&1\\0&1&1\\\sqrt{2}&0&0\end{bmatrix},\ Q^TAQ=\begin{bmatrix}0&0&0\\0&0&0\\0&0&2\end{bmatrix}$

⑤ $\det(A-\lambda I)=\begin{bmatrix}-2-\lambda&0&-36\\0&-3-\lambda&0\\-36&0&-23-\lambda\end{bmatrix}$

$$=(-2-\lambda)(-3-\lambda)(-23-\lambda)+(36)^2(3+\lambda)$$
$$=(3+\lambda)[(36)^2+(2+\lambda)(-23-\lambda)]=(3+\lambda)(-\lambda^2-25\lambda+1250)$$
$$=-(3+\lambda)(\lambda^2+25\lambda-1250)=-(3+\lambda)(\lambda+50)(\lambda-25)=0\text{에서}$$

고유치 $\lambda=-3,-50,25$을 갖는다.

고유치 $\lambda=-3$에 대한 고유공간의 기저는 $\left\{\begin{bmatrix}0\\1\\0\end{bmatrix}\right\}$이고

고유치 $\lambda=-50$에 대한 고유공간의 기저는 $\left\{\begin{bmatrix}3/4\\0\\1\end{bmatrix}\right\}$이고

고유치 $\lambda=25$에 대한 고유공간의 기저는 $\begin{bmatrix}-4/3\\0\\1\end{bmatrix}$이다.

$\therefore\ Q=\dfrac{1}{5}\begin{bmatrix}0&3&-4\\5&0&0\\0&4&3\end{bmatrix},\ Q^TAQ=\begin{bmatrix}-3&0&0\\0&-50&0\\0&0&25\end{bmatrix}$

⑥ $\det(A-\lambda I)=-\lambda(\lambda-3)^2=0$에서 고유치 $\lambda=0,\ 3$(중복도 2)을 갖는다.

고유치 $\lambda=0$에 대한 고유공간의 기저는 $\left\{\begin{bmatrix}1\\1\\1\end{bmatrix}\right\}$이고

고유치 $\lambda=3$(중복도 2)에 대한 고유공간의 기저는 $\left\{\begin{bmatrix}-1\\0\\1\end{bmatrix},\begin{bmatrix}-1\\1\\0\end{bmatrix}\right\}$이다.

$$\therefore\ Q=\begin{bmatrix}\frac{1}{\sqrt{3}} & -\frac{1}{\sqrt{2}} & -\frac{1}{\sqrt{2}}\\ \frac{1}{\sqrt{3}} & 0 & \frac{1}{\sqrt{2}}\\ \frac{1}{\sqrt{3}} & \frac{1}{\sqrt{2}} & \frac{1}{\sqrt{2}}\end{bmatrix},\ Q^TAQ=\begin{bmatrix}0&0&0\\0&3&0\\0&0&3\end{bmatrix}$$

⑦ $\det(A-\lambda I)=[(3-\lambda)^2-1](\lambda^2)=\lambda^2(2-\lambda)(4-\lambda)=0$에서

고유치 $\lambda=0$(중복도 2), 2, 4 를 갖는다.

고유치 $\lambda=0$(중복도 2)에 대한 고유공간의 기저는 $\left\{\begin{bmatrix}0\\0\\1\\0\end{bmatrix},\begin{bmatrix}0\\0\\0\\1\end{bmatrix}\right\}$이고,

고유치 $\lambda=2$에 대한 고유공간의 기저는 $\left\{\begin{bmatrix}-1\\1\\0\\0\end{bmatrix}\right\}$이고,

고유치 $\lambda=4$에 대한 고유공간의 기저는 $\left\{\begin{bmatrix}1\\1\\0\\0\end{bmatrix}\right\}$이다.

$$\therefore\ Q=\frac{1}{\sqrt{2}}\begin{bmatrix}0&0&-1&1\\0&0&1&1\\\sqrt{2}&0&0&0\\0&\sqrt{2}&0&0\end{bmatrix},\ Q^TAQ=\begin{bmatrix}0&0&0&0\\0&0&0&0\\0&0&2&0\\0&0&0&4\end{bmatrix}$$

⑧ $\det(A-\lambda I)=[(5-\lambda)(2-\lambda)-4][(5-\lambda)(2-\lambda)-4]=(\lambda-1)^2(\lambda-6)^2=0$에서

고유치 $\lambda=1$(중복도 2), 6(중복도 2)를 갖는다.

고유치 $\lambda=1$(중복도 2)에 대한 고유공간의 기저는 $\left\{\begin{bmatrix}1/2\\1\\0\\0\end{bmatrix},\begin{bmatrix}0\\0\\1/2\\1\end{bmatrix}\right\}$이고,

고유치 $\lambda=6$(중복도 2)에 대한 고유공간의 기저는 $\left\{\begin{bmatrix}-2\\1\\0\\0\end{bmatrix},\begin{bmatrix}0\\0\\-2\\1\end{bmatrix}\right\}$이다.

$$\therefore\ Q=\frac{1}{\sqrt{5}}\begin{bmatrix}1&0&-2&0\\2&0&1&0\\0&1&0&-2\\0&2&0&1\end{bmatrix},\ Q^TAQ-\begin{bmatrix}1&0&0&0\\0&1&0&0\\0&0&6&0\\0&0&0&6\end{bmatrix}$$

8. 1) $Q=\begin{bmatrix}-\frac{1}{\sqrt{2}} & -\frac{1}{\sqrt{6}} & \frac{1}{\sqrt{3}}\\ \frac{1}{\sqrt{2}} & -\frac{1}{\sqrt{6}} & \frac{1}{\sqrt{3}}\\ 0 & \frac{2}{\sqrt{6}} & \frac{1}{\sqrt{3}}\end{bmatrix}$ 2) $Q=\begin{bmatrix}\frac{1}{3} & \frac{2}{\sqrt{5}} & -\frac{2}{3\sqrt{5}}\\ -\frac{2}{3} & \frac{1}{\sqrt{5}} & \frac{4}{3\sqrt{5}}\\ \frac{2}{3} & 0 & \frac{5}{3\sqrt{5}}\end{bmatrix}$

9. $A^TA = \begin{bmatrix} 14 & 24 \\ 24 & 53 \end{bmatrix}$, $AA^T = \begin{bmatrix} 17 & -27 & 6 \\ -27 & 45 & -12 \\ 6 & -12 & 5 \end{bmatrix}$ 이고 일반적으로 $m \times n$ 행렬 A 에 대하여 A^TA, AA^T가 대칭행렬이라 할 수 있다.

10. 정방행렬 A가 대칭행렬이고 단 하나의 고유치 λ를 갖는다고 하자. 그러면 A가 대칭행렬이기 때문에 직교대각화 가능하고, Q를 A의 직교대각화 행렬이라 하면 $Q^T = Q^{-1}$이다. 따라서 $Q^TAQ = \begin{pmatrix} \lambda & 0 & \cdots & 0 \\ 0 & \lambda & \cdots & 0 \\ \vdots & \vdots & \vdots & \vdots \\ 0 & 0 & \cdots & \lambda \end{pmatrix} = \lambda I$가 되고 $Q^T = Q^{-1}$이므로 $A = Q^{-1}(\lambda I)Q = \lambda Q^{-1}Q = \lambda I$ 가 된다.

11. $A^{-1} = A^T$ 이고 정리 5.6에 의해 A 의 행벡터들이 정규직교이므로 A^T 의 열벡터들도 정규직교이다. 즉, $A^{-1} = A^T$ 는 직교행렬이다.

찾아보기

ㅊ

ㅌ

ㅍ

ㅎ

강정흥

육군사관학교 수학과(이학사)
미국 일리노이대 수학과(이학 석박사)
현재 육군사관학교 교수

김재웅

서울대학교 자연과학부(이학사)
서울대학교 수리과학부(이학박사)
현재 육군사관학교 부교수

문미남

육군사관학교 토목공학과(공학사)
고려대학교 대학원 수학과(이학석사)
미국 Texas A&M 대학교 수학과(이학박사)
현재 육군사관학교 부교수

정명인

육군사관학교 운영분석(이학사)
서울대학교 수리과학부(이학석사)
미국 SUNY Buffalo 수학과(이학박사)
현재 육군사관학교 조교수

선형대수학

초판 발행 2021년 8월 5일
초판 2쇄 발행 2024년 7월 10일

지은이 강정흥 · 김재웅 · 문미남 · 정명인
펴낸이 오판근
펴낸곳 (주) 교우
주 소 서울시 동대문구 약령시로 8 교우빌딩 2층 (주)교우
전 화 02-925-2861 / **팩 스** 02-925-2860, **편집부** 02-925-2825
홈페이지&북스토어 www.kyowoo.co.kr / **이메일** kyowoo@kyowoo.co.kr

등 록 1994년 3월 24일 제1994-000013호
ISBN 979-11-251-0332-5 (93410)

Published by Kyowoo Co., Ltd. Printed in Korea

(주) 교우는 보다 혁신적이고 참신한 도서를 다양하게 기획하고 있습니다.
책으로 펴내고자 하는 아이디어나 원고는 메일로 보내주세요.
(주) 교우는 전과정을 책임지고 최선을 다하겠습니다.

값 25,000원

교우미디어는 (주) 교우의 Imprint 사입니다.
수학정원·과학정원은 (주) 교우의 새로운 브랜드명입니다.

잘못된 책은 구입하신 서점에서 교환해 드립니다.